# PASS 버스운전 자격시험

KB146527

CONTENTS

# 버스운전자격시험

## 개요

여객자동차운수사업법령이 개정·공포됨에 따라 노선 여객자동차 운수사업(시내·농어촌·마을·시외), 전세버스 운송사업 또는 특수여객자동차운송사업의 사업용 버스 운전업무에 종사하려는 운전자는 12년 8월 2일부터 시행되는 버스운전 자격제도시험에 합격 후 버스운전 자격증을 취득하여야 한다.

## 응시자격

① 제1종 대형 또는 제1종 보통 운전면허 소지자
② 만 20세 이상
③ 운전경력 1년 이상(운전면허 보유기간 기준이며 취소·정지기간 제외)
④ 운전적성정밀검사 규정에 따른 신규검사 기준에 적합한 사람
⑤ 여객자동차운수사업법 제24조 제3항의 결격사유에 해당되지 않는 사람

## 시험과목 합격기준

● **시험과목**

| 구분 | 교통·운수 관련법규 및 교통사고 유형 | 자동차 관리 요령 | 안전운행 요령 | 운송서비스 | 계 |
|---|---|---|---|---|---|
| 문항수 | 25문항 | 15문항 | 25문항 | 15문항 | 80문항 |
| 배점 | 문항당 1.25점 | | | | 100점 |

● **합격기준**
100점 기준으로 60점 이상(80문항 중 48문항 이상)을 얻은 사람

## CBT방식 자격시험

● **자격시험 접수**

인터넷 접수 : 버스운전 자격시험 홈페이지(http://bus.ts2020.kr) / 방문접수 불가

● **상시 컴퓨터(CBT) 방식 자격시험(공휴일 · 토요일 제외)**

| 시험등록 | 시험시간 | 전용 CBT 상설 시험장<br>서울 구로, 수원, 대전, 대구, 부산, 광주, 인천, 춘천, 청주, 전주, 창원, 울산, 화성 (13개 지역) | 정밀검사장 활용 CBT 비상설시험장<br>서울 노원, 상주, 제주, 의정부, 홍성 (5개 지역) |
|---|---|---|---|
| 시작 20분전 | 80분 | 매일 4회 | 매주 화요일, 목요일 오후 2회 |

● **시험당일 준비물**
운전면허증, 시험응시 수수료, 결격사유 확인 동의서 및 서약서(시험장에 양식 비치)

● **합격자 발표**
시험 종료 후 시험접수 장소에서 합격자 발표

## 자격증 발급

● **신청대상 및 기간**
필기시험에 합격한 사람, 합격자발표일로부터 30일 이내

● **필요 서류**
운전면허증, 버스운전 자격증 발급신청서 1부, 자격증 교부 수수료

PART 01

# 제1장 여객자동차 운수사업법령

## 01 여객자동차 운수사업법령의 목적 및 정의

### 1 여격자동차 운수사업법의 목적
① 여객자동차 운수사업에 관한 질서 확립
② 여객의 원활한 운송
③ 여객자동차 운수사업의 종합적인 발달 도모
④ 공공복리 증진

### 2 여격자동차 운수사업법의 정의
① **여객자동차 운송사업** : 다른 사람의 수요에 응하여 자동차를 사용하여 유상으로 여객을 운송하는 사업
② **여객자동차 터미널** : 도로의 노면, 그 밖에 일반교통에 사용되는 장소가 아닌 곳으로서 승합자동차를 정류시키거나 여객을 승하차시키기 위하여 설치된 시설과 장소
③ **노선** : 자동차를 정기적으로 운행하거나 운행하려는 구간
④ **운행계통** : 노선의 기점 · 종점과 그 기점 · 종점 간의 운행경로 · 운행거리 · 운행횟수 및 운행대수를 총칭한 것
⑤ **관할관청** : 관할이 정해지는 국토교통부장관이나 특별시장 · 광역시장 · 특별자치시장 · 도지사 또는 특별자치도지사
⑥ **정류소** : 여객이 승차 또는 하차할 수 있도록 노선 사이에 설치한 장소

## 02 여객자동차 운송사업

### 1 여객자동차 운송사업의 종류
(1) **노선 여객자동차 운송사업** : 자동차를 정기적으로 운행하려는 구간을 정하여 여객을 운송하는 사업
① **시내버스 운송사업** : 주로 특별시 · 광역시 · 특별자치시 또는 시의 단일 행정구역에서 운행계통을 정하고 국토교통부령으로 정하는 자동차를 사용하여 여객을 운송하는 사업으로 운행행태에 따라 광역급행형 · 직행좌석형 · 좌석형 및 일반형 등으로 구분
② **농어촌버스 운송사업** : 주로 군(광역시의 군은 제외)의 단일 행정구역에서 운행계통을 정하고 국토교통부령으로 정하는 자동차를 사용하여 여객을 운송하는 사업으로 운행행태에 따라 직행좌석

형 · 좌석형 및 일반형 등으로 구분
③ **마을버스 운송사업** : 주로 시 · 군 · 구의 단일 행정구역에서 기점 · 종점의 특수성이나 사용되는 자동차의 특수성 등으로 인하여 다른 노선 여객자동차 운송사업자가 운행하기 어려운 구간을 대상으로 국토교통부령으로 정하는 기준에 따라 운행계통을 정하고 국토교통부령으로 정하는 자동차를 사용하여 여객을 운송하는 사업
④ **시외버스 운송사업** : 운행계통을 정하고 국토교통부령으로 정하는 자동차를 사용하여 여객을 운송하는 사업으로서 시내버스 운송사업, 농어촌버스 운송사업, 마을버스 운송사업에 속하지 아니하는 사업으로 운행행태에 따라 고속형 · 직행형 및 일반형 등으로 구분

(2) **구역 여객자동차 운송사업** : 사업구역을 정하여 그 사업 구역 안에서 여객을 운송하는 사업
① **전세버스 운송사업** : 운행계통을 정하지 아니하고 전국을 사업구역으로 하여 1개의 운송계약에 따라 국토교통부령으로 정하는 자동차를 사용하여 여객을 운송하는 사업.
② **특수여객자동차 운송사업** : 운행계통을 정하지 아니하고 전국을 사업구역으로 하여 1개의 운송계약에 따라 특수형 승합자동차 또는 승용자동차(일반장의자동차 및 운구전용장의자동차로 구분)를 사용하여 장례에 참여하는 자와 시체(유골을 포함한다)를 운송하는 사업

(3) **수요응답형 여객자동차 운송사업** : 농업 · 농촌 및 식품산업 기본법에 따른 농촌과 수산업 · 어촌 발전 기본법에 따른 어촌을 기점 또는 종점으로 하고, 운행계통 · 운행시간 · 운행횟수를 여객의 요청에 따라 탄력적으로 운영하여 여객을 운송하는 사업

### 2 여객자동차 운송사업의 운행행태 등
(1) **시내버스 운송사업 및 농어촌버스 운송사업의 노선구역**
① 시내버스 운송사업과 농어촌버스 운송사업은 특별시 · 광역시 · 특별자치시 · 시 또는 군의 단일 행정구역을 운행하는 사업
② 광역 급행형 시내버스 운송사업은 기점 행정구역의 50km를 초과하지 않는 범위에서 대도시권 광역교통관리에 관한 특별법 시행령에 따른 대도시권역 내 둘 이상의 시 · 도를 운행하는 사업
③ 관할관청은 지역주민의 편의 또는 지역 여건상 특히 필요하다고 인정되는 경우에는 시내버스 운송사업자 또는 농어촌버스 운송사업자의 신청이나 직권에 의하여 해당 행정구역의 경계로부터 30km(국제공항 · 관광단지 · 신도시 등 지역의 특수성을 고려하여 국토교통부장관이 고시하는 지역을 운행하는 경우에는 50km)를 초과하지 아니하는 범위에서 해당 행정구역 밖의 지역까지 노선을 연장하여 운행하게 할 수 있다.
(2) **시내버스 운송사업 및 농어촌버스 운송사업의 운행형태**
① **광역 급행형** : 시내 좌석버스를 사용하고 주로 고속국도, 도시고

속도로 또는 주간선도로를 이용하여 기점 및 종점으로부터 5km 이내의 지점에 위치한 각각 4개 이내의 정류소에만 정차하면서 운행하는 형태. 다만, 관할관청이 도로상황 등 지역의 특수성과 주민편의를 고려하여 필요하다고 인정하는 경우에는 기점 및 종점으로부터 7.5km 이내에 위치한 각각 6개 이내의 정류소에 정차할 수 있다.

② **직행 좌석형** : 시내 좌석버스를 사용하여 각 정류소에 정차하되, 둘 이상의 시·도에 걸쳐 노선이 연장되는 경우 지역주민의 편의, 지역여건 등을 고려하여 정류구간을 조정하고 해당 노선 좌석형의 총 정류소 수의 1/2 이내의 범위에서 정류소 수를 조정하여 운행하는 형태

③ **좌석형** : 시내 좌석버스를 사용하여 각 정류소에 정차하면서 운행하는 형태

④ **일반형** : 시내 일반버스를 주로 사용하여 각 정류소에 정차하면서 운행하는 형태

**(3) 마을버스 운송사업의 운행형태 및 노선구역**

① 고지대 마을, 외지 마을, 아파트단지, 산업단지, 학교, 종교단체의 소재지 등을 기점 또는 종점으로 하여 특별한 사유가 없으면 그 마을 등과 가장 가까운 철도역(도시철도역 포함) 또는 노선버스 정류소(시내버스, 농어촌버스, 시외버스의 정류소) 사이를 운행하는 사업

② 관할관청은 지역주민의 편의 또는 지역 여건상 특히 필요하다고 인정되는 경우에는 해당 행정구역의 경계로부터 5km의 범위에서 연장하여 운행하게 할 수 있다.

**(4) 시외버스 운송사업의 운행형태**

① **고속형** : 시외 고속버스 또는 시외우등 고속버스를 사용하여 운행거리가 100km 이상이고, 운행구간의 60% 이상을 고속국도로 운행하며, 기점과 종점의 중간에서 정차하지 아니하는 운행형태.

② **직행형** : 시외(우등)직행버스를 사용하여 기점 또는 종점이 있는 특별시·광역시·특별자치시 또는 시·군의 행정구역이 아닌 다른 행정구역에 있는 1개소 이상의 정류소에 정차하면서 운행하는 형태. 다만, 운행거리가 100km 미만인 경우와 운행구간의 60% 미만을 고속국도로 운행하는 경우에는 정류소에 정차하지 않고 운행할 수 있다.

③ **일반형** : 시외(우등) 일반버스를 사용하여 각 정류소에 정차하면서 운행하는 형태

### 3 자동차 표시

**(1) 자동차 표시 위치 : 자동차의 바깥쪽**

① 외부에서 알아보기 쉽도록 차체 면에 인쇄하는 등 항구적인 방법으로 표시

② 구체적인 표시 방법 및 위치 등은 관할관청이 정한다.

**(2) 자동차 표시내용** : 운송사업자의 명칭, 기호 및 그 밖의 표시 내용은 다음과 같다.

① **시외버스의 경우** : 시외 우등고속버스(우등고속), 시외고속버스(고속), 시외 우등직행버스(우등직행), 시외직행버스(직행), 시외 우등일반버스(우등일반), 시외 일반버스(일반)

② **전세버스 운송사업용 자동차** : 전세

③ **한정면허를 받은 여객자동차 운송사업용 자동차** : 한정

④ **특수여객자동차 운송사업용 자동차** : 장의

⑤ **마을버스 운송사업용 자동차** : 마을버스

### 4 교통사고 시의 조치 등

**(1)** 운송사업자는 사업용 자동차의 고장, 교통사고 또는 천재지변으로 사상자가 발생하는 경우, 사업용 자동차의 운행을 재개할 수 없는 경우 국토교통부령으로 정하는 바에 따라 신속하게 유류품을 관리하고 대체 운송수단을 확보하는 등 필요한 조치를 하여야 한다.

① 신속한 응급수송 수단의 마련

② 가족이나 그 밖의 연고자에 대한 신속한 통지

③ 유류품의 보관

④ 목적지까지 여객을 운송하기 위한 대체 운송수단의 확보와 여객에 대한 편의의 제공

⑤ 그 밖에 사상자의 보호 등 필요한 조치

**(2)** 운송사업자는 사업용 자동차에 의해 중대한 교통사고가 발생한 경우 지체 없이 국토교통부장관 또는 시·도지사에게 보고하여야 한다.

① 전복사고

② 화재가 발생한 사고

③ 사망자가 2명 이상, 사망자 1명과 중상자 3명 이상, 중상자 6명 이상의 사람이 죽거나 다친 사고

**(3)** 운송사업자는 중대한 교통사고가 발생하였을 때에는 24시간 이내에 사고의 일시·장소 및 피해사항 등 사고의 개략적인 상황을 관할 시·도지사에게 보고한 후 72시간 이내에 사고보고서를 작성하여 관할 시·도지사에게 제출하여야 한다.

### 5 운수종사자 등의 현황 통보

**(1)** 운송사업자는 운수종사자(운전업무 종사자격을 갖추고 여객자동차 운송사업의 운전업무에 종사하는 자)에 대한 다음 사항을 각각의 기준에 따라 시·도지사에게 알려야 한다.

① 신규 채용하거나 퇴직한 운수종사자의 명단(신규 채용한 운수종사자의 경우에는 보유하고 있는 운전면허의 종류와 취득 일자를 포함) : 신규 채용일이나 퇴직일부터 7일 이내

② 전월 말일 현재의 운수종사자 현황 : 매월 10일까지

③ 전월 각 운수종사자에 대한 휴식시간 보장 내역 : 매월 10일까지

**(2)** 조합은 소속 운송사업자를 대신하여 소속 운송사업자의 운수종사자 현황을 취합·통보할 수 있다.

**(3)** 시·도지사는 통보받은 운수종사자 현황을 취합하여 한국교통안전공단에 통보하여야 한다.

**(4)** 운송사업자는 새로 채용한 운수종사자(사업용 자동차를 운전하다 퇴직한 후 2년 이내에 다시 채용된 자는 제외)에 대하여 운전업무를 시작하기 전에 여객에 대한 서비스의 질을 높이기 위한 교육을 받게 하여야 하며, 운수종사자 교육을 실시한 운수종사자 연수기관 등은 교육을 받은 운수종사자 현황을 매월 10일 까지 국토교통부장관에게 보고하여야 한다.

## 03 운수종사자의 자격요건 및 운전자격의 관리

### 1 버스운전 업무 종사 자격

**(1) 여객자동차 운송사업(중 버스)의 운전업무에 종사하려는 사람은 다음 각 호의 요건을 모두 갖추어야 한다.**

① 사업용 자동차를 운전하기에 적합한 운전면허를 보유하고 있을 것

② 20세 이상으로서 운전경력이 1년 이상일 것

③ 국토교통부장관이 정하는 운전 적성에 대한 정밀검사 기준에 적합할 것

④ ①~③의 요건을 갖춘 사람이 한국교통안전공단이 시행하는 버스운전 자격시험에 합격 한 후 자격증을 취득할 것

⑤ ①~③의 요건을 갖춘 사람이 교통안전 체험에 관한 연구·교육시설에서 안전체험, 교통사고 대응요령 및 여객자동차 운수사업법령 등에 관하여 실시하는 이론 및 실기교육을 이수하고 자격증을 취득 할 것

**(2) 운전 자격을 취득할 수 없는 사람**

**1) 다음 각목의 어느 하나에 해당하는 죄를 범하여 금고 이상의 실형을 선고받고 그 집행이 끝나거나(집행이 끝난 것으로 보는 경우를 포함) 면제된 날부터 2년이 지나지 아니한 사람**

① 특정강력범죄의 처벌에 관한 특례법 제2조제1항 각호에 따른 죄

② 특정범죄 가중처벌 등에 관한 법률 제5조의2부터 제5조의5까지, 제5조의8, 제5조의9 및 제11조에 따른 죄

③ 마약류관리에 관한 법률에 따른 죄

④ 형법 제332조(제329조부터 제331조까지의 상습범으로 한정한다), 제341조에 따른 죄 또는 각 미수죄, 제363조에 따른 죄

**2) 1) 각목의 어느 하나에 해당하는 죄를 범하여 금고 이상의 형의 집행유예를 선고받고 그 집행유예기간 중에 있는 사람**

**(3) 운전적성 정밀검사의 종류**

**1) 신규검사**

① 신규로 여객자동차 운송사업용 자동차를 운전하려는 자

② 여객자동차 운송사업용 자동차 또는 '화물자동차 운수사업법'에 따른 화물자동차 운송사업용 자동차의 운전업무에 종사하다가 퇴직한 자로서 신규검사를 받은 날부터 3년이 지난 후 재취업하려는 자. 다만, 재취업일까지 무사고 운전한 경우는 제외

③ 신규검사의 적합판정을 받은 자로서 운전적성 정밀검사를 받은 날부터 3년 이내에 취업하지 아니한 자

**2) 특별검사**

① 중상 이상의 사상 사고를 일으킨 자

② 과거 1년간 도로교통법 시행규칙에 따른 운전면허 행정처분기준에 따라 계산한 누산점수가 81점 이상인 자

③ 질병, 과로, 그 밖의 사유로 안전운전을 할 수 없다고 인정되는 자인지 알기 위하여 운송사업자가 신청한 자

### 2 버스운전 자격의 취득

**(1) 버스운전 자격시험**

**1) 자격시험은 필기시험으로 하되 총점의 6할 이상을 얻은 사람을 합격자로 한다.**

**2) 버스운전 자격의 필기시험 과목**

① 교통 및 운수관련 법규, 교통사고 유형

② 자동차 관리 요령

③ 안전운행 요령

④ 운송서비스(버스운전자의 예절에 관한 사항을 포함한다)

**(2) 교통안전 체험교육**

**1) 교통안전 체험교육의 실시방법**

① 교통안전 체험교육은 집합교육으로 실시하며, 교육시간은 24시간으로 한다.

② 이론교육은 교육생이 여객자동차 운송과 관련된 지식을 얻을 수 있도록 강의식으로 진행하는 교육을 말한다.

③ 실기교육은 실외의 체험교육시설과 도로에서 진행하는 교육으로서 자동차를 직접 운전하면서 교통사고의 발생 원리를 체험하는 교육을 말한다.

④ 종합평가는 이론 교육 후 필기 평가와 실기 교육 후 자동차를 직접 운전하여 여객을 효율적·안정적으로 운송이 가능한 기능 및 주행 평가를 말한다.

⑤ 종합평가의 합격기준은 총점의 60% 이상 득점으로 한다.

⑥ 수험생이 이론교육 및 실기교육을 모두 이수하고 종합평가에 합격한 경우 교육과정을 수료한 것으로 인정한다.

### 3 운송사업자의 운전자격 증명 관리

**(1)** 운송사업자 또는 운수종사자로부터 운전업무 종사자격을 증명하는 증표의 발급 신청을 받은 한국교통안전공단 또는 운전자격 증명 발급기관은 운전자격 증명을 발급하여야 한다.

**(2)** 운전자격증 또는 운전자격 증명의 기록사항에 착오가 있거나 변경된 내용이 있어 정정을 받으려는 경우와 운전자격증 등을 잃어버리거나 헐어 못 쓰게 되어 재발급을 받으려는 사람은 지체 없이 해당 서류를 첨부하여 한국교통안전공단 또는 운전자격 증명 발급기관에 신청하여야 한다.

**(3)** 운수종사자는 운전자격증명을 게시할 때에는 승객이 쉽게 볼 수 있는 위치에 게시하여야 한다.

**(4)** 운수종사자가 퇴직하는 경우에는 본인의 운전자격 증명을 운송사업자에게 반납하여야 하며, 운송사업자는 지체 없이 해당 운전자격 증명 발급기관에 그 운전자격 증명을 제출하여야 한다.

**(5) 운송사업자에 대한 행정처분 또는 과징금**

**1) 행정처분**

| 위반 내용 | 1차 위반 | 2차 위반 |
| --- | --- | --- |
| 운송사업자가 차내에 운전자격 증명을 항상 게시하지 아니한 경우 | 운행정지(5일) | |
| 운수종사자의 자격요건을 갖추지 않은 사람을 운전업무에 종사하게 한 경우 | 감차명령 | 노선 폐지 명령 |

**2) 과징금**

| 위반내용 | 시내버스 농어촌버스 마을버스 | 시외버스 | 전세버스 | 특수여객 |
| --- | --- | --- | --- | --- |
| 운송사업자가 차내에 운전자격증명을 항상 게시하지 아니한 경우 | 10만원 | 10만원 | 10만원 | 10만원 |
| 운수종사자의 자격요건을 갖추지 않은 사람을 운전업무에 종사하게 한 경우 | 500만원 (1000만원) | 500만원 (1000만원) | 500만원 (1000만원) | 360만원 (720만원) |

※ 괄호 : 2차 위반시 과징금

## 4 운전자격의 취소 및 효력정지

### (1) 운전자격의 취소 및 효력정지의 처분기준

**1) 일반기준**

① 위반행위가 둘 이상인 경우로서 그에 해당하는 각각의 처분기준이 다른 경우에는 그 중 무거운 처분기준에 따른다. 다만, 둘 이상의 처분기준이 모두 자격정지인 경우에는 각 처분기준을 합산한 기간을 넘지 아니하는 범위에서 무거운 처분기준의 1/2의 범위에서 가중할 수 있다. 이 경우 그 가중한 기간을 합산한 기간은 6개월을 초과할 수 없다.

② 위반행위의 횟수에 따른 행정처분의 기준은 최근 1년간 같은 위반행위로 행정처분을 받은 경우에 적용한다. 이 경우 행정처분의 기준의 적용은 같은 위반행위에 대한 행정처분일과 그 처분 후의 위반행위가 다시 적발된 날을 기준으로 한다.

③ 처분관할관청은 자격정지처분을 받은 사람이 다음의 어느 하나에 해당하는 경우에는 ①항 및 ②항에 따른 처분을 1/2의 범위에서 늘리거나 줄일 수 있다. 이 경우 늘리는 경우에도 그 늘리는 기간은 6개월을 초과할 수 없다.

  ㉮ 가중 사유
    ㉠ 위반행위가 사소한 부주의나 오류가 아닌 고의나 중대한 과실에 의한 것으로 인정되는 경우
    ㉡ 위반의 내용정도가 중대하여 이용객에게 미치는 피해가 크다고 인정되는 경우

  ㉯ 감경사유
    ㉠ 위반행위가 고의나 중대한 과실이 아닌 사소한 부주의나 오류로 인한 것으로 인정되는 경우
    ㉡ 위반의 내용정도가 경미하여 이용객에게 미치는 피해가 적다고 인정되는 경우
    ㉢ 위반행위를 한 사람이 처음 해당 위반행위를 한 경우로서 최근 5년 이상 해당 여객 자동차운송사업의 모범적인 운수종사자로 근무한 사실이 인정되는 경우
    ㉣ 그 밖에 여객자동차운수사업에 대한 정부 정책상 필요하다고 인정되는 경우

④ 처분관할관청은 자격정지처분을 받은 사람이 정당한 사유 없이 기일 내에 운전자격증을 반납하지 아니할 때에는 해당 처분을 1/2의 범위에서 가중하여 처분하고, 가중처분을 받은 사람이 기일 내에 운전자격증을 반납하지 아니할 때에는 자격취소처분을 한다.

**2) 관할관청은 처분기준을 적용할 때 위반행위의 동기 및 횟수 등을 고려하여 처분기준의 1/2의 범위에서 경감하거나 가중할 수 있다.**

## 5 운수종사자의 교육

### (1) 교육의 종류

① 무사고·무벌점이란 도로교통법에 따른 교통사고와 같은 법에 따른 교통법규 위반 사실이 모두 없는 것을 말한다.

② 보수교육 대상자 선정을 위한 무사고·무벌점 기간은 전년도 10월 말을 기준으로 산정한다.

③ 법령위반 운수종사자는 법 제26조제1항의 운수종사자 준수사항을 위반하여 과태료 처분을 받은 자(개인택시 운송사업자는 법 제21조제5항을 위반하여 과징금 또는 사업정지처분을 받은 경우를 포함한다)와 이 규칙 제49조제3항제2호가목 및 나목에 해당되어 특별검사 대상이 된 자를 말한다.

④ 법령위반 운수종사자에 대한 보수교육은 해당 운수종사자가 과태료, 과징금 또는 사업정지처분을 받은 날부터 3개월 이내에 실시하여야 한다.

⑤ 새로 채용된 운수종사자가 교통안전법 시행규칙 별표 7 제2호에 따른 심화교육과정을 이수한 경우에는 신규교육을 면제한다.

⑥ 해당 연도의 신규교육 또는 수시교육을 이수한 운수종사자(제3호에 따른 법령위반 운수종사자는 제외한다)는 해당 연도의 보수교육을 면제한다.

| 구분 | 교육 대상자 | 교육 시간 | 교육 주기 |
|---|---|---|---|
| ① 신규 교육 | 새로 채용한 운수종사자(사업용자동차를 운전하다가 퇴직한 후 2년 이내에 다시 채용된 사람은 제외한다.) | 16 | |
| ② 보수 교육 | 무사고·무벌점 기간이 5년 이상 10년 미만인 운수종사자 | 4 | 격년 |
| | 무사고·무벌점 기간이 5년 미만인 운수종사자 | | 매년 |
| | 법령위반 운수종사자 | 8 | 수시 |
| ③ 수시 교육 | 국제행사 등에 대비한 서비스 및 교통안전 증진 등을 위하여 국토교통부장관 또는 시·도지사가 교육을 받을 필요가 있다고 인정하는 운수종사자 | 4 | 필요 시 |

### (2) 교육 과목

① 여객자동차 운수사업 관계 법령 및 도로교통 관계 법령
② 서비스의 자세 및 운송질서의 확립
③ 교통안전수칙(신규 교육의 경우 대열운행, 졸음운전, 운전 중 휴대폰 사용 등 교통사고 요인과 관련된 교통안전수칙을 포함한다)
④ 응급처치 방법
⑤ 차량용 소화기 사용법 등 차량화재 예방 및 대처방법
⑥ 지속가능 교통물류 발전법 제2조제15호에 따른 경제운전
⑦ 그 밖에 운전업무에 필요한 사항

## 04 보칙 및 벌칙

## 1 여객자동차 운수사업에 사용되는 자동차의 차령 등

**(1)** 여객자동차 운수사업에 사용되는 자동차는 여객자동차 운수사업의 종류에 따른 차령 및 운행거리를 넘겨 운행하지 못한다.

**※ 사업의 구분에 따른 자동차의 차령과 그 연장요건**

- 사업별 차령 등

| 차종 | 사업의 구분 | | 차령 |
|---|---|---|---|
| 승용자동차 | 특수여객자동차 운송사업용 | 경형·중형·소형 | 6년 |
| | | 대형 | 10년 |
| 승합자동차 | 전세버스운송사업용 또는 특수여객자동차운송사업용 | | 11년 |
| | 그 밖의 사업용 | | 9년 |

**(2) 대폐차(차령이 만료되거나 운행거리를 초과한 차량 등을 다른 차량으로 대체하는 것)에 충당되는 자동차**

① **차량충당연한** : 승용자동차 1년, 승합자동차 및 특수자동차 3년
② **차량충당연한의 기산일**
  ㉮ 제작연도에 등록된 자동차 : 최초의 신규등록일
  ㉯ 제작연도에 등록되지 아니한 자동차 : 제작연도의 말일

## 2 과징금

### (1) 과징금 부과기준

국토교통부장관 또는 시·도지사는 여객자동차 운수사업자가 제49조의6제1항 또는 제85조제1항 각 호의 어느 하나에 해당하여 사업정지 처분을 하여야 하는 경우에 그 사업정지 처분이 그 여객자동차 운수사업을 이용하는 사람들에게 심한 불편을 주거나 공익을 해칠 우려가 있는 때에는 그 사업정지 처분을 갈음하여 5천만 원 이하의 과징금을 부과·징수할 수 있다.

### (2) 과징금의 용도

① 벽지노선이나 그 밖에 수익성이 없는 노선으로서 대통령령으로 정하는 노선을 운행하여서 생긴 손실의 보전

> ※ 대통령령으로 정하는 노선
> - 노선의 연장 또는 변경의 명령을 받고 버스를 운행함으로써 결손이 발생한 노선
> - 개선명령을 받은 노선 등(벽지노선 등)
> - 수요응답형 여객자동차운송사업의 노선 중 수익성이 없는 노선
> - 그 밖의 수익성이 없는 노선중 지역주민의 교통 불편과 결손액의 정도를 고려하여 시·도지사가 정한 노선

② 운수종사자의 양성, 교육훈련, 그 밖의 자질 향상을 위한 시설과 운수종사자에 대한 지도 업무를 수행하기 위한 시설의 건설 및 운영
③ 지방자치단체가 설치하는 터미널을 건설하는 데에 필요한 자금의 지원
④ 터미널 시설의 정비·확충
⑤ 여객자동차 운수사업의 경영 개선이나 그 밖에 여객자동차 운수사업의 발전을 위하여 필요 한 사업

---

## 제2장 도로교통법령

## 01 도로교통법의 총칙

### 1 정의

① **도로** : 도로법에 따른 도로, 유료도로법에 따른 유료도로, 농어촌도로 정비법에 따른 농어촌도로, 그 밖에 현실적으로 불특정다수의 사람 또는 차마가 통행할 수 있도록 공개된 장소로서 안전하고 원활한 교통을 확보할 필요가 있는 장소
② **차도** : 연석선(차도와 보도를 구분하는 돌 등으로 이어진 선), 안전표지나 또는 그와 비슷한 인공구조물을 이용하여 경계를 표시하여 모든 차가 통행할 수 있도록 설치된 도로의 부분
③ **중앙선** : 차마의 통행 방향을 명확하게 구분하기 위하여 도로에 황색 실선이나 황색 점선 등의 안전표지로 표시한 선 또는 중앙분리대나 울타리 등으로 설치한 시설물. 다만, 가변차로가 설치된 경우에는 신호기가 지시하는 진행방향의 가장 왼쪽에 있는 황색 점선
④ **안전지대** : 도로를 횡단하는 보행자나 통행하는 차마의 안전을 위하여 안전표지나 이와 비슷한 인공구조물로 표시한 도로의 부분
⑤ **차마** : 다음 각목의 차와 우마
　㉮ **차** : 자동차, 건설기계, 원동기장치자전거, 자전거, 사람 또는 가축의 힘이나 그 밖의 동력으로 도로에서 운전되는 것. 다만, 철길이나 가설된 선을 이용하여 운전되는 것, 유모차와 보행보조용 의자차, 노약자용 보행기 등 행정안전부령으로 정하는 기구·장치는 제외한다.
　㉯ **우마** : 교통이나 운수에 사용되는 가축
⑥ **자동차** : 철길이나 가설된 선을 이용하지 아니하고 원동기를 사용하여 운전되는 차(견인되는 자동차도 자동차의 일부로 봄)로서 다음 각목의 차
　㉮ 자동차관리법에 따른 승용자동차, 승합자동차, 화물자동차, 특수자동차, 이륜자동차(다만, 원동기장치자전거 제외)
　㉯ 건설기계관리법에 따른 덤프트럭, 아스팔트 살포기, 노상 안정기, 콘크리트 믹서트럭, 콘크리트 펌프, 천공기(트럭 적재식) 등
⑦ **주차** : 운전자가 승객을 기다리거나 화물을 싣거나 차가 고장 나거나 그 밖의 사유로 차를 계속 정지 상태에 두는 것 또는 운전자가 차에서 떠나서 즉시 그 차를 운전할 수 없는 상태에 두는 것
⑧ **정차** : 운전자가 5분을 초과하지 아니하고 차를 정지시키는 것으로서 주차 외의 정지 상태

### 2 교통 안전시설

도로를 통행하는 보행자와 차마 또는 노면전차의 운전자는 교통 안전시설이 표시하는 신호 또는 지시와 다음 각 호의 어느 하나에 해당하는 사람의 신호나 지시를 따라야 한다. 다만, 교통안전시설이 표시하는 신호 또는 지시와 교통정리를 하는 경찰공무원·경찰공무원 또는 경찰보조자(이하 "경찰공무원 등"이라 한다)의 신호 또는 지시가 서로 다른 경우에는 경찰공무원 등의 신호 또는 지시에 따라야 한다.
① 교통정리를 하는 경찰공무원(의무경찰 포함)
② 제주특별자치도의 자치경찰공무원

③ 국가경찰공무원 및 자치경찰공무원을 보조하는 사람(이하 "경찰보조자"라 한다)
　㉮ 모범운전자
　㉯ 군사훈련 및 작전에 동원되는 부대의 이동을 유도하는 헌병
　㉰ 본래의 긴급한 용도로 운행하는 소방차·구급차를 유도하는 소방공무원

## 3 신호기가 표시하는 신호의 종류 및 신호의 뜻

| 구분 | | 신호의 종류 | 신호의 뜻 |
|---|---|---|---|
| 차량신호등 | 원형등화 | 녹색의 등화 | 1. 차마는 직진 또는 우회전할 수 있다.<br>2. 비보호좌회전표지 또는 비보호좌회전표시가 있는 곳에서는 좌회전할 수 있다. |
| | | 황색의 등화 | 1. 차마는 정지선이 있거나 횡단보도가 있을 때에는 그 직전이나 교차로의 직전에 정지하여야 하며, 이미 교차로에 차마의 일부라도 진입한 경우에는 신속히 교차로 밖으로 진행하여야 한다.<br>2. 차마는 우회전할 수 있고 우회전하는 경우에는 보행자의 횡단을 방해하지 못한다. |
| | | 적색의 등화 | 1. 차마는 정지선, 횡단보도 및 교차로의 직전에서 정지해야 한다.<br>2. 차마는 우회전하려는 경우 정지선, 횡단보도 및 교차로의 직전에서 정지한 후 신호에 따라 진행하는 다른 차마의 교통을 방해하지 않고 우회전할 수 있다.<br>3. 제2호에도 불구하고 차마는 우회전 삼색등이 적색의 등화인 경우 우회전할 수 없다. |
| | | 황색 등화의 점멸 | 차마는 다른 교통 또는 안전표지의 표시에 주의하면서 진행할 수 있다. |
| | | 적색 등화의 점멸 | 차마는 정지선이나 횡단보도가 있을 때에는 그 직전이나 교차로의 직전에 일시정지한 후 다른 교통에 주의하면서 진행할 수 있다. |
| | 화살표등화 | 녹색화살표의 등화 | 차마는 화살표시 방향으로 진행할 수 있다. |
| | | 황색 화살표의 등화 | 화살표시 방향으로 진행하려는 차마는 정지선이 있거나 횡단보도가 있을 때에는 그 직전이나 교차로의 직전에 정지하여야 하며, 이미 교차로에 차마의 일부라도 진입한 경우에는 신속히 교차로 밖으로 진행하여야 한다. |
| | | 적색화살표의 등화 | 화살표시 방향으로 진행하려는 차마는 정지선, 횡단보도 및 교차로의 직전에서 정지하여야 한다. |
| | | 황색화살표 등화의 점멸 | 차마는 다른 교통 또는 안전표지의 표시에 주의하면서 화살표시 방향으로 진행할 수 있다. |
| | | 적색화살표 등화의 점멸 | 차마는 정지선이나 횡단보도가 있을 때에는 그 직전이나 교차로의 직전에 일시정지한 후 다른 교통에 주의하면서 화살표시 방향으로 진행할 수 있다. |
| 차량신호등 | 사각형등화 | 녹색화살표의 등화(하향) | 차마는 화살표로 지정한 차로로 진행할 수 있다. |
| | | 적색×표 표시의 등화 | 차마는 ×표가 있는 차로로 진행할 수 없다. |
| | | 적색×표 표시 등화의 점멸 | 차마는 ×표가 있는 차로로 진입할 수 없고, 이미 차로의 일부라도 진입한 경우에는 신속히 그 차로 밖으로 진로를 변경하여야 한다. |
| 보행신호등 | | 녹색의 등화 | 보행자는 횡단보도를 횡단할 수 있다. |
| | | 녹색 등화의 점멸 | 보행자는 횡단을 시작하여서는 아니 되고, 횡단하고 있는 보행자는 신속하게 횡단을 완료하거나 그 횡단을 중지하고 보도로 되돌아와야 한다. |
| | | 적색의 등화 | 보행자는 횡단보도를 횡단하여서는 아니 된다. |

| 구분 | | 신호의 종류 | 신호의 뜻 |
|---|---|---|---|
| 자전거신호등 | 자전거주행신호등 | 녹색의 등화 | 자전거 등은 직진 또는 우회전할 수 있다. |
| | | 황색의 등화 | 1. 자전거 등은 정지선이 있거나 횡단보도가 있을 때에는 그 직전이나 교차로의 직전에 정지해야 하며, 이미 교차로에 차마의 일부라도 진입한 경우에는 신속히 교차로 밖으로 진행하여야 한다.<br>2. 자전거 등은 우회전할 수 있고 우회전하는 경우에는 보행자의 횡단을 방해하지 못한다. |
| | | 적색의 등화 | 1. 자전거 등은 정지선, 횡단보도 및 교차로의 직전에서 정지해야 한다.<br>2. 자전거 등은 우회전하려는 경우 정지선, 횡단보도 및 교차로의 직전에서 정지한 후 신호에 따라 진행하는 다른 차마의 교통을 방해하지 않고 우회전할 수 있다.<br>3. 제2호에도 불구하고 자전거 등은 우회전 삼색등이 적색의 등화인 경우 우회전할 수 없다. |
| | | 황색 등화의 점멸 | 자전거 등은 다른 교통 또는 안전표지의 표시에 주의하면서 진행할 수 있다. |
| | | 적색 등화의 점멸 | 자전거 등은 정지선이나 횡단보도가 있는 때에는 그 직전이나 교차로의 직전에 일시정지한 후 다른 교통에 주의하면서 진행할 수 있다. |
| | 자전거횡단신호등 | 녹색의 등화 | 자전거 등은 자전거횡단도를 횡단할 수 있다. |
| | | 녹색 등화의 점멸 | 자전거 등은 횡단을 시작하여서는 아니 되고, 횡단하고 있는 자전거 등은 신속하게 횡단을 종료하거나 그 횡단을 중지하고 진행하던 차도 또는 자전거도로로 되돌아와야 한다. |
| | | 적색의 등화 | 자전거는 자전거횡단도를 횡단하여서는 아니 된다. |
| 버스신호등 | | 녹색의 등화 | 버스전용차로에 차마는 직진할 수 있다. |
| | | 황색의 등화 | 버스전용차로에 있는 차마는 정지선이 있거나 횡단보도가 있을 때에는 그 직전이나 교차로의 직전에 정지하여야 하며, 이미 교차로에 차마의 일부라도 진입한 경우에는 신속히 교차로 밖으로 진행하여야 한다. |
| | | 적색의 등화 | 버스전용차로에 있는 차마는 정지선, 횡단보도 및 교차로의 직전에서 정지하여야 한다. |
| | | 황색 등화의 점멸 | 버스전용차로에 있는 차마는 다른 교통 또는 안전표지의 표시에 주의하면서 진행할 수 있다. |
| | | 적색 등화의 점멸 | 버스전용차로에 있는 차마는 정지선이나 횡단보도가 있을 때에는 그 직전이나 교차로의 직전에 일시정지한 후 다른 교통에 주의하면서 진행할 수 있다. |

## 02 보행자의 통행방법

## 1 차도를 통행할 수 있는 사람 또는 행렬

① 학생의 대열과 그 밖에 보행자의 통행에 지장을 줄 우려가 있다고 인정되는 경우에는 차도로 통행할 수 있다. 이 경우 행렬 등은 차도의 우측으로 통행하여야 한다.

② 차도를 통행할 수 있는 사람 또는 행렬
　㉮ 말·소 등의 큰 동물을 몰고 가는 사람
　㉯ 사다리, 목재, 그 밖에 보행자의 통행에 지장을 줄 우려가 있는 물건을 운반 중인 사람
　㉰ 도로에서 청소나 보수 등 작업을 하고 있는 사람
　㉱ 군부대나 그 밖에 이에 준하는 단체의 행렬
　㉲ 기(旗) 또는 현수막 등을 휴대한 행렬
　㉳ 장의(葬儀) 행렬

## 03 차마의 통행방법

### 1 차마의 통행

① 차마의 운전자는 보도와 차도가 구분된 도로에서는 차도를 통행하여야 한다. 다만, 도로 외의 곳으로 출입할 때에는 보도를 횡단하여 통행할 수 있다.

② 도로 외의 곳으로 출입할 때 차마의 운전자는 보도를 횡단하기 직전에 일시정지 하여 좌측 및 우측 부분 등을 살핀 후 보행자의 통행을 방해하지 아니하도록 횡단하여야 한다.

③ 차마의 운전자는 도로(보도와 차도가 구분된 도로에서는 차도)의 중앙(중앙선이 설치되어 있는 경우에는 그 중앙선) 우측 부분을 통행하여야 한다.

④ 차마의 운전자는 안전지대 등 안전표지에 의하여 진입이 금지된 장소에 들어가서는 아니 된다.

⑤ 차마(자전거 등은 제외)의 운전자는 안전표지로 통행이 허용된 장소를 제외하고는 자전거 도로 또는 길가장자리구역으로 통행하여서는 아니 된다. 다만, 자전거 이용 활성화에 관한 법률에 따른 자전거 우선도로의 경우에는 그러하지 아니하다.

### 2 차로에 따른 통행구분

① 차로가 설치되어 있는 경우 그 도로의 중앙에서 오른쪽으로 2이상의 차로(전용차로가 설치되어 운용되고 있는 도로에서는 전용차로를 제외)가 설치된 도로 및 일방통행 도로에 있어서 그 차로에 따른 통행차의 기준은 다음과 같다.

| 도 로 | 차로 구분 | 통행할 수 있는 차종 |
|---|---|---|
| 고속도로 외의 도로 | 왼쪽 차로 | • 승용자동차 및 경형·소형·중형 승합자동차 |
| | 오른쪽 차로 | • 대형승합자동차, 화물자동차, 특수자동차, 건설기계, 이륜자동차, 원동기장치 자전거(개인형 이동장치는 제외) |
| 고속도로 | 편도 2차로 | 1차로 | • 앞지르기를 하려는 모든 자동차, 다만 차량 통행량 증가 등 도로상황으로 인하여 부득이하게 시속 80km 미만으로 통행할 수밖에 없는 경우에는 앞지르기를 하는 경우가 아니라도 통행할 수 있다. |
| | | 2차로 | • 모든 자동차 |
| | 편도 3차로 이상 | 1차로 | • 앞지르기를 하려는 승용자동차 및 앞지르기를 하려는 경형·소형·중형 승합자동차, 다만 차량 통행량 증가 등 도로상황으로 인하여 부득이하게 시속 80km 미만으로 통행할 수밖에 없는 경우에는 앞지르기를 하는 경우가 아니라도 통행할 수 있다. |
| | | 왼쪽 차로 | • 승용자동차 및 경형·소형·중형 승합자동차 |
| | | 오른쪽 차로 | • 대형 승합자동차, 화물자동차, 특수자동차, 건설기계 |

※ 비고
1. 왼쪽 차로란
   ① 고속도로 외의 도로의 경우 : 차로를 반으로 나누어 1차로에 가까운 부분의 차로. 다만 차로의 수가 홀수인 경우 가운데 차로는 제외한다.
   ② 고속도로의 경우 : 1차로를 제외한 차로를 반으로 나누어 그 중 1차로에 가까운 부분의 차로. 다만 1차로를 제외한 차로의 수가 홀수인 경우 그 중 가운데 차로는 제외한다.
2. 오른쪽 차로란
   ① 고속도로 외의 도로의 경우 : 왼쪽 차로를 제외한 나머지 차로
   ② 고속도로의 경우 : 1차로와 왼쪽 차로를 제외한 나머지 차로
3. 모든 차는 위 표에서 지정된 차로보다 오른쪽에 있는 차로로 통행할 수 있다.
4. 앞지르기를 할 때에는 위표에서 지정된 차로의 왼쪽 바로 옆 차로로 통행할 수 있다.

② 모든 차의 운전자는 통행하고 있는 차로에서 느린 속도로 진행하여 다른 차의 정상적인 통행을 방해할 우려가 있는 때에는 그 통행하던 차로의 오른쪽 차로로 통행하여야 한다.

③ 차로의 순위는 도로의 중앙선 쪽에 있는 차로부터 1차로로 한다. 다만, 일방통행도로에서는 도로의 왼쪽부터 1차로로 한다.

### 3 전용차로의 종류 및 통행할 수 있는 차

| 전용차로의 종류 | 통행할 수 있는 차 | |
|---|---|---|
| | 고속도로 | 고속도로 외의 도로 |
| 버스 전용차로 | 9인승 이상 승용자동차 및 승합자동차(승용자동차 또는 12인승 이하의 승합자동차는 6명 이상이 승차한 경우로 한정한다) | ① 자동차관리법에 따른 36인승 이상의 대형승합자동차<br>② 여객자동차 운수사업법에 따른 36인승 미만의 사업용 승합자동차<br>③ 증명서를 발급받아 어린이를 운송할 목적으로 운행 중인 어린이통학버스<br>④ 대중교통수단으로 이용하기 위한 자율주행자동차로서 자동차관리법 제27조제1항 단서에 따라 시험·연구 목적으로 운행하기 위하여 국토교통부장관의 임시운행허가를 받은 자율주행자동차<br>⑤ ①부터 ④까지 규정한 차 외의 차로서 도로에서의 원활한 통행을 위하여 시·도경찰청장이 지정한 다음의 어느 하나에 해당하는 승합자동차<br>㉮ 노선을 지정하여 운행하는 통학통근용 승합자동차 중 16인승 이상 승합자동차<br>㉯ 국제행사 참가인원 수송 등 특히 필요하다고 인정되는 승합자동차(시·도 경찰청장이 정한 기간 이내로 한정한다)<br>㉰ 관광진흥법에 따른 관광숙박업자 또는 여객자동차 운수사업법 시행령에 따른 전세버스운송사업자가 운행하는 25인승 이상의 외국인 관광객 수송용 승합자동차(외국인 관광객이 승차한 경우만 해당한다) |
| 다인승 전용차로 | 3인 이상 승차한 승용·승합자동차(다인승전용차로와 버스전용차로가 동시에 설치되는 경우에는 버스전용차로를 통행할 수 있는 차는 제외) | |
| 자전거전용차로 | 자전거 등 | |

### 4 자동차의 속도

#### (1) 자동차의 속도

| 도로 구분 | | | 최고속도 | 최저속도 |
|---|---|---|---|---|
| 일반 도로 | 편도 2차로 이상 | | 매시 80km 이내 | 제한 없음 |
| | 편도 1차로, 시도 경찰청장이 지정한 노선 또는 구간 | | 매시 60km 이내 | |
| | 주거지역·상업지역 및 공업지역 | | 매시 50km 이내 | |
| 고속 도로 | 편도 2차로 이상 | 모든 고속도로 | 매시 100km<br>매시 80km(적재중량 1.5톤을 초과하는 화물자동차, 특수자동차, 위험물운반자동차, 건설기계) | 매시 50km |
| | | 지정·고시한 노선 또는 구간의 고속도로 | 매시 120km 이내<br>매시 90km (화물자동차, 특수자동차, 위험물운반자동차, 건설기계) | 매시 50km |
| | 편도 1차로 | | 매시 80km | 매시 50km |
| 자동차 전용도로 | | | 매시 90km | 매시 30km |

#### (2) 비·안개·눈 등으로 인한 악천후 시 감속운행

| 최고속도의 100분의 20을 줄인 속도로 운행하여야 하는 경우 | 최고속도의 100분의 50을 줄인 속도로 운행하여야 하는 경우 |
|---|---|
| (1) 비가 내려 노면이 젖어있는 경우<br>(2) 눈이 20mm 미만 쌓인 경우 | (1) 폭우·폭설·안개 등으로 가시거리가 100m 이내인 경우<br>(2) 노면이 얼어붙은 경우<br>(3) 눈이 20mm 이상 쌓인 경우 |

### 5 안전거리의 확보 등

① 모든 차의 운전자는 같은 방향으로 가고 있는 앞차의 뒤를 따르는 경우에는 앞차가 갑자기 정지하게 되는 경우 그 앞차와의 충돌을 피할 수 있는 필요한 거리를 확보하여야 한다.

② 자동차등의 운전자는 같은 방향으로 가고 있는 자전거 등의 운전자에 주의하여야 하며, 그 옆을 지날 때에는 그 자전거와의 충돌을 피할 수 있는 필요한 거리를 확보하여야 한다.

③ 모든 차의 운전자는 차의 진로를 변경하려는 경우에 그 변경하려는 방향으로 오고 있는 다른 차의 정상적인 통행에 장애를 줄 우려가 있을 때에는 진로를 변경하여서는 아니 된다.

④ 모든 차의 운전자는 위험방지를 위한 경우와 그 밖의 부득이한 경우가 아니면 운전하는 차를 갑자기 정지시키거나 속도를 줄이는 등의 급제동을 하여서는 아니 된다.

## 6 진로양보의 의무

① 긴급자동차를 제외한 모든 차의 운전자는 뒤에서 따라오는 차보다 느린 속도로 가려는 경우에는 도로의 우측 가장자리로 피하여 진로를 양보하여야 한다. 다만, 통행구분이 설치된 도로의 경우에는 그러하지 아니하다.

② 비탈진 좁은 도로에서 자동차가 서로 마주보고 진행하는 경우에는 올라가는 자동차가 도로의 우측 가장자리로 피하여 진로를 양보하여야 한다.

③ 비탈진 좁은 도로 외의 좁은 도로에서 사람을 태웠거나 물건을 실은 자동차와 동승자가 없고 물건을 싣지 아니한 자동차가 서로 마주보고 진행하는 경우에는 동승자가 없고 물건을 싣지 아니한 자동차가 도로의 우측 가장자리로 피하여 진로를 양보하여야 한다.

## 7 앞지르기 방법 등

① 모든 차의 운전자는 다른 차를 앞지르려면 앞차의 좌측으로 통행하여야 한다. 다만, 자전거 등의 운전자는 서행하거나 정지한 다른 차를 앞지르려면 앞차의 우측으로 통행할 수 있다. 이 경우 자전거 등의 운전자는 정지한 차에서 승차하거나 하차하는 사람의 안전에 유의하여 서행하거나 필요한 경우 일시정지 하여야 한다.

② 앞지르려고 하는 모든 차의 운전자는 반대방향의 교통과 앞차 앞쪽의 교통에도 주의를 충분히 기울여야 하며, 앞차의 속도·진로와 그 밖의 도로 상황에 따라 방향지시기·등화 또는 경음기를 사용하는 등 안전한 속도와 방법으로 앞지르기를 하여야 한다.

③ 모든 차의 운전자는 ①항부터 ②항까지 또는 경음기를 사용하여 안전한 속도와 방법으로 앞지르기를 하는 경우 또는 고속도로에서 방향지시기·등화 또는 경음기를 사용하여 앞지르기를 하는 차가 있을 때에는 속도를 높여 경쟁하거나 그 차의 앞을 가로막는 등의 방법으로 앞지르기를 방해하여서는 아니 된다.

④ 모든 차의 운전자는 다음 각 호의 어느 하나에 해당하는 곳에서는 다른 차를 앞지르지 못한다.
㉮ 교차로, 터널 안, 다리 위
㉯ 도로의 구부러진 곳, 비탈길의 고갯마루 부근 또는 가파른 비탈길의 내리막 등 시·도 경찰청장이 도로에서의 위험을 방지하고 교통의 안전과 원활한 소통을 확보하기 위하여 필요하다고 인정하는 곳으로서 안전표지로 지정한 곳

## 8 철길건널목의 통과

① 모든 차 또는 노면전차의 운전자는 철길 건널목(이하"건널목"이라 함)을 통과하려는 경우에는 건널목 앞에서 일시 정지하여 안전한지 확인한 후에 통과하여야 한다. 다만, 신호기 등이 표시하는 신호에 따르는 경우에는 정지하지 아니하고 통과할 수 있다.

② 모든 차 또는 노면전차의 운전자는 건널목의 차단기가 내려져 있거나 내려지려고 하는 경우 또는 건널목의 경보기가 울리고 있는 동안에는 그 건널목으로 들어가서는 아니 된다.

③ 모든 차 또는 노면전차의 운전자는 건널목을 통과하다가 고장 등의 사유로 건널목 안에서 차를 운행 할 수 없게 된 경우에는 즉시 승객을 대피시키고 비상 신호기 등을 사용하거나 그 밖의 방법으로 철도공무원 또는 경찰공무원에게 그 사실을 알려야 한다.

## 9 교차로 통행방법 등

### (1) 교차로 통행방법

① 모든 차의 운전자는 교차로에서 우회전을 하려는 경우에는 미리 도로의 우측 가장자리를 서행하면서 우회전하여야 한다. 이 경우 우회전하는 차의 운전자는 신호에 따라 정지하거나 진행하는 보행자 또는 자전거 등에 주의하여야 한다.

② 모든 차의 운전자는 교차로에서 좌회전을 하려는 경우에는 미리 도로의 중앙선을 따라 서행하면서 교차로의 중심 안쪽을 이용하여 좌회전하여야 한다. 다만, 시·도 경찰청장이 교차로의 상황에 따라 특히 필요하다고 인정하여 지정한 곳에서는 교차로의 중심 바깥쪽을 통과할 수 있다.

③ 우회전이나 좌회전을 하기 위하여 손이나 방향지시기 또는 등화로써 신호를 하는 차가 있는 경우에 그 뒤차의 운전자는 신호를 한 앞차의 진행을 방해하여서는 아니 된다.

④ 모든 차 또는 노면전차의 운전자는 신호기로 교통정리를 하고 있는 교차로에 들어가려는 경우에는 진행하려는 진로의 앞쪽에 있는 차의 상황에 따라 교차로(정지선이 설치되어 있는 경우에는 그 정 지선을 넘은 부분)에 정지하게 되어 다른 차의 통행에 방해가 될 우려가 있는 경우에는 그 교차로에 들어가서는 아니 된다.

⑤ 모든 차의 운전자는 교통정리를 하고 있지 아니하고 일시정지 또는 양보를 표시하는 안전표지가 설치되어 있는 교차로에 들어가려고 할 때에는 다른 차의 진행을 방해하지 아니하도록 일시정지 하거나 양보하여야 한다.

### (2) 교통정리가 없는 교차로에서의 양보운전

① 교통정리를 하고 있지 아니하는 교차로에 들어가려고 하는 차의 운전자는 이미 교차로에 들어가 있는 다른 차가 있을 때에는 그 차에 진로를 양보하여야 한다.

② 교통정리를 하고 있지 아니하는 교차로에 들어가려고 하는 차의 운전자는 그 차가 통행하고 있는 도로의 폭보다 교차하는 도로의 폭이 넓은 경우에는 서행하여야 하며, 폭이 넓은 도로로부터 교차로에 들어가려고 하는 다른 차가 있을 때에는 그 차에 진로를 양보하여야 한다.

③ 교통정리를 하고 있지 아니하는 교차로에 동시에 들어가려고 하는 차의 운전자는 우측도로의 차에 진로를 양보하여야 한다.

④ 교통정리를 하고 있지 아니하는 교차로에서 좌회전하려고 하는 차의 운전자는 그 교차로에서 직진하거나 우회전하려는 다른 차가 있을 때에는 그 차에 진로를 양보하여야 한다.

## 10 긴급자동차의 우선 통행 등

### (1) 긴급자동차의 우선 통행

① 긴급자동차는 긴급하고 부득이한 경우에는 도로의 중앙이나 좌측 부분을 통행할 수 있다.

② 긴급자동차는 도로교통법이나 이 법에 따른 명령에 따라 정지하여야 하는 경우에도 불구하고 긴급하고 부득이한 경우에는 정지하지 아니할 수 있다.

③ 긴급자동차의 운전자는 긴급하고 부득이한 경우에 교통안전에 특히 주의하면서 통행하여야 한다.

④ 교차로나 그 부근에서 긴급자동차가 접근하는 경우에는 차마와 노면전차의 운전자는 교차로를 피하여 일시 정지하여야 한다.

⑤ 모든 차와 노면전차의 운전자는 교차로 또는 그 부근 외의 곳에서 긴급자동차가 접근한 경우에는 긴급자동차가 우선 통행할 수 있도록 진로를 양보하여야 한다.

⑥ 소방차·구급차·혈액공급차량 등의 자동차 운전자는 해당 자동

차를 그 본래의 긴급한 용도로 운행하지 아니하는 경우에는 자동차관리법에 따라 설치된 경광등을 켜거나 사이렌을 작동하여서는 아니 된다. 다만, 대통령령으로 정하는 바에 따라 범죄 및 화재 예방 등을 위한 순찰·훈련 등을 실시하는 경우에는 그러하지 아니하다.

**(2) 긴급자동차에 대한 특례** : 긴급자동차에 대하여는 다음 각 호의 사항을 적용하지 아니한다.
  ① 자동차의 속도 제한. 다만, 긴급자동차에 대하여 속도를 제한한 경우에는 속도제한 규정을 적용한다.
  ② 앞지르기 금지, 끼어들기 금지, 신호 위반, 보도 침범, 중앙선 침범, 횡단 등의 금지
  ③ 안전거리 확보 등, 앞지르기 방법 등, 정차 및 주차의 금지, 주차 금지, 고장 등의 조치

## 11 서행 또는 일시정지 할 장소

**(1) 모든 차 또는 노면전차의 운전자는 다음 각 호의 어느 하나에 해당하는 곳에서는 서행하여야 한다.**
  ① 교통정리를 하고 있지 아니하는 교차로
  ② 도로가 구부러진 부근
  ③ 비탈길의 고갯마루 부근
  ④ 가파른 비탈길의 내리막
  ⑤ 시·도 경찰청장이 도로에서의 위험을 방지하고 교통의 안전과 원활한 소통을 확보하기 위하여 필요하다고 인정하여 안전표지로 지정한 곳

**(2) 모든 차 또는 노면전차의 운전자는 다음 각 호의 어느 하나에 해당하는 곳에서는 일시정지 하여야 한다.**
  ① 교통정리를 하고 있지 아니하고 좌우를 확인할 수 없거나 교통이 빈번한 교차로
  ② 시·도 경찰청장이 도로에서의 위험을 방지하고 교통의 안전과 원활한 소통을 확보하기 위하여 필요하다고 인정하여 안전표지로 지정한 곳

## 12 정차 및 주차의 금지 등

**(1) 정차 및 주차의 금지**

모든 차의 운전자는 다음 각 호의 어느 하나에 해당하는 곳에서는 차를 정차하거나 주차하여서는 아니 된다. 다만, 도로교통법이나 이 법에 따른 명령 또는 경찰공무원의 지시에 따르는 경우와 위험방지를 위하여 일시정지 하는 경우에는 그러하지 아니하다.
  ① 교차로·횡단보도·건널목이나 보도와 차도가 구분된 도로의 보도(주차장법에 따라 차도와 보도에 걸쳐서 설치된 노상주차장은 제외)
  ② 교차로의 가장자리나 도로의 모퉁이로부터 5m 이내인 곳
  ③ 안전지대가 설치된 도로에서는 그 안전지대의 사방으로부터 각각 10m 이내인 곳
  ④ 버스여객자동차의 정류지(停留地)임을 표시하는 기둥이나 표지판 또는 선이 설치된 곳으로부터 10m 이내인 곳. 다만, 버스여객자동차의 운전자가 그 버스여객자동차의 운행시간 중에 운행노선에 따르는 정류장에서 승객을 태우거나 내리기 위하여 차를 정차하거나 주차하는 경우에는 그러하지 아니하다.
  ⑤ 건널목의 가장자리 또는 횡단보도로부터 10m 이내인 곳
  ⑥ 시·도 경찰청장이 도로에서의 위험을 방지하고 교통의 안전과 원활한 소통을 확보하기 위하여 필요하다고 인정하여 지정한 곳
  ⑦ 소방용수시설 또는 비상 소화 장치가 설치된 곳, 옥내소화전 설비·

스프링 쿨러 설비·물 분무 등 소화설비의 송수구·소화용수설비·연결 송수관 설비·연결 살수 설비·연소방지 설비의 송수구·무선통신 보조설비의 무선기기 접속단자로부터 5m 이내의 곳

**(2) 주차금지의 장소**

모든 차의 운전자는 다음 각 호의 어느 하나에 해당하는 곳에서 차를 주차하여서는 아니 된다.
  ① 터널 안 및 다리 위
  ② 다음 각목의 곳으로부터 5m 이내인 곳
    ㉮ 도로공사를 하고 있는 경우에는 그 공사 구역의 양쪽 가장자리
    ㉯ 다중이용업소의 영업장이 속한 건물로 소방본부장의 의하여 시·도 경찰청장이 지정한 곳
  ③ 시·도 경찰청장이 도로에서의 위험을 방지하고 교통의 안전과 원활한 소통을 확보하기 위하여 필요하다고 인정하여 지정한 곳

## 13 차와 노면전차의 등화

**(1) 도로에서 차 또는 노면전차를 운행하는 경우**
  ① **자동차** : 자동차안전기준에서 정하는 전조등, 차폭등, 미등, 번호등과 실내조명등(실내조명등은 승합자동차와 여객자동차 운수사업법에 의한 여객자동차 운송사업용 승용자동차만 해당)
  ② **원동기장치 자전거** : 전조등 미등
  ③ **견인되는 차** : 미등·차폭등 및 번호등
  ④ **노면전차** : 전조등·차폭등·미등 및 실내조명등

**(2) 도로에서 정차 또는 주차하는 경우**
  ① **자동차(이륜자동차 제외)** : 자동차안전기준에서 정하는 미등 및 차폭등
  ② **이륜자동차 및 원동기장치 자전거** : 미등(후부 반사기를 포함)
  ③ **노면전차** : 차폭등 및 미등

## 04 운전자 및 고용주 등의 의무

## 1 운전 등의 금지

  ① **무면허운전 등의 금지** : 누구든지 시·도 경찰청장으로부터 운전면허를 받지 아니하거나 운전면허의 효력이 정지된 경우에는 자동차 등을 운전하여서는 아니 된다.
  ② **술에 취한 상태에서의 운전금지**
    ㉮ 누구든지 술에 취한 상태(혈중알코올농도가 0.03% 이상)에서 자동차 등(건설기계관리법 제26조제1항 단서에 따른 건설기계 외의 건설기계 포함), 노면전차 또는 자전거를 운전하여서는 아니 된다.
    ㉯ 경찰공무원이 술에 취하였는지를 측정한 호흡조사 결과에 불복하는 운전자에 대하여는 그 운전자의 동의를 받아 혈액 채취 등의 방법으로 다시 측정할 수 있다.
  ③ **과로한 때 등의 운전금지** : 자동차 등(개인형 이동장치는 제외) 또는 노면전차의 운전자는 술에 취한 상태 외에 과로 질병 또는 약물(마약, 대마 및 향정신성의 약품과 그 밖에 행정안전부령으로 정하는 것)의 영향과 그 밖의 사유로 정상적으로 운전하지 못할 우려가 있는 상태에서 자동차 등 또는 노면전차를 운전하여서는 아니 된다.
  ④ **공동 위험행위 금지** : 자동차 등(개인형 이동장치는 제외)의 운전자는 도로에서 2명 이상이 공동으로 2대 이상의 자동차 등을 정당한 사유 없이 앞뒤로 또는 좌우로 줄지어 통행하면서 다른 사람에게 위해(危害)를 끼치거나 교통상의 위험을 발생하게 하여서는

아니 된다.

⑤ **난폭운전 금지** : 자동차 등(개인형 이동장치는 제외)의 운전자는 도로교통법 제46조의3 각 호에 따른 행위를 연달아 하거나 하나의 행위를 지속 또는 반복하여 다른 사람에게 위협 또는 위해를 가하거나 교통상의 위험을 발생하게 하여서는 아니 된다.

## 2 모든 운전자의 준수사항 등

① 물이 고인 곳을 운행하는 때에는 고인 물을 튀게 하여 다른 사람에게 피해를 주는 일이 없도록 할 것

② 다음 각목의 어느 하나에 해당하는 때에는 일시정지 할 것

㉮ 어린이가 보호자 없이 도로를 횡단하는 때, 어린이가 도로에 앉아 있거나 서 있을 때 또는 어린이가 도로에서 놀이를 할 때 등 어린이에 대한 교통사고의 위험이 있는 것을 발견한 경우

㉯ 앞을 보지 못하는 사람이 흰색 지팡이를 가지거나 장애인보조견을 동반하는 등의 조치를 하고 도로를 횡단하고 있는 경우

㉰ 지하도나 육교 등 도로 횡단시설을 이용할 수 없는 지체장애인이나 노인 등이 도로를 횡단하고 있는 경우

③ 자동차의 앞면 창유리와 운전석 좌우 옆면 창유리의 가시광선의 투과율이 대통령령으로 정하는 기준보다 낮아 교통안전 등에 지장을 줄 수 있는 차를 운전하지 아니할 것. 다만, 요인경호용, 구급용 및 장의용 자동차는 제외

④ 교통단속용 장비의 기능을 방해하는 장치를 한 차나 그 밖에 안전운전에 지장을 줄 수 있는 것으로서 행정안전부령으로 정하는 기준에 적합하지 아니한 장치를 한 차를 운전하지 아니할 것. 다만, 자율주행자동차의 신기술 개발을 위한 장치를 장착하는 경우에는 그러하지 아니하다.

⑤ 도로에서 자동차 등(개인형 이동장치는 제외한다) 또는 노면전차를 세워둔 채 시비·다툼 등의 행위를 하여 다른 차마의 통행을 방해하지 아니할 것

⑥ 운전자가 차 또는 노면전차를 떠나는 경우에는 교통사고를 방지하고 다른 사람이 함부로 운전하지 못하도록 필요한 조치를 할 것

⑦ 운전자는 안전을 확인하지 아니하고 차 또는 노면전차의 문을 열거나 내려서는 아니 되며, 동승자가 교통의 위험을 일으키지 아니하도록 필요한 조치를 할 것

⑧ 운전자는 정당한 사유 없이 다음 각목의 어느 하나에 해당하는 행위를 하여 다른 사람에게 피해를 주는 소음을 발생시키지 아니할 것

㉮ 자동차 등을 급히 출발시키거나 속도를 급격히 높이는 행위

㉯ 자동차 등의 원동기 동력을 차의 바퀴에 전달시키지 아니하고 원동기의 회전수를 증가시키는 행위

㉰ 반복적이거나 연속적으로 경음기를 울리는 행위

⑨ 운전자는 승객이 차 안에서 안전운전에 현저히 장해가 될 정도로 춤을 추는 등 소란행위를 하도록 내버려두고 차를 운행하지 아니할 것

⑩ 운전자는 자동차 등 또는 노면전차의 운전 중에는 휴대용 전화(자동차용 전화를 포함)를 사용하지 아니 할 것. 다만, 다음 각목의 어느 하나에 해당하는 경우에는 그러하지 아니하다.

㉮ 자동차 등 또는 노면전차가 정지하고 있는 경우

㉯ 긴급자동차를 운전하는 경우

㉰ 각종 범죄 및 재해 신고 등 긴급한 필요가 있는 경우

㉱ 안전운전에 장애를 주지 아니하는 장치로서 손으로 잡지 아니하고도 휴대용 전화(자동차용 전화를 포함)를 사용할 수 있도록 해 주는 장치를 이용하는 경우

⑪ 자동차 등 또는 노면전차의 운전 중에는 방송 등 영상물을 수신하거나 재생하는 장치(운전자가 휴대 하는 것을 포함하며, 이하 "영상표시장치"라 한다.)를 통하여 운전자가 운전 중 볼 수 있는 위치에 영상이 표시되지 아니하도록 할 것. 다만 다음 각목의 어느 하나에 해당하는 경우에는 그러하지 아니하다.

㉮ 자동차 등 또는 노면전차가 정지하고 있는 경우

㉯ 자동차 등 또는 노면전차에 장착하거나 거치하여 놓은 영상표시장치에 다음의 영상이 표시되는 경우

㉠ 지리안내 영상 또는 교통정보안내 영상

㉡ 국가비상사태·재난상황 등 긴급한 상황을 안내하는 영상

㉢ 운전을 할 때 자동차 등 또는 노면전차의 좌우 또는 전후방을 볼 수 있도록 도움을 주는 영상

⑫ 자동차 등 또는 노면전차의 운전 중(자동차 등이 정지하고 있는 경우는 제외 한다.)에는 영상표시장치를 조작하지 아니 할 것. 다만 자동차 등과 노면전차가 정차하고 있는 경우 또는 노면전차 운전자가 운전에 필요한 영상표시 장치를 조작하는 경우는 제외

⑬ 운전자는 자동차의 화물 적재함에 사람을 태우고 운행하지 아니할 것

⑭ 그 밖에 시·도 경찰청장이 교통안전과 교통질서 유지에 필요하다고 인정하여 지정·공고한 사항에 따를 것

## 3 어린이통학버스

① **어린이통학버스의 특별보호**

㉮ 어린이통학버스가 도로에 정차하여 어린이나 영유아가 타고 내리는 중임을 표시하는 점멸등 등의 장치를 작동 중일 때에는 어린이통학버스가 정차한 차로와 그 차로의 바로 옆 차로로 통행하는 차의 운전자는 어린이통학버스에 이르기 전에 일시정지 하여 안전을 확인한 후 서행하여야 한다.

㉯ 중앙선이 설치되지 아니한 도로와 편도 1차로인 도로에서는 반대방향에서 진행하는 차의 운전자도 어린이통학버스에 이르기 전에 일시정지 하여 안전을 확인한 후 서행하여야 한다.

㉰ 모든 차의 운전자는 어린이나 영유아를 태우고 있다는 표시를 한 상태로 도로를 통행하는 어린이통학버스를 앞지르지 못한다.

② **어린이통학버스 운전자의 의무사항**

㉮ 어린이나 영유아가 타고 내리는 경우에만 점멸등 등의 장치를 작동하여야 하며, 어린이나 영유아를 태우고 운행 중인 경우에만 어린이 또는 영유아를 태우고 운행 중임을 표시하여야 한다.

㉯ 어린이통학버스를 운전하는 사람은 어린이나 영유아가 어린이통학버스를 탈 때에는 승차한 모든 어린이나 영유아가 좌석안전띠(어린이나 영유아의 신체구조에 따라 적합하게 조절될 수 있는 안전 띠)를 매도록 한 후에 출발하여야 하며, 내릴 때에는 보도나 길가장자리구역 등 자동차로부터 안전한 장소에 도착한 것을 확인한 후에 출발하여야 한다. 다만, 좌석안전띠 착용과 관련하여 질병 등으로 인하여 좌석안전띠를 매는 것이 곤란하거나 행정안전부령으로 정하는 사유가 있는 경우에는 그러하지 아니하다.

㉰ 어린이통학버스를 운영하는 자는 어린이통학버스에 어린이나 영유아를 태울 때에는 성년인 사람 중 어린이통학버스를 운영하는 자가 지명한 보호자를 함께 태우고 운행하여야 하며, 동승한 보호자는 어린이나 영유아가 승차 또는 하차하는 때에는 자동차에서 내려서 어린이나 영유아가 안전하게 승하차하는 것을 확인하고 운행 중에는 어린이나 영유아가 좌석에 앉아 좌석안전띠를 매고 있도록 하는 등 어린이 보호에 필요한 조치를 하여야 한다.

㉱ 어린이의 승차 또는 하차를 도와주는 보호자를 태우지 아니한 어린이통학버스를 운전하는 사람은 어린이가 승차 또는 하차하는 때에 자동차에서 내려서 어린이나 영유아가 안전하게 승하차하는 것을 확인하여야 한다.

⑪ 어린이통학버스를 운전하는 사람은 어린이통학버스 운행을 마친 후 어린이나 영유아가 모두 하차하였는지를 확인하여야 한다.

### 4 사고발생 시의 조치

① 차 또는 노면전차의 운전 등 교통으로 인하여 사람을 사상하거나 물건을 손괴("교통사고"라고 함)한 경우에는 그 차 또는 노면전차의 운전자나 그 밖의 승무원(이하 운전자 등이라 한다)은 즉시 정차하여 다음 각 호의 조치를 하여야 한다.
⑦ 사상자를 구호하는 등 필요한 조치
⑭ 피해자에게 인적사항(성명, 전화번호, 주소 등) 제공
② 교통사고가 발생한 차 또는 노면전차의 운전자 등은 경찰공무원이 현장에 있을 때에는 그 경찰공무원에게, 경찰공무원이 현장에 없을 때에는 가장 가까운 국가경찰관서(지구대·파출소 및 출장소를 포함)에 다음 각 호의 사항을 지체 없이 신고하여야 한다. 다만, 차 또는 노면전차만 손괴된 것이 분명하고 도로에서의 위험방지와 원활한 소통을 위하여 필요한 조치를 한 경우에는 그러하지 아니하다.
⑦ 사고가 일어난 곳   ⑭ 사상자 수 및 부상정도
⑭ 손괴한 물건 및 손괴정도   ⑭ 그 밖의 조치사항 등

## 05 고속도로 및 자동차전용도로에서의 고장 등의 조치

### 1 갓길 통행금지 등

① 자동차의 운전자는 고속도로등에서 자동차의 고장 등 부득이한 사정이 있는 경우를 제외하고는 행정안전부령으로 정하는 차로에 따라 통행하여야 하며, 갓길(도로법에 따른 길어깨를 말한다)로 통행하여서는 아니 된다. 다만, 긴급자동차와 고속도로 등의 보수·유지 등의 작업을 하는 자동차를 운전하는 경우에는 그러하지 아니하다.
② 자동차의 운전자는 고속도로에서 다른 차를 앞지르려면 방향지시기, 등화 또는 경음기를 사용하여 행정안전부령으로 정하는 차로로 안전하게 통행하여야 한다.

### 2 횡단 등의 금지 등

① 자동차의 운전자는 그 차를 운전하여 고속도로 또는 자동차전용도로를 횡단하거나 유턴 또는 후진하여서는 아니 된다. 다만, 긴급자동차 또는 도로의 보수·유지 등의 작업을 하는 자동차 가운데 고속도로 또는 자동차전용도로에서의 위험을 방지·제거하거나 교통사고에 대한 응급조치 작업을 위한 자동차로서 그 목적을 위하여 반드시 필요한 경우에는 그러하지 아니하다.
② 자동차(이륜자동차는 긴급자동차만 해당) 외의 차마의 운전자 또는 보행자는 고속도로 또는 자동차전용도로를 통행하거나 횡단하여서는 아니 된다.

### 3 고장 등의 조치

① 자동차의 운전자는 고장이나 그 밖의 사유로 고속도로 등에서 자동차를 운행할 수 없게 되었을 때에는 고장자동차의 표지를 설치하여야 하며, 그 자동차를 고속도로 등이 아닌 다른 곳으로 옮겨 놓는 등의 필요한 조치를 하여야 한다.
② 자동차의 운전자는 고장 자동차의 표지를 설치하는 경우 그 자동차의 후방에서 접근하는 자동차의 운전자가 확인할 수 있는 위치에 설치하여야 한다.
③ 밤에는 고장자동차의 표지와 함께 사방 500m 지점에서 식별할 수 있는 적색의 섬광신호·전기제등 또는 불꽃신호를 추가로 설치

하여야 한다.

## 06 특별교통안전교육

### 1 특별 교통안전 의무교육

(1) 다음 각 호의 어느 하나에 해당하는 사람은 특별교통안전 의무교육을 받아야 한다.
① 운전면허 취소처분을 받은 사람으로서 운전면허를 다시 받으려는 사람(다음은 제외).
⑦ 적성검사를 받지 아니하거나 그 적성검사에 불합격한 경우
⑭ 운전면허를 받은 사람이 자신의 운전면허를 실효(失效)시킬 목적으로 시·도 경찰청장에게 자진하여 운전면허를 반납하는 경우. 다만, 실효시키려는 운전면허가 취소처분 또는 정지처분의 대상이거나 효력정지 기간 중인 경우는 제외한다.
② 술에 취한 상태에서의 운전, 공동 위험행위, 난폭운전, 운전 중 고의 또는 과실로 교통사고를 일으킨 경우, 자동차 등을 이용하여 특수상해, 특수폭행, 특수협박 또는 특수손괴를 위반하는 행위에 해당하여 운전면허 효력 정지처분을 받게 되거나 받은 사람으로서 그 정지기간이 끝나지 아니한 사람
③ 운전면허 취소 처분 또는 운전면허 효력 정지처분이 면제된 사람으로서 면제된 날부터 1개월이 지나지 아니한 사람
④ 운전면허 효력 정지처분을 받게 되거나 받은 초보운전자로서 그 정지기간이 끝나지 아니한 사람

(2) 특별교통안전교육 연기신청을 할 수 있는 경우
특별교통안전교육을 연기 받은 사람은 그 사유가 없어 진 날부터 30일 이내에 특별 교통안전 교육을 받아야 한다.
① 질병이나 부상을 입어 거동이 불가능한 경우
② 법령에 따라 신체의 자유를 구속당한 경우
③ 그 밖에 부득이한 사유라고 인정할 만한 상당한 이유가 있는 경우

### 2 특별교통안전 권장교육

① 다음 각 호의 어느 하나에 해당하는 사람이 시·도 경찰청장에게 신청하는 경우에는 대통령령으로 정하는 바에 따라 특별교통안전 권장교육을 받을 수 있다. 이 경우 권장교육을 받기 전 1년 이내에 해당 교육을 받지 아니한 사람에 한정한다.
⑦ 교통법규 위반 등 ⑭~⑭까지 사유 외의 사유로 인하여 운전면허 효력 정지처분을 받게 되거나 받은 사람
⑭ 교통법규 위반 등으로 인하여 운전면허 효력 정지처분을 받을 가능성이 있는 사람
⑭ ⑭~⑭까지 사유 외의 사유로 특별교통안전 의무 교육을 받은 사람
⑭ 운전면허를 받은 사람 중 교육을 받으려는 날에 65세 이상인 사람

### 3 특별교통안전 교육

① 특별교통안전 의무교육 및 특별교통안전 권장교육은 다음 각 호의 사항에 대하여 강의·시청각교육 또는 현장체험교육 등의 방법으로 3시간 이상 16시간 이하로 각각 실시한다.
⑦ 교통질서
⑭ 교통사고와 그 예방
⑭ 안전운전의 기초

㉣ 교통법규와 안전

㉤ 운전면허 및 자동차관리

㉥ 그 밖에 교통안전의 확보를 위하여 필요한 사항

## 07 운전면허

### 1 운전면허

#### (1) 운전면허 종별 운전할 수 있는 차의 종류

| 운전면허 | | 운전할 수 있는 차량 |
|---|---|---|
| 종별 | 구 분 | |
| 제1종 | 대형면허 | ○ 승용자동차<br>○ 승합자동차<br>○ 화물자동차<br>○ 건설기계<br>　- 덤프트럭, 아스팔트살포기, 노상안정기<br>　- 콘크리트믹서트럭, 콘크리트펌프, 천공기(트럭 적재식)<br>　- 콘크리트믹서트레일러, 아스팔트콘크리트재생기<br>　- 도로보수트럭, 3톤 미만의 지게차<br>○ 특수자동차(대형견인차, 소형견인차 및 구난차(이하 구난차<br>　등이라 한다)는 제외)<br>○ 원동기장치자전거 |
| | 보통면허 | ○ 승용자동차<br>○ 승차정원 15명 이하의 승합자동차<br>○ 적재중량 12톤 미만의 화물자동차<br>○ 건설기계(도로를 운행하는 3톤 미만의 지게차에 한정)<br>○ 총중량 10톤 미만의 특수자동차(구난차 등은 제외)<br>○ 원동기장치자전거 |
| | 소형면허 | ○ 3륜화물자동차　　○ 3륜승용자동차<br>○ 원동기장치자전거 |
| | 특수<br>면허 | 대형<br>견인차 | ○ 견인형 특수 자동차<br>○ 제2종 보통면허로 운전할 수 있는 차량 |
| | | 소형<br>견인차 | ○ 총중량 3.5톤 이하의 견인형 특수자동차<br>○ 제2종 보통면허로 운전할 수 있는 차량 |
| | | 구난차 | ○ 구난형 특수자동차<br>○ 제2종 보통면허로 운전할 수 있는 차량 |
| 제2종 | 보통면허 | ○ 승용자동차<br>○ 승차정원 10명 이하의 승합자동차<br>○ 적재중량 4톤 이하 화물자동차<br>○ 총중량 3.5톤 이하의 특수자동차(구난차 등은 제외)<br>○ 원동기장치자전거 |
| | 소형면허 | ○ 이륜자동차(측차부를 포함)　○ 원동기장치자전거 |

### 2 운전면허의 정지·취소처분 기준

#### (1) 벌점 등 초과로 인한 운전면허의 취소·정지

| 기간 | 벌점 또는 누산점수 |
|---|---|
| 1년 간 | 121점 이상 |
| 2년 간 | 201점 이상 |
| 3년 간 | 271점 이상 |

#### (2) 사고결과에 따른 벌점기준

| 구분 | | 벌점 | 내용 |
|---|---|---|---|
| 인적<br>피해<br>교통<br>사고 | 사망 1명마다 | 90 | 사고발생 시부터 72시간 이내에 사망한 때 |
| | 중상 1명마다 | 15 | 3주 이상의 치료를 요하는 의사의 진단이 있는 사고 |
| | 경상 1명마다 | 5 | 3주 미만 5일 이상의 치료를 요하는 의사의 진단이 있는 사고 |
| | 부상신고 1명마다 | 2 | 5일 미만의 치료를 요하는 의사의 진단이 있는 사고 |

## 08 안전표지

### 1 주의표지

도로상태가 위험하거나 도로 또는 그 부근에 위험물이 있는 경우에 필요한 안전조치를 할 수 있도록 이를 도로사용자에게 알리는 표지

### 2 규제표지

도로교통의 안전을 위하여 각종 제한·금지 등의 규제를 하는 경우에 이를 도로사용자에게 알리는 표지

### 3 지시표지

도로의 통행방법·통행구분 등 도로교통의 안전을 위하여 필요한 지시를 하는 경우에 도로사용자가 이를 따르도록 알리는 표지

### 4 보조표지

주의표지·규제표지 또는 지시표지의 주기능을 보충하여 도로사용자에게 알리는 표지

### 5 노면표시

① 도로교통의 안전을 위하여 각종 주의·규제·지시 등의 내용을 노면에 기호·문자 또는 선으로 도로사용자에게 알리는 표시

② 노면표시에 사용되는 각종 선에서 점선은 허용, 실선은 제한, 복선은 의미의 강조를 나타낸다.

③ **노면표시의 색채의 기준**

㉮ **황색** : 중앙선 표시, 노상장애물 중 도로중앙 장애물 표시, 주차금지 표시, 정차·주차금지 표시 및 안전지대 표시(반대방향의 교통류분리 또는 도로이용의 제한 및 지시)

㉯ **청색** : 버스전용차로 표시 및 다인승차량 전용차선 표시(지정방향의 교통류 분리 표시)

㉰ **적색** : 어린이 보호구역 또는 주거지역 안에 설치하는 속도제한표시의 테두리선

㉱ **백색** : ㉮ 내지 ㉯에서 지정된 외의 표시(동일방향의 교통류 분리 및 경계표시)

# 제3장 교통사고처리 특례법령

## 01 특례의 적용

### 1 교통사고처리 특례법령의 정의

(1) 교통사고처리 특례법은 차의 교통으로 인한 사고가 발생하여 운전자를 형사 처벌하여야 하는 경우에 적용되는 법으로 인적피해를 야기한 경우에는 형법에 따른 업무상과실·중과실 치사상죄를 적용하고, 물적 피해를 야기한 경우에는 도로교통법의 과실재물손괴죄를 적용한다.

① 형법 제268조(업무상과실·중과실 치사상죄) : 업무상 과실 또는 중대한 과실로 인하여 사람을 사상에 이르게 한 자는 5년 이하의 금고 또는 2천만 원 이하의 벌금에 처한다.

② 도로교통법 제151조(벌칙) : 차의 운전자가 업무상 필요한 주의를 게을리 하거나 중대한 과실로 다른 사람의 건조물이나 그 밖의 재물을 손괴한 경우에는 2년 이하의 금고나 500만 원 이하의 벌금에 처한다.

(2) 용어의 정의

1) **차** 란 「도로교통법」 제2조제17호가 목에 따른 차(車)와 「건설기계관리법」 제2조제1항제1호에 따른 건설기계를 말한다.

2) **교통사고** 란 차의 교통으로 인하여 사람을 사상하거나 물건을 손괴하는 것을 말한다.

① 교통사고의 조건
㉮ 차에 의한 사고
㉯ 피해의 결과 발생(사람 사상 또는 물건 손괴 등)
㉰ 교통으로 인하여 발생한 사고

② 교통사고로 처리되지 않는 경우
㉮ 명백한 자살이라고 인정되는 경우
㉯ 확정적인 고의 범죄에 의해 타인을 사상하거나 물건을 손괴한 경우
㉰ 건조물 등이 떨어져 운전자 또는 동승자가 사상한 경우
㉱ 축대 등이 무너져 도로를 진행 중인 차량이 손괴되는 경우
㉲ 사람이 건물, 육교 등에서 추락하여 운행 중인 차량과 충돌 또는 접촉하여 사상한 경우
㉳ 기타 안전사고로 인정되는 경우

### 2 특례 적용

(1) 교통사고처리 특례법상 특례 적용

차의 교통으로 업무상과실상죄 또는 중과실치사상죄와 다른 사람의 건조물이나 그 밖의 재물을 손괴한 죄를 범한 운전자에 대하여는 피해자의 명시적인 의사에 반하여 공소를 제기할 수 없다. 다만, 차의 운전자가 제1항의 죄 중 업무상과실상죄 또는 중과실치사상죄를 범하고도 피해자를 구호하는 등 도로교통법에 따른 조치를 하지 아니하고 도주하거나 피해자를 사고 장소로부터 옮겨 유기하고 도주한 경우, 같은 죄를 범하고 도로교통법을 위반하여 음주측정 요구에 따르지 아니한 경우(운전자가 채혈 측정을 요청하거나 동의한 경우는 제외한다)에는 그러하지 아니하다.

(2) 보험 또는 공제에 가입된 경우의 특례 적용

① 교통사고를 일으킨 차가 보험 또는 공제에 가입된 경우에는 교통사고처리특례법상의 특례 적용 사고가 발생한 경우에 운전자에 대하여 공소를 제기할 수 없다.

② 다만, 다음 각 호의 어느 하나에 해당하는 경우에는 공소를 제기할 수 있다.
㉮ "교통사고처리특례법상 특례 적용이 배제되는 사고"에 해당하는 경우
㉯ 피해자가 신체의 상해로 인하여 생명에 대한 위험이 발생하거나 불구 또는 불치나 난치의 질병이 생긴 경우
㉰ 보험계약 또는 공제계약이 무효로 되거나 해지되거나 계약상의 면책 규정 등으로 인하여 보험회사, 공제조합 또는 공제사업자의 보험금 또는 공제금 지급의무가 없어진 경우

(3) 사고 운전자 가중처벌

① 사고 운전자가 피해자를 구호하는 등의 조치를 하지 아니하고 도주한 경우
㉮ 피해자를 사망에 이르게 하고 도주하거나, 도주 후에 피해자가 사망한 경우에는 무기 또는 5년 이상의 징역
㉯ 피해자를 상해에 이르게 한 경우에는 1년 이상의 유기징역 또는 500만 원 이상 3천만 원 이하의 벌금

② 사고 운전자가 피해자를 사고 장소로부터 옮겨 유기하고 도주한 경우
㉮ 피해자를 사망에 이르게 하고 도주하거나, 도주 후에 피해자가 사망한 경우에는 사형, 무기 또는 5년 이상의 징역
㉯ 피해자를 상해에 이르게 한 경우에는 3년 이상의 유기징역

③ 위험운전 치사상의 경우
㉮ 음주 또는 약물의 영향으로 정상적인 운전이 곤란한 상태에서 자동차(원동기장치자전거 포함)를 운전하여 사람을 사망에 이르게 한 경우에는 1년 이상의 유기징역
㉯ 사람을 상해에 이르게 한 경우 10년 이하의 징역 또는 500만 원 이상 3천만 원 이하의 벌금

## 02 중대 교통사고 유형 및 대처방법

### 1 사망사고

① 교통안전법 시행령에 규정된 교통사고에 의한 사망은 교통사고가 주된 원인이 되어 교통사고 발생 시부터 30일 이내에 사람이 사망한 사고를 말한다.

② 도로교통법령상 교통사고 발생 후 72시간 내 사망하면 벌점 90점이 부과되며, 교통사고처리특례법상 형사적 책임이 부과된다.

### 2 도주(뺑소니) 사고

(1) 도주(뺑소니)인 경우

① 피해자 사상 사실을 인식하거나 예견됨에도 가버린 경우
② 피해자를 사고현장에 방치한 채 가버린 경우
③ 현장에 도착한 경찰관에게 거짓으로 진술한 경우
④ 사고 운전자를 바꿔치기 하여 신고한 경우
⑤ 사고 운전자가 연락처를 거짓으로 알려준 경우
⑥ 피해자가 이미 사망하였다고 사체 안치 후송 등의 조치 없이 가버린 경우
⑦ 피해자를 병원까지만 후송하고 계속 치료를 받을 수 있는 조치 없이 가버린 경우

⑧ 쌍방 업무상 과실이 있는 경우에 발생한 사고로 과실이 적은 차량이 도주한 경우

⑨ 자신의 의사를 제대로 표시하지 못하는 나이 어린 피해자가 '괜찮다'라고 하여 조치 없이 가 버린 경우

### (2) 도주(뺑소니)가 아닌 경우

① 피해자가 부상 사실이 없거나 극히 경미하여 구호조치가 필요하지 않아 연락처를 제공하고 떠난 경우

② 사고 운전자가 심한 부상을 입어 타인에게 의뢰하여 피해자를 후송 조치한 경우

③ 사고 장소가 혼잡하여 불가피하게 일부 진행 후 정지하고 되돌아와 조치한 경우

④ 사고 운전자가 급한 용무로 인해 동료에게 사고처리를 위임하고 가버린 후 동료가 사고 처리 한 경우

⑤ 피해자 일행의 구타·폭언·폭행이 두려워 현장을 이탈한 경우

⑥ 사고 운전자가 자기 차량 사고에 대한 조치 없이 가버린 경우

## 3 신호·지시위반 사고

### (1) 신호·지시위반 사고 사례

#### 1) 신호위반 사고 사례

① 신호가 변경되기 전에 출발하여 인적피해를 야기한 경우

② 황색 주의신호에 교차로에 진입하여 인적피해를 야기한 경우

③ 신호 내용을 위반하고 진행하여 인적피해를 야기한 경우

④ 적색 차량신호에 진행하다 정지선과 횡단보도 사이에서 보행자를 충격한 경우

#### 2) 지시위반 사고 사례

아래 규제표지를 위반한 경우

| 통행금지 | 자동차통행금지 | 화물자동차통행금지 |
|---|---|---|
| 승합자동차통행금지 | 이륜자동차및원동기장치자전거통행금지 | 자동차이륜자동차및원동기장치자전거통행금지 |
| 경운가·트랙터 및 손수레통행금지 | 자전거통행금지 | 진입금지 / 일시정지 |

## 4 중앙선 침범 사고

### (1) 중앙선 침범 개념 및 적용

① **중앙선 침범** : 중앙선을 넘어서거나 차체가 걸친 상태에서 운전한 경우

② **중앙선 침범을 적용하는 경우(현저한 부주의)**

㉮ 커브 길에서 과속으로 인한 중앙선 침범의 경우

㉯ 빗길에서 과속으로 인한 중앙선 침범의 경우

㉰ 졸다가 뒤늦은 제동으로 중앙선을 침범한 경우

㉱ 차내 잡담 또는 휴대폰 통화 등의 부주의로 중앙선을 침범한

경우

③ **중앙선 침범을 적용할 수 없는 경우(만부득이한 경우)**

㉮ 사고를 피하기 위해 급제동하다 중앙선을 침범한 경우

㉯ 위험을 회피하기 위해 중앙선을 침범한 경우

㉰ 빙판길 또는 빗길에서 미끄러져 중앙선을 침범한 경우(제한속도 준수)

## 5 과속(20km/h 초과) 사고

### (1) 속도에 대한 정의

① **규제 속도** : 법정 속도(도로교통법에 따른 도로별 최고·최저속도)와 제한 속도(시·도 경찰청장에 의한 지정속도)

② **설계 속도** : 도로설계의 기초가 되는 자동차의 속도

③ **주행 속도** : 정지시간을 제외한 실제 주행거리의 평균 주행속도

④ **구간 속도** : 정지시간을 포함한 주행거리의 평균 주행속도

### (2) 과속사고의 성립요건

| 항목 | 내용 | 예외사항 |
|---|---|---|
| 1. 장소적 요건 | • 도로법에 따른 도로, 유료도로법에 따른 도로, 농어촌도로 정비법에 따른 농어촌도로, 그 밖에 현실적으로 불특정 다수의 사람 또는 차마의 통행을 위하여 공개된 장소로서 안전하고 원활한 교통을 확보할 필요가 있는 장소 | • 불특정 다수의 사람 또는 차마의 통행을 위하여 공개된 장소가 아닌 곳에서의 사고 |
| 2. 피해자 요건 | • 과속 차량(20km/h 초과)에 충돌되어 인적 피해를 입는 경우 | • 제한속도 20km/h 이하 과속 차량에 충돌되어 인적피해를 입은 경우<br>• 제한속도 20km/h 초과 차량에 충돌되어 대물피해만 입은 경우 |
| 3. 운전자 과실 | • 제한속도 20km/h 초과하여 과속으로 운행 중에 사고가 발생한 경우<br>-고속도로나 자동차 전용도로에서 법정속도 20km/h 초과한 경우<br>-일반도로 법정속도 60km/h, 편도 2차로 이상의 도로에서는 80km/h에서 20km/h 초과한 경우<br>-속도제한 표지판 설치구간에서 제한속도 20km/h를 초과한 경우<br>-비가 내려 노면이 젖어있는 경우, 눈이 20mm 미만 쌓인 경우 최고 속도의 20/100을 줄인 속도에서 20km/h를 초과한 경우<br>-폭우, 폭설, 안개 등으로 가시거리가 100m 이내인 경우, 노면이 얼어붙은 경우, 눈이 20mm 이상 쌓인 경우 최고속도의 50/100을 줄인 속도에서 20km/h를 초과한 경우<br>- 가변형 속도제한표지에 따른 최고속도에서 20km/h를 초과한 경우<br>-총중량 2,000kg 미만인 자동차를 총중량이 그의 3배 이상인 자동차로 견인하는 경우에는 30km/h에서 20km/h를 초과한 경우<br>-총중량 2,000kg에 미만인 자동차를 총중량이 그의 3배 미만인 자동차로 견인하는 경우와 이륜자동차가 견인하는 경우 25km/h에서 20km/h를 초과한 경우 | • 제한속도 20km/h 이하로 과속하여 운행 중 사고를 야기한 경우<br>• 제한속도 20km/h 초과하여 과속운행 중 대물피해만 입은 경우 |
| 4. 시설물 설치요건 | • 사도 경찰청장이 설치한 안전표지 중 -규제표지 224(최고속도제한표지) -노면표시 517(속도제한표시), 518(어린이보호구역안 속도제한표시) | · 과속(20km/h)이 적용되지 않는 표지<br>-규제표지 226(서행표지)<br>-보조표지 409(안전속도표지)<br>-노면표시 519(서행표시), 520(서행표시) |

(3) 비·안개·눈 등으로 인한 악천후 시 감속운행 속도

| 정상 날씨 제한속도 | 60 km/h | 70 km/h | 80 km/h | 90 km/h | 100 km/h |
|---|---|---|---|---|---|
| • 최고속도의 100분의 20을 줄인 속도로 운행하여야 하는 경우<br>- 비가 내려 노면이 젖어있는 경우<br>- 눈이 20mm 미만 쌓인 경우 | 48 km/h | 56 km/h | 64 km/h | 72 km/h | 80 km/h |
| • 최고속도의 100분의 50을 줄인 속도로 운행하여야 하는 경우<br>- 폭우·폭설·안개 등으로 가시거리가 100m 이내인 경우<br>- 노면이 얼어붙은 경우<br>- 눈이 20mm 이상 쌓인 경우 | 30 km/h | 35 km/h | 40 km/h | 45 km/h | 50 km/h |

## 6 앞지르기 방법·금지위반 사고

### 1) 도로교통법 제21조(앞지르기 방법)

모든 차의 운전자는 다른 차를 앞지르고자 하는 때에는 앞차의 좌측으로 통행하여야 한다.

### 2) 도로교통법 제22조(앞지르기 금지의 시기 및 장소)

① 모든 차의 운전자는 다음의 어느 하나에 해당하는 경우에는 앞차를 앞지르지 못 한다.

㉮ 앞차의 좌측에 다른 차가 앞차와 나란히 가고 있는 경우

㉯ 앞차가 다른 차를 앞지르고 있거나 앞지르고자 하는 경우

② 모든 차의 운전자는 도로교통법이나 이 법에 의한 명령 또는 경찰공무원의 지시를 따르거나 위험을 방지하기 위하여 정지하거나 서행하고 있는 다른 차를 앞지르지 못한다.

③ 모든 차의 운전자는 다음의 어느 하나에 해당하는 곳에서는 다른 차를 앞지르지 못한다.

㉮ 교차로

㉯ 터널 안

㉰ 다리 위

㉱ 도로의 구부러진 곳, 비탈길의 고갯마루 부근 또는 가파른 비탈길의 내리막 등 시·도 경찰청장이 도로에서의 위험을 방지하고 교통의 안전과 원활한 소통을 확보하기 위하여 필요하다고 인정하는 곳으로서 안전표지로 지정한 곳

### 3) 도로교통법 제23조(끼어들기의 금지)

모든 차의 운전자는 도로교통법이나 도로교통법에 의한 명령 또는 경찰공무원의 지시에 따르거나 위험방지를 위하여 정지 또는 서행하고 있는 다른 차 앞에 끼어들지 못한다.

### 4) 도로교통법 제60조제2항(갓길 통행금지 등)

자동차의 운전자는 고속도로에서 다른 차를 앞지르고자 하는 때에는 방향지시기·등화 또는 경음기를 사용하여 행정안전부령이 정하는 차로로 안전하게 통행하여야 한다.

## 7 철길건널목 통과방법 위반 사고

### (1) 철길건널목의 종류

| 항목 | 내용 |
|---|---|
| 제1종 건널목 | 차단기, 건널목경보기 및 교통안전표지가 설치되어 있는 경우 |
| 제2종 건널목 | 건널목경보기 및 교통안전표지가 설치되어 있는 경우 |
| 제3종 건널목 | 교통안전표지만 설치되어 있는 경우 |

### (2) 철길건널목 통과방법위반 사고의 성립요건

| 항목 | 내용 | 예외사항 |
|---|---|---|
| 1. 장소적 요건 | • 철길건널목 | • 역 구내의 철길건널목 |
| 2. 피해자 요건 | • 철길건널목 통과방법 위반 사고로 인적 피해를 입은 경우 | • 철길건널목 통과방법 위반 사고로 대물피해만 입은 경우 |
| 3. 운전자 과실 | • 철길건널목 통과방법 위반 과실<br>- 철길건널목 전에 일시정지 불이행<br>- 안전미확인 통행 중 사고<br>- 차량이 고장 난 경우 승객대피, 차량이동 조치 불이행<br>• 철길건널목 진입금지<br>- 차단기가 내려져 있는 경우<br>- 차단기가 내려지려고 하는 경우<br>- 경보기가 울리고 있는 경우 | • 철길건널목 신호기·경보기 등의 고장으로 일어난 사고<br>※ 신호기 등이 표시하는 신호에 따르는 때에는 일시정지하지 아니하고 통과할 수 있다. |

## 8 보행자 보호의무 위반 사고

### (1) 보행자로 인정되는 경우와 아닌 경우

#### 1) 횡단보도 보행자인 경우

① 횡단보도를 걸어가는 사람

② 횡단보도에서 원동기장치 자전거나 자전거를 끌고 가는 사람

③ 횡단보도에서 원동기장치 자전거나 자전거를 타고 가다 이를 세우고 한발은 페달에 다른 한발은 지면에 서 있는 사람

④ 세발자전거를 타고 횡단보도를 건너는 어린이

⑤ 손수레를 끌고 횡단보도를 건너는 사람

#### 2) 횡단보도 보행자가 아닌 경우

① 횡단보도에서 원동기장치자전거나 자전거를 타고 가는 사람

② 횡단보도에 누워 있거나, 앉아 있거나, 엎드려 있는 사람

③ 횡단보도 내에서 교통정리를 하고 있는 사람

④ 횡단보도 내에서 택시를 잡고 있는 사람

⑤ 횡단보도 내에서 화물 하역작업을 하고 있는 사람

⑥ 보도에 서 있다가 횡단보도 내로 넘어진 사람

### (2) 횡단보도로 인정되는 경우와 아닌 경우

① 횡단보도 노면표시가 있으나 횡단보도 표지판이 설치되지 않은 경우에도 횡단보도로 인정

② 횡단보도 노면표시가 포장공사로 반은 지워졌으나 반이 남아 있는 경우에도 횡단보도로 인정

③ 횡단보도 노면표시가 완전히 지워지거나 포장공사로 덮여졌다면 횡단보도 효력 상실

## 9 무면허 운전의 개념

### (1) 무면허 운전의 정의

① 정의 : 도로에서 운전면허를 받지 아니하고 운전하는 행위

② 운전에 해당하지 않는 경우 : 조수석(동승석)에서 차안의 기기를 만지는 도중 핸드브레이크가 풀려 시동이 걸리지 않은 채 10m 미끄러져 내려가다 사고가 발생한 경우

### (2) 무면허 운전의 유형

① 운전면허를 취득하지 않고 운전하는 행위

② 운전면허 적성검사기간 만료일로부터 1년간의 취소 유예기간이 지난 면허증으로 운전하는 행위

③ 운전면허 취소처분을 받은 후에 운전하는 행위

④ 운전면허 정지 기간 중에 운전하는 행위

⑤ 제2종 운전면허로 제1종 운전면허를 필요로 하는 자동차를 운전하는 행위

⑥ 제1종 대형면허로 특수면허가 필요한 자동차를 운전하는 행위

⑦ 운전면허시험에 합격한 후 운전면허증을 발급받기 전에 운전하는 행위

## 10 주취·약물복용 운전 중 사고

(1) 불특정 다수인이 이용하는 도로와 특정인이 이용하는 주차장 또는 학교 경내 등에서의 음주운전도 형사처벌 대상. 단 특정인만이 이용하는 장소에서의 음주운전으로 인한 운전면허 행정처분은 불가

① 공개되지 않은 통행로에서의 음주운전도 처벌 대상 : 공장이나 관공서, 학교, 사기업 등의 정문 안쪽 통행로와 같이 문, 차단기에 의해 도로와 차단되고 별도로 관리되는 장소의 통행로에서의 음주운전도 처벌 대상

② 술을 마시고 주차장(주차선 안 포함)에서 음주운전 하여도 처벌 대상

③ 호텔, 백화점, 고층건물, 아파트 내 주차장 안의 통행로뿐만 아니라 주차선 안에서 음주 운전하여도 처벌 대상

(2) 혈중알코올농도 0.03% 미만에서의 음주운전은 처벌 불가

## 11 보도침범, 보도 횡단방법 위반 사고

① 보도 : 차와 사람의 통행을 분리시켜 보행자의 안전을 확보하기 위해 연석이나 방호울타리 등으로 차도와 분리하여 설치된 도로의 일부분으로 차도와 대응되는 개념

② 보도침범 사고 : 보도에 차마가 들어서는 과정, 보도에 차마의 차체가 걸치는 과정, 보도에 주차시킨 차량을 전진 또는 후진시키는 과정에서 통행중인 보행자와 충돌한 경우

③ 보도 횡단방법 위반 사고 : 차마의 운전자는 도로에서 도로 외의 곳에 출입하기 위해서는 보도를 횡단하기 직전에 일시 정지하여 보행자의 통행을 방해하지 아니하도록 되어 있으나 이를 위반하여 보행자와 충돌하여 인적피해를 야기한 경우

## 12 승객 추락방지 의무 위반 사고

(1) 승객 추락방지 의무에 해당하는 경우

① 문을 연 상태에서 출발하여 타고 있는 승객이 추락한 경우

② 승객이 타거나 또는 내리고 있을 때 갑자기 문을 닫아 문에 충격된 승객이 추락한 경우

③ 버스 운전자가 개·폐 안전장치인 전자감응장치가 고장 난 상태에서 운행 중에 승객이 내리고 있을 때 출발하여 승객이 추락한 경우

(2) 승객 추락방지 의무에 해당하지 않는 경우

① 승객이 임의로 차문을 열고 상체를 내밀어 차 밖으로 추락한 경우

② 운전자가 사고방지를 위해 취한 급제동으로 승객이 차 밖으로 추락한 경우

③ 화물자동차 적재함에 사람을 태우고 운행 중에 운전자의 급가속 또는 급제동으로 피해자가 추락한 경우

## 13 어린이 보호구역내 어린이 보호의무 위반 사고

(1) 어린이 보호구역으로 지정될 수 있는 장소

① 유아교육법에 따른 유치원, 초·중등교육법에 따른 초등학교 또는 특수학교

② 영유아교육법에 따른 보육시설 중 정원 100명 이상의 보육시설 (관할 경찰서장과 협의된 경우에는 정원이 100명 미만의 보육시설 주변도로에 대해서도 지정 가능)

③ 학원의 설립·운영 및 과외교습에 관한 법률에 따른 학원 중 학원 수강생이 100명 이상인 학원(관할 경찰서장과 협의된 경우에는 정원이 100명 미만의 학원 주변도로에 대해서도 지정 가능)

④ 초·중등교육법에 따른 외국인학교 또는 대안학교, 제주특별자치도 설치 및 국제자유도시 조성을 위한 특별법에 따른 국제학교 및 경제자유구역 및 제주국제자유도시의 외국교육기관 설립·운영에 관한 특별법에 따른 외국교육기관 중 유치원·초등학교 교과과정이 있는 학교

(2) 어린이 보호의무 위반 사고의 성립요건

| 항목 | 내용 | 예외사항 |
|---|---|---|
| 1. 장소적 요건 | • 어린이 보호구역으로 지정된 장소 | • 어린이 보호구역이 아닌 장소 |
| 2. 피해자 요건 | • 어린이가 상해를 입은 경우 | • 성인이 상해를 입은 경우 |
| 3. 운전자 과실 | • 어린이에게 상해를 입힌 경우 | • 성인에게 상해를 입힌 경우 |

버스운전
자격시험

적중예상문제

## 1. 여객자동차 운수사업법령

**01** 여객자동차 운수사업법의 목적이 아닌 것은?

① 여객자동차 운수사업에 관한 질서 확립
② 여객의 원활한 운송
③ 여객자동차 운수사업의 종합적인 발달도모
④ 개인이익 증진

**해설** 여객자동차 운수사업에 관한 질서를 확립하고 여객의 원활한 운송과 여객자동차 운수사업의 종합적인 발달을 도모하여 공공복리를 증진하는 것을 목적으로 한다.

**02** 다른 사람의 수용에 응하여 자동차를 사용하여 유상으로 여객을 운송하는 사업을 무엇이라 하는가?

① 여객자동차 운송사업      ② 철도 운송사업
③ 항만 운송사업      ④ 항공 운송사업

**해설** 여객자동차 운송사업이란 다른 사람의 수용에 응하여 자동차를 사용하여 유상으로 여객을 운송하는 사업을 말한다.

**03** 여객자동차 운수사업법령과 관련된 용어의 정의로 맞는 것은?

① 여객자동차 운송사업 : 다른 사람의 공급에 응하여 자동차를 사용하여 무상으로 여객을 운송하는 사업
② 노선 : 자동차를 정기적으로 운행하거나 운행하려는 구간
③ 운행계통 : 노선의 기점에서 대기하고 있는 차량대수
④ 관할관청 : 자격시험 시행기관

**해설** 용어의 정의
① 여객자동차 운송사업 : 다른 사람의 수요에 응하여 자동차를 사용하여 유상으로 여객을 운송하는 사업을 말한다.
② 노선 : 자동차를 정기적으로 운행하거나 운행하려는 구간을 말한다.
③ 운행계통 : 노선의 기점·종점과 그 기점·종점 간의 운행경로·운행거리·운행횟수 및 운행대수를 총칭한 것을 말한다.
④ 관할관청 : 관할이 정해지는 국토교통부장관이나 특별시장·광역시장·도지사 또는 특별자치도지사(이하 "시·도지사"라 한다)를 말한다.

**04** 여객자동차 운수사업법령에서 여객이 승차 또는 하차할 수 있도록 노선 사이에 설치한 장소를 무엇이라 정의하는가?

① 정거장      ② 주차장
③ 정차장      ④ 정류소

**해설** 정류소란 여객이 승차 또는 하차할 수 있도록 노선 사이에 설치한 장소를 말한다.

**05** 노선 여객자동차 운송사업의 종류에 속하지 않는 것은?

① 마을버스 운송사업      ② 시내버스 운송사업
③ 농어촌버스 운송사업      ④ 철도 운송사업

**해설** 노선 여객자동차 운송사업의 종류에는 시내버스 운송사법, 농어촌버스 운송사업, 마을버스 운송사업, 시외버스 운송사업이 있다.

**06** 시내버스 운송사업은 주로 특별시·광역시 또는 시의 단일 행정구역에서 운행계통을 정하고 국토교통부령으로 정하는 자동차를 사용하여 여객을 운송하는 사업을 말하는데 운행형태에 따른 분류에 속하지 않는 것은?

① 광역 급행형      ② 특수형
③ 직행 좌석형      ④ 일반형

**해설** 시내버스 운송사업에는 광역 급행형, 직행 좌석형, 좌석형, 일반형이 있다.

**07** 주로 시·군·구의 단일 행정구역에서 기점·종점의 특수성이나 사용되는 자동차의 특수성 등으로 인하여 다른 노선 여객자동차 운송사업자가 운행하기 어려운 구간을 대상으로 국토교통부령으로 정하는 기준에 따라 운행계통을 정하고 국토교통부령으로 정하는 자동차를 사용하여 여객을 운송하는 사업은?

① 시외버스 운송사업      ② 마을버스 운송사업
③ 시내버스 운송사업      ④ 농어촌버스 운송사업

**해설** 마을버스 운송사업은 주로 시·군·구의 단일 행정구역에서 기점·종점의 특수성이나 사용되는 자동차의 특수성 등으로 인하여 다른 노선 여객자동차 운송사업자가 운행하기 어려운 구간을 대상으로 국토교통부령으로 정하는 기준에 따라 운행계통을 정하고 국토교통부령으로 정하는 자동차를 사용하여 여객을 운송하는 사업이다.

**08** 구역 여객자동차 운송사업에 속하는 것은?

① 전세버스 운송사업      ② 시외버스 운송사업
③ 마을버스 운송사업      ④ 시내버스 운송사업

**해설** 구역 여객자동차 운송사업에는 전세버스 운송사업과 특수여객자동차 운송사업이 있다.

**09** 다음 중 운행계통을 정하지 아니하고 전국을 사업구역으로 하여 1개의 운송계약에 따라 승차정원 16인승 이상의 승합자동차를 사용하여 여객을 운송하는 사업은?

① 전세버스 운송사업      ② 농어촌버스 운송사업
③ 마을버스 운송사업      ④ 시외버스 운송사업

**10** 회사나 학교와 운송계약을 체결하여 그 소속원만의 통근·통학 목적으로 자동차를 운행하는 사업이 포함되는 운송사업은?

① 마을버스 운송사업      ② 특수여객자동차 운송사업
③ 시내버스 운송사업      ④ 전세버스 운송사업

**해설** 전세버스 운송사업은 운행계통을 정하지 아니하고 전국을 사업구역으로 정하여 1개의 운송계약에 따라 국토교통부령으로 정하는 자동차를 사용하여 여객을 운송하는 사업으로 회사나 학교와 운송계약을 체결하여 그 소속원만의 통근·통학 목적으로 자동차를 운행하는 운송사업을 말한다.

**11** 노선 여객자동차 운송사업의 한정면허에 관한 내용으로 틀린 것은?

① 여객의 특수성 또는 수요의 불규칙성 등으로 인하여 노선 여객 자동차 운송사업자가 노선버스를 운행하기 어려운 경우

② 수익성이 많아 노선 운송사업자가 선호하는 노선의 경우

③ 버스전용차로의 설치 및 운행계통의 신설 등 버스 교통체제 개선을 위하여 시·도의 조례로 정한 경우

④ 신규 노선에 대하여 운행형태가 광역 급행형인 시내버스 운송사업을 경영하려는 자의 경우

**해설** 노선 여객자동차 운송사업의 한정면허에 관한 내용은 ①, ③, ④항 이외에 수익성이 없어 노선 운송사업자가 운행을 기피하는 노선으로서 관할관청이 보조금을 지급하려는 경우이다.

**12** 여객의 특수성 또는 수요의 불규칙성 등으로 노선 여객 자동차운송사업자가 운행하기 어려운 경우 공항, 고속철도, 대중교통 등 이용자의 교통 불편을 해소하기 위하여 허가하는 면허를 무엇이라 하는가?

① 일반면허   ② 특수면허   ③ 대형면허   ④ 한정면허

**13** 교통사고 시 운송사업자의 조치사항이 아닌 것은?

① 신속한 응급수송수단을 마련한다.

② 가족이나 그 밖의 연고자에 대하여 신속하게 통지한다.

③ 유류품은 신경 쓰지 않아도 상관없다.

④ 목적지까지 여객을 운송하기 위한 대체 운송수단의 확보와 여객에 대한 편의를 제공한다.

**해설** 교통사고 시 운송사업자의 조치사항은 ①, ②, ④항 이외에 유류품의 보관, 사상자의 보호 등 필요한 조치가 있다.

**14** 운송사업자는 사업용 자동차에 의해 중대한 교통사고가 발생한 경우 지체 없이 국토교통부장관 또는 시·도지사에게 보고하여야 하는데 이에 해당되지 않는 사항은?

① 전복사고                    ② 화재가 발생한 사고

③ 사망자가 2명 이상인 사고   ④ 경상 1명인 사고

**해설** 국토교통부장관 또는 시·도지사에게 보고하여야 하는 사항은 ①, ②, ③항 이외에 사망자 1명과 중상자 3명 이상, 중상자 6명 이상의 사람이 사망하거나 다친 사고

**15** 다음 중 ( )안 알맞은 것은?

> 운송사업자는 중대한 교통사고가 발생하였을 때에는 ( )시간 이내에 사고의 일시·장소 및 피해 사항 등 사고의 개략적인 상황을 시·도지사에게 보고한 후 ( )시간 이내에 사고 보고서를 작성하여 관할 시·도지사에게 제출하여야 한다.

① 5시간, 10시간            ② 12시간, 24시간
③ 24시간, 72시간          ④ 48시간, 72시간

**해설** 운송사업자는 중대한 교통사고가 발생하였을 때에는 24시간 이내에 사고의 일시·장소 및 피해 사항 등 사고의 개략적인 상황을 시·도지사에게 보고한 후 72시간 이내에 사고보고서를 작성하여 관할 시·도지사에게 제출하여야 한다.

**16** 운수종사자 현황 통보에 대한 설명으로 틀린 것은?

① 운송사업자는 매월 10일까지 전월 말일 현재의 운수종사자 현황을 시·도지사에게 알려야 한다.

② 해당 조합은 소속 운송사업자를 대신하여 소속 운송 사업자의 운수종사자 현황을 취합하여 통보할 수 있다.

③ 운송사업자가 시·도지사에게 퇴직한 운수종사자 명단을 알릴 때에는 운전면허의 종류와 취득일자를 알려야 한다.

④ 시·도지사는 통보받은 운수종사자 현황을 취합하여 한국교통안전공단에 통보하여야 한다.

**해설** 운수종사자 현황 통보
① 운송사업자는 매월 10일까지 전월 말일 현재의 운수종사자 현황을 시·도지사에게 알려야 한다.
② 해당 조합은 소속 운송사업자를 대신하여 소속 운송사업자의 운수종사자 현황을 취합하여 통보할 수 있다.
③ 시·도지사는 통보받은 운수종사자 현황을 취합하여 한국교통안전공단에 통보하여야 한다.

**17** 여객자동차 운송사업(버스)의 운전업무에 종사하려는 사람이 갖추어야 할 요건에 속하지 않는 것은?

① 사업용 자동차를 운전하기에 적합한 운전면허를 보유하고 있을 것

② 18세 이상으로서 운전경력이 3년 이상일 것

③ 국토교통부장관이 정하는 운전적성에 대한 정밀검사 기준에 적합할 것

④ 요건을 갖춘 사람이 한국교통안전공단이 시행하는 버스운전 자격시험에 합격한 후 운전자격의 등록에 따라 자격을 취득할 것

**해설** 버스운전 업무 종사자격은 ①, ③, ④항 이외에 20세 이상으로서 운전경력이 1년 이상일 것

**18** 운전적성 정밀검사에는 신규검사와 특별검사가 있다. 다음 중 특별검사를 받지 않아도 되는 사람은?

① 중상 이상의 사상 사고를 일으킨 자

② 과거 1년간 도로교통법 시행규칙에 따른 운전면허 행정처분기준에 따라 계산한 누산점수가 81점 이상인자

③ 질병, 과로, 그 밖의 사유로 안전운전을 할 수 없다고 인정되는 자인지를 알기 위하여 운송사업자가 신청한 자

④ 신규검사의 적합판정을 받은 자로서 운전적성 정밀검사를 받은 날부터 3년 이내에 취업하지 아니한 자

**해설** 신규검사의 적합판정을 받은 자로서 운전적성 정밀검사를 받은 날부터 3년 이내에 취업하지 아니한 자는 신규검사를 받아야 한다.

**19** 다음 중 운전적성 정밀검사의 특별검사를 받아야 할 대상이 아닌 것은?

① 신규로 여객자동차 운송사업용 자동차를 운전하려는 사람

② 과거 1년간 운전면허 행정처분 기준에 따라 계산한 벌점의 누적점수가 81점 이상인 사람

③ 운전 중 사망사고를 일으킨 사람

④ 질병 등의 이유로 안전운전을 할 수 없는 자인지 알기 위하여 운송사업자가 특별검사를 신청한 사람

**해설** 특별검사를 받아야 할 대상
① 중상 이상의 사상 사고를 일으킨 자
② 과거 1년간 도로교통법 시행규칙에 따른 운전면허 행정처분 기준에 따라 계산한 누산점수가 81점 이상인 자
③ 질병, 과로, 그 밖의 사유로 안전운전을 할 수 없다고 인정되는 자인지를 알기 위하여 운송사업자가 신청한 자

**20** 버스운전 자격의 필기시험 과목이 아닌 것은?

① 교통 및 운수관련 법규, 교통사고유형
② 자동차 관리 요령
③ 자동차 공학
④ 운송서비스

> **해설** 버스운전 자격의 필기시험 과목은 교통관련 법규 및 교통사고유형, 자동차 관리 요령, 안전운행, 운송서비스이다.

**21** 버스운전 자격시험은 총점의 몇 할 이상을 얻어야 합격 하는가?

① 5할　　② 6할　　③ 7할　　④ 8할

> **해설** 버스운전 자격시험 과목은 교통 및 운수관련 법규, 교통사고 유형, 자동차 관리 요령, 안전운행 요령 및 운송서비스(운전자의 예절에 관한 사항을 포함한다.)의 4과목으로 필기시험 총점의 6할 이상을 얻으면 합격한다.

**22** 운수종사자의 자격요건을 갖추지 아니한 사람을 운전업무에 종사하게 한 경우 1차 위반을 하였을 때 행정처분은?

① 감차 명령
② 노선폐지 명령
③ 사업일부정지(90일)
④ 사업일부정지(60일)

> **해설** 운수종사자의 자격요건을 갖추지 아니한 사람을 운전업무에 종사하게 한 경우 1차 위반을 하였을 때 행정처분은 감차 명령이고, 2차 위반 시에는 노선폐지 명령을 받는다.

**23** 다음 중 여객자동차 운송사업의 위반 내용 및 과징금 부과기준에 포함되는 내용이 아닌 것은?

① 자동차 안에 게시하여야 할 사항을 게시하지 아니한 경우
② 운행기록계가 정상적으로 작동되지 아니하는 상태에서 자동차를 운행한 경우
③ 앞바퀴에 재생타이어를 사용한 경우
④ 운행하기 전에 점검 및 확인을 한 경우

> **해설** 앞바퀴에 튜브리스 타이어를 사용하여야 할 자동차에 이를 사용하지 아니한 경우 즉, 재생 타이어를 사용한 경우에는 과징금이 부과된다.

**24** 시내버스에 운수종사자의 자격요건을 갖추지 아니한 사람을 운전업무에 종사하게 한 경우 1차 위반 시 과징금은 얼마인가?

① 100만원
② 150만원
③ 500 만원
④ 250만원

> **해설** 시내버스, 농어촌버스, 마을버스, 시외버스, 전세버스에 운송종사자의 자격요건을 갖추지 아니한 사람을 운전업무에 종사하게 한 경우 과징금은 1차 위반 시 500만 원, 2차 위반 시 1000만 원이다.

**25** 다음 중 여객자동차 운수종사자에게 과태료를 부과할 수 있는 사항은?

① 승하차할 여객이 있는데도 정차하지 아니하고 정류소를 지나치는 행위
② 여객이 승차하기 전에 자동차를 출발시키지 아니하는 행위
③ 문을 완전히 닫은 상태에서 자동차를 운행하는 행위
④ 부당한 운임 또는 요금을 받지 않는 행위

> **해설** 여객자동차 운수종사자 과태료 부과기준
> ① 정당한 사유 없이 여객의 승차를 거부하거나 여객을 중도에 내리게 하는 경우
> ② 부당한 운임 또는 요금을 받는 경우
> ③ 일정한 장소에 오랜 시간 정차하여 여객을 유치하는 경우
> ④ 문을 완전히 닫지 아니한 상태에서 자동차를 출발시키거나 운행하는 경우

**26** 운전자격의 취소 및 효력정지의 처분에서 감경사유에 해당되지 않는 것은?

① 위반행위가 사소한 부주의나 오류가 아닌 고의나 중대한 과실에 의한 것으로 인정되는 경우
② 위반의 내용정도가 경미하여 이용객에게 미치는 피해가 적다고 인정되는 경우
③ 위반행위를 한 사람이 처음 해당 위반행위를 한 경우로서 5년 이상 해당 여객자동차운송사업의 운수종사자로서 모범적으로 근무해 온 사실이 인정되는 경우
④ 여객자동차운수사업법에 대한 정부 정책상 필요하다고 인정되는 경우

> **해설** 감경사유는 ②, ③, ④항 이외에 위반행위가 고의나 중대한 과실이 아닌 사소한 부주의나 오류로 인한 것으로 인정되는 경우

**27** 버스운전자격 효력정지의 처분기준을 적용할 때 위반행위의 동기 및 회수 등을 고려하여 처분기준의 2분의 1의 범위에서 경감하거나 가중할 수 있는 기관은?

① 한국교통안전공단
② 처분관할관청
③ 전국버스연합회
④ 전국버스공제조합

> **해설** 처분관할관청은 버스운전자격 효력정지의 처분기준을 적용할 때 위반행위의 동기 및 횟수 등을 고려하여 처분기준의 2분의 1 범위에서 경감하거나 가중할 수 있다.

**28** 운수종사자가 받아야 할 교육이 아닌 것은?

① 정규교육
② 신규교육
③ 보수교육
④ 수시교육

> **해설** 운수종사자가 받아야 하는 교육: 신규교육, 보수교육, 수시교육

**29** 다음 중 교통안전 교육의 종류가 아닌 것은?

① 특별교통안전 의무교육
② 특별교통안전 권장교육
③ 긴급자동차 교통안전교육
④ 교통 특별교육

> **해설** 교통안전 교육의 종류
> ① 특별교통안전 의무교육 : 운전면허 취소처분을 받은 사람으로서 운전면허를 다시 받으려는 사람, 운전면허 효력정지의 처분을 받을 가능성이 있는 사람은 의무교육을 받아야 한다.
> ② 특별교통안전 권장교육 : 교통법규 위반 등 제2항제2호 및 제4호에 따른 사유 외의 사유로 인하여 운전면허효력 정지처분을 받게 되거나 받은 사람, 교통법규 위반 등으로 인하여 운전면허효력 정지처분을 받을 가능성이 있는 사람이 신청한 경우에 받는 교육
> ③ 긴급자동차 교통안전교육 : 긴급자동차의 운전업무에 종사하는 사람으로서 대통령령으로 정하는 사람은 대통령령으로 정하는 바에 따라 정기적으로 긴급자동차의 안전운전 등에 관한 교육을 받아야 한다.

**30** 다음 중 특별교통안전 의무교육을 받아야 하는 경우가 아닌 것은?

① 적성검사에 불합격하여 운전면허 취소처분을 받은 사람
② 난폭운전으로 운전면허 효력 정지처분을 받은 사람으로 그 정지기간이 끝나지 아니한 사람
③ 운전면허 취소처분이 면제된 사람으로서 면제된 날부터 1개월이 지나지 아니한 사람
④ 운전면허 효력 정지처분을 받은 초보 운전자로서 그 정지기간이 끝나지 아니한 사람

**31** 특별교통안전 의무교육 및 권장교육은 집합교육으로 실시하는데 그 교육시간은 몇 시간인가?

① 4시간 이상 16시간 이하
② 8시간 이상 16시간 이하
③ 12시간 이상 16시간 이하
④ 3시간 이상 16시간 이하

**해설** 특별교통안전 의무교육 및 권장교육은 집합교육으로 실시하며, 교육시간은 3시간 이상 16시간 이하로 한다.

**32** 운송사업자는 새로 채용한 운수종사자에 대하여는 운전업무를 시작하기 전에 교육을 받게 하여야 하는데 그 교육내용에 속하지 않는 것은?

① 여객자동차 운수사업 관계 법령 및 도로교통 관계 법령
② 서비스의 자세 및 운송질서의 확립
③ 응급처치의 방법
④ 자동차 정비방법

**해설** 교육내용은 ①, ②, ③항 이외에 교통안전수칙, 그 밖에 운전업무에 필요한 사항이다.

**33** 자가용 자동차의 유상운송 등에서 특별자치도지사·시장·군수·구청장의 허가를 받을 수 있는 경우에 속하지 않는 것은?

① 천재지변, 긴급수송, 교육목적을 위한 운행
② 천재지변이나 그 밖에 이에 준하는 비상사태로 인하여 수송력 공급의 증가가 긴급히 필요한 경우
③ 사업용 자동차 및 철도 등 대중교통수단의 운행이 충분한 경우
④ 휴일이 연속되는 경우 등 수송수요가 수송력 공급을 크게 초과하여 일시적으로 수송력 공급의 증가가 필요한 경우

**해설** 자가용 자동차의 유상운송의 허가사유는 ①, ②, ④항 이외에 사업용 자동차 및 철도 등 대중교통수단의 운행이 불가능하여 이를 일시적으로 대체하기 위한 수송력 공급이 긴급히 필요한 경우와 학생의 등하교와 그 밖의 교육목적을 위하여 통학버스를 운행하는 경우

**34** 여객자동차 운수사업법령에 따라 자가용 자동차를 운송용으로 제공하거나 임대할 수 있도록 허가하는 자가 아닌 것은?

① 특별자치도지사
② 시장
③ 자치구청장
④ 동장

**해설** 대중교통수단이 없는 지역 등 대통령령으로 정하는 사유에 해당하는 경우로서 특별자치도지사·시장·군수·구청장의 허가를 받은 경우 자가용 자동차를 유상 운송용으로 제공하거나 임대할 수 있다.

**35** 특수 여객자동차 운송사업용 대형 승용자동차의 차령은 몇 년인가?

① 5년
② 6년
③ 8년
④ 10년

**해설** 사업의 구분에 따른 자동차의 차령

| 차종 | 사업의 구분 | | 차령 |
|------|------------|---|------|
| 승용자동차 | 특수 여객자동차 운송사업용 | 경형·중형·소형 | 6년 |
| | | 대형 | 10년 |
| 승합자동차 | 특수 여객자동차 운송사업용 | | 10년 6개월 |
| | 시내버스 운송사업용, 농어촌버스 운송사업용 마을버스 운송사업용, 시외버스 운송사업용 전세버스 운송사업용 | | 9년 |

**36** 시내버스 운송사업용 승합자동차의 차령은?

① 9년
② 5년
③ 3년
④ 1년

**37** 승합자동차의 대폐차(차령이 만료된 차량 등을 다른 차량으로 대체하는 것)에 충당되는 자동차의 차량충당연한은 얼마인가?

① 5년
② 4년
③ 3년
④ 1년

**해설** 대폐차에 충당되는 자동차의 차량충당연한은 승합자동차는 3년, 승용자동차는 1년이다.

**38** 제작연도에 등록된 자동차의 차량충당연한의 기산일은?

① 최초의 신규등록일
② 제작연도의 말일
③ 제작연도 시작일
④ 최초 운행시작일

**해설** 차량충당연한의 기산일
① 제작연도에 등록된 자동차 : 최초의 신규등록일
② 제작연도에 등록되지 아니한 자동차 : 제작연도의 말일

**39** 자동차의 차령을 연장하려는 여객자동차 운수사업자는 자동차관리법에 따른 어느 검사기준에 충족하여야 하는가?

① 수시검사
② 정기검사
③ 임시검사
④ 튜닝검사

**해설** 차령을 연장하려는 여객자동차 운수사업자는 자동차관리법에 따른 임시검사 기준에 충족하여야 한다.

**40** 다음 중 과징금의 용도에 속하지 않는 것은?

① 벽지노선이나 그 밖에 수익성이 없는 노선으로서 대통령령으로 정하는 노선을 운행하여서 생긴 손실의 보전
② 운수종사자의 양성, 교육훈련, 그 밖의 자질 향상을 위한 시설과 운수종사자에 대한 지도 업무를 수행하기 위한 시설의 건설 및 운영
③ 터미널 시설의 정비·확충
④ 여객자동차 운수사업의 부실경영으로 발생한 손실의 보전

**해설** 과징금의 용도는 ①, ②, ③항 이외에 여객자동차 운수사업의 경영개선이나 그 밖에 여객자동차 운수사업의 발전을 위하여 필요한 사업이 쓰인다.

## 2. 도로교통법령

**01** 도로교통법의 제정 목적을 바르게 나타낸 것은?

① 도로 운송사업의 발전과 운전자들의 권익보호
② 도로상의 교통사고로 인한 신속한 피해회복과 편익증진
③ 자동차의 제작, 등록, 판매, 관리 등의 안전 확보
④ 도로에서 일어나는 교통상의 모든 위험과 장해를 방지하고 제거하여 안전하고 원활한 교통을 확보

**해설** 도로교통법의 제정 목적은 도로에서 일어나는 교통상의 모든 위험과 장해를 방지하고 제거하여 안전하고 원활한 교통을 확보함을 목적으로 한다.

**02** 도로 교통법상 도로에 해당되지 않는 것은?

① 해상 도로법에 따른 항로
② 차마의 통행을 따른 도로
③ 유료도로법에 따른 유료도로
④ 도로법에 따른 도로

**해설** 도로
① 도로법에 따른 도로
② 유료도로법에 따른 유료도로
③ 농어촌도로 정비법에 따른 농어촌도로
④ 그 밖에 현실적으로 불특정 다수의 사람 또는 차마(車馬)가 통행할 수 있도록 공개된 장소로서 안전하고 원활한 교통을 확보할 필요가 있는 장소

**03** 다음 중 자동차 전용도로에 대한 설명으로 올바른 것은?

① 자동차의 고속 운행에만 사용하기 위하여 지정된 도로
② 자동차만 다닐 수 있도록 설치된 도로
③ 자동차와 자전거가 같이 다닐 수 있도록 설치된 도로
④ 자동차와 보행자, 자전거가 같이 다닐 수 있도록 설치된 도로

**해설** 자동차 전용도로란 자동차만 다닐 수 있도록 설치된 도로를 말한다.

**04** 연석선, 안전표지나 그와 비슷한 인공 구조물로 경계를 표시하여 보행자가 통행할 수 있도록 한 도로의 부분을 뜻하는 것은?

① 중앙선  ② 차도
③ 차로  ④ 보도

**해설** ① 중앙선 : 차마의 통행 방향을 명확하게 구분하기 위하여 도로에 황색 실선이나 황색 점선 등의 안전표지로 표시한 선 또는 중앙 분리대나 울타리 등으로 설치한 시설물을 말한다.
② 차도 : 연석선, 안전표지나 그와 비슷한 인공 구조물을 이용하여 경계를 표시하여 모든 차가 통행할 수 있도록 설치된 도로의 부분을 말한다.
③ 차로 : 차마가 한 줄로 도로의 정하여진 부분을 통행하도록 차선(車線)으로 구분한 차도의 부분을 말한다.

**05** 도로교통법에서 안전지대의 정의에 관한 설명으로 옳은 것은?

① 버스정류장 표지가 있는 장소
② 자동차가 주차할 수 있도록 설치된 장소
③ 도로를 횡단하는 보행자나 통행하는 차마의 안전을 위하여 안전표지나 이와 비슷한 인공구조물로 표시된 도로의 부분
④ 사고가 잦은 장소에 보행자의 안전을 위하여 설치한 장소

**해설** 안전지대란 도로를 횡단하는 보행자나 통행하는 차마의 안전을 위하여 안전표지나 이와 비슷한 인공구조물로 표시된 도로의 부분을 말한다.

**06** 도로 교통법상 정차의 정의에 해당하는 것은?

① 차가 10분을 초과하여 정지
② 운전자가 5분을 초과하지 않고 차를 정지시키는 것으로 주차 외의 정지 상태
③ 차가 화물을 싣기 위하여 계속 정지
④ 운전자가 식사하기 위하여 차고에 세워둔 것

**해설** 정차란 운전자가 5분을 초과하지 아니하고 차를 정지시키는 것으로서 주차 외의 정지 상태를 말한다.

**07** 다음 중 서행의 의미로 맞는 것은?

① 차가 즉시 정지할 수 있는 느린 속도로 진행하는 것을 의미
② 반드시 차가 멈추어야 하되, 얼마간의 시간동안 정지 상태를 유지하는 교통상황의 의미
③ 반드시 차가 일시적으로 그 바퀴를 완전히 멈추어야 하는 행위 자체에 대한 의미
④ 자동차가 완전히 멈추는 상태를 의미

**해설** 서행(徐行)이란 운전자가 차 또는 노면전차를 즉시 정지시킬 수 있는 정도의 느린 속도로 진행하는 것을 말한다.

**08** 다음 중 서행을 바르게 설명한 것은?

① 반드시 차가 멈추어야 하되 얼마간의 시간동안 정지 상태를 유지하는 것
② 자동차가 완전히 멈추는 상태
③ 반드시 차가 일시적으로 그 바퀴를 완전히 멈추어야 하는 행위
④ 차 또는 노면전차가 즉시 정지할 수 있는 느린 속도로 진행하는 것

**09** 모든 차의 운전자는 같은 방향으로 가고 있는 앞차의 뒤를 따르는 경우에는 앞차가 갑자기 정지하게 되는 경우 그 앞차의 충돌을 피할 수 있는 필요한 거리를 확보하여야 하는데 이를 무엇이라 하는가?

① 공주거리  ② 제동거리
③ 시인거리  ④ 안전거리

**해설** 용어의 정의
① 공주거리 : 운전자가 위험을 느끼고 브레이크 페달을 밟았을 때 자동차가 제동되기 전까지 주행한 거리
② 제동거리 : 제동되기 시작하여 정지될 때까지 주행한 거리
③ 시인거리 : 육안으로 물체를 알아 볼 수 있는 거리

**10** 도로 교통법상 차로에 대한 설명으로 틀린 것은?

① 차로는 횡단보도나 교차로에는 설치할 수 없다.
② 차로의 너비는 원칙적으로 3미터 이상으로 하여야 한다.
③ 일반적인 차로(일방통행도로 제외)의 순위는 도로의 중앙선 쪽에 있는 차로부터 1차로로 한다.
④ 차로의 너비보다 넓은 자동차는 별도의 신청절차가 필요 없이 경찰청에 전화로 통보만 하면 운행할 수 있다.

**해설** 차로에 대한 설명
① 사도 경찰청장은 도로에 차로를 설치하고자 하는 때에는 노면표시로 표시하여야 한다.
② 차로의 너비는 3m 이상으로 하여야 한다. 다만, 좌회전 전용차로의 설치 등 부득이하다고 인정되는 때에는 275cm 이상으로 할 수 있다.
③ 차로는 횡단보도·교차로 및 철길건널목에는 설치할 수 없다.
④ 보도와 차도의 구분이 없는 도로에 차로를 설치하는 때에는 보행자가 안전하게 통행할 수 있도록 그 도로의 양쪽에 길가장자리 구역을 설치하여야 한다.

**24**

**11** 모든 차량이 반드시 서행하여야 할 장소로 틀린 것은?

① 도로가 구부러진 부분
② 편도 2차로 이상의 다리 위
③ 비탈길 고갯마루 부근
④ 가파른 비탈길의 내리막

해설 서행하여야 할 장소
① 비탈길의 고갯마루 부근
② 도로가 구부러진 부분
③ 가파른 비탈길의 내리막

**12** 일시정지 안전 표지판이 설치된 횡단보도에서 위반되는 것은?

① 경찰공무원이 진행신호를 하여 일시정지 하지 않고 통과하였다.
② 횡단보도 직전에 일시정지 하여 안전을 확인한 후 통과하였다.
③ 보행자가 보이지 않아 그대로 통과하였다.
④ 연속적으로 진행 중인 앞차의 뒤를 따라 진행할 때 일시 정지하였다.

해설 일시정지 안전 표지판이 설치된 횡단보도에서는 보행자가 없어도 일시정지 하여 안전을 확인한 후 통과하여야 한다.

**13** 신호등의 설치 높이로 옳은 것은?

① 4.5m 이상
② 3.5미터 이상
③ 2.5m 이상
④ 1.5m 이상

**14** 도로 교통법상 3색 등화로 표시되는 신호등의 신호 순서로 맞는 것은?

① 녹색(적색 및 녹색 화살표)등화, 황색등화, 적색등화의 순서이다.
② 적색(적색 및 녹색 화살표)등화, 황색등화, 녹색등화의 순서이다.
③ 녹색(적색 및 녹색 화살표)등화, 적색등화, 황색등화의 순서이다.
④ 적색점멸등화, 황색등화, 녹색(적색 및 녹색 화살표)등화의 순서이다.

해설 3색 등화로 표시되는 신호등의 신호 순서는 녹색(적색 및 녹색 화살표)등화, 황색등화, 적색등화의 순서이다.

**15** 신호등의 녹색 등화시 차마의 통행방법으로 틀린 것은?

① 차마는 다른 교통에 방해되지 않을 때에 천천히 우회전할 수 있다.
② 차마는 직진할 수 있다.
③ 차마는 비보호 좌회전 표시가 있는 곳에서는 언제든지 좌회전을 할 수 있다.
④ 차마는 좌회전을 하여서는 아니 된다.

해설 비보호 좌회전 표지 또는 비보호 좌회전 표시가 있는 곳에서는 녹색 등화에서만 좌회전할 수 있다.

**16** 자동차를 운전하여 교차로 전방 20m 지점에 이르렀을 때 황색등화로 바뀌었을 경우 운전자의 조치 방법은?

① 일시 정지하여 안전을 확인하고 진행한다.
② 정지할 조치를 취하여 정지선에 정지한다.
③ 그대로 계속 진행한다.
④ 주위의 교통에 주의하면서 진행한다.

해설 차마는 정지선이 있거나 횡단보도가 있을 때에는 그 직전이나 교차로의 직전에 정지하여야 한다.

**17** 정지선이나 횡단보도 및 교차로 직전에서 정지하여야 할 신호의 종류로 옳은 것은?

① 녹색 및 황색등화
② 황색등화의 점멸
③ 황색 및 적색등화
④ 녹색 및 적색등화

해설 정지선이나 횡단보도 및 교차로 직전에서 정지하여야할 신호는 황색 및 적색등화이다.

**18** 신호등에서 황색등화 시 통행방법으로 적합하지 않은 것은?

① 차마는 우회전을 할 수 있으나 보행자의 횡단을 방해할 수 없다.
② 차마는 정지선이 있거나 횡단보도가 있을 때에는 그 직전이나 교차로 직전에 정지하여야 한다.
③ 차마는 다른 교통에 주의하면서 교차로를 직진할 수 있다.
④ 이미 교차로에 진입하고 있는 경우에는 신속히 교차로 밖으로 진행하여야 한다.

**19** 좌회전을 하기 위하여 교차로에 진입되어 있을 때 황색등화로 바뀌면 어떻게 하여야 하는가?

① 정지하여 정지선으로 후진한다.
② 그 자리에 정지하여야 한다.
③ 신속히 좌회전하여 교차로 밖으로 진행한다.
④ 좌회전을 중단하고 횡단보도 앞 정지선까지 후진하여야 한다.

해설 이미 교차로에 차마의 일부라도 진입한 경우에는 신속히 교차로 밖으로 진행하여야 한다.

**20** 녹색신호에서 교차로 내를 직진 중에 황색신호로 바뀌었을 때, 안전운전 방법 중 가장 옳은 것은?

① 속도를 줄여 조금씩 움직이는 정도의 속도로 서행하면서 진행한다.
② 일시 정지하여 좌우를 살피고 진행한다.
③ 일시 정지하여 다음 신호를 기다린다.
④ 계속 진행하여 교차로를 통과한다.

**21** 편도 3차로 도로의 부근에서 적색등화의 신호가 표시되고 있을 때 교통법규 위반에 해당되는 것은?

① 화물자동차가 좌측 방향지시등으로 신호하면서 1차로에서 신호대기
② 택시가 우측 방향지시등으로 신호를 하면서 2차로에서 신호대기
③ 승용차가 2차로에서 신호대기
④ 승합자동차가 2차로에서 신호대기

**22** 교차로에서 적색등화 시 진행할 수 있는 경우는?

① 경찰공무원의 진행신호에 따를 때
② 교통이 한산한 야간운행 시
③ 보행자가 없을 때
④ 앞차를 따라 진행할 때

**23** 다른 교통에 주의하며 방해되지 않게 진행할 수 있는 신호로 가장 적합한 것은?

① 적색등화 점멸
② 황색등화 점멸
③ 적색신호
④ 녹색등화 점멸

해설 황색등화 점멸은 다른 교통에 주의하며 방해되지 않게 진행할 수 있는 신호이다.

**24** 교차로에서 직진하고자 신호대기 중에 있는 차가 진행신호를 받고 가장 안전하게 통행하는 방법은?

① 진행권리가 부여되었으므로 좌우의 진행차량에는 구애받지 않는다.
② 직진이 최우선이므로 진행신호에 무조건 따른다.
③ 신호와 동시에 출발하면 된다.
④ 좌우를 살피며 계속 보행 중인 보행자와 진행하는 교통의 흐름에 유의하여 진행한다.

**25** 다음 ( )안에 들어갈 알맞은 말은?

> 도로를 통행하는 차마의 운전자는 교통안전 시설이 표시하는 신호 또는 지시와 교통정리를 위한 경찰공무원 등의 신호 또는 지시가 다른 경우에는 ( A )의 ( B )에 따라야 한다.

① A-운전자, B-판단
② A-교통안전시설, B-신호 또는 지시
③ A-경찰공무원, B-신호 또는 지시
④ A-교통신호, B-신호

**해설** 차마 또는 노면전차의 운전자는 교통안전 시설이 표시하는 신호 또는 지시와 교통정리를 하는 경찰공무원 또는 경찰보조자(이하 "경찰공무원등"이라 한다)의 신호 또는 지시가 서로 다른 경우에는 경찰공무원등의 신호 또는 지시에 따라야 한다.

**26** 도로에서 위험을 방지하고 교통의 안전과 원활한 소통을 확보하기 위하여 필요하다고 인정하는 때에 구역 또는 구간을 지정하여 자동차의 속도를 제한할 수 있는 자는?(단, 고속도로를 제외한 도로)

① 시·도 경찰청장
② 시·도지사
③ 행정안전부장관
④ 교통안전공단 이사장

**해설** 사도 경찰청장은 도로에서 위험을 방지하고 교통의 안전과 원활한 소통을 확보하기 위하여 필요하다고 인정하는 때에 구역 또는 구간을 지정하여 자동차의 속도를 제한할 수 있다.

**27** 도로 교통법상 폭우·폭설·안개 등으로 가시거리가 100m 이내일 때 최고속도의 감속으로 옳은 것은?

① 20%
② 50%
③ 60%
④ 80%

**해설** 최고속도의 50%를 감속하여 운행하여야 할 경우
① 노면이 얼어붙은 때
② 폭우폭설안개 등으로 가시거리가 100m 이내일 때
③ 눈이 20mm 이상 쌓인 때

**28** 눈으로 인한 악천후 시 최고속도의 100분의 50을 줄인 속도로 운행해야 하는 기준은?

① 눈이 10mm 이상 쌓인 경우
② 눈이 20mm 이상 쌓인 경우
③ 눈이 30mm 이상 쌓인 경우
④ 눈이 40mm 이상 쌓인 경우

**해설** 폭우·폭설·안개 등으로 가시거리가 100m 이내인 경우와 노면이 얼어붙은 경우 및 눈이 20mm 이상 쌓인 경우에는 최고속도의 100분의 50을 줄인 속도로 운행하여야 한다.

**29** 비가 내려 노면이 젖어 있는 경우 제한속도 70km/h 도로에서는 몇 km/h 이하로 주행하여야 하는가?

① 56km/h
② 60km/h
③ 64km/h
④ 70km/h

**해설** 비가 내려 노면이 젖어있는 경우나 눈이 20mm 미만 쌓인 경우는 최고속도의 100분의 20을 줄인 속도로 운행하여야 하는 한다. 따라서 70km/h × 0.8 = 56km/h로 주행하여야 한다.

**30** 고속도로에서 주행할 때 통행하는 차로를 무엇이라 하는가?

① 가속 차로
② 주행 차로
③ 감속 차로
④ 오르막 차로

**해설** 고속도로의 차로 구성과 의미
① **주행** 차로 : 고속도로에서 주행하는 차로
② **가속** 차로 : 주행차로에 진입하기 위해 속도를 높이는 차로.
③ **감속** 차로 : 고속도로에서 벗어날 때 감속하는 차로
④ **오르막** 차로 : 저속으로 오르막을 오를 때 사용하는 차로

**31** 자동차의 운전자가 고속도로에서 앞지르기를 하고자 하는 경우 바람직한 통행 방법은?

① 주행 차로에 관계없이 빈 차로로 안전하게 통행한다.
② 방향지시기·등화 또는 경음기를 사용하여 차로에 따른 통행차의 기준에 따라 왼쪽 차로로 안전하게 통행한다.
③ 방향지시기·등화 또는 경음기를 사용하여 우측 차로로 안전하게 통행한다.
④ 고속도로에서는 등화 또는 경음기의 사용을 자제해야 하며, 통행차의 기준에 따라 안전하게 통행한다.

**해설** 앞지르기 방법
① 모든 차의 운전자는 다른 차를 앞지르려면 앞차의 좌측으로 통행하여야 한다.
② 앞지르려고 하는 모든 차의 운전자는 반대방향의 교통과 앞차 앞쪽의 교통에도 주의를 충분히 기울여야 하며, 앞차의 속도·진로와 그 밖의 도로 상황에 따라 방향지시기·등화 또는 경음기를 사용하는 등 안전한 속도와 방법으로 앞지르기를 하여야 한다.

**32** 가장 안전한 앞지르기 방법은?

① 좌·우측으로 앞지르기 하면 된다.
② 앞차의 속도와 관계없이 앞지르기를 한다.
③ 반드시 경음기를 울려야 한다.
④ 반대방향의 교통, 전방의 교통 및 후방에 주의를 하고 앞차의 속도에 따라 안전하게 한다.

**33** 도로교통법에서는 교차로, 터널 안, 다리 위 등을 앞지르기 금지 장소로 규정하고 있다. 그 외의 앞지르기 금지 장소를 다음 [보기]에서 모두 고르면?

> A. 도로의 구부러진 곳
> B. 비탈길의 고갯마루 부근
> C. 가파른 비탈길의 내리막

① A
② A, B
③ B, C
④ A, B, C

**해설** 앞지르기 금지장소
① 교차로 ② 터널 안 ③ 다리 위
④ 도로의 구부러진 곳, 비탈길의 고갯마루 부근 또는 가파른 비탈길의 내리막 등 사도 경찰청장이 도로에서의 위험을 방지하고 교통의 안전과 원활한 소통을 확보하기 위하여 필요하다고 인정하는 곳으로서 안전표지로 지정한 곳

**34** 차마의 통행방법으로 도로의 중앙이나 좌측부분을 통행할 수 있는 경우로 가장 적합한 것은?

① 교통신호가 자주 바뀌어 통행에 불편을 느낄 때
② 과속 방지턱이 있어 통행에 불편할 때
③ 차량의 혼잡으로 교통소통이 원활하지 않을 때
④ 도로의 파손, 도로공사 또는 우측부분을 통행할 수 없을 때

> **해설** 도로의 중앙이나 좌측 부분을 통행할 수 있는 경우
> ① 도로가 일방통행인 경우
> ② 도로의 파손, 도로공사나 그 밖의 장애 등으로 도로의 우측 부분을 통행할 수 없는 경우
> ③ 도로 우측 부분의 폭이 6m가 되지 아니하는 도로에서 다른 차를 앞지르려는 경우
> ④ 도로 우측 부분의 폭이 차마의 통행에 충분하지 아니한 경우
> ⑤ 가파른 비탈길의 구부러진 곳에서 교통의 위험을 방지하기 위하여 사도 경찰청장이 필요하다고 인정하여 구간 및 통행방법을 지정하고 있는 경우에 그 지정에 따라 통행하는 경우

**35** 차마가 도로의 중앙이나 좌측부분을 통행할 수 있는 경우는 도로 우측부분의 폭이 몇 미터에 미달하는 도로에서 앞지르기를 할 때인가?

① 2미터
② 3미터
③ 5미터
④ 6미터

> **해설** 차마가 도로의 중앙이나 좌측부분을 통행할 수 있는 경우는 도로 우측부분의 폭이 6m에 미달하는 도로에서 앞지르기를 할 때이다.

**36** 차로의 순위(일방통행 도로는 제외)는?

① 도로의 중앙 좌측으로부터 1차로로 한다.
② 도로의 중앙선으로부터 1차로로 한다.
③ 도로의 우측으로부터 1차로로 한다.
④ 도로의 우측으로부터 1차로로 한다.

> **해설** 차로의 순위는 도로의 중앙선 쪽에 있는 차로부터 1차로로 한다. 다만, 일방통행 도로에서는 도로의 왼쪽부터 1차로로 한다.

**37** 다음 중 일반도로에서 버스 전용차로를 통행할 수 없는 자동차는?

① 36인승 이상의 대형승합자동차
② 3인이 승차한 승용·승합자동차
③ 신고필증을 교부받아 어린이를 운송할 목적으로 운행 중인 어린이통학버스
④ 전세버스운송사업자가 운행하는 25인승 이상의 외국인 관광객 수송용 승합자동차(외국인이 승차해 있음)

> **해설** 버스전용차로를 통행할 수 있는 자동차(고속도로 외의 도로, 도로교통법시행령 제9조)
> ① 36인승 이상의 대형승합자동차
> ② 36인승 미만의 사업용 승합자동차
> ③ 신고필증을 교부받아 어린이를 운송할 목적으로 운행 중인 어린이 통학버스
> ④ 노선을 지정하여 운행하는 통학·통근용 승합자동차 중 16인승 이상 승합자동차
> ⑤ 국제행사 참가인원 수송 등 특히 필요하다고 인정되는 승합자동차

**38** 도로의 중앙을 통행할 수 있는 행렬로 옳은 것은?

① 학생의 대열
② 말·소를 몰고 가는 사람
③ 사회적으로 중요한 행사에 따른 시가행진
④ 군부대의 행렬

> **해설** 행렬 등은 사회적으로 중요한 행사에 따라 시가를 행진하는 경우에는 도로의 중앙을 통행할 수 있다.

**39** 보행자의 도로 횡단 방법으로 잘못된 것은?

① 지체장애인의 경우에는 다른 교통에 방해가 되지 아니하는 방법으로 도로 횡단 시설을 이용하지 아니하고 도로를 횡단할 수 있다.
② 보행자는 횡단보도가 설치되어 있지 아니한 도로에서는 가장 짧은 거리로 횡단하여야 한다.
③ 보행자는 안전표지 등에 의하여 횡단이 금지되어 있어도 차량에 주의하면서 도로를 횡단할 수 있다.
④ 보행자는 횡단보도를 횡단하거나 신호기 또는 경찰공무원 등의 신호나 지시에 따라 도로를 횡단하는 경우에는 차의 앞이나 뒤로 횡단이 가능하다.

> **해설** 보행자는 안전표지 등에 의하여 횡단이 금지되어 있는 도로의 부분에서는 그 도로를 횡단하여서는 아니 된다.

**40** 도로의 중앙으로부터 좌측을 통행할 수 있는 경우는?

① 편도 2차로의 도로를 주행할 때
② 도로가 일방통행으로 된 때
③ 중앙선 우측에 차량이 밀려 있을 때
④ 좌측도로가 한산할 때

> **해설** 도로의 중앙이나 좌측 부분을 통행할 수 있는 경우
> ① 도로가 일방통행인 경우
> ② 도로의 파손, 도로공사나 그 밖의 장애 등으로 도로의 우측 부분을 통행할 수 없는 경우
> ③ 도로 우측 부분의 폭이 6m가 되지 아니하는 도로에서 다른 차를 앞지르려는 경우

**41** 도로교통 관련법상 차마의 통행을 구분하기 위한 중앙선에 대한 설명으로 옳은 것은?

① 백색 실선 또는 황색 점선으로 되어 있다.
② 백색 실선 또는 백색 점선으로 되어 있다.
③ 황색 실선 또는 황색 점선으로 되어 있다.
④ 황색 실선 또는 백색 점선으로 되어 있다.

> **해설** 중앙선의 의미
> ① 황색 실선의 중앙선 : 자동차가 넘어갈 수 없음을 표시하는 선이다.
> ② 황색 점선의 중앙선 : 반대 방향의 교통에 주의하면서 일시적으로 반대편 차로로 넘어갈 수 있으나 진행방향 차로로 다시 돌아와야 함을 표시하는 선이다.
> ③ 황색 점선과 실선의 복선으로 표시된 중앙선 : 자동차가 점선이 있는 측에서는 반대방향의 교통에 주의하면서 넘어갔다가 다시 돌아올 수 있으나 실선이 있는 쪽에서는 넘어갈 수 없음을 표시하는 선이다.
> ④ 백색 점선 : U턴이 허용되는 구간을 표시한 선이다

**42** 편도 1차로인 도로에서 중앙선이 황색 실선인 경우의 앞지르기 방법으로 맞는 것은?

① 절대로 안 된다.
② 아무데서나 할 수 있다.
③ 앞차가 있을 때만 할 수 있다.
④ 반대 차로에 차량통행이 없을 때 할 수 있다.

**43** 교통안전 표지 중 노면표지에서 차마가 일시 정지해야 하는 표시로 옳은 것은?

① 황색 실선으로 표시한다.
② 백색 점선으로 표시한다.
③ 황색 점선으로 표시한다.
④ 백색 실선으로 표시한다.

**44** 교통정리가 행하여지고 있지 않은 교차로에서 차량이 동시에 교차로에 진입한 때의 우선순위로 옳은 것은?

① 소형 차량이 우선한다.
② 우측도로의 차가 우선한다.
③ 좌측도로의 차가 우선한다.
④ 중량이 큰 차량이 우선한다.

**해설** 교통정리를 하고 있지 아니하는 교차로에 동시에 들어가려고 하는 차의 운전자는 우측도로의 차에 진로를 양보하여야 한다.

**45** 다음 중 교통정리가 행하여 지지 않는 교차로에서 통행의 우선권 이 가장 큰 차량은?

① 우회전하려는 차량이다.
② 좌회전하려는 차량이다.
③ 이미 교차로에 진입하여 좌회전하고 있는 차량이다.
④ 직진하려는 차량이다.

**해설** 교통정리를 하고 있지 아니하는 교차로에 들어가려고 하는 차의 운전자는 이미 교차로에 들어가 있는 다른 차가 있을 때에는 그 차에 진로를 양보하여야 한다.

**46** 교통법령상 편도 4차로의 고속도로에서 차로에 따른 통행차의 기준 내용으로 틀린 것은?

① 1차로 : 앞지르기를 하려는 승용자동차
② 1차로 : 앞지르기를 하려는 경형·소형·중형 승합자동차
③ 왼쪽 차로 : 승용자동차 및 경형·소형·중형 승합자동차
④ 오른쪽 차로 : 특수자동차, 건설기계 및 이륜자동차

**해설** 오른쪽 차로는 대형 승합자동차, 화물자동차, 특수자동차 및 건설기계의 주행차로이다.

**47** 일방통행으로 된 도로가 아닌 교차로 또는 그 부근에서 긴급자동 차가 접근하였을 때 운전자가 취해야 할 방법으로 옳은 것은?

① 교차로의 우측단에 일시 정지하여 진로를 양보한다.
② 교차로를 피하여 도로의 우측 가장자리에 일시 정지한다.
③ 서행하면서 앞지르기 하라는 신호를 한다.
④ 그대로 진행방향으로 진행을 계속한다.

**해설** 교차로 또는 그 부근에서 긴급자동차가 접근하였을 때에는 교차로를 피하 여 도로의 우측 가장자리에 일시 정지한다.

**48** 교차로 통행방법 설명 중 틀린 것은?

① 교차로 내는 차선이 없으므로 진행방향을 임의로 바꿀 수 있다.
② 좌회전할 때에는 교차로 중심 안쪽으로 서행한다.
③ 교차로에서 직진하려는 차는 이미 교차로에 진입하여 좌회전 하고 있는 차의 진로를 방해할 수 없다.
④ 교차로에서 우회전할 때에는 서행하여야 한다.

**49** 자동차를 운전하여 교차로에서 우회전을 하려고 할 때 가장 적합 한 것은?

① 우회전은 신호가 필요 없으며, 보행자를 피하기 위해 빠른 속도 로 진행한다.
② 신호를 행하면서 서행으로 주행하여야 하며, 교통신호에 따라 횡단하는 보행자의 통행을 방해하여서는 아니 된다.
③ 우회전은 언제 어느 곳에서나 할 수 있다.
④ 우회전 신호를 행하면서 빠르게 우회전한다.

**해설** 교차로에서 우회전을 하려고 할 때에는 신호를 행하면서 서행으로 주행하 여야 하며, 교통신호에 따라 횡단하는 보행자의 통행을 방해하여서는 아 니 된다.

**50** 도로에서 차로별 통행구분에 따라 통행하여야 한다. 위반이 아닌 경우는?

① 여러 차로를 연속적으로 가로지르는 행위
② 갑자기 차로를 바꾸어 옆 차로에 끼어드는 행위
③ 두 개의 차로를 걸쳐서 운행하는 행위
④ 일방통행도로에서 도로의 중앙 좌측부분을 통행하는 행위

**51** 다음 중 진로변경을 해서는 안 되는 경우는?

① 안전표지(진로변경 제한선)가 설치되어 있을 때
② 시속 50킬로미터 이상으로 주행할 때
③ 교통이 복잡한 도로일 때
④ 3차로의 도로일 때

**해설** 차마의 운전자는 안전표지(백색 실선)가 설치되어 특별히 진로 변경이 금 지된 곳에서는 차마의 진로를 변경하여서는 아니 된다.

**52** 주행 중 진로를 변경하고자 할 때 운전자가 지켜야할 사항으로 틀린 것은?

① 후사경 등으로 주위의 교통상황을 확인한다.
② 신호를 주어 뒤차에게 알린다.
③ 진로를 변경할 때에는 뒤차에 주의할 필요가 없다.
④ 뒤에서 따라오는 차보다 느린 속도로 가려는 경우에는 도로의 우측 가장자리로 피하여 진로를 양보하여야 한다.

**해설** 모든 차의 운전자는 차의 진로를 변경하려는 경우에 그 변경하려는 방향으 로 오고 있는 다른 차의 정상적인 통행에 장애를 줄 우려가 있을 때에는 진로를 변경하여서는 아니 된다.

**53** 앞차가 좌측으로 진로를 바꾸려고 하거나 다른 차를 앞지르려고 할 때 올바른 앞지르기 방법은?

① 앞차가 앞지르기를 하고 있는 때에는 앞지르기를 시도하지 않 는다.
② 다차로에서 앞차가 좌측으로 진로를 바꾸면 우측으로 진로를 변경해 앞지르기를 시도한다.
③ 앞차가 앞차를 앞지르려고 하는 경우 좌측의 공간이 있다면 같 이 앞지르기를 시도한다.
④ 앞차가 앞지르기를 시작해서 앞지르기 당하는 차를 지나칠 때 쯤 앞지르기를 시도한다.

**해설** 앞차가 좌측으로 진로를 바꾸려고 하거나 다른 차를 앞지르려고 할 때는 앞지르기를 해서는 안 된다.

**54** 차량이 고속도로가 아닌 도로에서 방향을 바꾸고자 할 때에는 반드시 진행방향을 바꾼다는 신호를 하여야 한다. 그 신호는 진행방향을 바꾸고자 하는 지점에 이르기 전 몇 m의 지점에서 해야 하는가?

① 10m 이상의 지점에 이르렀을 때
② 30m 이상의 지점에 이르렀을 때
③ 50m 이상의 지점에 이르렀을 때
④ 100m 이상의 지점에 이르렀을 때

**해설** 좌회전·우회전·횡단·유턴 또는 같은 방향으로 진행하면서 진로를 왼 쪽으로 바꾸려는 때 그 행위를 하려는 지점에 이르기 전 30m(고속도로에 서는 100m) 이상의 지점에 이르렀을 때 방향지시등을 조작하여야 한다.

**55** 차마가 도로 이외의 장소에 출입하기 위하여 보도를 횡단하려고 할 때 가장 적절한 통행방법은?

① 보행자가 없으면 빨리 주행한다.
② 보행자가 있어도 차마가 우선 출입한다.
③ 보행자 유무에 구애받지 않는다.
④ 보도 직전에서 일시 정지하여 보행자의 통행을 방해하지 말아야 한다.

해설 차마의 운전자는 보도를 횡단하기 직전에 일시 정지하여 좌측과 우측 부분 등을 살핀 후 보행자의 통행을 방해하지 아니하도록 횡단하여야 한다.

**56** 차로가 설치되지 아니한 좁은 도로에서 보행자의 옆을 지나는 경우 가장 올바른 방법은?

① 보행자 옆을 속도 감속 없이 빨리 주행한다.
② 경음기를 울리면서 주행한다.
③ 안전거리를 두고 서행한다.
④ 보행자가 멈춰 있을 때는 서행하지 않아도 된다.

해설 모든 차의 운전자는 도로에 설치된 안전지대에 보행자가 있는 경우와 차로가 설치되지 아니한 좁은 도로에서 보행자의 옆을 지나는 경우에는 안전한 거리를 두고 서행하여야 한다.

**57** 철길건널목 통과방법에 대한 설명으로 옳지 않은 것은?

① 철길건널목에서는 앞지르기를 하여서는 안 된다.
② 철길건널목 부근에서는 주·정차를 하여서는 안 된다.
③ 철길건널목에 일시 정지표지가 없을 때에는 서행하면서 통과한다.
④ 철길건널목에서는 반드시 일시 정지 후 안전함을 확인 후에 통과한다.

해설 모든 차의 운전자는 철길건널목을 통과하려는 경우에는 건널목 앞에서 일시 정지하여 안전한지 확인한 후에 통과하여야 한다.

**58** 일시정지를 하지 않고도 철길건널목을 통과할 수 있는 경우는?

① 차단기가 내려져 있을 때
② 경보기가 울리지 않을 때
③ 앞차가 진행하고 있을 때
④ 신호등이 진행신호 표시일 때

해설 모든 차의 운전자는 철길 건널목을 통과하려는 경우에는 건널목 앞에서 일시 정지하여 안전한지 확인한 후에 통과하여야 한다. 다만, 신호기 등이 표시하는 신호에 따르는 경우에는 정지하지 아니하고 통과할 수 있다.

**59** 철길 건널목의 종류에 대한 설명이 틀린 것은?

① 1종 건널목 : 차단기, 건널목 경보기 및 교통안전 표지가 설치되어 있는 경우
② 2종 건널목 : 건널목 경보기 및 교통안전 표지가 설치되어 있는 경우
③ 3종 건널목 : 교통안전 표지만 설치되어 있는 경우
④ 4종 건널목 : 경보기만 설치되어 있는 경우

해설 철길 건널목의 종류에는 4종 건널목은 없다.

**60** 도로 교통법상 보행자 보호에 대한 설명으로 맞는 것은?

① 모든 차의 운전자는 보행자가 횡단보도를 통행하고 있을 때에는 그 횡단보도를 통과 후 일시 정지하여 보행자의 횡단을 방해하거나 위험을 주어서는 아니 된다.
② 모든 차의 운전자는 보행자가 횡단보도를 통행하고 있을 때에는 신속히 횡단하도록 한다.
③ 모든 차의 운전자는 보행자가 횡단보도를 통행하고 있을 때에는 그 횡단보도에 정지하여 보행자가 통과 후 진행하도록 한다.
④ 모든 차의 운전자는 보행자가 횡단보도를 통행하고 있을 때에는 그 횡단보도 앞에서 일시 정지하여 보행자의 횡단을 방해하거나 위험을 주어서는 아니 된다.

해설 모든 차의 운전자는 보행자가 횡단보도를 통행하고 있을 때에는 보행자의 횡단을 방해하거나 위험을 주지 아니하도록 그 횡단보도 앞에서 일시 정지하여야 한다.

**61** 승차인원·적재중량에 관하여 안전기준을 넘어서 운행하고자 하는 경우 누구에게 허가를 받아야 하는가?

① 출발지를 관할하는 경찰서장
② 시·도지사
③ 절대운행 불가
④ 국토교통부 장관

해설 모든 차의 운전자는 승차 인원, 적재중량 및 적재용량에 관하여 대통령령으로 정하는 운행상의 안전기준을 넘어서 승차시키거나 적재한 상태로 운전하여서는 아니 된다. 다만, 출발지를 관할하는 경찰서장의 허가를 받은 경우에는 그러하지 아니하다.

**62** 출발지 관할 경찰서장이 안전기준을 초과하여 운행할 수 있도록 허가하는 사항에 해당되지 않는 것은?

① 적재중량                    ② 운행속도
③ 승차인원                    ④ 적재용량

**63** 다음 중 주·정차를 할 수 있는 곳은?

① 도로의 우측 가장자리        ② 도로의 모퉁이
③ 교차로의 가장자리          ④ 횡단보도 옆

해설 모든 차의 운전자는 도로에서 정차할 때에는 차도의 오른쪽 가장자리에 정차할 것. 다만, 차도와 보도의 구별이 없는 도로의 경우에는 도로의 오른쪽 가장자리로부터 중앙으로 50cm 이상의 거리를 두어야 한다.

**64** 다음 중 정차 및 주차가 금지되어 있지 않은 장소는?

① 횡단보도                    ② 교차로
③ 경사로의 정상부근          ④ 건널목

해설 교차로·횡단보도·건널목이나 보도와 차도가 구분된 도로의 보도(「주차장법」에 따라 차도와 보도에 걸쳐서 설치된 노상주차장은 제외한다)에서는 차를 정차하거나 주차하여서는 아니 된다.

**65** 야간에 자동차를 도로에 정차 또는 주차하였을 때 등화조작으로 가장 적절한 것은?

① 전조등을 켜야 한다.
② 방향지시등을 켜야 한다.
③ 실내등을 켜야 한다.
④ 미등 및 차폭등을 켜야 한다.

해설 야간에 자동차를 도로에 정차하거나 주차할 때 켜야 하는 등화는 미등 및 차폭등이다.

**66** 밤에 도로에서 차를 운행하거나 일시 정지할 때 켜야 할 등화는?

① 전조등, 안개등과 번호등        ② 전조등, 차폭등과 미등
③ 전조등, 실내등과 미등          ④ 전조등, 제동등과 번호등

해설 도로에서 자동차를 운행할 때 켜야 하는 등화는 전조등, 차폭등, 미등, 번호등과 실내 조명등(실내 조명등은 승합자동차와 여객자동차 운송사업용 승용자동차만 해당한다)이다.

**67** 야간에 차가 서로 마주보고 진행하는 경우의 등화조작 방법 중 맞는 것은?

① 전조등, 보호등, 실내 조명등을 조작한다.
② 전조등을 켜고 보조등을 끈다.
③ 전조등 불빛을 하향으로 한다.
④ 전조등 불빛을 상향으로 한다.

해설 밤에 차가 서로 마주보고 진행하는 경우의 등화
① 서로 마주보고 진행할 때에는 전조등의 밝기를 줄이거나 불빛의 방향을 아래로 향하게 하거나 잠시 전조등을 끌 것.
② 앞차의 바로 뒤를 따라갈 때에는 전조등 불빛의 방향을 아래로 향하게 하고, 전조등 불빛의 밝기를 함부로 조작하여 앞차의 운전을 방해하지 아니할 것

**68** 다음 중 고속도로 및 자동차 전용도로에서의 횡단 등의 금지에 해당하지 않는 것은?

① 횡단　　② 유턴　　③ 앞지르기　　④ 후진

해설 자동차의 운전자는 그 차를 운전하여 고속도로 등을 횡단하거나 유턴 또는 후진하여서는 아니 된다.

**69** 술에 취한 상태에서의 운전으로 사람을 사상한 후 사상자의 구호 및 신고 조치를 하지 않아 운전면허가 취소된 경우 취소된 날부터 몇 년이 지나야 운전면허를 받을 수 있는가?

① 1년　　　　　　② 3년
③ 5년　　　　　　④ 7년

해설 술음주운전의 금지, 과로·질병·약물의 영향과 그 밖의 사유로 정상적으로 운전하지못할 우려가 있는 상태에서 운전금지, 공동 위험행위의 금지를 위반(무면허 운전금지 등 위반 포함)하여 운전을 하다가 사람을 사상한 후 필요한 조치 및 신고를 하지 아니한 경우에는 운전면허가 취소된 날부터 5년이 지나야 운전면허를 받을 수 있다.

**70** 다음 중 긴급자동차가 아닌 것은?

① 소방자동차
② 구급자동차
③ 그 밖에 대통령령이 정하는 자동차
④ 긴급배달 우편물 운송차 뒤를 따라가는 자동차

해설 긴급자동차
① 소방자동차　　② 구급자동차
③ 혈액 공급차량　　④ 그 밖에 대통령령으로 정하는 자동차

**71** 다음 중 모든 운전자의 준수사항이 아닌 것은?

① 어린이가 보호자 없이 도로를 횡단하는 때에는 일시 정지할 것
② 자동차를 급히 출발시키거나 속도를 급격히 높이지 아니할 것
③ 자동차가 정지하고 있을 때에도 휴대용 전화를 사용하지 아니할 것
④ 반복적이거나 연속적으로 경음기를 울리지 아니할 것

해설 운전자가 휴대용 전화를 사용할 수 있는 경우
① 자동차가 정지하고 있는 경우
② 긴급자동차를 운전하는 경우
③ 각종 범죄 및 재해 신고 등 긴급한 필요가 있는 경우
④ 손으로 잡지 않고 휴대용 전화를 사용할 수 있도록 해주는 장치를 이용하는 경우

**72** 운전자 준수사항에 대한 설명 중 틀린 것은?

① 고인 물을 튀게 하여 다른 사람에게 피해를 주어서는 안 된다.
② 과로, 질병, 약물의 중독 상태에서 운전하여서는 안 된다.
③ 운전석으로부터 떠날 때에는 원동기의 시동을 끄지 말아야 한다.

④ 보행자가 안전지대에 있는 때에는 서행하여야 한다.

해설 운전자가 운전석을 떠나는 경우에는 원동기를 끄고 제동장치를 철저하게 작동시키는 등 차의 정지 상태를 안전하게 유지하고 다른 사람이 함부로 운전하지 못하도록 필요한 조치를 할 것

**73** 모든 운전자가 준수하여야 할 사항 중에 일시정지하지 않아도 되는 사항은?

① 어린이가 보호자와 함께 도로의 갓길을 따라 이동하는 경우
② 어린이가 도로에서 놀이를 할 때 등 어린이에 대한 교통사고의 위험이 있는 것을 발견한 경우맹인안내견을 동반하고 도로를 횡단하고 있는 경우
④ 지하도나 육교 등 도로 횡단시설을 이용할 수 없는 지체장애인이나 노인 등이 도로를 횡단하고 있는 경우

해설 운전자가 준수하여야 할 사항 중에 일시정지 하여야 하는 사항
① 어린이가 보호자 없이 도로를 횡단할 때, 어린이가 도로에서 앉아 있거나 서 있을 때 또는 어린이가 도로에서 놀이를 할 때 등 어린이에 대한 교통사고의 위험이 있는 것을 발견한 경우
② 앞을 보지 못하는 사람이 흰색 지팡이를 가지거나 맹인안내견을 동반하고 도로를 횡단하고 있는 경우
③ 지하도나 육교 등 도로 횡단시설을 이용할 수 없는 지체장애인이나 노인 등이 도로를 횡단하고 있는 경우

**74** 교통법령상 편도 4차로의 고속도로에서 차로에 따른 통행차의 기준 내용으로 틀린 것은?

① 1차로 : 앞지르기를 하려는 승용자동차
② 1차로 : 앞지르기를 하려는 경형·소형·중형 승합자동차
③ 왼쪽 차로 : 승용자동차 및 경형·소형·중형 승합자동차
④ 오른쪽 차로 : 특수자동차, 건설기계 및 이륜자동차

해설 오른쪽 차로는 대형승합자동차, 화물자동차, 특수자동차 및 건설기계의 주행차로이다.

**75** 횡단보도에서의 보행자 보호의무 위반 시 받는 처분으로 옳은 것은?

① 면허취소　　　　　② 즉심회부
③ 통고처분　　　　　④ 형사입건

**76** 범칙금 납부 통고서를 받은 사람은 며칠 이내에 경찰청장이 지정하는 곳에 납부하여야 하는가?(단, 천재지변이나 그 밖의 부득이한 사유가 있는 경우는 제외한다.)

① 5일　　　② 10일　　　③ 15일　　　④ 30일

해설 범칙금 납부 통고서를 받은 사람은 10일 이내에 경찰청장이 지정하는 곳에 납부하여야 한다.

**77** 도로교통법에 의한 통고처분의 수령을 거부하거나 범칙금을 기간 안에 납부치 못한 자는 어떻게 처리되는가?

① 면허의 효력이 정지된다.　　② 면허증이 취소된다.
③ 연기신청을 한다.　　　　　④ 즉결 심판에 회부된다.

해설 통고처분의 수령을 거부하거나 범칙금을 기간 안에 납부치 못한 자는 즉결 심판에 회부된다.

**78** 다음 중 좌석안전띠 미착용 시 주어지는 범칙 금액은?

① 2만원　　　　　　② 3만원
③ 5만원　　　　　　④ 7만원

해설 좌석안전띠 미착용시 범칙 금액은 승합자동차 및 승용자동차 3만 원이다.

**79** 교통사고 발생 후 벌점기준으로 틀린 것은?

① 중상 1명마다 30점　　② 사망 1명마다 90점
③ 경상 1명마다 5점　　④ 부상신고 1명마다 2점

**해설** 교통사고 발생 후 벌점
① 사망 1명마다 90점(사고발생으로부터 72시간 내에 사망한 때)
② 중상 1명마다 15점(3주이상의 치료를 요하는 의사의 진단이 있는 사고)
③ 경상 1명마다 5점(3주미만 5일이상의 치료를 요하는 의사의 진단이 있는 사고)
③ 앞을 보지 못하는 사람이 흰색 지팡이를 가지거나
④ 부상신고 1명마다 2점(5일미만의 치료를 요하는 의사의 진단이 있는 사고)

**80** 1년 간 벌점에 대한 누산점수가 최소 몇 점 이상이면 운전면허가 취소되는가?

① 271　　② 190　　③ 121　　④ 201

**해설** 벌점·누산점수 초과로 인한 면허 취소

| 기간 | 벌점 또는 누산점수 |
| --- | --- |
| 1년간 | 121점 이상 |
| 2년간 | 201점 이상 |
| 3년간 | 271점 이상 |

**81** 도로 교통법상 술에 취한 상태의 기준으로 옳은 것은?

① 혈중 알코올농도가 0.02% 이상
② 혈중 알코올농도가 0.1% 이상
③ 혈중 알코올농도가 0.03% 이상
④ 혈중 알코올농도가 0.2% 이상

**해설** 운전이 금지되는 술에 취한 상태의 기준은 운전자의 혈중 알코올농도가 0.03퍼센트 이상인 경우로 한다.

**82** 다음 중 음주운전으로 처벌이 불가한 경우는?

① 혈중 알코올농도 0.05% 상태로 주차장에서 운전한 경우
② 혈중 알코올농도 0.09% 상태로 공장 내 통행로에서 운전한 경우
③ 혈중 알코올농도 0.02% 상태로 도로에서 운전한 경우
④ 혈중 알코올농도 0.04% 상태로 학교 내 통행로에서 운전한 경우

**해설** 혈중 알코올농도 0.03% 미만에서의 음주운전은 처벌 불가

**83** 술에 만취한 상태(혈중 알코올 농도 0.08퍼센트 이상)에서 자동차를 운전한 자에 대한 면허의 취소·정지처분 내용은?

① 면허취소　　② 면허효력정지 60일
③ 면허효력정지 50일　　④ 면허효력 정지 70일

**해설** 술에 취한 상태에서 운전한 때 면허 취소 기준
① 술에 취한 상태의 기준(혈중 알코올농도 0.03퍼센트 이상)을 넘어서 운전을 하다가 교통사고로 사람을 죽게 하거나 다치게 한 때
② 술에 만취한 상태(혈중 알코올농도 0.08퍼센트 이상)에서 운전한 때
③ 술에 취한 상태의 기준을 넘어 운전하거나 술에 취한 상태의 측정에 불응한 사람이 다시 술에 취한 상태(혈중 알코올농도 0.03퍼센트 이상)에서 운전한 때

**84** 술에 취한 상태(혈중알코올농도가 0.03% 이상 0.08% 미만)에서 자동차 등 또는 노면전차를 운전하였을 경우 벌칙은?

① 1년 이하의 징역이나 500만 원 이하의 벌금
② 1년 이상 2년 이하의 징역이나 500만 원 이상 1000만 원 이하의 벌금
③ 2년 이상 5년 이하의 징역이나 1000만 원 이상 2000만 원 이하의 벌금

④ 1년 이상 5년 이하의 징역이나 500만 원 이상 2000만 원 이하의 벌금

**해설** 술에 취한 상태에서 자동차등 또는 노면전차를 운전한 사람에 대한 벌칙
① 혈중알코올농도가 0.03% 이상 0.08% 미만인 사람은 1년 이하의 징역이나 500만원 이하의 벌금
② 혈중알코올농도가 0.08% 이상 0.2% 미만인 사람은 1년 이상 2년 이하의 징역이나 500만원 이상 1천만원 이하의 벌금
③ 혈중알코올농도가 0.2% 이상인 사람은 2년 이상 5년 이하의 징역이나 1천만원 이상 2천만원 이하의 벌금
④ 술에 취한 상태에 있다고 인정할 만한 상당한 이유가 있는 사람으로서 경찰공무원의 음주측정에 응하지 아니하는 사람(자동차등 또는 노면전차를 운전하는 사람으로 한정한다)은 1년 이상 5년 이하의 징역이나 500만원 이상 2천만원 이하의 벌금에 처한다.

**85** 교통사고로 인하여 사람을 사상하거나 물건을 손괴하는 사고가 발생하였을 때 우선 조치사항으로 가장 적절한 것은?

① 사고 차를 견인 조치한 후 승무원을 구호하는 등 필요한 조치를 취해야 한다.
② 사고 차를 운전한 운전자는 물적 피해정도를 파악하여 즉시 경찰서로 가서 사고현황을 신고한다.
③ 그 차의 운전자는 즉시 경찰서로 가서 사고와 관련된 현황을 신고 조치한다.
④ 그 차의 운전자나 그 밖의 승무원은 즉시 정차하여 사상자를 구호하는 등 필요한 조치를 취해야 한다.

**해설** 차의 운전 등 교통으로 인하여 사람을 사상하거나 물건을 손괴한 경우에는 그 차의 운전자나 그 밖의 승무원은 즉시 정차하여 사상자를 구호하는 등 필요한 조치를 하여야 한다.

**86** 도로교통법에 따르면 운전자는 자동차 등의 운전 중에는 휴대용 전화를 원칙적으로 사용할 수 없다. 예외적으로 휴대용 전화사용이 가능한 경우로 틀린 것은?

① 자동차 등이 정지하고 있는 경우
② 저속 건설기계를 운전하는 경우
③ 긴급 자동차를 운전하는 경우
④ 각종 범죄 및 재해 신고 등 긴급한 필요가 있는 경우

**해설** 운전 중 휴대전화 사용이 가능한 경우
① 자동차 등이 정지해 있는 경우
② 긴급자동차를 운전하는 경우
③ 각종 범죄 및 재해신고 등 긴급을 요하는 경우
④ 안전운전에 지장을 주지 않는 장치로 대통령령이 정하는 장치를 이용하는 경우

**87** 도로교통법령상 교통안전 표지의 종류를 올바르게 나열한 것은?

① 교통안전 표지는 주의, 규제, 지시, 안내, 교통표지로 되어있다.
② 교통안전 표지는 주의, 규제, 지시, 보조, 노면표지로 되어있다.
③ 교통안전 표지는 주의, 규제, 지시, 안내, 보조표지로 되어있다.
④ 교통안전 표지는 주의, 규제, 안내, 보조, 통행표지로 되어있다.

**해설** 교통안전 표지는 주의, 규제, 지시, 보조, 노면표지로 되어있다.

**88** 도로의 통행방법·통행구분 등 도로교통의 안전을 위하여 필요한 지시를 하는 경우에 도로 사용자가 이에 따르도록 알리는 표지는?

① 주의표지　　② 규제표지
③ 지시표지　　④ 보조표지

**해설** 표지의 의미
① **주의표지** : 도로상태가 위험하거나 도로 또는 그 부근에 위험물이 있는 경우에 필요한 안전 조치를 할 수 있도록 이를 도로 사용자에게 알리는 표지
② **규제표지** : 도로교통의 안전을 위하여 각종 제한·금지 등의 규제를 하

는 경우에 이를 도로 사용자에게 알리는 표지
③ **지시표지** : 도로의 통행방법·통행구분 등 도로교통의 안전을 위하여 필요한 지시를 하는 경우에 도로 사용자가 이에 따르도록 알리는 표지
④ **보조표지** : 주의표지·규제표지 또는 지시표지의 주기능을 보충하여 도로 사용자에게 알리는 표지

**89** 도로교통의 안전을 위하여 각종 주의, 규제, 지시 등의 내용을 노면에 기호, 문자 또는 선으로 도로 사용자에게 알리는 안전표지는?

① 노면표시      ② 규제표지
③ 지시표지      ④ 보조표지

🔍**해설** 안전표지의 종류
① **규제표지** : 도로교통의 안전을 위하여 각종 제한·금지 등의 규제를 하는 경우에 이를 도로 사용자에게 알리는 표지
② **지시표지** : 도로의 통행방법·통행구분 등 도로교통의 안전을 위하여 필요한 지시를 하는 경우에 도로 사용자가 이를 따르도록 알리는 표지
③ **보조표지** : 주의표지·규제표지 또는 지시표지의 주기능을 보충하여 도로사용자에게 알리는 표지

**90** 다음 그림의 교통안전 표지는 무엇인가?

① 차간거리 최저 50m이다.
② 차간거리 최고 50m이다.
③ 최저속도 제한표지이다.
④ 최고속도 제한표지이다.

**91** 다음 그림의 교통안전 표지에 대한 설명으로 맞는 것은?

① 최저시속 30킬로미터 속도제한 표시
② 최고중량 제한표시
③ 30톤 자동차 전용도로
④ 최고시속 30킬로미터 속도제한 표시

**92** 그림과 같은 교통안전 표지의 뜻은?

① 좌합류 도로가 있음을 알리는 것
② 철길건널목이 있음을 알리는 것
③ 회전형 교차로가 있음을 알리는 것
④ 좌로 계속 굽은 도로가 있음을 알리는 것

**93** 그림과 같은 교통안전 표지의 뜻은?

① 좌합류 도로가 있음을 알리는 것
② 좌로 굽은 도로가 있음을 알리는 것
③ 우합류 도로가 있음을 알리는 것
④ 철길건널목이 있음을 알리는 것

**94** 다음 그림과 같은 교통표지의 설명으로 맞는 것은?

① 좌로 일방통행 표지이다.    ② 우로 일반통행 표지이다.
③ 일단정지 표지이다.    ④ 진입금지 표지이다.

**95** 다음 주의표지 중 도로 폭이 좁아짐을 나타내는 표지는?

①       ②

③       ④

🔍**해설** ①은 양측방 통행표지, ③은 Y자형 교차로 표지, ④는 우측방 통행표지이다.

**96** 도로상태가 위험하여 운전자가 사전에 필요한 조치를 할 수 있도록 알리는 기능을 하는 안전표지를 주의표지라고 한다. 다음 중 주의표지에 해당하는 것은?

①       ②

③       ④

🔍**해설** ②는 규제표지, ③은 노면표지, ④는 보조 표지이다.

**97** 다음 중 노면표시의 기본 색상에 대한 설명으로 틀린 것은?

① 황색은 반대방향의 교통류 분리 또는 도로이용의 제한 및 지시
② 청색은 지정방향의 교통류 분리 표지
③ 적색은 어린이보호 구역 또는 주거지역 안에 설치하는 속도제한 표시의 테두리선
④ 백색은 동일방향의 경계표시 또는 도로이용의 제한

🔍**해설** 노면표시의 기본 색상
① 백색은 동일방향의 교통류 분리 및 경계표시
② 황색은 반대방향의 교통류 분리 또는 도로이용의 제한 및 지시(중앙선 표시, 노상 장애물 중 도로중앙 장애물 표시, 주차금지 표시, 정차·주차금지 표시 및 안전지대 표시)
③ 청색은 지정방향의 교통류 분리 표시(버스전용차로 표시 및 다인승차량 전용차선 표시)
④ 적색은 어린이보호 구역 또는 주거지역 안에 설치하는 속도제한 표시의 테두리선에 사용

## 3. 교통사고처리특례법 및 교통사고 유형

**01** 도로교통법에 따른 차에 속하지 않는 것은?

① 자동차
② 건설기계
③ 원동기장치 자전거
④ 유모차

>**해설** 도로교통법에 따른 차 : 자동차, 건설기계, 원동기장치자전거, 자전거, 사람 또는 가축의 힘이나 그 밖의 동력에 의하여 도로에서 운전되는 것(다만, 철길이나 가설된 선을 이용하여 운전되는 것, 유모차와 보행보조용 의자차는 제외)

**02** 건설기계관리법에 따른 차가 아닌 것은?

① 덤프트럭
② 불도저
③ 타워 크레인
④ 굴삭기

>**해설** 건설기계관리법에 따른 차 : 덤프트럭, 아스팔트살포기, 노상안정기, 콘크리트믹서트럭, 콘크리트펌프, 천공기(트럭 적재식), 콘크리트믹서트레일러, 아스팔트 콘크리트재생기, 도로보수트럭, 지게차, 불도저, 굴삭기, 로더, 지게차, 스크레이퍼, 기중기, 모터그레이더, 롤러 등 포함

**03** 교통사고의 정의에 대한 설명으로 틀린 것은?

① 차의 교통으로 사람을 사망케 하는 것
② 차의 교통으로 물건을 운반하는 것
③ 차의 교통으로 물건을 손괴하는 것
④ 차의 교통으로 사람을 다치게 하는 것

>**해설** 교통사고란 차의 교통으로 인하여 사람을 사상하거나 물건을 손괴하는 것을 말한다.

**04** 교통사고처리 특례법은 차의 교통으로 인한 사고가 발생하여 운전자를 형사 처벌하여야 하는 경우에 적용되는 법으로 인적피해를 야기한 경우에는 어느 죄를 적용하는가?

① 업무상과실·중과실치사상죄
② 과실재물손괴죄
③ 과실가택침입죄
④ 폭행죄

>**해설** 인적피해를 야기한 경우에는 업무상 과실·중과실치사상죄를 적용한다.

**05** 교통사고처리특례법은 차의 교통으로 인한 사고가 발생하여 운전자를 형사 처벌하여야 하는 경우에 적용되는 법으로 물적 피해를 야기한 경우에는 어느 죄를 적용하는가?

① 업무상과실·중과실치사상죄
② 과실재물손괴죄
③ 과실가택침입죄
④ 음주운전죄

>**해설** 물적 피해를 야기한 경우에는 과실재물손괴죄를 적용한다.

**06** 자동차 운행 중 업무상 과실 또는 중대한 과실로 인하여 사람을 사상에 이르게 한 자에 대한 벌칙은?

① 5년 이하의 금고 또는 2천만 원 이하의 벌금에 처한다.
② 3년 이하의 금고 또는 2천만 원 이하의 벌금에 처한다.
③ 2년 이하의 금고 또는 2천만 원 이하의 벌금에 처한다.
④ 1년 이하의 금고 또는 2천만 원 이하의 벌금에 처한다.

>**해설** 자동차 운행 중 업무상 과실 또는 중대한 과실로 인하여 사람을 사상에 이르게 한 자는 5년 이하의 금고 또는 2천만 원 이하의 벌금에 처한다.

**07** 차의 운전자가 업무상 필요한 주의를 게을리 하거나 중대한 과실로 다른 사람의 건조물이나 그 밖의 재물을 손괴한 경우의 벌칙은?

① 1년 이하의 금고나 1000만 원 이하의 벌금
② 2년 이하의 금고나 500만 원 이하의 벌금
③ 3년 이하의 금고나 2000만 원 이하의 벌금
④ 5년 이하의 금고나 2500만 원 이하의 벌금

>**해설** 차의 운전자가 업무상 필요한 주의를 게을리 하거나 중대한 과실로 다른 사람의 건조물이나 그 밖의 재물을 손괴한 경우에는 2년 이하의 금고나 500만 원 이하의 벌금에 처한다.

**08** 다음 중 교통사고처리특례법상 교통사고로 처리되는 것은?

① 명백한 자살이라고 인정되는 경우
② 확정적인 고의 범죄에 의해 타인을 사상한 경우
③ 축대 등이 무너져 도로를 진행 중인 차량이 손괴된 경우
④ 자동차의 교통으로 인하여 사람을 사상하거나 물건을 손괴하는 경우

>**해설** 교통사고로 처리되지 않는 경우
>① 명백한 자살이라고 인정되는 경우
>② 확정적인 고의 범죄에 의해 타인을 사상하거나 물건을 손괴한 경우
>③ 건조물 등이 떨어져 운전자 또는 동승자가 사상한 경우
>④ 축대 등이 무너져 도로를 진행 중인 차량이 손괴되는 경우
>⑤ 사람이 건물, 육교 등에서 추락하여 운행 중인 차량과 충돌 또는 접촉하여 사상한 경우

**09** 사고 운전자가 형사처벌 대상에 해당되지 않는 것은?

① 사망사고
② 차의 교통으로 업무상과실치상죄 또는 중과실치상죄를 범하고 피해자를 구호하는 등의 조치를 하지 아니하고 도주하거나, 피해자를 사고 장소로부터 옮겨 유기하고 도주한 경우
③ 차의 교통으로 업무상과실치상죄 또는 중과실치상죄를 범하고 음주 측정요구에 불응한 경우
④ 축대 등이 무너져 도로를 진행 중인 차량이 손괴되는 경우

>**해설** 사고 운전자가 형사처벌 대상에 해당되는 것은 ①, ②, ③항 이외에
>① 신호·지시 위반 사고+인명피해
>② 중앙선 침범 사고, 횡단, 유턴 또는 후진 중 사고+인명피해
>③ 과속(20km/h 초과) 사고+인명피해
>④ 앞지르기의 방법·금지시기·금지장소 또는 끼어들기의 금지 위반하거나 고속도로에서의 앞지르기 방법 위반 사고+인명피해
>⑤ 철길건널목 통과방법 위반사고+인명피해
>⑥ 횡단보도에서 보행자 보호의무 위반 사고+인명피해
>⑦ 무면허 운전 중 사고+인명피해
>⑧ 주취·약물복용 운전 중 사고+인명피해
>⑨ 보도침범, 통행방법 위반사고+인명피해
>⑩ 승객추락 방지의무 위반사고+인명피해
>⑪ 어린이 보호구역내 어린이 보호의무 위반사고+인명피해
>⑫ 민사상 손해배상을 하지 않은 경우
>⑬ 중상해 사고를 유발하고 형사상 합의가 안 된 경우

**10** 사고운전자가 형사 처벌 대상에 해당되지 않는 것은?

① 무면허 운전 중 사고+인명피해
② 사람이 건물, 육교 등에서 추락하여 운행 중인 차량과 충돌 또는 접촉하여 사상한 경우
③ 승객추락 방지의무 위반사고+인명피해
④ 철길건널목 통과방법 위반사고+인명피해

**11** 중상해의 범위에 속하지 않는 것은?

① 생명에 대한 위험
② 불구
③ 찰과상
④ 불치나 난치의 질병

해설 중상해의 범위
① 생명에 대한 위험 : 생명유지에 불가결한 뇌 또는 주요장기에 중대한 손상
② 불구 : 사지절단 등 신체 중요부분의 상실·중대변형 또는 시각·청각·언어·생식기능 등 중요한 신체기능의 영구적 상실
③ 불치나 난치의 질병 : 사고 후유증으로 중증의 정신장애·하반신 마비 등 완치 가능성이 없거나 희박한 중대질병

**12** 사고운전자가 피해자를 구호하지 않아 피해자를 사망에 이르게 하고 도주한 경우에 대한 가중처벌 기준으로 알맞은 것은?

① 무기 또는 5년 이상의 징역
② 10년 이상의 징역
③ 3년 이하의 징역
④ 1년 이하의 징역

해설 피해자를 사망에 이르게 하고 도주하거나, 도주 후에 피해자가 사망한 경우에는 무기 또는 5년 이상의 징역에 처한다.

**13** 운전자가 피해자를 사고 장소로부터 옮겨 유기하고 도주한 경우에 대한 가중처벌 기준으로 틀린 것은?

① 피해자를 사망에 이르게 하고 도주한 경우 사형, 무기 또는 5년 이상의 징역
② 피해자를 상해에 이르게 한 경우에는 1년 이상의 유기징역
③ 도주 후에 피해자가 사망한 경우에는 사형, 무기 또는 5년 이상의 징역
④ 피해자를 상해에 이르게 한 경우에는 3년 이상의 유기징역

해설 사고운전자가 피해자를 사고 장소로부터 옮겨 유기하고 도주한 경우 가중처벌 기준
① 피해자를 사망에 이르게 하고 도주한 경우 사형, 무기 또는 5년 이상의 징역
② 도주 후에 피해자가 사망한 경우에는 사형, 무기 또는 5년 이상의 징역
③ 피해자를 상해에 이르게 한 경우에는 3년 이상의 유기징역

**14** 위험운전 치사상의 경우 사고운전자의 가중처벌 기준으로 맞는 것은?

① 음주로 정상적인 운전이 곤란한 상태에서 자동차를 운전하여 사람을 사망에 이르게 한 경우에는 3년 이상의 유기징역
② 약물의 영향으로 정상적인 운전이 곤란한 상태에서 자동차를 운전하여 사람을 사망에 이르게 한 경우에 2년 이상의 유기징역
③ 사람을 상해에 이르게 한 경우 1년 이하의 징역 또는 500만원 이상 3천 만원 이하의 벌금
④ 음주로 정상적인 운전이 곤란한 상태에서 자동차를 운전하여 사람을 사망에 이르게 한 경우에는 1년 이상의 유기징역

해설 위험운전 치사상의 경우 가중처벌 기준
① 음주 또는 약물의 영향으로 정상적인 운전이 곤란한 상태에서 자동차(원동기장치자전거를 포함한다)를 운전하여 사람을 사망에 이르게 한 사람은 1년 이상의 유기징역에 처한다.
② 음주 또는 약물의 영향으로 정상적인 운전이 곤란한 상태에서 자동차(원동기장치자전거를 포함한다)를 운전하여 사람을 상해에 이르게 한 사람은 10년 이하의 징역 또는 500만원 이상 3천만원 이하의 벌금에 처한다.

**15** 다음 중 도주(뺑소니)에 해당하지 않는 것은?

① 현장에 도착한 경찰관에게 거짓으로 진술한 경우
② 사고운전자를 바꿔치기 하여 신고한 경우
③ 사고운전자가 연락처를 거짓으로 알려준 경우
④ 사고운전자가 심한 부상을 입어 타인에게 의뢰하여 피해자를

후송 조치한 경우

해설 도주(뺑소니) 사고인 경우 ①, ②, ③항 이외에
① 피해자 사상 사실을 인식하거나 예견됨에도 가버린 경우
② 피해자를 사고현장에 방치한 채 가버린 경우
③ 피해자가 이미 사망하였다고 사체 안치 후송 등의 조치 없이 가버린 경우
④ 피해자를 병원까지만 후송하고 계속 치료를 받을 수 있는 조치 없이 가버린 경우
⑤ 쌍방 업무상 과실이 있는 경우에 발생한 사고로 과실이 적은 차량이 도주한 경우
⑥ 자신의 의사를 제대로 표시하지 못하는 나이 어린 피해자가 '괜찮다'라고 하여 조치 없이 가버린 경우

**16** 다음 중 교통사고 후 도주(뺑소니)에 해당하는 것은?

① 피해자가 부상사실이 없거나 극히 경미하여 구호조치가 필요하지 않아 연락처를 제공하고 떠난 경우
② 피해자를 병원까지만 후송하고 계속 치료를 받을 수 있는 조치 없이 가버린 경우
③ 피해자 일행의 구타·폭언·폭행이 두려워 현장을 이탈한 경우
④ 사고 장소가 혼잡하여 불가피하게 일부 진행 후 정지하고 되돌아와 조치한 경우

해설 도주 (뺑소니)가 아닌 경우는 ①, ③, ④항 이외에
① 피해자가 부상사실이 없거나 극히 경미하여 구호조치가 필요하지 않아 연락처를 제공하고 떠난 경우
② 사고운전자가 심한 부상을 입어 타인에게 의뢰하여 피해자를 후송 조치한 경우
③ 사고 장소가 혼잡하여 불가피하게 일부 진행 후 정지하고 되돌아와 조치한 경우
④ 사고운전자가 급한 용무로 인해 동료에게 사고처리를 위임하고 가버린 후 동료가 사고 처리한 경우
⑤ 피해자 일행의 구타폭언폭행이 두려워 현장을 이탈한 경우
⑥ 사고운전자가 자기 차량 사고에 대한 조치 없이 가버린 경우

**17** 추돌사고의 운전자 과실 원인에서 앞차의 급정지 원인이 다른 하나는?

① 신호 착각에 따른 급정지
② 우측 도로변 승객을 태우기 위해 급정지
③ 주·정차 장소가 아닌 곳에서 급정지
④ 자동차 전용도로에서 전방사고를 구경하기 위해 급정지

해설 앞차의 정당성 있는 급정지 항목
① 신호 착각에 따른 급정지
② 초행길로 인한 급정지
③ 전방상황 오인 급정지

**18** 후진에 의한 교통사고가 성립되기 위한 요건으로 맞는 것은?

① 유료 주차장에서 발생하여야 한다.
② 아파트 주차장에서 발생하여야 한다.
③ 도로에서 발생하여야 한다.
④ 주차된 차량이 노면경사로 인해 차량이 뒤로 미끄러져 발생하여야 한다.

해설 후진에 의한 교통사고가 성립되기 위한 장소적 요건은 도로에서 발생이며, 피해자 요건은 후진하는 차량에 충돌되어 피해를 입은 경우이다.

**19** 신호등이 없는 교차로에 설치되는 일반적인 교통안전 표지가 아닌 것은?

① 비보호 좌회전 표지
② 일시정지 표지
③ 서행 표지
④ 양보 표지

해설 신호등이 없는 교차로의 시설물 설치 요건 : 사도 경찰청장이 설치한 안전표지가 있는 경우 일시정지 표지, 서행 표지, 양보 표지이다.

**20** 다음 중 신호등 없는 교차로 사고 중에서 운전자 과실에 의한 사고의 성립요건이 아닌 것은?

① 선진입 차량에게 진로를 양보하지 않는 경우
② 상대 차량이 보이지 않는 곳, 교통이 빈번한 곳을 통행하면서 일시정지 하지 않고 통행하는 경우
③ 통행 우선권이 있는 차량에게 양보하고 통행하는 경우
④ 일시정지, 서행, 양보표지가 있는 곳에서 이를 무시하고 통행하는 경우

> **해설** 신호등 없는 교차로 사고 중에서 운전자 과실에 의한 사고의 성립요건
> ① 선진입 차량에게 진로를 양보하지 않은 경우
> ② 상대차량이 보이지 않는 곳, 교통이 빈번한 곳을 통행하면서 일시정지 하지 않고 통행하는 경우
> ③ 통행우선권이 있는 차량에게 양보하지 않고 통행하는 경우
> ④ 일시정지, 서행, 양보표지가 있는 곳에서 이를 무시하고 통행하는 경우

**21** 다음 중 신호위반 사고 사례가 아닌 것은?

① 신호가 변경되기 전에 출발하여 인적피해를 야기한 경우
② 신호등의 신호에 따라 교차로에 진입한 경우
③ 신호내용을 위반하고 진행하여 인적피해를 야기한 경우
④ 적색 차량신호에 진행하다 정지선과 횡단보도 사이에서 보행자를 충격한 경우

> **해설** 신호위반 사고 사례는 ①, ③, ④항 이외에 황색 주의신호에 교차로에 진입하여 인적피해를 야기한 경우

**22** 교차로 신호 위반 사고요인과 관계가 먼 것은?

① 조급함에 따른 급출발
② 신호변경 시 무리한 진입
③ 황색신호에 대한 자의적 해석
④ 녹색신호에 따른 교차로 진입

> **해설** 교차로 신호위반 사고 요인으로는 조급함, 좌우 관찰의 결여, 신호에 대한 자의적 해석 등이 있다.

**23** 신호·지시위반 사고에 따른 행정처분으로 옳은 것은?(단, 승합자동차의 경우)

① 범칙금 3만원, 벌점 5점   ② 범칙금 5만원, 벌점 10점
③ 범칙금 7만원, 벌점 15점   ④ 범칙금 10만원, 벌점 20점

> **해설** 승합자동차의 신호·지시위반 사고에 따른 행정처분은 범칙금 7만원, 벌점 15점이다.

**24** 다음 중 중앙선 침범을 적용하는 경우(현저한 부주의)로 해당되지 않는 것은?

① 커브 길에서 과속으로 인한 중앙선 침범의 경우
② 빗길에서 과속으로 인한 중앙선 침범의 경우
③ 졸다가 뒤늦은 제동으로 중앙선을 침범한 경우
④ 위험을 회피하기 위해 중앙선을 침범한 경우

> **해설** 중앙선 침범을 적용하는 경우
> ① 커브 길에서 과속으로 인한 중앙선 침범의 경우
> ② 빗길에서 과속으로 인한 중앙선 침범의 경우
> ③ 졸다가 뒤늦은 제동으로 중앙선을 침범한 경우
> ④ 차내 잡담 또는 휴대폰 통화 등의 부주의로 중앙선을 침범한 경우

**25** 다음 중 중앙선 침범을 적용할 수 없는 경우(부득이한 경우)로 해당되지 않는 것은?

① 사고를 피하기 위해 급제동하다 중앙선을 침범한 경우
② 차내 잡담 또는 휴대폰 통화 등의 부주의로 중앙선을 침범한 경우

③ 위험을 회피하기 위해 중앙선을 침범한 경우
④ 빙판길 또는 빗길에서 미끄러져 중앙선을 침범한 경우(제한속도 준수)

> **해설** 중앙선 침범을 적용할 수 없는 경우(부득이한 경우)
> ① 사고를 피하기 위해 급제동하다 중앙선을 침범한 경우
> ② 위험을 회피하기 위해 중앙선을 침범한 경우
> ③ 빙판길 또는 빗길에서 미끄러져 중앙선을 침범한 경우(제한속도 준수)

**26** 다음 중 속도에 대한 정의로 맞는 것은?

① 규제속도 : 법정속도와 제한속도
② 설계속도 : 정지시간을 제외한 실제 주행거리의 평균 주행속도
③ 주행속도 : 자동차를 제작할 때 부여된 자동차의 최고속도
④ 구간속도 : 정지시간을 제외한 주행거리의 최고속도

> **해설** 속도에 대한 정의
> ① 규제속도 : 법정속도(도로교통법에 따른 도로별 최고·최저속도)와 제한속도(사도 경찰청장에 의한 지정속도)
> ② 설계속도 : 자동차를 제작할 때 부여된 자동차의 최고속도
> ③ 주행속도 : 정지시간을 제외한 실제 주행거리의 평균 주행속도
> ④ 구간속도 : 정지시간을 포함한 주행거리의 평균 주행속도

**27** 과속사고의 성립요건에서 제한속도 20km/h를 초과하여 과속으로 운행 중에 사고가 발생한 경우 운전자 과실에 포함되지 않는 경우는?

① 고속도로나 자동차 전용도로에서 법정속도 20km/h를 초과한 경우
② 일반도로 법정속도 매시 60km, 편도 2차로 이상의 도로에서는 매시 80km에서 20km/h를 초과한 경우
③ 속도제한 표지판 설치구간에서 제한속도 20km/h를 초과한 경우
④ 제한속도 20km/h 초과하여 과속운행 중 대물 피해만 입힌 경우

> **해설** 과속사고의 운전자 과실은 ①, ②, ③항 이외에
> ① 비가 내려 노면이 젖어있는 경우, 눈이 20mm미만 쌓인 경우 최고속도의 100분의 20을 줄인 속도에서 20km/h를 초과한 경우
> ② 폭우·폭설·안개 등으로 가시거리가 100m이내인 경우, 노면이 얼어붙은 경우, 눈이 20mm 이상 쌓인 경우 최고속의 100분의 50을 줄인 속도에서 20km/h를 초과한 경우
> ③ 가변형 속도제한 표지에 따른 최고속도에서 20km/h를 초과한 경우
> ④ 총중량 2,000kg 미만인 자동차를 총중량이 그의 3배 이상인 자동차로 견인하는 경우에는 매시 30km에서 20km/h 초과한 경우
> ⑤ 총중량 2,000kg 미만인 자동차를 총중량이 그의 3배 미만인 자동차로 견인하는 경우와 이륜자동차가 견인하는 경우 매시 20km에서 20km/h 초과한 경우

**28** 과속사고에 따른 행정처분에서 40km/h 초과 60km/h 이하인 경우 승합자동차의 범칙금과 벌점은 각각 얼마인가?

① 범칙금 5만원 벌점 10점
② 범칙금 7만원 벌점 15점
③ 범칙금 10만원 벌점 30점
④ 범칙금 15만원 벌점 40점

> **해설** 과속사고에 따른 행정처분(승합자동차의 범칙금)

| 항목 | 60km/h 초과 | 40km/h 초과 60km/h 이하 | 20km/h 초과 40km/h 이하 | 20km/h 미만 |
|---|---|---|---|---|
| 범칙금 | 13만원 | 10만원 | 7만원 | 3만원 |
| 벌점 | 60점 | 30점 | 15점 | - |

**29** 운전 중 휴대전화 사용시 주어지는 벌점은?

① 15점      ② 30점
③ 40점      ④ 60점

**해설** 위반시 벌점 15점 항목
① 신호·지시위반
② 속도위반(20km/h 초과 40km/h 이하)
③ 속도위반(어린이보호구역 안에서 오전 8시부터 오후 8시까지 사이에 제한속도를 20km/h 이내에서 초과한 경우에 한정한다)
④ 앞지르기 금지시기·장소위반
⑤ 운전 중 휴대용 전화 사용

**30** 다음 중 운전자의 난폭운전 사례가 아닌 것은?

① 급차로 변경
② 지그재그 운전
③ 좌우로 핸들을 급조작하는 운전
④ 다른 사람에게 위험을 초래하지 않는 속도로 운전

**해설** 난폭운전 사례
① 급차로 변경
② 지그재그 운전
③ 좌우로 핸들을 급조작하는 운전
④ 지선도로에서 간선도로로 진입할 때 일시정지 없이 급 진입하는 운전

**31** 앞지르기 금지장소가 아닌 것은?

① 교차로, 도로의 구부러진 곳
② 버스 정류장 부근, 주차금지 구역
③ 터널 안, 앞지르기 금지표지 설치장소
④ 경사로의 정상부근, 급경사로의 내리막

**해설** 앞지르기 금지장소 : 교차로, 도로의 구부러진 곳, 터널 안, 경사로의 정상부근, 급경사로의 내리막, 앞지르기 금지표지 설치장소

**32** 앞지르기 방법·금지위반 사고의 성립요건 중 운전자 과실에 의한 앞지르기 금지 위반 사고에 해당되지 않는 것은?

① 불가항력적인 상황에서 앞지르기 하던 중 사고
② 앞차의 좌측에 다른 차가 앞차와 나란히 가고 있을 때 앞지르기
③ 앞차가 다른 차를 앞지르고 있거나 앞지르고자 할 때 앞지르기
④ 경찰공무원의 지시를 따르거나 위험을 방지하기 위해 정지 또는 서행하고 있는 앞차 앞지르기

**해설** 운전자 과실에 의한 앞지르기 금지 위반 사고는 ②, ③, ④항 이외에 앞지르기 금지장소(교차로, 터널 안, 다리 위 등)에서의 앞지르기

**33** 철길건널목 통과방법위반 사고의 성립요건 중 운전자 과실에 의한 사고가 아닌 것은?

① 철길건널목 전에 일시정지 불이행
② 안전미확인 통행 중 사고
③ 차량이 고장 난 경우 승객대피, 차량이동 조치 불이행
④ 철길건널목 신호기·경보기 등의 고장으로 일어난 사고

**해설** 운전자 과실에 의한 사고는 철길건널목 전에 일시정지 불이행, 안전미확인통행 중 사고, 차량이 고장 난 경우 승객대피, 차량이동 조치 불이행 등이다.

**34** 철길건널목 진입금지 사유에 해당되지 않는 것은?

① 신호기 등이 표시하는 신호에 따르는 때
② 차단기가 내려져 있는 경우
③ 차단기가 내려지려고 하는 경우
④ 경보기가 울리고 있는 경우

**35** 횡단보도 보행자로 인정되지 않는 경우에 해당되는 것은?

① 횡단보도를 걸어가는 사람
② 횡단보도에서 원동기장치자전거나 자전거를 끌고 가는 사람
③ 횡단보도에서 원동기장치자전거나 자전거를 타고 가는 사람
④ 손수레를 끌고 횡단보도를 건너는 사람

**해설** 횡단보도 보행자인 경우는 ①, ②, ④항 이외에
① 횡단보도에서 원동기장치자전거나 자전거를 타고 가다 이를 세우고 한발은 페달에 다른 한발은 지면에 서 있는 사람
② 세발자전거를 타고 횡단보도를 건너는 어린이

**36** 횡단보도 보행자로 인정되는 경우로 해당되는 것은?

① 횡단보도에 누워 있거나, 앉아 있거나, 엎드려 있는 사람
② 세발자전거를 타고 횡단보도를 건너는 어린이
③ 횡단보도 내에서 교통정리를 하고 있는 사람
④ 횡단보도 내에서 택시를 잡고 있는 사람

**해설** 횡단보도 보행자로 인정되지 않는 경우로 ①, ③, ④항 이외에
① 횡단보도에서 원동기장치자전거나 자전거를 타고 가는 사람
② 횡단보도 내에서 화물 하역작업을 하고 있는 사람
③ 보도에 서 있다가 횡단보도 내로 넘어진 사람

**37** 보행자 보호 의무위반 사고의 성립요건 중 운전자 과실에서 예외사항이 아닌 것은?

① 적색 등화에 횡단보도를 진입하여 건너고 있는 보행자를 충돌한 경우
② 횡단보도를 건너다가 신호가 변경되어 중앙선에 서 있는 보행자를 충돌한 경우
③ 횡단보도를 건너고 있을 때 보행신호가 적색등화로 변경되어 되돌아가고 있는 보행자를 충돌한 경우
④ 횡단보도 전에 정지한 차량을 추돌하여 추돌된 차량이 밀려나가 보행자를 충돌한 경우

**해설** 운전자 과실에서 예외사항은 ①, ②, ③항 이외에 녹색등화가 점멸되고 있는 횡단보도를 진입하여 건너고 있는 보행자를 적색등화에 충돌한 경우

**38** 시·도 경찰청장이 설치한 횡단보도의 시설물 설치요건이 아닌 것은?

① 횡단보도에는 횡단보도 표시와 횡단보도 표지판을 설치할 것
② 횡단보도를 설치하고자하는 장소에 횡단보행자용 신호기가 설치되어 있는 경우에는 횡단보도 표시를 설치할 것
③ 횡단보도를 설치하고자하는 도로의 표면이 포장이 되지 아니하여 횡단보도 표시를 할 수 없는 때에는 횡단보도 표지판을 설치할 것. 이 경우 그 횡단보도 표지판에 횡단보도의 너비를 표시하는 보조표지를 설치할 것
④ 아파트 단지나 학교, 군부대 등 특정구역 내부의 소통과 안전을 목적으로 권한이 없는 자에 의해 설치된 경우

**해설** 횡단보도의 시설물 설치요건은 ①, ②, ③항 이외에 횡단보도는 육교 지하도 및 다른 횡단보도로부터 200미터 이내에는 설치하지 아니할 것. 어린이보호구역이나 노인보호구역으로 지정된 구간인 경우 보행자의 안전이나 통행을 위하여 특히 필요하다고 인정되는 경우에는 그러하지 아니하다.

**39** 다음 중 무면허 운전의 유형에 속하지 않는 것은?

① 운전면허 정지 기간 중에 운전하는 행위
② 제2종 운전면허로 제1종 운전면허를 필요로 하는 자동차를 운전하는 행위
③ 제1종 대형면허로 특수면허가 필요한 자동차를 운전하는 행위
④ 운전면허시험에 합격한 후 운전면허증을 발급받아 운전하는 행위

**해설** 무면허 운전의 유형에 속하는 것은 ①, ②, ③항 이외에
① 운전면허를 취득하지 않고 운전하는 행위
② 운전면허 적성검사기간 만료일로부터 1년간의 취소 유예기간이 지난 면허증으로 운전하는 행위
③ 운전면허 취소처분을 받은 후에 운전하는 행위

**40** 주취·약물복용 운전 중 사고의 성립요건에서 운전자 과실에 속하지 않는 것은?

① 음주한 상태에서 자동차를 운전하여 일정거리 운행한 경우
② 혈중 알코올농도가 0.03% 이상인 상태에서 음주측정에 불응한 경우
③ 혈중 알코올농도가 0.03% 미만인 상태에서 음주측정에 불응한 경우
④ 주차장 또는 주차선 안에서 운전하는 경우

**해설** 운전자 과실에 속하는 것은 ①, ②, ④항 이다.

**41** 승객추락 방지의무에 대한 사항으로 틀린 것은?

① 승객이 임의로 차문을 열고 상체를 내밀어 차 밖으로 추락한 경우
② 문을 연 상태에서 출발하여 타고 있는 승객이 추락한 경우
③ 승객이 타거나 또는 내리고 있을 때 갑자기 문을 닫아 문에 충격된 승객이 추락한 경우
④ 버스 운전자가 개·폐 안전장치인 전자감응장치가 고장 난 상태에서 운행 중에 승객이 내리고 있을 때 출발하여 승객이 추락한 경우

**해설** 승객추락 방지의무에 해당하는 경우는 ②, ③, ④항이다.

**42** 승객추락 방지의무에 대한 설명으로 알맞은 것은?

① 승객이 임의로 차문을 열고 상체를 내밀어 차 밖으로 추락한 경우
② 운전자가 사고방지를 위해 취한 급제동으로 승객이 차 밖으로 추락한 경우
③ 화물자동차 적재함에 사람을 태우고 운행 중에 운전자의 급가속 또는 급제동으로 피해자가 추락한 경우
④ 승객이 타거나 또는 내리고 있을 때 갑자기 문을 닫아 문에 충격된 승객이 추락한 경우

**43** 어린이 보호구역으로 지정될 수 있는 장소가 아닌 것은?

① 유아교육법에 따른 유치원, 초·중등교육법에 따른 초등학교 또는 특수학교
② 영유아교육법에 따른 보육시설 중 정원 100명 이상의 보육시설
③ 학원의 설립·운영 및 과외교습에 관한 법률에 따른 학원 중 학원 수강생이 100명 이상인 학원
④ 대학교육법에 따른 대학교

**44** 교통사고 조사 규칙에 따른 용어의 정의로 틀린 것은?

① 교통 : 차를 도로에서 운전하여 사람 또는 화물을 이동시키거나 운반하는 등 차를 그 본래의 용법에 따라 사용하는 것
② 교통사고 : 차의 교통으로 인하여 사람을 사상하거나 물건을 손괴한 것
③ 대형사고 : 1명 이상이 사망하거나 10명 이상의 사상자가 발생한 사고
④ 교통 조사관 : 교통사고를 조사하여 검찰에 송치하는 등 교통사고 조사업무를 처리하는 경찰공무원

**해설** 대형사고 : 3명 이상이 사망(교통사고 발생일부터 30일 이내에 사망)하거나 20명 이상의 사상자가 발생한 사고

**45** 차가 주행 중 도로 또는 도로 이외의 장소에 차체의 측면이 지면에 접하고 있는 상태를 의미하는 용어는?

① 전도          ② 전복
③ 추락          ④ 충돌

**해설** 교통사고 조사 규칙 용어의 정의
① 전복 : 차가 주행 중 도로 또는 도로 이외의 장소에 뒤집혀 넘어진 것
② 추락 : 차가 도로변 절벽 또는 교량 등 높은 곳에서 떨어진 것
③ 충돌 : 차가 반대방향 또는 측방에서 진입하여 그 차의 정면 또는 측면을 충격한 것

**46** 교통사고 조사 규칙에 따른 용어의 정의로 옳은 것은?

① 요 마크(Yaw mark) : 차의 급제동으로 인하여 타이어의 회전이 정지된 상태에서 노면에 미끄러져 생긴 타이어 마모흔적 또는 활주흔적
② 충돌 : 2대 이상의 차가 동일방향으로 주행 중 뒤차가 앞차의 후면을 충격한 것
③ 추돌 : 차가 반대방향 또는 측방에서 진입하여 그 차의 정면으로 다른 차의 정면 또는 측면을 충격한 것
④ 접촉 : 차가 추월, 교행 등을 하려다가 차의 좌우측면을 서로 스친 것

**해설** ① 요 마크(Yaw mark) : 급 핸들 등으로 인하여 차의 바퀴가 돌면서 차축과 평행하게 옆으로 미끄러진 타이어의 마모흔적
② 충돌 : 차가 반대방향 또는 측방에서 진입하여 그 차의 정면으로 다른 차의 정면 또는 측면을 충격한 것
③ 추돌 : 2대 이상의 차가 동일방향으로 주행 중 뒤차가 앞차의 후면을 충격한 것

**47** 차가 주행 중 도로 또는 도로 이외의 장소에 차체의 측면이 지면에 접하고 있는 상태를 의미하는 용어는?

① 전도          ② 전복
③ 추락          ④ 충돌

**해설** 교통사고 조사 규칙 용어의 정의
① 전복 : 차가 주행 중 도로 또는 도로 이외의 장소에 뒤집혀 넘어진 것
② 추락 : 차가 도로변 절벽 또는 교량 등 높은 곳에서 떨어진 것
③ 충돌 : 차가 반대방향 또는 측방에서 진입하여 그 차의 정면 또는 측면을 충격한 것

**48** 교통 조사관이 교통사고로 처리하지 아니하고 업무 주무기능에 인계하는 경우가 아닌 것은?

① 자살·자해행위로 인정되는 경우
② 확정적 고의에 의하여 타인을 사상하거나 물건을 손괴한 경우
③ 낙하물에 의하여 차량 탑승자가 사상하였거나 물건이 손괴된 경우
④ 운전면허 취소처분을 받은 후에 운전하는 행위

**해설** 교통 조사관이 교통사고로 처리하지 아니하고 업무 주무기능에 인계하는 경우는 ①, ②, ③항 이외에
① 축대, 절개지 등이 무너져 차량 탑승자가 사상하였거나 물건이 손괴된 경우
② 사람이 건물, 육교 등에서 추락하여 진행 중인 차량과 충돌 또는 접촉하여 사상한 경우
③ 그 밖의 차의 교통으로 발생하였다고 인정되지 아니한 안전사고의 경우

## 02 안전운행 요령

요점 정리

---

## 제1장 교통사고 요인과 운전자의 자세

### 01 교통사고의 제요인

#### 1 교통사고의 위험 요인

일상적으로 교통사고의 위험 요인은 교통의 구성 요인인 인간, 도로 환경 그리고 차량의 측면으로 구분할 수 있다.

#### 2 인간에 의한 사고 원인

인간에 의한 사고원인은 신체-생리적 요인, 태도요인, 사회 환경적 요인, 운전기술요인으로 나눌 수 있다.

① **신체-생리적 요인** : 피로, 음주, 약물, 신경성 질환의 유무 등이 포함된다.

② **태도 요인** : 운전 태도는 교통법규 및 단속에 대한 인식, 속도 지향성 및 자기중심성 등을 의미하고, 사고에 대한 태도는 운전 상황에서의 위험에 대한 경험, 사고 발생 확률에 대한 믿음과 사고의 심리적 측면을 의미한다.

③ **사회 환경적 요인** : 근무환경, 직업에 대한 만족도, 주행환경에 대한 친숙성 등이 있다.

④ **운전 기술의 부족** : 차로유지 및 대상의 회피와 같은 두 과제의 처리에 있어 주의를 분할하거나 이를 통합하는 능력 등이 해당된다.

### 02 버스 교통사고의 주요 유형

① 버스의 길이는 승용차의 2배 정도 길이이고, 무게는 10배 이상이나 된다.

② 버스 주위에 접근하더라도 버스의 운전석에서 잘 볼 수 없는 부분이 승용차 등에 비해 훨씬 넓다.

③ 버스의 좌우회전시의 내륜차는 승용차에 비해 훨씬 크다. 그만큼 회전 시에 주변에 있는 물체와 접촉할 가능성이 높아진다.

④ 버스의 급가속, 급제동은 승객의 안전에 영향을 바로 미친다. 그만큼 출발, 정지 시에 부드러운 조작이 중요하다.

⑤ 버스 운전자는 승객들의 운전방해 행위(운전자와의 대화 시도, 간섭, 승객 간의 고성 대화, 장난 등)로 쉽게 주의가 분산된다.

⑥ 버스정류장에서의 승객 승하차 관련 위험에 노출되어 있다. 노약자의 경우는 승하차시에도 발을 잘못 디뎌 다칠 수가 있다.

---

## 제2장 운전자요인과 안전운행

### 01 시력과 운전

#### 1 정지시력

시력은 물체의 모양이나 위치를 분별하는 눈의 능력으로 흔히 정지시력은 일정거리에서 일정한 시표를 보고 모양을 확인할 수 있는지를 가지고 측정하는 시력이다. 정지시력을 측정하는 대표적인 방법이 란돌트 시표(Landolt's rings)에 의한 측정이다.

① **제1종 운전면허** : 두 눈을 동시에 뜨고 잰 시력이 0.8 이상이고, 양쪽 눈의 시력이 각각 0.5 이상이어야 한다.

② **제2종 운전면허** : 두 눈을 동시에 뜨고 잰 시력이 0.5 이상일 것. 다만, 한쪽 눈을 보지 못하는 사람은 다른 쪽 눈의 시력이 0.6 이상이어야 한다.

#### 2 야간시력

빛을 적게 받아들여 어두운 부분까지 볼 수 있게 하는 과정을 **명순응**이라고 한다. 불빛이 사라지면 다시 동공은 어두운 곳을 잘 보려고 빛을 많이 받아들이기 위해 확대되는데 이 과정을 **암순응**이라고 한다. 명순응과 암순응 과정에서 동공이 충분히 축소 또는 확대되는 데까지는 약간의 시간이 필요하며, 그때까지는 일시적으로 앞을 잘 볼 수 없는 위험상태가 된다. 이러한 위험에 대처하는 방법은 다음과 같다.

① 대향차량의 전조등 불빛을 직접적으로 보지 않는다. 전조등 불빛을 피해 멀리 도로 오른쪽 가장자리 방향을 바라보면서 주변시로 다가오는 차를 계속해서 주시하도록 한다.

② 만약에 불빛에 의해 순간적으로 앞을 잘 볼 수 없다면, 속도를 줄인다.

③ 가파른 도로나 커브길 등에서와 같이 대향차의 전조등이 정면으로 비칠 가능성이 있는 상황에서는 가능한 그에 대비한 주의를 한다.

㉮ **현혹현상** : 운행 중 갑자기 빛이 눈에 비치면 순간적으로 장애물을 볼 수 없는 현상으로 마주 오는 차량의 전조등 불빛을 직접 보았을 때 순간적으로 시력이 상실되는 현상을 말한다.

㉯ **증발현상** : 야간에 대향차의 전조등 눈부심으로 인해 순간적으로 보행자를 잘 볼 수 없게 되는 현상으로 보행자가 교차하는 차량의 불빛 중간에 있게 되면 운전자가 순간적으로 보행자를 전혀 보지 못하는 현상을 말한다.

---

## 02 심신 상태와 운전

### 1 피로와 졸음운전

#### (1) 피로가 운전에 미치는 영향

피로의 가장 큰 원인은 수면 부족이나 전날의 음주이다. 만일 음주나 수면부족으로 피로를 느낀다면 운전을 피하고 쉬는 것이 상책이다. 사고의 상당수는 운전자의 음주나 수면부족으로 인한 피로에서 야기된다.

#### (2) 운전 중 피로를 푸는 법

① 차안에는 항상 신선한 공기가 충분히 유입되도록 한다. 차가 너무 덥거나 환기 상태가 나쁘면, 쉽게 피로감과 졸음을 느끼게 된다.
② 태양빛이 강하거나 눈의 반사가 심할 때는 선글라스를 착용한다.
③ 지루하게 느껴지거나 졸음이 올 때는 라디오를 틀거나, 노래 부르기, 휘파람 불기 또는 혼자 소리 내어 말하기 등의 방법을 써 본다.
④ 정기적으로 차를 멈추어 차에서 나와 몇 분 동안 산책을 하거나 가벼운 체조를 한다.
⑤ 운전 중에 계속 피곤함을 느끼게 된다면 운전을 지속하기보다는 차를 멈추는 편이 낫다.

#### (3) 졸음운전의 징후

① 눈이 스르르 감긴다든가 전방을 제대로 주시할 수 없어진다.
② 머리를 똑바로 유지하기가 힘들어진다.
③ 하품이 자주난다.
④ 이 생각 저 생각이 나면서 생각이 단절된다.
⑤ 지난 몇 km를 어디를 운전해 왔는지 가물가물하다.
⑥ 차선을 제대로 유지 못하고 차가 좌우로 조금씩 왔다 갔다 하는 것을 느낀다.
⑦ 앞차에 바짝 붙는다거나 교통신호를 놓친다.
⑧ 순간적으로 차도에서 갓길로 벗어나가거나 거의 사고 직전에 이르기도 한다.

### 2 음주와 약물 운전의 회피

#### (1) 음주운전 차량의 증후

① 경찰관이 정차 명령을 하였을 때 제대로 정차하지 못하거나 급정차하는 자동차
② 단속현장을 보고 멈칫하거나 눈치를 보는 자동차
③ 야간에 아주 천천히 달리는 자동차
④ 깜깜한 밤에 미등만 켜고 주행하는 자동차
⑤ 기어를 바꿀 때 기어소리가 심한 자동차
⑥ 전조등이 미세하게 좌·우로 왔다 갔다 하는 자동차
⑦ 앞차의 뒤를 너무 가까이 따라가는 차량
⑧ 과도하게 넓은 반경으로 회전하는 차량
⑨ 2개 차로에 걸쳐서 운전하는 차량
⑩ 신호에 대한 반응이 과도하게 지연되는 차량
⑪ 운전행위와 반대되는 방향지시등을 조작하는 차량
⑫ 지그재그 운전을 수시로 하는 차량
⑬ 교통신호나 안전표지와 다른 반응을 보이는 차량 등

#### (2) 약물이 인체에 미치는 영향

① 향정신성 의약품들은 중추신경계와 뇌에 영향을 미침으로써 알코올 이상으로 안전운전에 미치는 영향이 큰 약물들이다.
② 진정제는 반사 능력을 둔화시키고, 조정능력을 약화시키며, 흥분제는 도취감을 낳아 위험 감행성을 높인다.

③ 환각제는 인간의 인지, 판단, 조작 등 제반 기능을 왜곡시킴으로써 운전 상황에 적절히 대응할 수 없게 만든다.

## 03 교통약자 등과의 도로 공유

### 1 어린이 통학버스의 특별보호

① 어린이 통학버스가 어린이 또는 유아를 태우고 있다는 표시를 한 상태로 도로를 통행하는 때에 모든 차의 운전자는 어린이 통학버스를 앞지르기 못한다.
② 어린이나 유아가 타고 내리는 중임을 나타내는 어린이 통학버스가 정차한 차로와 그 차로의 바로 옆 차로를 통행하는 차의 운전자는 어린이 통학버스에 이르기 전 일시 정지하여 안전을 확인 후 서행한다.
③ 중앙선이 설치되지 아니한 도로와 편도 1차로인 도로의 반대방향에서 진행하는 차의 운전자는 어린이 통학버스에 이르기 전 일시 정지하여 안전을 확인한 후 서행한다.

### 2 대형자동차의 특성

① 운전자들이 볼 수 없는 곳(사각)이 늘어난다.
② 정지하는데 더 많은 시간이 걸린다.
③ 움직이는데 점유하는 공간이 늘어난다.
④ 다른 차를 앞지르는 데 걸리는 시간도 더 길어진다.

### 3 대형자동차 운전 시 주의사항

① 다른 차와는 충분한 안전거리를 유지한다.
② 승용차 등이 대형차의 사각지점에 들어오지 않도록 주의한다.
③ 앞지를 때는 충분한 공간 간격을 유지한다.
④ 대형차로 회전할 때는 회전할 수 있는 충분한 공간 간격을 확보한다.

## 제3장 자동차요인과 안전운행

## 01 자동차의 물리적 현상

### 1 원심력

① 차가 길모퉁이나 커브를 돌 때에 핸들을 돌리면 주행하던 차로나 도로를 벗어나려는 힘이 작용하게 되고, 이러한 힘이 노면과 타이어 사이에서 발생하는 마찰저항보다 커지면 차는 옆으로 미끄러져 차로나 도로를 벗어나게 될 위험이 증가한다.
② 차가 길모퉁이나 커브를 빠른 속도로 진입하면 노면을 잡고 있으려는 타이어의 접지력보다 원심력이 더 크게 작용하여 사고 발생 위험이 증가한다.
③ 원심력은 속도가 빠를수록, 커브 반경이 작을수록, 차의 중량이 무거울수록 커지게 되며, 특히 속도의 제곱에 비례해서 커진다.
④ 커브 길에서는 원심력이 작용하므로 안전하게 회전하려면 속도를 줄여야 한다.

## 2 스탠딩 웨이브 현상(Standing wave)

### (1) 정의

타이어가 노면과 맞닿는 부분에서는 차의 하중에 의해 타이어의 찌그러짐 현상이 발생하지만 타이어가 회전하면 타이어의 공기압에 의해 곧 회복된다. 이러한 현상은 주행 중에 반복되며 고속으로 주행할 때에는 타이어의 회전속도가 빨라지면 접지면에서 발생한 타이어의 변형이 다음 접지 시점까지 복원되지 않고 진동의 물결로 남게 되는 현상을 말한다.

### (2) 스탠딩 웨이브 현상 예방법

① 주행 중인 속도를 줄인다.
② 타이어 공기압을 평소보다 높인다.
③ 과다 마모된 타이어나 재생타이어를 사용하지 않는다.

## 3 수막현상(Hydro planing)

① **정의** : 자동차가 물이 고인 노면을 고속으로 주행할 때 타이어의 트레드 홈 사이에 있는 물을 헤치는 기능이 감소되어 노면의 접지력을 상실하게 되는 현상으로 타이어 접지면 앞 쪽에서 들어오는 물의 압력에 의해 타이어가 노면으로부터 떠올라 물위를 미끄러지는 현상을 수막현상이라 한다. 이러한 물의 압력은 자동차 속도의 두 배 그리고 유체밀도에 비례한다.
② **수막현상이 발생하면** 제동력은 물론 모든 타이어는 본래의 운동기능이 소실되어 핸들로 자동차를 통제할 수 없게 된다. 수막현상은 차의 속도, 고인 물의 깊이, 타이어의 패턴, 타이어의 마모정도, 타이어의 공기압, 노면 상태 등의 영향을 받는다.
③ **수막현상을 예방**하기 위해서는 다음과 같은 조치가 필요하다.
　㉮ 고속으로 주행하지 않는다.
　㉯ 과다 마모된 타이어를 사용하지 않는다.
　㉰ 공기압을 평소보다 조금 높게 한다.
　㉱ 배수효과가 좋은 타이어 패턴(리브형 타이어)을 사용한다.

## 4 페이드(Fade) 현상

① **정의** : 내리막길을 내려갈 때 브레이크를 반복하여 사용하면 마찰열이 라이닝에 축적되어 브레이크의 제동력이 저하되는 현상을 페이드라 한다.
② **페이드가 발생하는 이유**는 브레이크 라이닝의 온도상승으로 과열되어 라이닝의 마찰계수가 저하됨에 따라 페달을 강하게 밟아도 제동이 잘 되지 않는다.

> ※ **워터 페이드(Water fade) 현상**
> ① 브레이크 마찰재가 물에 젖으면 마찰계수가 작아져 브레이크의 제동력이 저하되는 현상을 워터 페이드라 한다.
> ② 물이 고인 도로에 자동차를 정차시켰거나 수중으로 주행을 하였을 때 이 현상이 일어 날 수 있으며, 브레이크가 전혀 작용되지 않을 수도 있다.
> ③ 워터 페이드 현상이 발생하면 마찰열에 의해 브레이크가 회복되도록 브레이크 페달을 반복해 밟으면서 천천히 주행한다.

## 5 모닝 록(Morning lock) 현상

① **정의** : 비가 자주오거나 습도가 높은 날 또는 오랜 시간 주차한 후에는 브레이크 드럼에 미세한 녹이 발생하게 되는데 이러한 현상을 모닝 록이라 한다.
② 모닝 록 현상이 발생하면 브레이크 드럼과 라이닝, 브레이크 패드와 디스크의 마찰계수가 높아져 평소보다 브레이크가 지나치게 예민하게 작동한다.
③ 모닝 록 현상이 발생하였을 때 평소의 감각대로 브레이크를 밟게 되면 급제동이 되어 사고가 발생할 수 있다.
④ 아침에 운행을 시작할 때나 장시간 주차한 다음 운행을 시작하는 경우에는 출발 시 서행하면서 브레이크를 몇 차례 밟아주면 녹이 자연스럽게 제거되면서 모닝 록 현상이 해소된다.

## 6 내륜차(內輪差)와 외륜차(外輪差)

① 차량 바퀴의 궤적을 보면 직진할 때는 앞바퀴가 지나간 자국을 그대로 따라가지만, 핸들을 돌렸을 때에는 바퀴가 모두 제각기 서로 다른 원을 그리면서 통과하게 된다.
② 앞바퀴의 궤적과 뒷바퀴의 궤적 간에는 차이가 발생하게 되며, 앞바퀴의 안쪽과 뒷바퀴의 안쪽 궤적 간의 차이를 내륜차라 하고 바깥 바퀴의 궤적 간의 차이를 외륜차라 한다.
③ 소형차에 비해 축간거리가 긴 대형차에서 내륜차 또는 외륜차가 크게 발생한다.
④ 차가 회전할 때에는 내, 외륜차에 의한 여러 가지 교통사고 위험이 발생한다.

### (1) 내륜차에 의한 사고 위험

① 전진(前進) 주차를 위해 주차공간으로 진입도중 차의 뒷부분이 주차되어 있는 차와 충돌 할 수 있다.
② 커브 길의 원활한 회전을 위해 확보한 공간으로 끼어든 이륜차나 소형승용차를 발견하지 못해 충돌사고가 발생할 수 있다.
③ 차량이 보도 위에 서 있는 보행자를 차의 뒷부분으로 스치고 지나가거나 보행자의 발등을 뒷바퀴가 타고 넘어갈 수 있다.

### (2) 외륜차에 의한 사고 위험

① 후진 주차를 위해 주차공간으로 진입도중 차의 앞부분이 다른 차량이나 물체와 충돌할 수 있다.
② 버스가 1차로에서 좌회전하는 도중에 차의 뒷부분이 2차로에서 주행 중이던 승용차와 충돌할 수 있다.

## 02 자동차의 정지거리

## 1 공주거리와 공주시간

① **공주거리** : 운전자가 자동차를 정지시켜야 할 상황임을 인지하고 브레이크 페달로 발을 옮겨 브레이크가 작동을 시작하기 전까지 이동한 거리
② **공주시간** : 공주거리 만큼 자동차가 진행한 시간

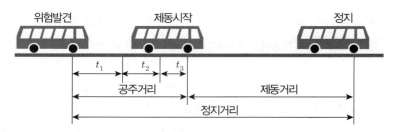

$t_1$ : 위험을 발견하고 오른발이 가속페달에서 떨어질 때까지 이동한 거리
$t_2$ : 오른발이 가속페달에서 떨어져 브레이크 페달로 옮겨질 때까지 이동한 거리
$t_3$ : 브레이크 페달을 밟아 실제 제동력이 발휘되기 전까지 이동한 거리

■ 공주거리, 제동거리, 정지거리

### 2 제동거리와 제동시간

① 운전자가 브레이크 페달에 발을 올려 브레이크가 작동을 시작하는 순간부터 자동차가 완전히 정지할 때까지 이동한 거리를 제동거리라 한다.

② 제동거리 만큼 자동차가 진행한 시간을 제동시간이라 한다.

### 3 정지거리와 정지시간

① **정지거리** : 운전자가 위험을 인지하고 자동차를 정지시키려고 시작하는 순간부터 자동차가 완전히 정지 할 때까지 이동한 거리

② **정지시간** : 정지거리 동안 자동차가 진행한 시간.

③ 정지거리는 공주거리와 제동거리를 합한 거리를 말한다.

④ 정지시간은 공주시간과 제동시간을 합한 시간을 말한다.

⑤ 정지거리는 운전자 요인(인지 반응시간, 운행속도, 피로도, 신체적 특성 등), 자동차 요인(자동차의 종류, 타이어의 마모정도, 브레이크의 성능 등), 도로요인(노면종류, 노면상태 등)에 따라 차이가 발생할 수 있다.

---

## 제4장 도로요인과 안전운행

### 01 도로의 횡단면과 교통사고

#### 1 중앙분리대와 교통사고

① 중앙분리대는 대향하는 차량 간의 정면충돌을 방지하기 위하여 도로면보다 높게 콘크리트 방호벽 또는 방호울타리를 설치하는 것을 말하며, 분리대와 측대로 구성된다.

② 중앙분리대는 정면충돌사고를 차량 단독사고로 변환시킴으로써 사고로 인한 위험을 감소시킨다.

③ 중앙분리대의 폭이 넓을수록 대향 차량과의 충돌 위험은 감소한다.

④ **중앙분리대의 기능**

㉮ 상·하행 차도의 교통을 분리시켜 차량의 중앙선 침범에 의한 치명적인 정면충돌 사고를 방지하고, 도로 중심축의 교통마찰을 감소시켜 원활한 교통소통을 유지 한다.

㉯ 광폭 분리대의 경우 사고 및 고장차량이 정지할 수 있는 여유 공간을 제공한다.

㉰ 필요에 따라 유턴 등을 방지하여 교통 혼잡이 발생하지 않도록 하여 안전성을 높인다.

㉱ 도로표지 및 기타 교통관제시설 등을 설치할 수 있는 공간을 제공한다.

㉲ 평면 교차로가 있는 도로에서는 폭이 충분할 때 좌회전 차로로 활용할 수 있어 교통소통에 유리하다.

㉳ 횡단하는 보행자에게 안전섬이 제공됨으로써 안전한 횡단이 확보된다.

㉴ 야간에 주행할 때 발생하는 전조등 불빛에 의한 눈부심이 방지된다.

### 2 길 어깨(갓길)와 교통사고

① 길 어깨는 도로를 보호하고 비상시에 이용하기 위하여 차도와 연결하여 설치하는 도로의 부분으로 갓길이라고도 한다.

② 길 어깨가 넓으면 차량의 이동공간이 넓고, 시계가 넓으며, 고장차량을 주행차로 밖으로 이동시킬 수 있어 안전 확보가 용이하다.

③ 일반적으로 길 어깨 폭이 넓은 곳은 길 어깨 폭이 좁은 곳보다 교통사고가 감소한다.

④ **길 어깨의 기능**

㉮ 고장차가 대피할 수 있는 공간을 제공하여 교통 혼잡을 방지하는 역할을 한다.

㉯ 도로 측방의 여유 폭은 교통의 안전성과 쾌적성을 확보할 수 있다.

㉰ 도로관리의 작업공간이나 지하매설물 등을 설치할 수 있는 장소를 제공한다.

㉱ 곡선도로의 시거가 증가하여 교통의 안전성이 확보된다.

㉲ 보도가 없는 도로에서는 보행자의 통행 장소로 제공된다.

⑤ **포장된 길 어깨의 장점**

㉮ 긴급자동차의 주행을 원활하게 한다.

㉯ 차도 끝의 처짐이나 이탈을 방지한다.

㉰ 물의 흐름으로 인한 노면 패임을 방지한다.

㉱ 보도가 없는 도로에서는 보행의 편의를 제공한다.

### 02 회전교차로

#### 1 회전교차로

① 회전교차로란 교통류가 신호등 없이 교차로 중앙의 원형교통섬을 중심으로 회전하여 교차부를 통과하도록 하는 평면교차로의 일종이다.

② **회전교차로의 일반적인 특징**은 다음과 같다.

㉮ 회전교차로로 진입하는 자동차가 교차로 내부의 회전차로에서 주행하는 자동차에게 양보한다.

㉯ 일반적인 교차로에 비해 상충 횟수가 적다.

㉰ 교차로 진입은 저속으로 운영하여야 한다.

㉱ 교차로 진입과 대기에 대한 운전자의 의사결정이 간단하다.

㉲ 교통상황의 변화로 인한 운전자 피로를 줄일 수 있다.

㉳ 신호교차로에 비해 유지관리 비용이 적게 든다.

㉴ 인접도로 및 지역에 대한 접근성을 높여 준다.

㉵ 사고빈도가 낮아 교통안전 수준을 향상시킨다.

㉶ 지체시간이 감소되어 연료 소모와 배기가스를 줄일 수 있다.

#### 2 회전교차로 기본운영 원리

① 회전교차로에 진입하는 자동차는 회전 중인 자동차에게 양보한다.

② 회전차로 내부에서 주행 중인 자동차를 방해할 우려가 있을 때에는 진입하지 않는다.

③ 회전차로 내에 여유 공간이 있을 때까지 양보선에서 대기한다.

④ 접근차로에서 정지 또는 지체로 인해 대기하는 자동차가 발생할 수 있다.

⑤ 교차로 내부에서 회전 정체는 발생하지 않는다.(교통 혼잡이 발생하지 않는다.)

⑥ 회전교차로에 진입할 때에는 충분히 속도를 줄인 후 진입한다.

⑦ 회전교차로를 통과 할 때에는 모든 자동차가 중앙교통섬을 중심으로 시계 반대방향으로 회전하며 통행한다.

### 3 회전교차로와 로터리(교통서클)의 차이점

① 로터리(Rotary) 또는 교통서클(Traffic circle)이란 교통이 복잡한 네거리 같은 곳에 교통정리를 위하여 원형으로 만들어 놓은 교차로로 진입하는 자동차에게 통행우선권이 있으며, 상대적으로 높은 속도로 진입할 수 있고, 로터리 내에서 통행속도가 높아 교통사고가 빈번히 발생할 수 있다.

② 회전교차로와 로터리(교통서클)의 차이점

| 구 분 | 회전교차로(Roundabout) | 로터리(Rotary) 또는 교통서클(Traffic circle) |
|---|---|---|
| 진입방식 | • 진입자동차가 양보<br>• 회전자동차에게 통행우선권 | • 회전자동차가 양보<br>• 진입자동차에게 통행우선권 |
| 진입부 | • 저속 진입 | • 고속 진입 |
| 회전부 | • 고속으로 회전차로 운행 불가<br>• 소규모 회전반지름 위주 | • 고속으로 회전차로 운행 가능<br>• 대규모 회전반지름 위주 |
| 분리교통섬 | • 감속 또는 방향 분리를 위해 필수설치 | • 선택 설치 |

### 4 회전교차로 설치를 통한 교차로 서비스 향상

① **교통소통 측면** : 교통량이 상대적으로 많은 비신호 교차로 또는 교통량이 적은 신호 교차로에서 지체가 발생할 경우 교통소통 향상을 목적으로 설치한다.

② **교통안전 측면** : 사고발생 빈도가 높거나 심각도가 높은 사고가 발생하는 등 교차로 안전에 문제가 될 때 교차로 안전성 향상을 목적으로 설치한다.

  ㉮ 교통사고가 잦은 곳으로 지정된 교차로

  ㉯ 교차로의 사고유형 중 직각 충돌사고 및 정면 충돌사고가 빈번하게 발생하는 교차로

  ㉰ 주도로와 부도로의 통행 속도차가 큰 교차로

  ㉱ 부상, 사망사고 등의 심각도가 높은 교통사고 발생 교차로

③ **도로미관 측면** : 교차로 미관 향상을 위해 설치한다.

④ **비용절감 측면** : 교차로 유지관리 비용을 절감하기 위해 설치한다.

## 03 도로의 안전시설

### 1 시선 유도 시설

① 시선 유도 시설이란 주간 또는 야간에 운전자의 시선을 유도하기 위해 설치된 안전시설로 시선 유도 표지, 갈매기 표지, 표지병, 시인성 증진 안전시설(시선 유도봉) 등이 있다.

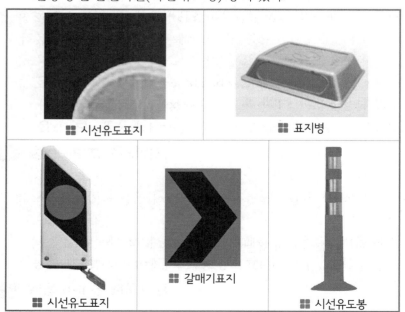

■■ 시선유도표지     ■■ 표지병

■■ 시선유도표지     ■■ 갈매기표지     ■■ 시선유도봉

② 시선 유도 표지는 직선 및 곡선 구간에서 운전자에게 전방의 도로 조건이 변화되는 상황을 반사체를 사용하여 안내해 줌으로써 안전하고 원활한 차량주행을 유도하는 시설물이다.

③ 갈매기 표지는 급한 곡선 도로에서 운전자의 시선을 명확히 유도하기 위해 곡선 정도에 따라 갈매기 표지를 사용하여 운전자의 원활한 차량주행을 유도하는 시설물이다.

④ 표지병은 야간 및 악천후에 운전자의 시선을 명확히 유도하기 위해 도로 표면에 설치하는 시설물이다.

⑤ 시인성 증진 안전시설에는 장애물 표적표지, 구조물 도색 및 빗금표지, 시선 유도봉이 있다.

### 2 방호울타리

① 방호울타리는 주행 중에 진행 방향을 잘못 잡은 차량이 도로 밖, 대향차로 또는 보도 등으로 이탈하는 것을 방지하거나 차량이 구조물과 직접 충돌하는 것을 방지하여 탑승자의 상해 및 자동차의 파손을 최소한도로 줄이고 자동차를 정상 진행 방향으로 복귀시키도록 설치된 시설을 말한다.

② 방호울타리는 운전자의 시선을 유도하고 보행자의 무단 횡단을 방지하는 기능도 갖고 있다.

③ 방호울타리는 설치 위치 및 기능에 따라 노측용, 중앙분리대용, 보도용 및 교량용으로 구분되며, 시설물 강도에 따라 가요성 방호울타리(가드레일, 케이블 등)와 강성 방호울타리(콘크리트 등)로 구분된다.

  ㉮ **노측용 방호울타리** : 자동차가 도로 밖으로 이탈하는 것을 방지하기 위하여 도로의 길 어깨(갓길) 측에 설치하는 방호울타리

  ㉯ **중앙분리대용 방호울타리** : 왕복방향으로 통행하는 자동차들이 대향차도 쪽으로 이탈하는 것을 방지하기 위해 도로 중앙의 분리대 내에 설치하는 방호울타리

  ㉰ **보도용 방호울타리** : 자동차가 도로 밖으로 벗어나 보도를 침범하여 일어나는 교통사고로부터 보행자 등을 보호하기 위하여 설치하는 방호울타리

  ㉱ **교량용 방호울타리** : 교량 위에서 자동차가 차도로부터 교량 바깥, 보도 등으로 벗어나는 것을 방지하기 위해서 설치하는 방호울타리

### 3 과속 방지시설

① 과속 방지시설이란 도로 구간에서 낮은 주행 속도가 요구되는 일정지역에서 통행 자동차의 과속 주행을 방지하기 위해 설치하는 시설을 말한다.

② 과속 방지시설은 다음과 같은 장소에 설치된다.

  ㉮ 학교, 유치원, 어린이 놀이터, 근린공원, 마을 통과 지점 등으로 자동차의 속도를 저속으로 규제할 필요가 있는 구간

  ㉯ 보·차도의 구분이 없는 도로로서 보행자가 많거나 어린이의 놀이로 교통사고 위험이 있다고 판단되는 구간

  ㉰ 공동주택, 근린 상업시설, 학교, 병원, 종교시설 등 자동차의 출입이 많아 속도규제가 필요하다고 판단되는 구간

  ㉱ 자동차의 통행속도를 30km/h 이하로 제한할 필요가 있다고 인정되는 구간

### 4 도로 반사경

① 도로 반사경은 운전자의 시거 조건이 양호하지 못한 장소에서 거울면을 통해 사물을 비추어줌으로써 운전자가 적절하게 전방의 상황을 인지하고 안전한 행동을 취할 수 있도록 하기 위해 설치하는 시설을 말한다.

② 도로 반사경은 교차하는 자동차, 보행자, 장애물 등을 가장 잘 확인할 수 있는 위치에 설치한다.
  ㉮ 단일로의 경우 : 곡선 반경이 작아 시거가 확보되지 않는 장소에 설치된다.
  ㉯ 교차로의 경우 : 비신호 교차로에서 교차로 모서리에 장애물이 위치해 있어 운전자의 좌·우 시거가 제한되는 장소에 설치된다.

### 5 조명시설

① 조명시설은 도로 이용자가 안전하고 불안감 없이 통행할 수 있도록 적절한 조명환경을 확보해줌으로써 운전자에게 심리적 안정감을 제공하는 동시에 운전자의 시선을 유도해 준다.
② 조명시설의 주요 기능은 다음과 같다.
  ㉮ 주변이 밝아짐에 따라 교통안전에 도움이 된다.
  ㉯ 도로 이용자인 운전자 및 보행자의 불안감을 해소해 준다.
  ㉰ 운전자의 피로가 감소한다.
  ㉱ 범죄 발생을 방지하고 감소시킨다.
  ㉲ 운전자의 심리적 안정감 및 쾌적감을 제공한다.
  ㉳ 운전자의 시선 유도를 통해 보다 편안하고 안전한 주행여건을 제공한다.

## 04 도로의 부대시설

### 1 버스 정류시설

#### (1) 버스 정류시설이란
노선버스가 승객의 승·하차를 위하여 전용으로 이용하는 시설물로 이용자의 편의성과 버스가 무리 없이 진출입할 수 있는 위치에 설치한다.

#### (2) 버스 정류시설의 종류 및 의미
① **버스 정류장**(Bus bay) : 버스 승객의 승·하차를 위하여 본선 차로에서 분리하여 설치된 띠 모양의 공간을 말한다.
② **버스 정류소**(Bus stop) : 버스 승객의 승·하차를 위하여 본선의 오른쪽 차로를 그대로 이용하는 공간을 말한다.
③ **간이 버스 정류장** : 버스 승객의 승·하차를 위하여 본선 차로에서 분리하여 최소한의 목적을 달성하기 위하여 설치하는 공간을 말한다.

#### (3) 버스 정류장 또는 정류소 위치에 따른 종류
① **교차로 통과 전(Near-side) 정류장 또는 정류소** : 진행방향 앞에 있는 교차로를 통과하기 전에 있는 정류장을 말한다.
② **교차로 통과 후(Far-side) 정류장 또는 정류소** : 진행방향 앞에 있는 교차로를 통과한 다음에 있는 정류장을 말한다.
③ **도로구간 내(Mid-block) 정류장 또는 정류소** : 교차로와 교차로 사이에 있는 단일로의 중간에 있는 정류장을 말한다.

#### (4) 중앙 버스 전용차로의 버스정류소 위치에 따른 장·단점
**1) 교차로 통과 전(Near-side) 정류소**
① **장점** : 교차로 통과 후 버스전용차로 상의 교통량이 많을 때 발생할 수 있는 혼잡을 최소화 할 수 있다. 버스가 출발할 때 교차로를 가속거리로 이용할 수 있다.
② **단점** : 버스전용차로에 있는 자동차와 좌회전하려는 자동차의 상충이 증가한다. 교차로 통과 전 버스전용차로 오른쪽에 정차한 자동차들의 시야가 제한받을 수 있다.

**2) 교차로 통과 후(Far-side) 정류소**
① **장점** : 버스전용차로 상에 있는 자동차와 좌회전하려는 자동차의 상충이 최소화된다. 교차로가 버스전용차로 상에 있는 차량의 감속에 이용된다.
② **단점** : 출·퇴근 시간대에 버스전용차로 상에 버스들이 교차로까지 대기할 수 있다. 버스정류장에 대기하는 버스로 인해 횡단하는 자동차들은 시야를 제한 받을 수 있다.

**3) 도로구간 내(Mid-block) 정류소(횡단보도 통합형)**
① **장점** : 버스를 타고자 하는 사람이 진·출입 동선이 일원화되어 가고자 하는 방향의 정류장으로의 접근이 편리하다.
② **단점** : 정류장 간 무단으로 횡단하는 보행자로 인해 사고 발생위험이 있다.

#### (5) 가로변 버스정류장 또는 정류소 위치에 따른 장·단점
**1) 교차로 통과 전(Near-side) 정류장 또는 정류소**
① **장점** : 일반 운전자가 보행자 및 접근하는 버스의 움직임 확인이 용이하다. 버스에 승차하려는 사람이 횡단보도에 인접한 버스 접근이 용이하다.
② **단점** : 정차하려는 버스와 우회전 하려는 자동차가 상충될 수 있다. 횡단하는 보행자가 정차되어 있는 버스로 인해 시야를 제한받을 수 있다.

**2) 교차로 통과 후(Far-side) 정류장 또는 정류소**
① **장점** : 우회전하려는 자동차 등과의 상충을 최소화할 수 있다.
② **단점** : 정차하려는 버스로 인해 교차로 상에 대기차량이 발생할 수 있다.

**3) 도로구간 내(Mid-block) 정류장 또는 정류소**
① **장점** : 자동차와 보행자 사이에 발생할 수 있는 시야 제한이 최소화된다.
② **단점** : 정류장 주변에 횡단보도가 없는 경우에는 버스 승객의 무단횡단에 따른 사고 위험이 존재하며, 도로 건너편에 있는 승객은 버스 탑승을 위해 정류장 최단거리에 있는 횡단보도까지 우회하여야 한다.

### 2 비상주차대

① 비상주차대란 우측 길 어깨(갓길)의 폭이 협소한 장소에서 고장난 차량이 도로에서 벗어나 대피할 수 있도록 제공되는 공간을 말한다.
② 설치되는 장소
  ㉮ 고속도로에서 길 어깨(갓길) 폭이 2.5m 미만으로 설치되는 경우
  ㉯ 길 어깨(갓길)를 축소하여 건설되는 긴 교량의 경우
  ㉰ 긴 터널의 경우 등

# 제5장 안전운전의 기술

## 01 인지, 판단의 기술

운전의 위험을 다루는 효율적인 정보처리 방법은 확인, 예측, 판단, 실행과정을 따르는 것이다. 확인, 예측, 판단, 실행 과정은 안전운전을 하는데 필수적 과정이다.

### 1 확인

① 주행차로를 중심으로 전방의 먼 곳을 살펴보면서 교통의 진행 상태를 살핀다.
② 가까운 곳은 좌우로 번갈아 보면서 도로 주변 상황을 탐색한다.
③ 후사경과 사이드미러를 주기적으로 살펴 좌우와 뒤에서 접근하는 차량들의 상태를 파악한다.
④ 습관적으로 도로 전방의 한 곳에 고정되기 쉬운 눈동자를 계속 움직여 교통 상황을 파악한다.

### 2 예측

① **주행로** : 다른 차의 진행 방향과 거리
② **행동** : 다른 차의 운전자가 할 것으로 예상되는 행동
③ **타이밍** : 다른 차의 운전자가 행동하게 될 시점
④ **위험원** : 특정 차량, 자전거 이용자 또는 보행자의 잠재적 위험
⑤ **교차지점** : 교차하는 문제가 발생하는 정확한 지점

### 3 판단(예측회피 운전의 기본적 방법)

① 속도 가속·감속
② 위치 바꾸기(진로변경) : 사고 상황이 발생할 경우를 대비해서 주변에 긴급 상황 발생시 회피할 수 있는 완충 공간을 확보하면서 운전한다. 필요한 경우는 이 공간으로 이동한다.
③ 다른 운전자에게 신호하기 : 다른 사람에게 자신의 의도를 알려주거나, 주의를 환기시켜 주어야 한다.

### 4 실행

① 급제동시 브레이크 페달을 급하고 강하게 밟는다고 제동거리가 짧아지는 것은 아니다.
㉮ 브레이크 잠김 상태가 되어 제동력이 상실될 수도 있고, ABS 브레이크를 장착하지 않은 차량에서는 차량의 컨트롤을 잃어버리게 되는 원인이 될 수도 있다.
㉯ 급제동 시에는 신속하게 브레이크를 여러 번 나누어 점진적으로 세게 밟는 제동 방법 등을 잘 구사할 필요가 있다.
② 핸들 조작도 부드러워야 한다. 흔히 핸들 과대 조작, 핸들 과소 조작 등으로 인한 사고는 바로 적절한 핸들 조작의 중요성을 말해준다.
③ 횡단보도 정지선에 멈추기 위해 브레이크를 밟는다는 것이 실수로 가속페달을 밟아 정지한 차량을 추돌하였다.
④ 물병 또는 신고 있던 슬리퍼가 브레이크 페달에 끼어 제동하지 못하고 앞차와 추돌하였다.
⑤ 좌측 방향지시등을 작동시키고 우측차로로 진입하다가 충돌사고가 발생하였다.

## 02 안전운전의 5가지 기본 기술

### 1 운전 중에 전방을 멀리 본다(전방 가까운 곳을 보고 운전할 때의 징후)

① 교통의 흐름에 맞지 않을 정도로 너무 빠르게 차를 운전한다.
② 차로의 한 쪽 편으로 치우쳐서 주행한다.
③ 우회전, 좌회전 차량 등에 대한 인지가 늦어서 급브레이크를 밟는다던가, 회전차량에 진로를 막혀버린다.
④ 우회전할 때 넓게 회전한다.
⑤ 시인성이 낮은 상황에서 속도를 줄이지 않는다.

### 2 전체적으로 살펴본다(시야 확보가 적은 징후)

① 급정거
② 앞차에 바짝 붙어 가는 경우
③ 좌·우회전 등의 차량에 진로를 방해받음
④ 반응이 늦은 경우
⑤ 빈번하게 놀라는 경우
⑥ 급차로 변경 등이 많을 경우

### 3 눈을 계속해서 움직인다(시야 고정이 많은 운전자의 특성).

① 위험에 대응하기 위해 경적이나 전조등을 좀처럼 사용하지 않는다.
② 더러운 창이나 안개에 개의치 않는다.
③ 거울이 더럽거나 방향이 맞지 않는데도 개의치 않는다.
④ 정지선 등에서 정지 후 다시 출발할 때 좌우를 확인하지 않는다.
⑤ 회전하기 전에 뒤를 확인하지 않는다.
⑥ 자기 차를 앞지르려는 차량의 접근 사실을 미리 확인하지 못한다.

### 4 다른 사람들이 자신을 볼 수 있게 한다.

### 5 차가 빠져나갈 공간을 확보한다.

① 주행로 앞쪽으로 고정물체나 장애물이 있는 것으로 의심되는 경우
② 전방 신호등이 일정시간 계속 녹색일 경우(신호가 곧 바뀔 것을 알려 줌)
③ 주차 차량 옆을 지날 때 그 차의 운전자가 운전석에 있는 경우(주차 차량이 갑자기 빠져 나올 지도 모른다)
④ 반대 차로에서 다가오는 차가 좌회전을 할 수도 있는 경우
⑤ 다른 차가 옆 도로에서 너무 빨리 나올 경우
⑥ 진출로에서 나오는 차가 자신을 보지 못할 경우
⑦ 담장이나 수풀, 빌딩, 혹은 주차 차량들로 인해 시야장애를 받을 경우
⑧ 뒤차가 바짝 붙어 오는 상황을 피하는 방법.
㉮ 가능하면 뒤차가 지나갈 수 있게 차로를 변경한다.
㉯ 가능하면 속도를 약간 내서 뒤차와의 거리를 늘린다.
㉰ 브레이크 페달을 가볍게 밟아서 제동등이 들어오게 하여 속도를 줄이려는 의도를 뒤차가 알 수 있게 한다.
㉱ 정지할 공간을 확보할 수 있게 점진적으로 속도를 줄인다. 이렇게 해서 뒤차가 추월할 수 있게 만든다.

## 03 시가지 도로에서의 방어 운전

### 1 교차로에서 교통사고 예방을 위한 좌우좌 규칙

① 교차로에 접근하면서 먼저 왼쪽과 오른쪽을 살펴보면서, 교차 방향 차량을 관찰한다. 동시에 오른 발은 브레이크 페달 위에 갖다놓고 밟을 준비를 한다.

② 그 다음에는 다시 왼쪽을 살핀다. 교차로 사고 후 대부분의 운전자들이 "나는 상대를 보지 못했다"라고 말하는 것은 이들이 교차로 상황을 살피기 위해 좌우좌 규칙을 제대로 이용하지 않은 것이다.

### 2 교차로에서의 방어운전

① 신호는 운전자의 눈으로 직접 확인한 후 선신호에 따라 진행하는 차가 없는지 확인하고 출발한다.

② 신호에 따라 진행하는 경우에도 신호를 무시하고 갑자기 달려드는 차 또는 보행자가 있다는 사실에 주의한다.

③ 좌·우회전할 때에는 방향신호등을 정확히 점등한다.

④ 성급한 우회전은 횡단하는 보행자와 충돌할 위험이 증가한다.

⑤ 통과하는 앞차를 맹목적으로 따라가면 신호를 위반할 가능성이 높다.

⑥ 교통정리가 행하여지고 있지 아니하고 좌·우를 확인할 수 없거나 교통이 빈번한 교차로에 진입할 때에는 일시정지 하여 안전을 확인한 후 출발한다.

⑦ 내륜차에 의한 사고에 주의한다.
  ㉮ 우회전할 때에는 뒷바퀴로 자전거나 보행자를 치지 않도록 주의한다.
  ㉯ 좌회전할 때에는 정지해 있는 차와 충돌하지 않도록 주의한다.

### 3 교차로 황색신호에서의 방어운전

① 황색신호일 때에는 멈출 수 있도록 감속하여 접근한다.

② 황색신호일 때 모든 차는 정지선 바로 앞에 정지하여야 한다.

③ 이미 교차로 안으로 진입하여 있을 때 황색신호로 변경된 경우에는 신속히 교차로 밖으로 빠져 나간다.

④ 교차로 부근에는 무단 횡단하는 보행자 등 위험요인이 많으므로 돌발 상황에 대비한다.

⑤ 가급적 딜레마구간에 도달하기 전에 속도를 줄여 신호가 변경되면 바로 정지할 수 있도록 준비한다.
  ㉮ 급정지할 경우에는 뒤 차량이 후미를 추돌할 수 있으며, 차내 안전사고가 발생 할 가능성이 높아진다.
  ㉯ 정지선을 초과하여 횡단보도에 정지하면 보행자의 통행에 방해가 된다.
  ㉰ 딜레마구간을 계속 진행하여 황색신호가 끝날 때까지 교차로를 통과하지 못하면 다른 신호를 받고 정상 진입하는 차량과 충돌할 위험이 증가한다.

## 04 지방도로에서의 방어 운전

### 1 커브 길의 방어운전

#### (1) 커브길 주행방법

① 커브 길에 진입하기 전에 경사도나 도로의 폭을 확인하고 엔진 브레이크를 작동시켜 속도를 줄인다.

② 엔진 브레이크만으로 속도가 충분히 줄지 않으면 풋 브레이크를 사용하여 회전 중에 더 이상 감속하지 않도록 줄인다.

③ 감속된 속도에 맞는 기어로 변속한다.

④ 회전이 끝나는 부분에 도달하였을 때에는 핸들을 바르게 한다.

⑤ 가속페달을 밟아 속도를 서서히 높인다.

#### (2) 커브길 주행 시의 주의사항

① 커브 길에서는 기상상태, 노면상태 및 회전속도 등에 따라 차량이 미끄러지거나 전복될 위험이 증가하므로 부득이한 경우가 아니면 급핸들 조작이나 급제동은 하지 않는다.

② 회전 중에 발생하는 가속은 원심력을 증가시켜 도로이탈의 위험이 발생하고 감속은 차량의 무게중심이 한쪽으로 쏠려 차량의 균형이 쉽게 무너질 수 있으므로 불가피한 경우가 아니면 가속이나 감속은 하지 않는다.

③ 중앙선을 침범하거나 도로의 중앙선으로 치우친 운전을 하지 않는다. 항상 반대 차로에 차가 오고 있다는 것을 염두에 두고 주행 차로를 준수하며 운전한다.

④ 시력이 볼 수 있는 범위(시야)가 제한되어 있다면 주간에는 경음기, 야간에는 전조등을 사용하여 내 차의 존재를 반대 차로 운전자에게 알린다.

⑤ 급커브길 등에서의 앞지르기는 대부분 규제표지 및 노면표시 등 안전표지로 금지하고 있으나, 금지표지가 없다고 하더라도 전방의 안전이 확인되지 않는 경우에는 절대 하지 않는다.

⑥ 겨울철 커브 길은 노면이 얼어있는 경우가 많으므로 사전에 충분히 감속하여 안전사고가 발생하지 않도록 주의한다.

### 2 언덕길의 방어운전

오르막과 내리막으로 구성되어 있는 언덕길에서 차량을 운행하는 경우에는 평지에서 운행하는 것 보다 다음과 같은 것에 많은 주의를 기울여야 한다.

#### (1) 내리막길에서의 방어운전

① 내리막길을 내려갈 때에는 엔진 브레이크로 속도를 조절하는 것이 바람직하다.

② 엔진 브레이크를 사용하면 페이드(Fade) 현상 및 베이퍼 록(Vapour lock) 현상을 예방하여 운행 안전도를 높일 수 있다.

③ 배기 브레이크가 장착된 차량의 경우 배기 브레이크를 사용하면 다음과 같은 효과가 있어 운행의 안전도를 더욱 높일 수 있다.
  ㉮ 브레이크액의 온도상승 억제에 따른 베이퍼 록 현상을 방지한다.
  ㉯ 드럼의 온도상승을 억제하여 페이드 현상을 방지한다.
  ㉰ 브레이크 사용 감소로 라이닝의 수명을 연장시킬 수 있다.

④ 도로의 오르막길 경사와 내리막길 경사가 같거나 비슷한 경우라면, 변속기 기어의 단수도 오르막과 내리막에서 동일하게 사용하는 것이 바람직하다.

⑤ 커브 길을 주행할 때와 마찬가지로 경사길 주행 중간에 불필요하게 속도를 줄이 거나 급제동하는 것은 주의해야 한다.

⑥ 비교적 경사가 가파르지 않은 긴 내리막길을 내려갈 때에 운전자의 시선은 먼 곳을 바라보고, 무심코 가속 페달을 밟아 순간 속도를 높일 수 있으므로 주의해야 한다.

⑦ 내리막길에서 기어를 변속할 때는 다음과 같은 방법으로 한다.
  ㉮ 변속할 때 클러치 및 변속 레버의 작동은 신속하게 한다.
  ㉯ 변속할 때에는 전방이 아닌 다른 방향으로 시선을 놓치지 않도록 주의해야 한다.
  ㉰ 왼손은 핸들을 조정하고, 오른손과 양발은 신속히 움직인다.

**(2) 오르막길에서의 안전운전 및 방어운전**

① 정차할 때는 앞차가 뒤로 밀려 충돌할 가능성이 있으므로 충분한 차간거리를 유지한다.

② 오르막길의 정상 부근은 시야가 제한되는 사각지대로 반대 차로의 차량이 앞에 다가올 때까지는 보이지 않을 수 있으므로 서행하며 위험에 대비한다.

③ 정차해 있을 때에는 가급적 풋 브레이크와 핸드 브레이크를 동시에 사용한다.

④ 뒤로 미끄러지는 것을 방지하기 위해 정지하였다가 출발할 때에 핸드 브레이크를 사용하면 도움이 된다.

⑤ 오르막길에서 부득이하게 앞지르기 할 때에는 힘과 가속이 좋은 저단기어를 사용하는 것이 안전하다.

⑥ 언덕길에서 올라가는 차량과 내려오는 차량이 교차할 때에는 내려오는 차량에게 통행 우선권이 있으므로 올라가는 차량이 양보하여야 한다.

### 3 철길 건널목 방어운전

**(1) 철길 건널목에서의 방어운전**

① 철길 건널목에 접근할 때에는 속도를 줄여 접근한다.

② 일시정지 후에는 철도 좌·우의 안전을 확인한다.

③ 건널목을 통과할 때에는 기어를 변속하지 않는다.

④ 건널목 건너편 여유 공간을 확인한 후에 통과한다.

**(2) 철길 건널목 통과 중에 시동이 꺼졌을 때의 조치방법**

① 즉시 동승자를 대피시키고 차를 건널목 밖으로 이동시키기 위해 노력한다.

② 철도공무원, 건널목 관리원이나 경찰에게 알리고 지시에 따른다.

③ 건널목 내에서 움직일 수 없을 때에는 열차가 오고 있는 방향으로 뛰어가면서 옷을 벗어 흔드는 등 기관사에게 위급상황을 알려 열차가 정지할 수 있도록 안전조치를 취한다.

## 05 고속도로에서의 방어 운전

### 1 고속도로 진입부에서의 안전운전

① 본선 진입의도를 다른 차량에게 방향지시등으로 알린다.

② 본선 진입 전 충분히 가속하여 본선 차량의 교통흐름을 방해하지 않도록 한다.

③ 진입을 위한 가속차로 끝부분에서 감속하지 않도록 주의한다.

④ 고속도로 본선을 저속으로 진입하거나 진입 시기를 잘못 맞추면 추돌사고 등 교통사고가 발생 할 수 있다.

### 2 고속도로 진출부에서의 안전운전

① 본선 진출의도를 다른 차량에게 방향지시등으로 알린다.

② 진출부 진입 전에 본선 차량에게 영향을 주지 않도록 주의한다.

③ 본선 차로에서 천천히 진출부로 진입하여 출구로 이동한다.

## 06 앞지르기

### 1 자신의 차가 다른 차를 앞지르기 할 때

① 앞지르기에 필요한 속도가 그 도로의 최고속도 범위 이내 일 때 앞지르기를 시도한다(과속은 금물이다).

② 앞지르기에 필요한 충분한 거리와 시야가 확보되었을 때 앞지르기를 시도한다.

③ 앞차가 앞지르기를 하고 있는 때는 앞지르기를 시도하지 않는다.

④ 앞차의 오른쪽으로 앞지르기하지 않는다.

⑤ 점선의 중앙선을 넘어 앞지르기 하는 때에는 대향차의 움직임에 주의한다.

### 2 다른 차가 자신의 차를 앞지르기 할 때

① 앞지르기를 시도하는 차가 원활하게 본선으로 진입할 수 있도록 속도를 줄여준다.

② 앞지르기 금지 장소 등에서도 앞지르기를 시도하는 차가 있다는 사실을 항상 염두에 두고 방어운전을 한다.

## 07 야간, 악천후시의 운전

### 1 야간의 안전운전

① 해가 지기 시작하면 곧바로 전조등을 켜 다른 운전자들에게 자신을 알린다.

② 주간보다 시야가 제한되므로 속도를 줄여 운행한다.

③ 흑색 등 어두운 색의 옷차림을 한 보행자는 발견하기 곤란하므로 보행자의 확인에 더욱 세심한 주의를 기울인다.

④ 승합자동차는 야간에 운행할 때에 실내조명등을 켜고 운행한다.

⑤ 선글라스를 착용하고 운전하지 않는다.

⑥ 커브 길에서는 상향등과 하향등을 적절히 사용하여 자신이 접근하고 있음을 알린다.

⑦ 대향차의 전조등을 직접 바라보지 않는다.

⑧ 자동차가 서로 마주보고 진행하는 경우에는 전조등 불빛의 방향을 아래로 향하게 한다.

⑨ 밤에 앞차의 바로 뒤를 따라갈 때에는 전조등 불빛의 방향을 아래로 향하게 한다.

⑩ 장거리를 운행할 때에는 운행계획에 휴식시간을 포함시켜 세운다.

⑪ 불가피한 경우가 아니면 도로 위에 주정차 하지 않는다.

⑫ 밤에 고속도로 등에서 자동차를 운행할 수 없게 되었을 때에는 후방에서 접근하는 자동차의 운전자가 확인할 수 있는 위치에 고장자동차 표지를 설치하고 사방 500m 지점에서 식별할 수 있는 적색의 섬광신호·전기제등 또는 불꽃신호를 추가로 설치하는 등 조치를 취하여야 한다.

⑬ 전조등이 비추는 범위의 앞쪽까지 살핀다.

⑭ 앞차의 미등만 보고 주행하지 않는다. 앞차의 미등만 보고 주행하게 되면 도로변에 정지하고 있는 자동차까지도 진행하고 있는 것으로 착각하게 되어 위험을 초래하게 된다.

### 2 안개길 안전운전

① 전조등, 안개등 및 비상점멸 표시등을 켜고 운행한다.

② 가시거리가 100m 이내인 경우에는 최고속도를 50% 정도 감속하여 운행한다.

③ 앞차와의 차간거리를 충분히 확보하고, 앞차의 제동이나 방향지시등의 신호를 예의 주시하며 운행한다.

④ 앞을 분간하지 못할 정도의 짙은 안개로 운행이 어려울 때에는 차를 안전한 곳에 세우고 잠시 기다린다.

⑤ 커브길 등에서는 경음기를 울려 자신이 주행하고 있다는 것을 알린다.

⑥ 고속도로를 주행하고 있을 때 안개지역을 통과할 때에는 다음을 최대한 활용한다.

   ㉮ 도로 전광판, 교통안전 표지 등을 통해 안개 발생구간을 확인한다.

   ㉯ 갓길에 설치된 안개 시정표지를 통해 시정거리 및 앞차와의 거리를 확인한다.

   ㉰ 중앙분리대 또는 갓길에 설치된 반사체인 시선 유도표지를 통해 전방의 도로선형을 확인한다.

   ㉱ 도로 갓길에 설치된 노면 요철포장의 소음 또는 진동을 통해 도로이탈을 확인하고 원래 차로로 신속히 복귀하여 평균 주행속도보다 감속하여 운행한다.

### 3 빗길 안전운전

① 비가 내려 노면이 젖어있는 경우에는 최고속도의 20%를 줄인 속도로 운행한다.

② 폭우로 가시거리가 100m 이내인 경우에는 최고속도의 50%를 줄인 속도로 운행한다.

③ 물이 고인 길을 통과할 때에는 속도를 줄여 저속으로 통과한다.

④ 물이 고인 길을 벗어난 경우에는 브레이크를 여러 번 나누어 밟아 마찰열로 브레이크 패드나 라이닝의 물기를 제거한다.

⑤ 보행자 옆을 통과할 때에는 속도를 줄여 흙탕물이 튀기지 않도록 주의한다.

⑥ 공사현장의 철판 등을 통과할 때에는 사전에 속도를 충분히 줄여 미끄러지지 않도록 천천히 통과하여야 하며, 급브레이크를 밟지 않는다.

⑦ 급출발, 급핸들, 급브레이크 등의 조작은 미끄러짐이나 전복사고의 원인이 되므로 엔진 브레이크를 적절히 사용하고 브레이크 페달을 밟을 때에는 페달을 여러 번 나누어 밟는다.

## 08 경제운전

### 1 경제운전의 기본적인 방법

① 가·감속을 부드럽게 한다.

② 불필요한 공회전을 피한다.

③ 급회전을 피한다. 차가 전방으로 나가려는 운동에너지를 최대한 활용해서 부드럽게 회전한다.

④ 일정한 차량속도를 유지한다.

### 2 경제운전의 효과

① 차량 관리비용, 고장수리 비용, 타이어 교체비용 등의 감소효과

② 고장수리 작업 및 유지관리 작업 등의 시간 손실 감소효과

③ 공해배출 등 환경문제의 감소효과

④ 교통안전 증진 효과

⑤ 운전자 및 승객의 스트레스 감소 효과

## 09 고속도로 교통안전

### 1 고속도로 교통사고 특성

① 고속도로는 빠르게 달리는 도로의 특성상 다른 도로에 비해 치사율이 높다.

② 고속도로에서는 운전자 전방주시 태만과 졸음운전으로 인한 2차(후속)사고 발생 가능성이 높아지고 있다.

③ 고속도로는 운행 특성상 장거리 통행이 많고 특히 영업용 차량(화물차, 버스) 운전자의 장거리 운행으로 인한 과로로 졸음운전이 발생할 가능성이 매우 높다.

④ 화물차, 버스 등 대형차량의 안전운전 불이행으로 대형사고가 발생하고, 사망자도 대폭 증가하고 있는 추세이다. 또한 화물차의 적재불량과 과적은 도로상에 낙하물을 발생시키고 교통사고의 원인이 되고 있다.

⑤ 최근 고속도로 운전 중 휴대폰 사용, DMB 시청 등 기기사용 증가로 인해 전방 주시에 소홀해지고 이로 인한 교통사고 발생가능성이 더욱 높아지고 있다.

### 2 고속도로 통행방법

#### (1) 고속도로 안전운전 방법

① 전방주시

② 진입은 안전하게 천천히, 진입 후 가속은 빠르게

③ 주변 교통흐름에 따라 적정속도 유지

④ 주행차로로 주행

⑤ 전 좌석 안전띠 착용

⑥ 후부 반사판 부착(차량 총중량 7.5톤 이상 및 특수 자동차는 의무 부착)

#### (2) 교통사고 발생 시 대처 요령

##### 1) 2차 사고의 방지

① 2차 사고는 선행 사고나 고장으로 정차한 차량 또는 사람(선행차량 탑승자 또는 사고 처리자)을 후방에서 접근하는 차량이 재차 충돌하는 사고를 말한다.

② 고속도로는 차량이 고속으로 주행하는 특성상 2차사고 발생 시 사망사고로 이어질 가능성이 높다. (고속도로 2차 사고 치사율은 일반 사고보다 6배 높다)

##### 2) 부상자의 구호

① 사고 현장에 의사, 구급차 등이 도착할 때까지 부상자에게는 가제나 깨끗한 손수건으로 지혈하는 등 가능한 응급조치를 한다.

② 함부로 부상자를 움직여서는 안 되며, 특히 두부에 상처를 입었을 때에는 움직이지 말아야 한다. 그러나 2차 사고의 우려가 있을 경우에는 부상자를 안전한 장소로 이동시킨다.

##### 3) 경찰공무원등에게 신고

① 사고를 낸 운전자는 사고 발생 장소, 사상자 수, 부상정도, 그 밖의 조치상황을 경찰공무원이 현장에 있을 때에는 경찰공무원에게, 경찰공무원이 없을 때에는 가장 가까운 경찰관서에 신고한다.

② 사고발생 신고 후 사고 차량의 운전자는 경찰공무원이 말하는 부상자 구호와 교통안전 상 필요한 사항을 지켜야 한다.

## 3 고속도로 통행방법

### (1) 고속도로의 제한속도

우리나라는 교통안전을 위해 다음과 같이 고속도로에서 법정속도 규정을 두고 있다.

| 도로구분 | | | 최고속도 | 최저속도 |
|---|---|---|---|---|
| 고속도로 | 편도 1차로 | | 매시 80km | 매시 50km |
| | 편도 2차로 이상 | 모든 고속도로 | 매시 100km (적재중량 1.5톤을 초과하는 화물자동차, 특수자동차, 위험물운반자동차, 건설기계는 매시 80km) | 매시 50km |
| | | 지정·고시한 노선 또는 구간의 고속도로 | 매시 120km 이내 (적재중량 1.5톤을 초과하는 화물자동차, 특수자동차, 위험물운반자동차, 건설기계는 매시 90km 이내) | 매시 50km |

### (2) 고속도로 통행차량 기준

고속도로의 이용효율을 높이기 위해 다음과 같이 차로별 통행가능 차량을 지정하고 있으며, 지정 차로제, 버스 전용차로제를 시행하고 있다.

| 도 로 | 차로 구분 | 통행할 수 있는 차종 |
|---|---|---|
| 고속도로 외의 도로 | 왼쪽 차로 | • 승용자동차 및 경형·소형·중형 승합자동차 |
| | 오른쪽 차로 | • 대형승합자동차, 화물자동차, 특수자동차, 건설기계, 이륜자동차, 원동기장치 자전거 |
| 고속도로 | 편도 2차로 · 1차로 | • 앞지르기를 하려는 모든 자동차, 다만 차량 통행량 증가 등 도로상황으로 인하여 부득이하게 시속 80km 미만으로 통행할 수밖에 없는 경우에는 앞지르기를 하는 경우가 아니라도 통행할 수 있다. |
| | 2차로 | • 모든 자동차 |
| | 편도 3차로 이상 · 1차로 | • 앞지르기를 하려는 승용자동차 및 앞지르기를 하려는 경형·소형·중형 승합자동차, 다만 차량 통행량 증가 등 도로상황으로 인하여 부득이하게 시속 80km 미만으로 통행할 수밖에 없는 경우에는 앞지르기를 하는 경우가 아니라도 통행할 수 있다. |
| | 왼쪽 차로 | • 승용자동차 및 경형·소형·중형 승합자동차 |
| | 오른쪽 차로 | • 대형 승합자동차, 화물자동차, 특수자동차, 건설기계 |

버스운전
자격시험

# 안전 운행 요령

안전운행
요령

## 1. 교통사고 요인과 운전자의 자세

**01** 교통사고의 구성요인에 포함되지 않는 것은?

① 인간　　　　　② 도로환경
③ 차량　　　　　④ 경제

해설 교통사고의 위험 요인은 교통의 구성 요인인 인간, 도로환경 그리고 차량의 측면으로 구분할 수 있다.

**02** 교통사고 요인의 가설적 연쇄과정 중 인간요인에 의한 연쇄과정이 아닌 것은?

① 출근이 늦어졌다.　　② 비가 오고 있다.
③ 과속으로 운전을 한다.　④ 초조하게 운전을 한다.

해설 인간 요인에 의한 연쇄과정
① 아내와 싸우다.　　② 출근이 늦어졌다.
③ 초초하게 운전을 한다.　④ 과속으로 운전을 한다.
⑤ 운전자는 전방의 커브에 느린 차가 있는 위험에 곧바로 주의하지 못함

**03** 인간에 의한 사고 원인에 해당되지 않는 것은?

① 신체-생리적 요인　　② 지능요인
③ 사회 환경적 요인　　④ 태도요인

해설 인간에 의한 사고 원인은 신체-생리적 요인, 태도 요인, 사회 환경적 요인 그리고 운전기술 요인으로 나눌 수 있다.

**04** 버스 교통사고의 주요 요인이 되는 특성이 아닌 것은?

① 길이가 승용차에 비해 길고 무게가 무겁다.
② 운전석에서는 잘 볼 수 없는 곳이 승용차에 비해 훨씬 넓다.
③ 내륜차는 승용차에 비해 훨씬 작다.
④ 급가속, 급제동은 승객의 안전에 영향을 바로 미친다.

해설 버스 교통사고의 주요 요인이 되는 특성은 ①, ②, ④항 이외에
① 내륜차는 승용차에 비해 훨씬 크다.
② 버스 운전자는 승객들의 운전방해 행위(운전자와의 대화 시도, 간섭, 승객 간의 고성 대화, 장난 등)로 쉽게 주의가 분산된다.
③ 버스정류장에서의 승객 승하차 관련 위험에 노출되어 있다.

**05** 버스 회전 시 주변에 있는 물체와 접촉할 가능성이 높아지는 것은 버스의 어떤 특성 때문인가?

① 내륜차가 승용차에 비해 크다
② 운전석에서 볼 수 없는 곳이 승용차에 비해 넓다.
③ 바퀴 크기가 승용차보다 크다.
④ 무게가 승용차에 비해 무겁다.

해설 버스의 좌우회전 시에 주변에 있는 물체와 접촉할 가능성이 높아지는 것은 내륜차가 승용차에 비해 훨씬 크다.

**06** 운전 중의 위험사태 판단과 관련된 능력은 개인차가 있지만 대체로 무엇과 밀접한 관계를 갖는가?

① 지식정도　　　　② 체력정도
③ 운전경험　　　　④ 최종학력

해설 운전 중의 위험사태 판단과 관련된 능력은 개인차가 있지만 대체로 운전경험과 밀접한 관계를 갖는다고 한다.

안전운행
요령

## 2. 운전자의 요인과 안전운행

**01** 운전 중 교통안전 정보를 수집하는 가장 중요한 감각기관은?

① 청각　　② 시각　　③ 후각　　④ 지각

해설 운전하는 동안 운전자가 내리는 결정의 90%는 시각을 통해 얻은 정보에 기초한다. 따라서 안전운전을 하려면 자신의 시각을 통해 앞을 잘 관찰하면서 순간순간 위험한 물체나 다른 차를 피할 수 있는 능력이 필요하다.

**02** 일정거리에서 일정한 시표를 보고 모양을 확인할 수 있는지를 가지고 측정하는 시력을 무슨 시력이라 부르는가?

① 정지시력　　　　② 동체시력
③ 정체시력　　　　④ 제동시력

해설 정지시력은 일정거리에서 일정한 시표를 보고 모양을 확인할 수 있는지를 가지고 측정하는 시력이다.

**03** 도로교통법령상 제1종 운전면허의 시력 기준으로 맞는 것은?

㉮ 두 눈을 동시에 뜨고 잰 시력이 0.5 이상
㉯ 두 눈을 동시에 뜨고 잰 시력이 0.8 이상
㉰ 양쪽 눈의 시력이 각각 0.6이상
㉱ 양쪽 눈의 시력이 각각 0.8이상

해설 운전면허 시력기준
① 제1종 운전면허 : 두 눈을 동시에 뜨고 잰 시력이 0.8 이상이고, 양쪽 눈의 시력이 각각 0.5이상이어야 한다.
② 제2종 운전면허 : 두 눈을 동시에 뜨고 잰 시력이 0.5이상일 것. 다만, 한쪽 눈을 보지 못하는 사람은 다른 쪽 눈의 시력이 0.6 이상이어야 한다.

**04** 다음 중 동체시력의 특성이 아닌 것은?

① 동체시력이란 움직이는 물체 또는 움직이면서 다른 자동차나 사람 등의 물체를 보는 시력을 말한다.
② 동체시력은 물체의 이동속도가 빠를수록 상승된다.
③ 동체시력은 정지시력과 어느 정도 비례 관계를 갖는다.
④ 동체시력은 조도(밝기)가 낮은 상황에서는 쉽게 저하 된다.

해설 동체시력의 특성은 ①, ③, ④항 이외에 동체시력은 물체의 이동속도가 빠를수록 저하된다.

**05** 시야에 대해서 설명한 것으로 다음 중 옳은 것은?

① 정지 상태에서의 시야는 정상인의 경우 한쪽 눈 기준 대략120°
정도이다.

② 양안 시야는 보통 약 130~150° 정도이다.

③ 시야는 움직이는 상태에 있을 때는 움직이는 속도에 따라 축소
되는 특성을 갖는다.

④ 한 곳에 주의가 집중되어 있을 때에 인지할 수 있는 시야 범위는
넓어지는 특성이 있다.

**해설** 시야(視野)
① 정지 상태에서의 시야는 정상인의 경우 한쪽 눈 기준 대략 160° 정도이
다.
② 양안의 시야는 보통 약 180~200° 정도이다.
③ 한 곳에 주의가 집중되어 있을 때에 인지할 수 있는 시야 범위는 좁아지는
특성이 있다.

**06** 야간시력에 대해서 설명한 것으로 다음 중 틀린 것은?

① 섬광 회복력은 운전자의 시각기능을 섬광을 마주하기 전 단계
로 되돌리는 신속성의 정도를 의미한다.

② 섬광 회복력이 느리면 도로 선형이나 보행자 횡단 등을 감지하
는데 많은 시간을 요하게 된다.

③ 빛을 많이 받아들여 어두운 부분까지 볼 수 있게 하는 것을 명순
응이라고 한다.

④ 빛을 많이 받아들여 어두운 부분까지 볼 수 있게 하는 것을 암순
응이라고 한다.

**해설** 야간시력에 대한 설명은 ①, ②, ④항 이외에 빛을 적게 받아들여 어두운
부분까지 볼 수 있게 하는 과정을 명순응이라고 한다.

**07** 명순응과 암순응의 과정에서 일시적으로 앞을 잘 볼 수 없는
위험에 대처하는 방법이 아닌 것은?

① 대향차량의 전조등 불빛을 직접적으로 보지 않는다.

② 전조등 불빛을 정면으로 바라보면서 주변시로 다가오는 차량
을 계속해서 주시하도록 한다.

③ 전조등 불빛에 의해 순간적으로 앞을 잘 볼 수 없다면, 속도를
줄인다.

④ 대향차의 전조등이 정면으로 비칠 가능성이 있는 상황에서는
가능한 그에 대비한 주의를 한다.

**해설** 야간 운전에서 위험에 대처하는 방법은 ①, ③, ④항 이외에 전조등 불빛을
피해 멀리 도로 오른쪽 가장자리 방향을 바라보면서, 주변시로 다가오는
차를 계속해서 주시하도록 한다.

**08** 운행 중 눈부심 현상에 의해 순간적으로 시력이 상실되는 현상을
무엇이라고 하는가?

① 증발 현상                    ② 노이즈 현상
③ 현혹 현상                    ④ 주변시 현상

**해설** 현혹 현상 : 운행 중 갑자기 빛이 눈에 비치면 순간적으로 장애물을 볼 수
없는 현상으로 마주 오는 차량의 전조등 불빛을 직접 보았을 때 순간적으
로 시력이 상실되는 현상을 말한다.

**09** 보행자가 교차하는 차량의 불빛 중간에 있게 되면 운전자가 순간
적으로 보행자를 전혀 보지 못하는 현상을 말하는 것은?

① 현혹 현상                    ② 증발 현상
③ 명순응                        ④ 암순응

**해설** 야간에 대향차의 전조등 눈부심으로 인해 순간적으로 보행자를 잘볼 수 없
게 되는 현상으로 보행자가 교차하는 차량의 불빛 중간에 있게 되면 운전자
가 순간적으로 보행자를 전혀 보지 못하는 현상을 증발 현상이라 한다.

**10** 운전 중의 스트레스와 흥분을 최소화하는 방법이 아닌 것은?

① 사전에 준비한다.

② 타운전자의 실수를 예상한다.

③ 기분 나쁘거나 우울한 상태에서는 운전을 피한다.

④ 고속으로 주행하여 스트레스를 해소시킨다.

**해설** 운전 중의 스트레스와 흥분을 최소화하는 방법은 ①, ②, ③항 이다.

**11** 운전 중 피로를 낮추기 위한 방법으로서 부적절한 것은?

① 차안에는 항상 신선한 공기가 충분히 유입되도록 한다.

② 차안은 약간 더운 상태로 유지한다.

③ 햇빛이 강할 때는 선글라스를 쓴다.

④ 정기적으로 차를 세우고 차에서 나와 가벼운 체조를 한다.

**해설** 운전 중 피로를 낮추기 위한 방법으로는 ①, ③, ④항 이외에도 지루하게
느껴지거나 졸음이 오면 라디오를 틀거나, 노래 부르기, 휘파람 불기, 혼자
소리 내어 말하기 등의 방법을 써 본다.

**12** 운전 중 피로를 낮추는 방법에 속하지 않는 것은?

① 차안에는 항상 신선한 공기가 충분히 유입되도록 한다.

② 태양빛이 강하거나 눈의 반사가 심할 때는 선글라스를 착용한
다.

③ 지루하게 느껴지거나 졸음이 올 때는 라디오를 틀거나, 노래 부
르기 ,휘파람 불기 또는 혼자 소리 내어 말하기 등의 방법을 써
본다.

④ 운전 중에 계속 피곤함을 느끼더라도 운전을 지속하는 편이 낫
다.

**해설** 운전 중 피로를 낮추는 방법은 ①, ②, ③항 이외에
① 정기적으로 차를 멈추어 차에서 나와 몇 분 동안 산책을 하거나 가벼운
체조를 한다.
② 운전 중에 계속 피곤함을 느끼게 된다면 운전을 지속하기보다는 차를 멈
추는 편이 낫다.

**13** 졸음운전의 기본적인 증후에 대한 설명이 부적절한 것은?

① 눈이 스르르 감긴다든가 전방을 제대로 주시할 수 없어짐

② 머리를 똑바로 유지하기가 쉬워짐

③ 하품이 자주남

④ 차선을 제대로 유지 못하고 차가 좌우로 조금씩 왔다 갔다 하는
것을 느낀다.

**해설** 졸음운전의 기본적인 증후 ①, ③, ④항 이외에
① 머리를 똑바로 유지하기가 힘들어짐
② 이 생각 저 생각이 나면서 생각이 단절된다.
③ 지난 몇 km를 어디를 운전해 왔는지 가물가물하다.
④ 앞차에 바짝 붙는다거나 교통신호를 놓친다.
⑤ 순간적으로 차도에서 갓길로 벗어나가거나 거의 사고 직전에 이르기도
한다.

**14** 알코올이 운전에 끼치는 부정적인 영향이 아닌 것은?

① 심리 - 운동 협응능력 저하

② 시력의 지각능력 향상

③ 주의 집중능력 감소

④ 정보 처리능력 둔화

**해설** 알코올이 운전에 끼치는 부정적인 영향은 ①, ③, ④항 이외에 시력의
지각능력 저하, 판단능력 감소, 차선을 지키는 능력 감소

**15** 음주운전이 위험한 이유로 부적절한 것은?

① 신속한 발견으로 인한 사고 위험 감소
② 운전에 대한 통제력 약화로 과잉조작에 의한 사고 증가
③ 시력저하와 졸음 등으로 인한 사고의 증가
④ 2차 사고유발

> **해설** 음주운전이 위험한 이유는 ②, ③, ④항 이외에
> ① 발견지연으로 인한 사고 위험 증가
> ② 사고의 대형화 및 마신 양에 따른 사고 위험도의 지속적 증가

**16** 음주 운전하는 차량의 특징적인 패턴에 대한 설명으로 부적절한 것은?

① 경찰관이 정차 명령을 하였을 때 제대로 정차하지 못하거나 급 정차하는 자동차
② 단속현장을 보고 멈칫하거나 눈치를 보는 자동차
③ 교통신호나 안전표지와 다른 반응을 보이는 차량
④ 신호에 대한 반응이 정상적인 차량

> **해설** 음주운전의 특징적인 패턴은 ①, ②, ③항 이외에
> ① 신호에 대한 반응이 과도하게 지연되는 차량
> ② 야간에 아주 천천히 달리는 자동차
> ③ 깜깜한 밤에 미등만 켜고 주행하는 자동차
> ④ 기어를 바꿀 때 기어소리가 심한 자동차
> ⑤ 전조등이 미세하게 좌·우로 왔다 갔다 하는 자동차
> ⑥ 앞차의 뒤를 너무 가까이 따라가는 차량
> ⑦ 과도하게 넓은 반경으로 회전하는 차량
> ⑧ 2개 차로에 걸쳐서 운전하는 차량
> ⑨ 운전행위와 반대되는 방향지시등을 조작하는 차량
> ⑩ 지그재그 운전을 수시로 하는 차량

**17** 교통약자 이동편의 증진법에서 정의하는 교통약자에 해당되지 않는 사람은?

① 장애인
② 고령자
③ 부녀자
④ 어린이

> **해설** 교통약자란 장애인, 고령자, 임산부, 영유아를 동반한 사람, 어린이 등 생활함에 있어 이동에 불편함을 느끼는 사람을 말한다.

**18** 보행자 보호의 주요 주의사항으로 부적절한 것은?

① 시야가 차단된 상황에서 나타나는 보행자를 특히 조심한다.
② 차량신호가 녹색이라도 완전히 비워 있는지를 확인하지 않은 상태에서 횡단보도에 들어가서는 안 된다.
③ 신호에 따라 횡단하는 보행자의 앞뒤에서 그들을 압박하거나 재촉하도록 한다.
④ 회전할 때는 언제나 회전 방향의 도로를 건너는 보행자가 있을 수 있음을 유의한다.

> **해설** 보행자 보호의 주요 주의사항 ①, ②, ④항 이외에
> ① 신호에 따라 횡단하는 보행자의 앞뒤에서 그들을 압박하거나 재촉해서는 안 된다.
> ② 어린이 보호구역 내에서는 특별히 주의한다.
> ③ 주거지역 내에서는 어린이의 존재여부를 주의 깊게 관찰한다.
> ④ 맹인이나 장애인에게는 우선적으로 양보를 한다.

**19** 어린이 통학버스의 특별보호에 관한 설명으로 옳지 못한 것은?

① 어린이 통학버스가 어린이 또는 유아를 태우고 있다는 표시를 하고 도로를 통행하는 때에 모든 차의 운전자는 어린이 통학버스를 앞지르기 못한다.
② 어린이 통학버스는 서행을 하므로 모든 차의 운전자는 어린이 통학버스를 앞지르기를 하여도 무방하다.
③ 어린이나 유아가 타고 내리는 중임을 나타내는 어린이 통학버스가 정차한 차로와 그 차로의 바로 옆 차로를 통행하는 차의 운전자는 어린이 통학버스에 이르기 전 일시 정지하여 안전을 확인 후 서행한다.
④ 중앙선이 설치되지 아니한 도로와 편도 1차로인 도로의 반대방향에서 진행하는 차의 운전자는 어린이 통학버스에 이르기 전 일시 정지하여 안전을 확인한 후 서행한다.

**20** 대형자동차의 특성이라 볼 수 없는 것은?

① 운전자들이 볼 수 없는 곳(시각)이 적다.
② 정지하는데 더 많은 시간이 걸린다.
③ 움직이는데 점유하는 공간이 많다.
④ 다른 차를 앞지르는 데에 걸리는 시간이 더 길다.

> **해설** 대형자동차의 특성
> ① 운전자들이 볼 수 없는 곳(사각)이 늘어난다.
> ② 정지하는데 더 많은 시간이 걸린다.
> ③ 움직이는데 점유하는 공간이 많다.
> ④ 다른 차를 앞지르는 데 걸리는 시간도 더 길어진다.

**21** 같은 대형차라도 다른 대형차에 접근해 운전하는 것을 피해야 하는 가장 큰 이유는?

① 전·후방의 시야를 제약한다.
② 정지거리가 상대적으로 짧다.
③ 점유공간이 상대적으로 많다.
④ 대형차는 갑자기 정지하기가 어렵다.

> **해설** 대형 버스는 단지 큰 차가 아니라 크면 클수록 대형차 운전자들이 볼 수 없는 곳(사각)이 늘어나 후방의 시야를 제약한다.

**22** 대형자동차를 운전할 때 주의사항이 아닌 것은?

① 제동력이 크기 때문에 다른 차와는 충분한 안전거리를 유지하지 않아도 된다.
② 승용차 등이 대형차의 사각지점에 들어오지 않도록 주의한다.
③ 앞지를 때는 충분한 공간 간격을 유지한다.
④ 대형차로 회전할 때는 회전할 수 있는 충분한 공간 간격을 확보한다.

> **해설** 대형자동차를 운전할 때 주의사항은 ②, ③, ④항 이외에 다른 차와는 충분한 안전거리를 유지한다.

안전운행
요령

## 3. 자동차 요인과 안전운행

**01** 차가 커브를 돌 때 주행하던 차로나 도로를 벗어나려는 힘을 무엇이라고 하는가?

① 원심력　　　　　　② 구심력
③ 마찰력　　　　　　④ 접지력

**해설** 차가 길모퉁이나 커브를 돌 때 차로나 도로를 벗어나려는 힘을 원심력이라 한다.

**02** 다음은 자동차 중행 중 발생하는 원심력에 관한 설명이다. 맞지 않는 것은?

① 길모퉁이나 커브를 돌 때에 핸들을 돌리면 주행하던 차로나 도로를 벗어나려는 힘이 작용하는 것을 말한다.
② 길모퉁이나 커브를 빠른 속도로 진입하면 노면을 잡고 있으려는 타이어의 접지력보다 원심력이 더 크게 작용하여 사고 발생 위험이 증가한다.
③ 원심력은 속도의 제곱에 반비례하여 커지고, 커브의 반경이 클수록 크게 작용하며, 자동차의 중량에도 비례하여 커진다.
④ 일반적으로 매시 50km로 커브를 도는 차는 매시 25km로 도는 차보다 4배의 원심력이 발생한다.

**해설** 원심력에 대한 설명은 ①, ②, ④항 이외에 원심력은 속도의 제곱에 비례하여 커지고, 커브의 반경이 작을수록 크게 작용하며, 차의 중량에도 비례하여 커진다.

**03** 타이어가 노면과 맞닿는 접지면에서 차의 하중에 의해 발생한 타이어의 변형이 다음 접지 시점까지 복원되지 않고 진동의 물결로 남게 되는 현상을 무엇이라고 하는가?

① 타이어 웨이브 현상　　② 하이드로 플래닝 현상
③ 타이어 접지변형 현상　④ 스탠딩웨이브 현상

**해설** 스탠딩 웨이브 : 타이어가 노면과 맞닿는 부분에서는 차의 하중에 의해 타이어의 찌그러짐 현상이 발생하지만 타이어가 회전하면 타이어의 공기압에 의해 곧 회복된다. 이러한 현상은 주행 중에 반복되며, 고속으로 주행할 때에는 타이어의 회전속도가 빨라지면 접지면에서 발생한 타이어의 변형이 다음 접지 시점까지 복원되지 않고 진동의 물결로 남게 되는 현상

**04** 스탠딩 웨이브 현상을 예방하기 위한 방법에 속하지 않는 것은?

① 주행 중인 속도를 줄인다.
② 타이어 공기압은 평상치보다 높인다.
③ 과다 마모된 타이어나 재생타이어의 사용을 자제한다.
④ 고속으로 주행한다.

**해설** 스탠딩 웨이브 현상의 예방방법은 ①, ②, ③항이다.

**05** 자동차가 물이 고인 노면을 고속으로 주행할 때 타이어가 노면으로부터 떠올라 물위를 미끄러지는 현상을 무엇이라고 하는가?

① 로드홀딩 현상　　　② 트램핑 현상
③ 토 아웃 현상　　　　④ 수막현상

**해설** 자동차가 물이 고인 노면을 고속으로 주행할 때 타이어의 트레드 홈 사이에 있는 물을 헤치는 기능이 감소되어 노면 접지력을 상실하게 되는 현상으로 타이어 접지면 앞 쪽에서 들어오는 물의 압력에 의해 타이어가 노면으로부터 떠올라 물 위를 미끄러지는 현상을 수막현상이라 한다. 이러한 물의 압력은 자동차 속도의 두 배 그리고 유체밀도에 비례한다.

**06** 수막현상을 예방하기 위한 조치가 아닌 것은?

① 타이어 공기압을 낮춘다.
② 과다 마모된 타이어를 사용하지 않는다.
③ 공기압을 평상시보다 조금 높게 한다.
④ 배수효과가 좋은 타이어 패턴(리브형 타이어)을 사용한다.

**해설** 수막현상을 예방하기 위한 조치는 ②, ③, ④항 이외에 고속으로 주행하지 않는다.

**07** 수막현상에 영향을 주는 요소가 아닌 것은?

① 자동차의 속도　　　② 고인 물의 깊이
③ 타이어의 패턴　　　④ 제동성능

**해설** 수막현상은 자동차의 속도, 고인 물의 깊이, 타이어의 패턴, 타이어의 마모 정도, 타이어의 공기압, 노면 상태 등의 영향을 받는다.

**08** 내리막길을 내려갈 때 브레이크를 반복하여 사용하면 마찰열이 라이닝에 축적되어 브레이크의 제동력이 저하되는 현상을 무엇이라고 하는가?

① 록킹 현상　　　　　② 슬립 현상
③ 베이퍼 록 현상　　　④ 페이드 현상

**해설** 내리막길을 내려갈 때 브레이크를 반복하여 사용하면 마찰열이 라이닝에 축적되어 브레이크의 제동력이 저하되는 현상을 페이드라 한다.

**09** 워터 페이드(Water fade) 현상에 대한 설명이다. 다음 중 부적절한 것은?

① 브레이크 마찰재가 물에 젖으면 마찰계수가 작아져 브레이크의 제동력이 저하되는 현상을 말한다.
② 물인 고인 도로에 자동차를 정차시켰거나 수중 주행을 하였을 때 이 현상이 일어 날 수 있으며 브레이크가 전혀 작용되지 않을 수도 있다.
③ 워터 페이드 현상이 발생하면 마찰열에 의해 브레이크가 회복되도록 브레이크 페달을 반복해 밟으면서 천천히 주행한다.
④ 타이어 앞 쪽에 발생한 얇은 수막으로 노면으로부터 떨어져 제동력 및 조향력을 상실하게 되는 현상이다.

**해설** 워터 페이드(Water fade) 현상에 대한 설명은 ①, ②, ③항 이다.

**10** 긴 내리막길에서 브레이크를 지나치게 사용하여 브레이크 페달을 밟아도 스펀지를 밟는 것 같으며, 브레이크가 작용하지 않는 현상을 무엇이라고 하는가?

① 록킹 현상　　　　　② 슬립 현상
③ 베이퍼 록 현상　　　④ 페이드 현상

**해설** 긴 내리막길에서 브레이크를 지나치게 사용하면 차륜 부분의 마찰열 때문에 휠 실린더나 브레이크 파이프 속에서 브레이크액이 기화되고, 브레이크 회로 내에 공기가 유입된 것처럼 기포가 발생하여 브레이크 페달을 밟아도 스펀지를 밟는 것 같고 유압이 제대로 전달되지 않아 브레이크가 작용하지 않는 현상을 베이퍼 록이라 한다.

**11** 베이퍼 록(Vapour lock) 현상이 발생하는 주요 이유가 아닌 것은?

① 긴 내리막길에서 계속 브레이크를 사용하여 브레이크 드럼이 과열되었을 때
② 브레이크 드럼과 라이닝 간격이 작아 라이닝이 끌리게 됨에 따라 드럼이 과열되었을 때
③ 불량한 브레이크 오일을 사용하였을 때
④ 브레이크 오일의 비등점이 높을 때

**해설** 베이퍼 록이 발생하는 이유는 ①, ②, ③항 이외에 브레이크 오일의 변질로 비등점이 저하되었을 때

**12** 베이퍼 록 현상을 방지하기 위한 운전 방법으로 옳은 것은?

① 엔진 브레이크를 사용한다.　② 고단기어를 사용한다.
③ 풋 브레이크 사용을 늘린다.　④ 고속으로 주행한다.

**해설** 베이퍼 록 현상을 방지하기 위해서는 엔진 브레이크를 사용하여 저단기어를 유지하면서 풋 브레이크 사용을 줄인다.

**13** 비가 자주 오거나 습도가 높은 날 브레이크 드럼에 미세한 녹이 발생하고 마찰계수가 높아져 평소보다 브레이크가 지나치게 예민하게 작동하는 현상은?

① 스탠딩 웨이브(Standing wave) 현상
② 수막(Hydroplaning) 현상
③ 모닝 록(Morning lock) 현상
④ 베이퍼 록(vapour lock) 현상

**해설** 비가 자주오거나 습도가 높은 날 또는 오랜 시간 주차한 후에는 브레이크 드럼에 미세한 녹이 발생하여 브레이크 드럼과 라이닝, 브레이크 패드와 디스크의 마찰계수가 높아져 평소보다 브레이크가 지나치게 예민하게 작동하는 현상을 모닝 록 현상이라 한다.

**14** 모닝 록(Morning lock) 현상에 관한 설명으로 틀린 것은?

① 비가 자주오거나 습도가 높은 날 또는 오랜 시간 주차한 후에는 브레이크 드럼에 미세한 녹이 발생하는 현상을 모닝 록이라 한다.
② 모닝 록 현상이 발생하면 브레이크 드럼과 라이닝, 브레이크 패드와 디스크의 마찰계수가 낮아져 평소보다 브레이크가 지나치게 둔감하게 작동한다.
③ 모닝 록 현상이 발생하였을 때 평소의 감각대로 브레이크를 밟게 되면 급제동이 되어 사고가 발생할 수 있다.
④ 아침에 운행을 시작할 때나 장시간 주차한 다음 운행을 시작하는 경우에는 출발하기 전에 브레이크를 몇 차례 밟아 녹을 일부 제거하여 주는 것이 좋다.

**해설** 모닝 록 현상에 대한 설명은 ①, ③, ④항 이외에 모닝 록 현상이 발생하면 브레이크 드럼과 라이닝, 브레이크 패드와 디스크의 마찰계수가 높아져 평소보다 브레이크가 지나치게 예민하게 작동한다.

**15** 커브 길에서는 핸들을 돌린 각도와 실제 주행하는 차량의 회전각도가 다르게 나타나는 경우에 영향을 미치는 요소가 아닌 것은?

① 차량의 주행방식　② 차량 하중의 이동과 상태
③ 타이어의 종류　④ 타이어의 상태

**해설** 차량의 구동방식, 차량 하중의 이동과 상태, 타이어의 종류와 상태 등이 영향을 미친다.

**16** 내륜차와 외륜차에 대한 설명으로 다음 중 부적절한 것은?

① 핸들을 돌렸을 때에는 바퀴가 모두 제각기 서로 다른 원을 그리면서 통과하게 된다.
② 앞바퀴의 안쪽과 뒷바퀴의 안쪽 궤적 간의 차이를 내륜차라 하고 바깥 바퀴의 궤적 간의 차이를 외륜차라 한다.
③ 소형차에 비해 축간거리가 긴 대형차에서 내륜차 또는 외륜차가 작게 발생한다.
④ 차가 회전할 때에는 내·외륜차에 의한 여러 가지 교통사고 위험이 발생한다.

**해설** 내륜차와 외륜차에 대한 설명은 ①, ②, ④항 이외에 소형차에 비해 축간거리가 긴 대형차에서 내륜차 또는 외륜차가 크게 발생한다.

**17** 타이어 마모에 영향을 주는 요소가 아닌 것은?

① 타이어 공기압　② 차량의 하중
③ 차량의 속도　④ 엔진의 성능

**해설** 타이어 마모에 영향을 주는 요소는 ①, ②, ③항 이외에 커브(도로의 굽은 부분), 브레이크, 노면 등이다.

**18** 내륜차에 의한 사고 위험이 아닌 것은?

① 전진(前進)주차를 위해 주차공간으로 진입도중 차의 뒷부분이 주차되어 있는 차와 충돌 할 수 있다.
② 커브 길의 원활한 회전을 위해 확보한 공간으로 끼어든 이륜차나 소형승용차를 발견하지 못해 충돌사고가 발생할 수 있다.
③ 차량이 보도 위에 서 있는 보행자를 차의 뒷부분으로 스치고 지나가거나 보행자의 발등을 뒷바퀴가 타고 넘어갈 수 있다.
④ 후진주차를 위해 주차공간으로 진입도중 차의 앞부분이 다른 차량이나 물체와 충돌할 수 있다.

**해설** 외륜차에 의한 사고 위험
① 후진주차를 위해 주차공간으로 진입도중 차의 앞부분이 다른 차량이나 물체와 충돌할 수 있다.
② 버스가 1차로에서 좌회전하는 도중에 차의 뒷부분이 2차로에서 주행 중이던 승용차와 충돌할 수 있다.

**19** 운전자가 자동차를 정지시켜야 할 상황임을 인지하고 브레이크로 발을 옮겨 브레이크가 작동을 시작하기 전까지 이동한 거리를 무엇이라고 하는가?

① 제동거리　② 정지거리
③ 공주거리　④ 주행거리

**해설** 운전자가 자동차를 정지시켜야 할 상황임을 인지하고 브레이크로 발을 옮겨 브레이크가 작동을 시작하기 전까지 이동한 거리를 공주거리라 한다.

**20** 다음 중 옳은 것은?

① 안전거리＝정지거리＋제동거리
② 공주거리＝정지거리＋제동거리
③ 제동거리＝안전거리＋공주거리
④ 정지거리＝공주거리＋제동거리

**해설** 정지거리란 공주거리에 제동거리를 더한 거리를 말한다.

**21** 운전자가 브레이크에 발을 올려 브레이크가 막 작동을 시작하는 순간부터 자동차가 완전히 정지할 때까지 이동한 거리를 무엇이라고 하는가?

① 제동거리　② 정지거리
③ 공주거리　④ 주행거리

**해설** 운전자가 브레이크에 발을 올려 브레이크가 막 작동을 시작하는 순간부터 자동차가 완전히 정지할 때까지 이동한 거리를 제동거리라 한다.

**22** 정지거리에 영향을 미치는 요인 중 운전자 요인이 아닌 것은?

① 인지 반응속도　② 브레이크의 성능
③ 피로도　④ 신체적 특성

**해설** 정지거리에 영향을 미치는 요인
① 운전자 요인 : 인지 반응속도, 운행속도, 피로도, 신체적 특성
② 자동차 요인 : 자동차의 종류, 타이어의 마모 정도, 브레이크 성능
③ 도로의 요인 : 노면의 종류, 노면의 상태

**23** 정지거리에 차이가 발생할 수 있는 요인에 속하지 않는 것은?

① 운전자 요인　② 자동차 요인
③ 도로요인　④ 안전요인

**해설** 정지거리는 운전자 요인(인지 반응속도, 운행속도, 피로도, 신체적 특성 등), 자동차 요인(자동차의 종류, 타이어의 마모정도, 브레이크의 성능 등), 도로요인(노면종류, 노면상태 등)에 따라 차이가 발생할 수 있다.

안전운행 요령

## 4. 도로 요인과 안전운행

**01** 가변차로에 대한 설명이 틀린 것은?

① 방향별 교통량이 특정시간대에 현저하게 차이가 발생하는 도로에서 교통량이 많은 쪽으로 차로수가 확대될 수 있도록 신호기에 의하여 차로의 진행방향을 지시하는 차로를 말한다.

② 차량의 운행속도를 저하시켜 구간 통행시간을 길게 한다.

③ 차량의 지체를 감소시켜 에너지 소비량과 배기가스 배출량의 감소 효과를 기대할 수 있다.

④ 가변차로를 시행할 때에는 가로변 주·정차 금지, 좌회전 통행 제한, 충분한 신호시설의 설치, 차선 도색 등 노면표시에 대한 개선이 필요하다.

해설 가변차로에 대한 설명은 ①, ③, ④항 이외에 가변차로는 차량의 운행속도를 향상시켜 구간 통행시간을 줄여준다.

**02** 2차로 앞지르기 금지구간에서 자동차의 원활한 교통을 도모하고, 도로 안전성을 제고하기 위해 길어깨(갓길) 쪽으로 설치하는 저속 자동차의 주행차로를 무엇이라 하는가?

① 회전 차로  ② 양보 차로
③ 앞지르기 차로  ④ 가변차로

해설 차로의 정의
① 회전 차로 : 자동차가 우회전, 좌회전 또는 유턴을 할 수 있도록 직진하는 차로와 분리하여 설치하는 차로를 말한다.
② 앞지르기 차로 : 저속 자동차로 인한 뒤차의 속도감소를 방지하고 반대차로를 이용한 앞지르기가 불가능할 경우 원활한 소통을 위해 도로 중앙 측에 설치하는 고속 자동차의 주행차로를 말한다.
③ 가변 차로 : 가변차로는 방향별 교통량이 특정시간대에 현저하게 차이가 발생하는 도로에서 교통량이 많은 쪽으로 차로수가 확대될 수 있도록 신호기에 의하여 차로의 진행방향을 지시하는 차로를 말한다.

**03** 저속 자동차로 인한 뒤차의 속도감소를 방지하고, 반대차로를 이용한 앞지르기가 불가능할 경우 원활한 소통을 위해 도로 중앙 측에 설치하는 고속 자동차의 주행차로를 무엇이라고 하는가?

① 양보 차로  ② 가변차로
③ 주행 차로  ④ 앞지르기 차로

해설 앞지르기 차로는 저속 자동차로 인한 뒤차의 속도감소를 방지하고, 반대차로를 이용한 앞지르기가 불가능할 경우 원활한 소통을 위해 도로 중앙 측에 설치하는 고속 자동차의 주행차로를 말한다.

**04** 차로를 구분하기 위해 설치한 것으로 맞는 것은?

① 차선  ② 길 어깨
③ 주차대  ④ 자전거 도로

**05** 도류화의 목적에 대한 설명으로 부적절한 것은?

① 두 개 이상 자동차 진행방향이 교차하도록 통행경로를 제공한다.

② 자동차가 합류, 분류 또는 교차하는 위치와 각도를 조정한다.

③ 교차로 면적을 조정함으로써 자동차간에 상충되는 면적을 줄인다.

④ 자동차가 진행해야 할 경로를 명확히 제공한다.

해설 도류화의 목적은 ②, ③, ④항 이외에

① 두 개 이상 자동차 진행방향이 교차하지 않도록 통행경로를 제공한다.
② 보행자 안전지대를 설치하기 위한 장소를 제공한다.
③ 자동차의 통행속도를 안전한 상태로 통제한다.
④ 분리된 회전차로는 회전차량의 대기 장소를 제공한다.

**06** 교통섬을 설치하는 목적에 대한 설명으로 부적절한 것은?

① 도로교통의 흐름을 안전하게 유도

② 보행자가 도로를 횡단할 때 대피섬 제공

③ 신호등, 도로표지, 안전표지, 조명 등 노상시설의 설치장소 제공

④ 보행자 안전지대를 설치하기 위한 장소제공

해설 교통섬이란 자동차의 안전하고 원활한 교통처리나 보행자 도로횡단의 안전을 확보하기 위하여 교차로 또는 차도의 분기점 등에 설치하는 섬 모양의 시설로 설치하는 목적은 ①, ②, ③항이다.

**07** 평면선형과 교통사고에 대한 설명이 틀린 것은?

① 도로의 곡선반경이 작을수록 사고발생 위험이 증가하므로 급격한 평면곡선 도로를 운행하는 경우에는 운전자의 각별한 주의가 요구된다.

② 평면곡선 도로를 주행할 때에는 원심력에 의해 곡선 안쪽으로 진행하려는 힘을 받게 된다.

③ 곡선반경이 작은 도로에서는 원심력으로 인해 고속으로 주행할 때에는 차량 전도 위험이 증가하며, 비가 올 때에는 노면과의 마찰력이 떨어져 미끄러질 위험이 증가한다.

④ 도심지나 저속운영 구간 등 편경사가 설치되어 있지 않은 평면곡선 구간에서 고속으로 곡선부를 주행할 때에는 원심력에 의한 도로 외부 쏠림현상으로 차량의 이탈사고가 빈번하게 발생할 수 있다.

해설 평면선형과 교통사고에 대한 설명은 ①, ③, ④항 이외에 평면곡선 도로를 주행할 때에는 원심력에 의해 곡선 바깥쪽으로 진행하려는 힘을 받게 된다.

**08** 종단선형과 교통사고에 대한 설명이 틀린 것은?

① 자동차는 동일한 도로조건의 주행상태가 유지되는 것이 바람직하나, 급한 오르막 구간 또는 내리막 구간에서는 교통사고 발생의 주요원인 중 하나가 자동차 속도 변화가 큰 경우이다.

② 내리막길에서의 사고율이 오르막길에서보다 낮은 것으로 나타나고 있다.

③ 종단경사가 변경되는 부분에서는 일반적으로 종단곡선이 설치된다.

④ 양호한 선형조건에서 제한되는 시거가 불규칙적으로 나타나면 평균사고율보다 높은 사고율을 보일 수 있다.

해설 종단선형과 교통사고에 대한 설명은 ①, ③, ④항 이외에 일반적으로 종단경사(오르막 내리막 경사)가 커짐에 따라 자동차 속도 변화가 커 사고발생이 증가할 수 있으며, 내리막길에서의 사고율이 오르막길에서보다 높은 것으로 나타나고 있다.

**09** 일반적으로 종단경사가 커짐에 따라 사고율은 어떻게 나타나는가?

① 내리막길에서의 사고율이 오르막길에서보다 높게 나타난다.

② 오르막길에서의 사고율이 평지에서보다 높게 나타난다.

③ 평지에서의 사고율이 내리막에서보다 높게 나타난다.

④ 내리막길에서의 사고율이 평지와 같게 나타난다.

해설 종단경사(오르막 내리막 경사)가 커짐에 따라 자동차 속도 변화가 커 사고발생이 증가할 수 있으며, 내리막길에서의 사고율이 오르막길에서 보다 높은 것으로 나타난다.

**10** 중앙분리대와 교통사고에 대한 설명이 잘못된 것은?

① 중앙분리대는 도로면보다 높게 콘크리트 방호벽 또는 방호울타리를 설치하는 것을 말하며, 분리대와 측대로 구성된다.

② 중앙분리대는 정면충돌사고를 차량단독사고로 변환시킴으로써 사고로 인한 위험을 감소시킨다.

③ 중앙분리대의 폭이 넓을수록 대향차량과의 충돌 위험은 감소한다.

④ 중앙분리대의 폭이 좁을수록 대향차량과의 충돌 위험은 감소한다.

**11** 중앙분리대의 기능에 속하지 않는 것은?

① 상·하 차도의 교통을 분리시켜 차량의 중앙선 침범에 의한 치명적인 정면충돌 사고를 방지하고, 도로 중심축의 교통마찰을 감소시켜 원활한 교통소통을 유지한다.

② 광폭 분리대의 경우 사고 및 고장차량이 정지할 수 있는 여유 공간이 부족하다.

③ 필요에 따라 유턴 등을 방지하여 교통 혼잡이 발생하지 않도록 하여 안전성을 높인다.

④ 도로표지 및 기타 교통관제시설 등을 설치할 수 있는 공간을 제공한다.

> **해설** 중앙분리대의 기능은 ①, ③, ④항 이외에
> ① 광폭 분리대의 경우 사고 및 고장차량이 정지할 수 있는 여유 공간을 제공한다.
> ② 평면 교차로가 있는 도로에서는 폭이 충분할 때 좌회전 차로로 활용할 수 있어 교통소통에 유리하다.
> ③ 횡단하는 보행자에게 안전섬이 제공됨으로써 안전한 횡단이 확보된다.
> ④ 야간에 주행할 때 발생하는 전조등 불빛에 의한 눈부심이 방지된다.

**12** 길 어깨(갓길)와 교통사고에 대한 설명으로 틀린 것은?

① 길 어깨는 도로를 보호하고 비상시에 이용하기 위하여 차도와 연결하여 설치하는 도로의 부분으로 갓길이라고도 한다.

② 길 어깨가 넓으면 차량의 이동공간이 넓고, 시계가 넓다.

③ 길 어깨가 넓으면 고장차량을 주행차로 밖으로 이동시킬 수 있어 안전 확보가 용이하다.

④ 일반적으로 길 어깨 폭이 좁은 곳이 교통사고가 감소한다.

> **해설** 길 어깨와 교통사고에 대한 설명은 ①, ②, ③항 이외에 일반적으로 길어깨 폭이 넓은 곳은 길 어깨 폭이 좁은 곳보다 교통사고가 감소한다.

**13** 포장된 길 어깨의 장점으로 맞지 않는 것은?

① 차도 끝의 처짐이나 이탈을 방지한다.

② 물의 흐름으로 인한 노면 괘임을 방지한다.

③ 승용자동차의 주행을 원활하게 한다.

④ 보도가 없는 도로에서는 보행의 편의를 제공한다.

> **해설** 포장된 길 어깨의 장점
> ① 긴급자동차의 주행을 원활하게 한다.
> ② 차도 끝의 처짐이나 이탈을 방지한다.
> ③ 물의 흐름으로 인한 노면 패임을 방지한다.
> ④ 보도가 없는 도로에서는 보행의 편의를 제공한다.

**14** 교량과 교통사고에 대한 설명이 잘못된 것은?

① 교량의 폭, 교량 접근도로의 형태 등은 교통사고와 관계가 없다.

② 교량 접근도로의 폭에 비해 교량의 폭이 좁으면 사고 위험이 증가한다.

③ 교량 접근도로의 폭과 교량의 폭이 같을 때에는 사고 위험이 감소한다.

④ 교량 접근도로의 폭과 교량의 폭이 서로 다른 경우에도 교통통

제설비, 즉 안전표지, 시선유도시설, 접근도로에 노면표시 등을 설치하면 운전자의 경각심을 불러 일으켜 사고 감소효과가 발생할 수 있다.

> **해설** 교량과 교통사고에 대한 설명은 ②, ③, ④항 이외에 교량의 폭, 교량 접근도로의 형태 등이 교통사고와 밀접한 관계가 있다.

**15** 회전 교차로의 장점이 아닌 것은?

① 교차로 유지비용이 적게 든다.

② 교통사고를 줄일 수 있다.

③ 교통량을 줄일 수 있다.

④ 도로미관 향상을 기대할 수 있다.

> **해설** 회전 교차로는 교통량이 상대적으로 많은 비신호 교차로 또는 교통량이 적은 신호 교차로에서 지체가 발생할 경우 교통소통 향상을 목적으로 설치한다.

**16** 회전교차로의 일반적인 특징이 아닌 것은?

① 회전교차로로 진입하는 자동차가 교차로 내부의 회전차로에서 주행하는 자동차에게 양보한다.

② 신호등이 없는 교차로에 비해 상충 횟수가 적다.

③ 교차로 진입은 저속으로 운영하여야 한다.

④ 교차로 진입과 대기에 대한 운전자의 의사결정이 어렵다.

> **해설** 회전교차로의 일반적인 특징은 ①, ②, ③항 이외에
> ① 교차로 진입과 대기에 대한 운전자의 의사결정이 간단하다.
> ② 교통상황의 변화로 인한 운전자 피로를 줄일 수 있다.
> ③ 신호교차로에 비해 유지관리 비용이 적게 든다.
> ④ 인접도로 및 지역에 대한 접근성을 높여 준다.
> ⑤ 사고빈도가 낮아 교통안전 수준을 향상시킨다.
> ⑥ 지체시간이 감소되어 연료 소모와 배기가스를 줄일 수 있다.

**17** 회전교차로 기본 운영 원리에 속하지 않는 것은?

① 교차로에 진입하는 자동차는 회전 중인 자동차에게 양보한다.

② 회전차로 내부에서 주행 중인 자동차를 방해할 때에는 진입하지 않는다.

③ 회전차로 내에 여유 공간이 있을 때까지 양보선에서 대기한다.

④ 접근차로에서 정지지체로 인해 대기하는 자동차가 발생하지 않는다.

> **해설** 회전교차로 기본 운영 원리는 ①, ②, ③항 이외에
> ① 접근차로에서 정지지체로 인해 대기하는 자동차가 발생할 수 있다.
> ② 교차로 내부에서 회전정체는 발생하지 않는다.(교통 혼잡이 발생하지 않는다.)
> ③ 회전교차로에 진입할 때에는 충분히 속도를 줄인 후 진입한다.
> ④ 회전교차로를 통과할 때에는 모든 자동차가 중앙교통섬을 중심으로 시계 반대방향으로 회전하며 통행한다.

**18** 교통안전 측면에서 회전교차로를 설치하여야 하는 곳이 아닌 것은?

① 교통사고 잦은 곳으로 지정된 교차로

② 교차로의 사고유형 중 직각 충돌사고 및 정면 충돌사고가 빈번하게 발생하는 교차로

③ 주도로와 부도로의 통행 속도차가 적은 교차로

④ 부상, 사망사고 등의 심각도가 높은 교통사고 발생 교차로

> **해설** 회전교차로를 설치하여야 하는 곳은 ①, ②, ④항 이외에 주도로와 부도로의 통행 속도차가 큰 교차로

**19** 주간 또는 야간에 운전자의 시선을 유도하기 설치된 시선 유도 시설 중 표지병은 다음 중 어느 것인가?

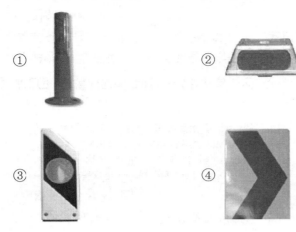

① ② ③ ④

> **해설** ①의 명칭은 시선 유도 표지, ③은 시선 유도 표지, ④는 갈매기 표지이다.

**20** 주간 또는 야간에 운전자의 시선을 유동하기 위해 설치된 안전시설이 아닌 것은?

① 신호등　　　　　　② 갈매기 표지
③ 시선 유도 표지　　④ 표지병

> **해설** 주간 또는 야간에 운전자의 시선을 유도하기 위해 설치된 안전시설로 시선 유도 표지, 갈매기 표지, 표지병 등이 있다.

**21** 시선 유도 시설에 관한 설명으로 틀린 것은?

① 시선 유도 시설이란 주간 또는 야간에 운전자의 시선을 유도하기 위해 설치된 안전시설로 시선 유도표지, 갈매기표지, 표지병 등이 있다.
② 시선 유도 표지는 직선 및 곡선 구간에서 운전자에게 전방의 도로조건이 변화되는 상황을 반사체를 사용하여 안내해 줌으로써 안전하고 원활한 차량주행을 유도하는 시설물이다.
③ 갈매기 표지는 완만한 곡선 도로에서 운전자의 시선을 명확히 유도하기 위해 곡선 정도에 따라 갈매기 표지를 사용하여 운전자의 원활한 차량주행을 유도하는 시설물이다.
④ 표지병은 야간 및 악천후에 운전자의 시선을 명확히 유도하기 위해 도로 표면에 설치하는 시설물이다.

> **해설** 시선 유도 시설에 관한 설명은 ①, ②, ④항 이외에 갈매기 표지는 급한 곡선 도로에서 운전자의 시선을 명확히 유도하기 위해 곡선 정도에 따라 갈매기 표지를 사용하여 운전자의 원활한 차량주행을 유도하는 시설물이다.

**22** 곡선부 등에 차량의 이탈사고를 방지하기 위해 설치하는 시설과 관계있는 것은?

① 방호울타리　　　② 갈매기 표지
③ 측대　　　　　　④ 편경사

> **해설** 곡선부 등에서는 차량의 이탈사고를 방지하기 위해 방호울타리를 설치할 수 있으며, 기능은 운전자의 시선 유도, 탑승자의 상해 및 자동차의 파손 감소, 자동차를 정상적인 진행방향으로 복귀, 자동차의 차도 이탈방지다.

**23** 다음 중 방호울타리의 주요기능에 속하지 않는 것은?

① 자동차의 차도 이탈을 방지하는 것
② 탑승자의 상해 및 자동차의 파손을 증가시키는 것
③ 자동차를 정상적인 진행방향으로 복귀시키는 것
④ 운전자의 시선을 유도하는 것

> **해설** 방호울타리의 주요기능은 ①, ③, ④항 이외에 탑승자의 상해 및 자동차의 파손을 감소시키는 것

**24** 방호울타리의 설치 위치 및 기능에 따른 분류에 속하지 않는 것은?

① 노측용 방호울타리　　② 중앙분리대용 방호울타리
③ 차도용 방호울타리　　④ 교량용 방호울타리

> **해설** 방호울타리는 설치 위치 및 기능에 따라 노측용, 중앙분리대용, 보도용 및 교량용으로 구분되며, 시설물 강도에 따라 가요성 방호울타리(가드레일, 케이블 등)와 강성 방호울타리(콘크리트 등)로 구분된다.

**25** 주행 차로를 벗어난 차량이 도로상의 구조물 등과 충돌하기 전에 자동차의 충격 에너지를 흡수하여 정지하도록 하거나 자동차의 방향을 교정하여 본래의 주행 차로로 복귀시켜주는 기능을 하는 것을 무엇이라고 하는가?

① 방호 울타리시설　　② 충격 흡수시설
③ 과속 방지시설　　　④ 시선 유도시설

> **해설** 충격 흡수시설은 주행 차로를 벗어난 차량이 도로상의 구조물 등과 충돌하기 전에 자동차의 충격 에너지를 흡수하여 정지하도록 하거나 자동차의 방향을 교정하여 본래의 주행 차로로 복귀시켜주는 기능을 한다.

**26** 과속 방지시설을 설치하여야 하는 장소로 옳지 못한 것은?

① 학교, 유치원, 어린이 놀이터, 근린공원, 마을 통과 지점 등으로 자동차의 속도를 저속으로 규제할 필요가 있는 구간
② 보·차도의 구분이 있는 도로로서 보행자가 적거나 어린이의 놀이로 교통사고 위험이 없다고 판단되는 구간
③ 공동주택, 근린 상업시설, 학교, 병원, 종교시설 등 자동차의 출입이 많아 속도규제가 필요하다고 판단되는 구간
④ 자동차의 통행속도를 30km/h 이하로 제한할 필요가 있다고 인정되는 구간

> **해설** 과속 방지시설의 설치장소는 ①, ③, ④항 이외에 보·차도의 구분이 없는 도로로서 보행자가 많거나 어린이의 놀이로 교통사고 위험이 있다고 판단되는 구간

**27** 다음은 도로 반사경에 대한 설명이다. 옳지 않은 설명은?

① 도로 반사경은 운전자의 시거 조건이 양호하지 못한 장소에서 거울면을 통해 사물을 비추어줌으로써 운전자가 적절하게 전방의 상황을 인지하고 안전한 행동을 취할 수 있도록 하기 위해 설치하는 시설을 말한다.
② 도로 반사경은 교차하는 자동차, 보행자, 장애물 등을 가장 잘 확인할 수 있는 위치에 설치한다.
③ 단일로의 경우에는 곡선반경이 커 시거가 확보되는 장소에 설치된다.
④ 교차로의 경우에는 비신호 교차로에서 교차로 모서리에 장애물이 위치해 있어 운전자의 좌·우 시거가 제한되는 장소에 설치된다.

> **해설** 도로 반사경에 대한 설명은 ①, ②, ④항 이외에 단일로의 경우에는 곡선반경이 작아 시거가 확보되지 않는 장소에 설치된다.

**28** 다음 중 조명시설의 주요기능에 속하지 않는 것은?.

① 주변이 밝아짐에 따라 교통안전에 도움이 된다.
② 도로 이용자인 운전자 및 보행자의 불안감을 해소해 준다.
③ 운전자의 피로가 증가한다.
④ 범죄발생을 방지하고 감소시킨다.

> **해설** 조명시설의 주요 기능은 ①, ③, ④항 이외에
> ① 운전자의 피로가 감소한다.
> ② 운전자의 심리적 안정감 및 쾌적감을 제공한다.
> ③ 운전자의 시선 유도를 통해 보다 편안하고 안전한 주행여건을 제공한다.

**29** 도로 중앙에 설치된 중앙 버스 전용차로에 대한 설명으로 옳지 않은 것은?

① 일반 차량과 반대방향으로 운영하기 때문에 차로분리 안내시설 등의 설치가 필요하다.

② 버스의 운행속도를 높이는데 도움이 되며, 승용차를 포함한 다른 차량들은 버스의 정차로 인한 불편을 피할 수 있다.

③ 일반 차량의 중앙 버스 전용차로 이용 및 주·정차를 막을 수 있어 차량의 운행속도 향상에 도움이 된다.

④ 버스의 잦은 정류장 또는 정류소의 정차 및 갑작스런 차로 변경은 다른 차량의 교통흐름을 단절시키거나 사고 위험을 초래할 수 있다.

**30** 정차하려는 버스와 우회전하려는 자동차가 상충될 수 있는 단점이 있는 가로변 버스정류소는?

① 도로구간 내 정류소　　　② 도로 구간 외 정류소
③ 교차로 통과 후 정류소　　④ 교차로 통과 전 정류소

　**해설** 교차로 통과 전 정류소의 단점은 정차하려는 버스와 우회전하려는 자동차가 상충될 수 있다. 횡단하는 보행자가 정차되어 있는 버스로 인해 시야를 제한 받을 수 있다.

**31** 중앙 버스 전용차로의 교차로 통과 전(Near-side) 정류소의 장점은 어느 것인가?

① 교차로 통과 후 버스 전용차로 상의 교통량이 많을 때 발생할 수 있는 혼잡을 최소화 할 수 있다

② 버스가 정차할 때 교차로를 가속거리로 이용할 수 있다.

③ 버스 전용차로에 있는 자동차와 좌회전하려는 자동차의 상충이 증가한다.

④ 교차로 통과 전 버스 전용차로 오른쪽에 정차한 자동차들의 시야가 제한받을 수 있다.

　**해설** 중앙 버스 전용차로의 교차로 통과 전(Near-side) 정류소
　　① 장점 : 교차로 통과 후 버스 전용차로 상의 교통량이 많을 때 발생할 수 있는 혼잡을 최소화 할 수 있다. 버스가 출발할 때 교차로를 가속거리로 이용할 수 있다.
　　② 단점 : 버스 전용차로에 있는 자동차와 좌회전하려는 자동차의 상충이 증가한다. 교차로 통과 전 버스 전용차로 오른쪽에 정차한 자동차들의 시야가 제한받을 수 있다.

**32** 중앙 버스 전용차로의 교차로 통과 후(Far-side) 정류소의 단점은?

① 버스 전용차로 상에 있는 자동차와 좌회전하려는 자동차의 상충이 최소화된다.

② 교차로가 버스 전용차로 상에 있는 차량의 감속에 이용된다.

③ 출·퇴근 시간대에 버스 전용차로 상에 버스들이 교차로까지 대기할 수 있다.

④ 버스 정류장에 대기하는 버스로 인해 횡단하는 자동차들은 시야를 제한 받지 않는다.

　**해설** 중앙 버스 전용차로의 교차로 통과 후(Far-side) 정류소
　　① 장점 : 버스 전용차로 상에 있는 자동차와 좌회전하려는 자동차의 상충이 최소화된다. 교차로가 버스 전용차로 상에 있는 차량의 감속에 이용된다.
　　② 단점 : 출·퇴근 시간대에 버스 전용차로 상에 버스들이 교차로까지 대기할 수 있다. 버스 정류장에 대기하는 버스로 인해 횡단하는 자동차들은 시야를 제한 받을 수 있다.

**33** 가로변 버스 정류장의 교차로 통과 전(Near-side) 정류장 또는 정류소의 장점은?

① 일반 운전자가 보행자 및 접근하는 버스의 움직임 확인이 용이하다.

② 버스에 승차하려는 사람이 횡단보도에 인접한 버스 접근이 어렵다.

③ 정차하려는 버스와 우회전 하려는 자동차가 상충될 수 있다.

④ 횡단하는 보행자가 정차되어 있는 버스로 인해 시야를 제한받을 수 있다.

　**해설** 가로변 버스정류장의 교차로 통과 전(Near-side) 정류장 또는 정류소
　　① 장점 : 일반 운전자가 보행자 및 접근하는 버스의 움직임 확인이 용이하다. 버스에 승차하려는 사람이 횡단보도에 인접한 버스 접근이 용이하다.
　　② 단점 : 정차하려는 버스와 우회전 하려는 자동차가 상충될 수 있다. 횡단하는 보행자가 정차되어 있는 버스로 인해 시야를 제한받을 수 있다.

**34** 비상주차대가 설치되는 장소가 아닌 것은?

① 고속도로에서 길 어깨(갓길) 폭이 2.5m 미만으로 설치되는 경우

② 길 어깨(갓길)를 축소하여 건설되는 긴 교량의 경우

③ 긴 터널의 경우

④ 오르막 도로의 커브가 심한 경우

　**해설** 비상주차대가 설치되는 장소
　　① 고속도로에서 길어깨 폭이 2.5m미만으로 설치되는 경우
　　② 길어깨를 축소하여 건설되는 긴 교량의 경우
　　③ 긴 터널의 경우 등

안전운행
요령

## 5. 안전운전의 기술

**01** 주행 중 교통정보를 수집하는 방법으로 틀린 것은?

① 주행차로를 중심으로 전방의 먼 곳을 살핀다.

② 가까운 곳은 좌우로 번갈아 보면서 도로 주변 상황을 탐색한다.

③ 후사경과 사이드미러를 주기적으로 살펴 좌우와 뒤에서 접근하는 차량들의 상태를 파악한다.

④ 도로 전방의 한 곳에 시선을 고정하여 교통상황을 파악한다.

　**해설** 습관적으로 도로 전방의 한 곳에 고정되기 쉬운 눈동자를 계속 움직여 교통 상황을 파악하여야 한다.

**02** 승용차와 차별되는 버스의 운전특성과 거리가 먼 것은?

① 주의의 부담이 크다.

② 승객의 안전을 책임진다.

③ 서비스 만족도를 높여야 한다.

④ 5만km 정도의 주행경험만 되면 충분하다.

　**해설** 버스 운전자는 주위의 부담이 매우 크고 다양한 사고요인이 존재하기 때문에 많은 경험이 필요하며, 승객의 안전을 책임지면서 서비스에 대한 만족도를 높여야 한다.

**03** 회전을 하거나 차로 변경을 할 경우에 가장 우선적으로 고려해야 할 안전운전 기술은?

① 눈을 계속해서 움직인다.
② 다른 사람들이 자신을 볼 수 있게 한다.
③ 전방 가까운 곳을 잘 살핀다.
④ 차가 빠져나갈 공간을 확보한다.

> **해설** 방어운전의 5가지 기본 기술
> ① 운전 중에 전방을 멀리 본다.
> ② 전체적으로 살펴본다.
> ③ 눈을 계속해서 움직인다.
> ④ 다른 사람들이 자신을 볼 수 있게 한다.
> ⑤ 차가 빠져나갈 공간을 확보한다.

**04** 전방 가까운 곳을 보고 운전할 때 나타나는 징후가 아닌 것은?

① 교통의 흐름에 맞지 않을 정도로 너무 느리게 차를 운전한다.
② 차로의 한 쪽 편으로 치우쳐서 주행한다.
③ 우회전, 좌회전 차량 등에 대한 인지가 늦어서 급브레이크를 밟는다던가, 회전차량에 진로를 막혀버린다.
④ 우회전할 때 넓게 회전한다.

> **해설** 전방 가까운 곳을 보고 운전할 때 나타나는 징후들은 ②, ③, ④항 이외에
> ① 교통의 흐름에 맞지 않을 정도로 너무 빠르게 차를 운전한다.
> ② 시인성이 낮은 상황에서 속도를 줄이지 않는다.

**05** 시야 확보가 적은 경우에 나타나는 징후에 속하지 않는 것은?

① 급정거
② 앞차에 바짝 붙어 가는 경우
③ 좌, 우회전 등의 차량에 진로를 방해 받음
④ 반응이 빠른 경우

> **해설** 시야 확보가 적은 경우에 나타나는 징후들은 ①, ②, ③항 이외에
> ① 반응이 늦은 경우    ② 빈번하게 놀라는 경우
> ③ 급차로 변경 등이 많을 경우

**06** 시야 고정이 많은 운전자의 특성이 아닌 것은?

① 위험에 대응하기 위해 경적이나 전조등을 많이 사용한다.
② 더러운 창이나 안개에 개의치 않는다.
③ 거울이 더럽거나 방향이 맞지 않는데도 개의치 않는다.
④ 정지선 등에서 정지 다시 출발할 때 좌우를 확인하지 않는다.

> **해설** 시야 고정이 많은 운전자의 특성은 ②, ③, ④항 이외에
> ① 위험에 대응하기 위해 경적이나 전조등을 좀처럼 사용하지 않는다.
> ② 회전하기 전에 뒤를 확인하지 않는다.
> ③ 자기 차를 앞지르려는 차량의 접근 사실을 미리 확인하지 못한다.

**07** 차가 빠져나갈 공간을 확보하여야 하는 경우가 아닌 것은?

① 주행로 앞쪽으로 고정물체나 장애물이 있는 것으로 의심되는 경우.
② 전방 신호등이 일정시간 계속 녹색일 경우
③ 반대 차로에서 다가오는 차가 우회전을 할 수도 있는 경우.
④ 다른 차가 옆 도로에서 너무 빨리 나올 경우.

> **해설** 차가 빠져나갈 공간을 확보하여야 하는 경우는 ①, ②, ④항 이외에
> ① 반대 차로에서 다가오는 차가 좌회전을 할 수도 있는 경우.
> ② 주차 차량 옆을 지날 때 그 차의 운전자가 운전석에 있는 경우(주차 차량이 갑자기 빠져 나올 지도 모른다).
> ③ 진출로에서 나오는 차가 자신을 보지 못할 경우.
> ④ 담장이나 수풀, 빌딩, 혹은 주차 차량들로 인해 시야장애를 받을 경우

**08** 뒤차가 바짝 붙어서 주행하는 상황을 피할 수 있는 방법으로 옳지 않은 것은?

① 가능하면 차로는 변경하지 않고 직진한다.
② 가능하면 속도를 약간 내서 뒤차와의 거리를 늘린다.
③ 정지할 공간을 확보할 수 있게 점진적으로 속도를 줄여서 뒤차가 추월할 수 있게 만든다.
④ 브레이크 페달을 가볍게 밟아서 제동등이 들어오게 하여 속도를 줄이려는 의도를 뒤차가 알 수 있게 한다.

> **해설** 뒤차가 바짝 붙어 오는 상황을 피하는 방법
> ① 가능하면 뒤차가 지나갈 수 있게 차로를 변경한다.
> ② 가능하면 속도를 약간 내서 뒤차와의 거리를 늘린다.
> ③ 브레이크 페달을 가볍게 밟아서 제동등이 들어오게 하여 속도를 줄이려는 의도를 뒤차가 알 수 있게 한다.
> ④ 정지할 공간을 확보할 수 있게 점진적으로 속도를 줄인다. 이렇게 해서 뒤차가 추월할 수 있게 만든다.

**09** 방어운전에 대한 설명으로 옳지 않은 것은?

① 신호를 예측하여 관성으로 차량을 정지하여 방어하는 방법이다.
② 다른 사람을 위험한 상황으로부터 보호하는 기술이다.
③ 사람들의 행동을 예상하고 적절한 때에 차의 속도와 위치를 바꿀 수 있는 방법이다.
④ 사고유형 패턴의 실수를 예방하기 위한 방법이다.

> **해설** 방어운전은 자신과 다른 사람을 위험한 상황으로부터 보호하는 기술이다. 방어 운전자는 사람들의 행동을 예상하고 적절한 때에 차의 속도와 위치를 바꿀 수 있는 사람이다. 방어운전은 주요 사고유형 패턴의 실수를 예방하기 위한 방법이다.

**10** 정면 충돌사고는 직선로, 커브 및 좌회전 차량이 있는 교차로에서 주로 발생하는데 대향 차량과의 사고를 회피하는 방법이 아닌 것은?

① 전방의 도로 상황을 파악한다.
② 정면으로 마주칠 때 핸들조작은 오른쪽으로 한다.
③ 속도를 높인다.
④ 오른 쪽으로 방향을 조금 틀어 공간을 확보한다.

> **해설** 정면 충돌사고 회피방법은 ①, ②, ④항 이외에 속도를 줄인다.

**11** 후미추돌 사고를 회피하는 방법이 아닌 것은?

① 앞차에 대한 주의를 늦추지 않는다.
② 상황을 멀리까지 살펴본다.
③ 충분한 거리를 유지한다.
④ 상대보다 느리게 속도를 줄인다.

> **해설** 후미추돌 사고를 회피하는 방법은 ①, ②, ③항 이외에 상대보다 더 빠르게 속도를 줄인다.

**12** 다음 중 눈, 비 올 때의 미끄러짐 사고를 예방하기 위한 운전법이 아닌 것은?

① 다른 차량 주변으로 가깝게 다가가지 않는다.
② 제동이 제대로 되는지를 수시로 살펴본다.
③ 제동상태가 나쁠 경우 도로 조건에 맞춰 속도를 낮춘다.
④ 앞차와의 거리를 좁혀 앞차의 궤적을 따라 간다.

> **해설** 미끄러짐 사고를 예방하기 위한 운전법
> ① 다른 차량 주변으로 가깝게 다가가지 않는다.
> ② 수시로 브레이크 페달을 작동해서 제동이 제대로 되는지를 살펴본다.
> ③ 제동상태가 나쁠 경우 도로 조건에 맞춰 속도를 낮춘다.

**13** 차량 결함에 따른 사고의 대처방법이 아닌 것은?

① 앞바퀴가 터지는 경우 핸들을 단단하게 잡아 차가 한 쪽으로 쏠리는 것을 막고, 의도한 방향을 유지한 다음 속도를 줄인다.

② 뒷바퀴의 바람이 빠지면 차의 앞쪽이 좌우로 흔들리는 것을 느낄 수 있다. 이때 차가 한쪽으로 미끄러지는 것을 느끼면 핸들 방향을 그 반대방향으로 틀어주며, 대처한다.

③ 브레이크 고장 시 브레이크 페달을 반복해서 빠르고 세게 밟으면서 주차 브레이크도 세게 당기고 기어도 저단으로 바꾼다.

④ 브레이크를 계속 밟아 열이 발생하여 듣지 않는 페이딩 현상이 일어나면 차를 멈추고 브레이크가 식을 때까지 기다려야 한다.

**해설** 차량 결함에 따른 사고의 대처 방법은 ①, ③, ④항 이외에 뒷바퀴의 바람이 빠지면 차의 후미가 좌우로 흔들리는 것을 느낄 수 있다. 이때 차가 한쪽으로 미끄러지는 것을 느끼면 핸들 방향을 그 방향으로 틀어주며 대처한다.

**14** 시인성을 높이기 위한 운전하기 전의 준비사항에 속하지 않는 것은?

① 차 안팎 유리창은 지저분해도 상관없다.

② 차의 모든 등화를 안팎으로 깨끗이 닦는다.

③ 성애제거기, 와이퍼, 워셔 등이 제대로 작동되는지를 점검한다.

④ 후사경과 사이드 미러를 조정한다.

**해설** 시인성을 높이기 위한 운전하기 전의 준비사항은 ②, ③, ④항 이외에
① 차 안팎 유리창을 깨끗이 닦는다.
② 운전석의 높이도 적절히 조정한다.
③ 선글라스, 점멸등, 창 닦게 등을 준비하여 필요할 때 사용할 수 있도록 한다.
④ 후사경에 매다는 장식물이나 시야를 가리는 차내의 장애물들은 치운다.

**15** 시인성을 높이기 위한 운전 중 행동에 속하지 않는 것은?

① 낮에도 흐린 날 등에는 하향 전조등을 켠다.

② 자신의 의도를 다른 도로 이용자에게 좀 더 분명히 전달함으로써 자신의 시인성을 최대화 할 수 있다.

③ 다른 운전자의 사각에 들어가 운전하도록 한다.

④ 남보다 시력이 떨어지면 항상 안경이나 콘택트렌즈를 착용한다.

**해설** 시인성을 높이기 위한 운전 중 행동은 ①, ②, ④항 이외에
① 다른 운전자의 사각에 들어가 운전하는 것을 피한다.
② 햇빛 등으로 눈부신 경우는 선글라스를 쓰거나 선바이저를 사용한다.

**16** 자동차 운전 중 시간을 효율적으로 다루는 기본 원칙에 속하지 않는 것은?

① 안전한 주행경로 선택을 위해 주행 중 20~30초 전방을 탐색한다.

② 안전한 주행경로 선택을 위해 주행 중 20~30초 후방을 탐색한다.

③ 위험 수준을 높일 수 있는 장애물이나 조건을 12~15초 전방까지 확인한다.

④ 자신의 차와 앞차 간에 최소한 2~3초의 추종거리를 유지한다.

**해설** 시간을 효율적으로 다루는 기본 원칙은 ①, ③, ④항 이다.

**17** 자동차 운전 중 공간을 다루는 기본적인 요령에 속하지 않는 것은?

① 앞차와 적정한 추종거리를 유지한다.

② 뒤차와도 2초 정도의 거리를 유지한다.

③ 가능하면 좌우의 차량과도 차 한대 길이 이상의 거리를 유지한다.

④ 차의 앞뒤나 좌우로 공간이 충분하지 않을 때는 공간을 감소시켜야 한다.

**해설** 공간을 다루는 기본적인 요령은 ①, ②, ③항 이외에 차의 앞뒤나 좌우로 공간이 충분하지 않을 때는 공간을 증가시켜야 한다.

**18** 시가지 도로에서 사고 예방을 위한 안전운행 방법으로 옳지 않은 것은?

① 전방 차량 후미의 등화에 지속적으로 주의한다.

② 빌딩이나 주차장 등의 입구나 출구 앞에서는 충돌방지를 위해 신속히 통과한다.

③ 항상 예기치 못한 정지나 회전에도 마음의 준비를 한다.

④ 주의표지나 신호에 대해서도 감시를 늦추지 말아야 한다.

**해설** 시가지에서 시인성 다루기는 ①, ③, ④항 이외에
① 1~2 블록 전방의 상황과 길의 양쪽 부분을 모두 탐색한다.
② 조금이라도 어두울 때는 하향 전조등을 켜도록 한다.
③ 교차로에 접근할 때나 차의 속도를 늦추든지 멈추려고 할 때는 언제든지 후사경과 사이드 미러를 이용해서 차들을 살펴본다.
④ 예정보다 빨리 회전하거나 한쪽으로 붙을 때는 자신의 의도를 신호로 알린다.
⑦ 빌딩이나 주차장 등의 입구나 출구에 대해서도 주의한다. 가까이 접근해서도 잘 볼 수 없는 경우가 많다.

**19** 시가지에서 시간 다루기에 속하지 않는 것은?

① 속도를 높인다.

② 항상 사고를 회피하기 위해 멈추거나 핸들을 틀 준비를 한다.

③ 브레이크를 밟을 준비를 함으로서 갑작스런 위험상황에 대비한다.

④ 다른 운전자와 보행자가 자신을 보고 반응할 수 있도록 하기 위해서는 항상 사전에 자신의 의도를 신호로 표시한다.

**해설** 시가지에서 시간 다루기는 ②, ③, ④항 이외에
① 속도를 낮춘다.
② 도심교통상의 운전, 특히 러시아워에 있어서는 여유시간을 가지고 주행하도록 한다. 또한 사전에 우회 경로를 생각해 두든가 또는 교통방송 등을 참조하여 주행 경로를 조정한다.

**20** 시가지에서 공간 다루기가 아닌 것은?

① 교통체증으로 서로 근접하는 상황이라도 앞차와는 2초 정도의 거리를 둔다.

② 다른 차 뒤에 멈출 때 앞차의 6~9m 뒤에 멈추도록 한다.

③ 다른 차로로 진입할 공간의 여지를 남겨둔다.

④ 항상 앞차가 앞으로 나가기 전에 자신의 차를 먼저 앞으로 움직인다.

**해설** 시가지에서 공간 다루기는 ①, ②, ③항 이외에
① 항상 앞차가 앞으로 나간 다음에 자신의 차를 앞으로 움직인다.
② 주차한 차와는 가능한 한 여유 공간을 넓게 유지한다. 주차한 차에서 나오는 사람의 여부와 그 차의 갑작스런 움직임에 주의한다.
③ 다차로 도로에서 다른 차의 바로 옆 사각으로 주행하는 것을 피한다. 그 차의 앞으로 나가든가 뒤로 빠진다.
④ 대향차선의 차와 자신의 차 사이에는 가능한 한 많은 공간을 유지한다.

**21** 시가지 교차로에서 교통사고 예방을 위한 '좌우좌 규칙'을 가장 바르게 설명한 것은?

① 교차로에 접근하면서 먼저 오른쪽과 왼쪽을 살펴보면서 교차 방향 차량을 관찰한다. 그 다음에는 다시 왼쪽을 살핀다.

② 교차로에 접근하면서 먼저 왼쪽과 오른쪽을 살펴보면서 교차 방향 차량을 관찰한다. 그 다음에는 다시 왼쪽을 살핀다.

③ 교차로에 접근하면서 전방 신호기만을 확인한 후 주행 방향으로 진행한다.

④ 교차로에 접근할 경우는 앞 차의 주행상황을 맹목적으로 따라 간다.

**해설** 좌우좌 규칙은 교차로에 접근하면서 먼저 왼쪽과 오른쪽을 살펴보면서, 교차 방향 차량을 관찰한다. 동시에 오른 발은 브레이크 페달 위에 갖다 놓고 밟을 준비를 한다. 그 다음에는 다시 왼쪽을 살핀다.

**22** 교차로에서의 방어운전 방법이 아닌 것은?

① 신호가 바뀌자마자 급하게 출발한다.

② 신호에 따라 진행하는 경우에도 신호를 무시하고 갑자기 달려드는 차 또는 보행자가 있다는 사실에 주의한다.

③ 좌·우회전할 때에는 방향신호등을 정확히 점등한다.

④ 성급한 우회전은 횡단하는 보행자와 충돌할 위험이 증가한다.

**해설** 교차로에서의 방어운전 방법은 ②, ③, ④항 이외에
① 신호는 운전자의 눈으로 직접 확인한 후 선신호에 따라 진행하는 차가 없는지 확인하고 출발한다.
② 통과하는 앞차를 맹목적으로 따라가면 신호를 위반할 가능성이 높다.
③ 교통정리가 행하여지고 있지 아니하고 좌·우를 확인할 수 없거나 교통이 빈번한 교차로에 진입할 때에는 일시정지하여 안전을 확인한 후 출발한다.
④ 내륜차에 의한 사고에 주의한다.

**23** 교차로 황색신호에서의 방어운전이 아닌 것은?

① 황색신호일 때 정지선을 초과하여 횡단보도에 정지하도록 한다.

② 황색신호일 때 모든 차는 정지선 바로 앞에 정지하여야 한다.

③ 이미 교차로 안으로 진입하여 있을 때 황색신호로 변경된 경우에는 신속히 교차로 밖으로 빠져 나간다.

④ 교차로 부근에는 무단 횡단하는 보행자 등 위험요인이 많으므로 돌발 상황에 대비한다.

**해설** 교차로 황색신호에서의 방어운전은 ②, ③, ④항 이외에
① 황색신호일 때에는 멈출 수 있도록 감속하여 접근한다.
② 가급적 딜레마구간에 도달하기 전에 속도를 줄여 신호가 변경되면 바로 정지 할 수 있도록 준비한다.

**24** 시가지 이면도로에서의 방어운전에 속하지 않는 것은?

① 주변에 주택 등이 밀집되어 있는 주택가나 동네길, 학교 앞 도로로 보행자의 횡단이나 통행이 많다.

② 길가에서 뛰노는 어린이들이 많아 어린이들과의 접촉사고가 발생할 가능성이 높다.

③ 위험스럽게 느껴지는 자동차나 자전거, 손수레, 보행자 등을 발견하였을 때에는 그의 움직임을 주시하면서 운행한다.

④ 자전거나 이륜차가 통행하고 있을 때에는 통행공간을 배려하지 않아도 된다.

**해설** 시가지 이면도로에서의 방어운전은 ①, ②, ③항 이외에 자전거나 이륜차가 통행하고 있을 때에는 통행공간을 배려하면서 운행한다.

**25** 지방도에서의 시인성 다루기가 아닌 것은?

① 야간에 주위에 다른 차가 있더라도 어두운 도로에서는 상향전조등을 계속 켜도록 한다.

② 도로상 또는 주변에 차, 보행자 또는 동물과 장애물 등이 있는지를 살피며, 20~30초 앞의 상황을 탐색한다.

③ 문제를 야기할 수 있는 전방 12~15초의 상황을 확인한다.

④ 언덕 너머 또는 커브 안쪽에 있을 수 있는 위험조건에 안전하게 반응할 수 있을 만큼의 속도로 주행한다.

**해설** 지방도에서의 시인성 다루기는 ②, ③, ④항 이외에
① 야간에 주위에 다른 차가 없다면 어두운 도로에서는 상향전조등을 켜도 좋다.
② 큰 차를 너무 가깝게 따라 감으로써 잠재적 위험원에 대한 시야를 차단당하는 일이 없도록 한다.
③ 회전 시, 차를 길가로 붙일 때, 앞지르기를 할 때 등에서는 자신의 의도를 신호로 나타낸다.

**26** 지방도에서 사고 예방을 위한 운전 방법으로 적절하지 않은 것은?

① 천천히 움직이는 차는 바로 앞지르기를 시행한다.

② 교통 신호등이 없는 교차로에서는 언제든지 감속 또는 정지 준비를 한다.

③ 낯선 도로를 운전할 때는 미리 갈 노선을 계획한다.

④ 동물이 주행로를 가로질러 건너갈 때는 속도를 줄인다.

**해설** 지방도에서 사고 예방 운전 방법
① 천천히 움직이는 차를 주시한다. 필요에 따라 속도를 조절한다.
② 교차로, 특히 교통신호등이 설치되어 있지 않은 곳일수록 접근하면서 속도를 줄인다. 언제든지 감속 또는 정지 준비를 한다.
③ 낯선 도로를 운전할 때는 여유시간을 허용한다. 미리 갈 노선을 계획한다.
④ 자갈길, 지저분하거나 도로 노면의 표시가 잘 보이지 않는 도로를 주행할 때는 속도를 줄인다.
⑤ 도로 상에 또는 도로 근처에 있는 동물에 접근하거나 이를 통과할 때 동물이 주행로를 가로질러 건너갈 때는 속도를 줄인다.

**27** 지방도에서 공간을 다루는 전략으로 부적절한 것은?

① 전방을 확인하거나 회피핸들조작을 하는 능력에 영향을 미칠 수 있는 속도, 교통량, 도로 및 도로의 부분의 조건 등에 맞춰 추종거리를 조정한다. 회피공간을 항상 확인해 둔다.

② 다른 차량이 바짝 뒤에 따라붙을 때 앞으로 나아갈 수 있도록 가능한 한 충분한 공간을 확보해 준다.

③ 왕복 2차선 도로상에서는 자신의 차와 대향차 간에 가능한 한 충분한 공간을 유지한다.

④ 전방이 훤히 트인 곳이 아니더라도 오르막길 경사로에서도 앞지르기를 해도 된다.

**해설** 지방도에서의 공간 다루기는 ①, ②, ③항 이외에
① 앞지르기를 완전하게 할 수 있는 전방이 훤히 트인 곳이 아니면 어떤 오르막길 경사로에서도 앞지르기를 해서는 안 된다.
② 안전에 위협을 가할 수 있는 차량, 동물 또는 기타 물체를 대상으로 도로를 탐색할 때는 사고 위험에 대하여 그 위협 자체를 피할 수 있는 행동의 순서를 가늠해 본다.

**28** 커브길 주행방법으로 틀린 것은?

① 커브 길에 진입하기 전에 경사도나 도로의 폭을 확인하고 엔진 브레이크를 작동시켜 속도를 줄인다.

② 엔진 브레이크만으로 속도가 충분히 줄지 않으면 풋 브레이크를 사용하여 회전 중에 더 이상 감속하지 않도록 줄인다.

③ 가속된 속도에 맞는 기어로 변속한다.

④ 회전이 끝나는 부분에 도달하였을 때에는 핸들을 바르게 한다.

**해설** 커브길 주행방법은 ①, ②, ④항 이외에
① 감속된 속도에 맞는 기어로 변속한다.
② 가속페달을 밟아 속도를 서서히 높인다.

**29** 커브길 주행 시의 주의사항이 아닌 것은?

① 커브 길에서는 급핸들 조작이나 급제동을 하여도 상관없다.

② 회전 중에 발생하는 가속은 원심력을 증가시켜 도로이탈의 위험이 발생하고, 감속은 차량의 무게중심이 한쪽으로 쏠려 차량의 균형이 쉽게 무너질 수 있으므로 불가피한 경우가 아니면 가속이나 감속은 하지 않는다.

③ 중앙선을 침범하거나 도로의 중앙선으로 치우친 운전을 하지 않는다. 항상 반대 차로에 차가 오고 있다는 것을 염두에 두고 주행차로를 준수하며 운전한다.

④ 시력이 볼 수 있는 범위(시야)가 제한되어 있다면 주간에는 경음기, 야간에는 전조등을 사용하여 내 차의 존재를 반대 차로 운전자에게 알린다.

**해설** 커브길 주행 시의 주의사항은 ②, ③, ④항 이외에
① 커브 길에서는 기상상태, 노면상태 및 회전속도 등에 따라 차량이 미끄러지거나 전복될 위험이 증가하므로 부득이한 경우가 아니면 급핸들 조작이나 급제동은 하지 않는다.
② 급커브길 등에서의 앞지르기는 대부분 규제표지 및 노면표시 등 안전표지로 금지하고 있으나 금지표지가 없다고 하더라도 전방의 안전이 확인 안 되는 경우에는 절대 하지 않는다.
③ 겨울철 커브 길은 노면이 얼어있는 경우가 많으므로 사전에 충분히 감속하여 안전사고가 발생하지 않도록 주의한다.

**30** 내리막길에서의 방어운전에 속하지 않는 것은?

① 내리막길을 내려갈 때에는 엔진 브레이크로 속도를 조절하는 것이 바람직하다.
② 엔진 브레이크를 사용하면 페이드(Fade) 현상 및 베이퍼 록(Vapour lock) 현상을 촉진시키므로 사용하지 않는 것이 좋다.
③ 배기 브레이크가 장착된 차량의 경우 배기 브레이크를 사용하면 운행의 안전도를 더욱 높일 수 있다.
④ 커브 길을 주행할 때와 마찬가지로 경사길 주행 중간에 불필요하게 속도를 줄이거나 급제동하는 것은 주의해야 한다.

**해설** 내리막길에서의 방어운전은 ①, ③, ④항 이외에
① 엔진 브레이크를 사용하면 페이드(Fade) 현상 및 베이퍼 록(Vapour lock) 현상을 예방하여 운행 안전도를 높일 수 있다.
② 도로의 오르막길 경사와 내리막길 경사가 같거나 비슷한 경우라면, 변속기 기어의 단수도 오르막과 내리막에서 동일하게 사용하는 것이 바람직하다.
③ 커브 길을 주행할 때와 마찬가지로 경사길 주행 중간에 불필요하게 속도를 줄이거나 급제동하는 것은 주의해야 한다.
④ 비교적 경사가 가파르지 않은 긴 내리막길을 내려갈 때에 운전자의 시선은 먼 곳을 바라보고, 무심코 가속 페달을 밟아 순간 속도를 높일 수 있으므로 주의해야 한다.

**31** 오르막길에서의 안전운전 방법으로 부적절한 것은?

① 정차할 때는 앞차가 뒤로 밀려 충돌할 가능성이 있으므로 충분한 차간 거리를 유지한다.
② 오르막길의 정상 부근은 시야가 제한되므로 서행하며 위험에 대비한다.
③ 정차해 있을 때에는 가급적 풋 브레이크와 핸드 브레이크를 동시에 사용한다.
④ 오르막길에서 부득이하게 앞지르기 할 때에는 가급적 고단 기어를 사용하는 것이 안전하다.

**해설** 오르막길에서의 안전운전 및 방어운전은 ①, ②, ③항 이외에
① 오르막길에서 부득이하게 앞지르기 할 때에는 힘과 가속이 좋은 저단 기어를 사용하는 것이 안전하다.
② 언덕길에서 올라가는 차량과 내려오는 차량이 교차할 때에는 내려오는 차량에게 통행 우선권이 있으므로 올라가는 차량이 양보하여야 한다. 이 것은 내리막 가속에 의한 사고위험이 더 높은 점을 반영된 것이다.
③ 뒤로 미끄러지는 것을 방지하기 위해 정지하였다가 출발할 때에 핸드 브레이크를 사용하면 도움이 된다.

**32** 내리막길에서 기어를 변속할 때는 방법으로 부적절한 것은?

① 변속할 때 클러치 및 변속 레버의 작동은 신속하게 한다.
② 변속할 때 클러치 및 변속 레버의 작동은 천천히 한다.
③ 변속할 때에는 전방이 아닌 다른 방향으로 시선을 놓치지 않도록 주의해야 한다.
④ 왼손은 핸들을 조정하고, 오른손과 양발은 신속히 움직인다.

**33** 철길 건널목에서의 방어운전으로 틀린 것은?

① 철길 건널목에 접근할 때에는 속도를 줄여 접근한다.
② 일시정지 후에는 철도 좌·우의 안전을 확인한다.
③ 건널목을 통과할 때에는 반드시 기어를 변속하여 신속히 통과한다.
④ 건널목 건너편 여유 공간을 확인한 후에 통과한다.

**해설** 철길 건널목에서의 방어운전은 ①, ②, ④항 이외에 건널목을 통과할 때에는 기어를 변속하지 않는다.

**34** 고속도로에서의 시인성 다루기에 대한 설명으로 틀린 것은?

① 20~30초 전방을 탐색해서 도로주변에 차량, 장애물, 동물, 심지어는 보행자 등이 없는가를 살핀다.
② 진출입로 부근에는 위험이 없으므로 주의하지도 않는다.
③ 주변에 있는 차량의 위치를 파악하기 위해 자주 후사경과 사이드미러를 보도록 한다.
④ 차로변경이나, 고속도로 진입, 진출 시에는 진행하기에 앞서 항상 자신의 의도를 신호로 알린다.

**해설** 고속도로에서의 시인성 다루기는 ①, ③, ④항 이외에
① 진출입로 부근의 위험이 있는지에 대해 주의한다.
② 가급적이면 하향 전조등을 켜고 주행한다.
③ 속도를 늦추거나 앞지르기 또는 차선변경을 하고 있는지를 살피기 위해 앞 차량의 후미등을 살피도록 한다.
④ 가급적 대형차량이 전방 또는 측방 시야를 가리지 않는 위치를 잡아 주행하도록 한다.
⑤ 속도제한이 있음을 알게 하거나 진출로가 다가왔음을 알려주는 도로표지를 항상 신경을 쓰도록 한다.

**35** 고속도로에서의 시간 다루기에 대한 설명으로 틀린 것은?

① 확인, 예측, 판단 과정을 이용하여 12~15초 전방 안에 있는 위험 상황을 확인한다.
② 항상 속도와 추종거리를 조절해서 비상시에 멈추거나 회피 핸들 조작을 하기 위한 적어도 4~5초의 시간을 가져야 한다.
③ 고속도로 등에 진입 시에는 항상 본선 차량이 주행 중인 속도로 차량의 대열에 합류하려고 해야 한다.
④ 고속도로를 빠져나갈 때는 가능한 한 천천히 진출 차로로 들어가야 한다.

**해설** 고속도로에서의 시간 다루기는 ①, ②, ③항 이외에
① 고속도로를 빠져나갈 때는 가능한 한 빨리 진출 차로로 들어가야 한다.
② 가깝게 몰려다니는 차 사이에서 주행하는 것을 피하기 위해 속도를 조절하도록 한다.
③ 차의 속도를 유지하는데 어려움을 느끼는 차를 주의해서 살핀다. 미리 차의 위치와 속도를 조절한다.
④ 주행하게 될 고속도로 및 진출입로를 확인하는 등 사전에 주행경로 계획을 세운다.

**36** 고속도로에서 공간을 다루는 전략으로 부적절한 것은?

① 뒤로 바짝 붙는 차량은 안전한 경우에 한해 다른 차로로 변경하여 앞으로 가게 한다.
② 앞지르기를 마무리 할 때 앞지르기 한 차량의 앞으로 너무 일찍 들어가지 않도록 한다.
③ 주행 시 진입차량이 있을 때는 전조등 등 진입을 경고한다.
④ 도로의 차로수가 갑자기 줄어드는 장소를 조심한다.

**해설** 고속도로에서 공간을 다루는 전략은 ①, ②, ④항 이외에
① 자신과 다른 차량이 주행하는 속도, 도로, 기상조건 등에 맞도록 차의 위치를 조절한다.
② 다른 차량과의 합류 시, 차로변경 시, 진입차선을 통해 고속도로로 들어갈 때, 적어도 4초의 간격을 허용하도록 한다.
③ 차로를 변경하기 위해서는 핸들을 점진적으로 튼다. 핸들을 지나치게 꺾거나, 예각으로 꺾어 다른 차로로 들어가면 고속에서는 차의 컨트롤을 잃게 되기 쉽다.

④ 만일 여러 차로를 가로지를 필요가 있다면 매번 신호를 하면서 한 번에 한 차로씩 옮겨간다.
⑤ 차들이 고속도로에 진입해 들어 올 여지를 준다.
⑥ 트럭이나 기타 폭이 넓은 차량을 앞지를 때는 일반 차량과 달리 그 차량과의 사이에 측면의 공간이 좁아진다는 점을 유의할 필요가 있다.

**37** 고속도로 진입부에서 방어운전을 위한 주의사항으로 바르지 않은 것은?

① 본선 진입의도를 다른 차량에게 방향지시등으로 알린다.
② 본선 차량의 교통흐름을 방해하지 않도록 한다.
③ 본선 진입 시기를 잘못 맞추면 교통사고가 발생할 수 있다.
④ 가속차로 끝부분에서 속도를 낮춘다.

해설 고속도로 진입부에서의 안전운전
① 본선 진입의도를 다른 차량에게 방향지시등으로 알린다.
② 본선 진입 전 충분히 가속하여 본선차량의 교통흐름을 방해하지 않도록 한다.
③ 진입을 위한 가속차로 끝부분에서 감속하지 않도록 주의한다.
④ 고속도로 본선을 저속으로 진입하거나 진입 시기를 잘못 맞추면 추돌사고 등 교통사고가 발생할 수 있다.

**38** 안전운전 측면에서 앞지르기 방법으로 부적절한 것은?

① 좌측 및 우측 차로의 상황을 살피고 앞지르기가 쉬운 차로로 앞지르기를 시도한다.
② 전방의 안전을 확인하는 동시에 후사경 등으로 진입할 차로의 전·후방을 확인한다.
③ 최고속도의 제한범위 내에서 가속하여 진로를 변경한다.
④ 앞지르기 당하는 차를 후사경으로 볼 수 있는 거리까지 주행하며 방향지시등을 켠 다음 진입한다.

해설 앞지르기 순서와 방법상의 주의 사항
① 앞지르기 금지장소 여부를 확인한다.
② 전방의 안전을 확인하는 동시에 후사경으로 좌측 및 좌후방을 확인한다.
③ 좌측 방향지시등을 켠다.
④ 최고속도의 제한범위 내에서 가속하여 진로를 서서히 좌측으로 변경한다.
⑤ 차가 일직선이 되었을 때 방향지시등을 끈 다음 앞지르기 당하는 차의 좌측을 통과한다.
⑥ 앞지르기 당하는 차를 후사경으로 볼 수 있는 거리까지 주행한 후 우측 방향지시등을 켠다.
⑦ 진로를 서서히 우측으로 변경한 후 차가 일직선이 되었을 때 방향지시등을 끈다.

**39** 고속도로 진출부에서의 안전운전에 속하지 않는 것은?

① 본선 진출의도를 다른 차량에게 방향지시등으로 알린다.
② 진출부 진입 전에 본선 차량에게 영향을 주지 않도록 주의한다.
③ 본선 차로에서 천천히 진출부로 진입하여 출구로 이동한다.
④ 진출을 위한 가속차로 끝부분에서 감속하지 않도록 주의한다.

해설 고속도로 진출부에서의 안전운전은 ①, ②, ③항 이다.

**40** 앞지르기를 해서는 아니 되는 경우에 속하지 않는 것은?

① 앞차가 좌측으로 진로를 바꾸려고 하거나 다른 차를 앞지르려고 할 때
② 앞차의 좌측에 다른 차가 나란히 가고 있을 때
③ 앞차가 자기 차를 앞지르려고 할 때
④ 마주 오는 차의 진행을 방해하게 될 염려가 있을 때

해설 앞지르기를 해서는 아니 되는 경우는 ①, ②, ④항 이외에
① 뒤차가 자기 차를 앞지르려고 할 때
② 앞차가 교차로나 철길 건널목 등에서 정지 또는 서행하고 있을 때
③ 앞차가 경찰공무원 등의 지시에 따르거나 위험방지를 위하여 정지 또는 서행하고 있을 때
④ 어린이통학버스가 어린이 또는 유아를 태우고 있다는 표시를 하고 도로를 통행할 때

**41** 앞지르기할 때 발생하기 쉬운 사고 유형이 아닌 것은?

① 최초 진로를 변경할 때에는 동일방향 좌측 후속 차량 또는 나란히 진행하던 차량과의 충돌
② 중앙선을 넘어 앞지르기할 때에는 반대 차로에서 횡단하고 있는 보행자나 주행하고 있는 차량과의 충돌
③ 앞지르기를 하고 있는 중에 앞지르기 당하는 차량이 우회전하려고 진입하면서 발생하는 충돌
④ 앞지르기를 시도하기 위해 앞지르기 당하는 차량과의 근접주행으로 인한 후미 추돌

해설 앞지르기할 때 발생하기 쉬운 사고 유형은 ①, ②, ④항 이외에
① 앞지르기를 하고 있는 중에 앞지르기 당하는 차량이 좌회전하려고 진입하면서 발생하는 충돌
② 앞지르기한 후 본선으로 진입하는 과정에서 앞지르기 당하는 차량과의 충돌

**42** 자차가 다른 차를 앞지르기 할 때의 방어운전이 아닌 것은?

① 앞지르기에 필요한 속도가 그 도로의 최고속도 범위 이내 일 때 앞지르기를 시도한다.
② 앞지르기에 필요한 충분한 거리와 시야가 확보되었을 때 앞지르기를 시도한다.
③ 앞차가 앞지르기를 하고 있는 때는 앞지르기를 시도하지 않는다.
④ 앞차의 왼쪽으로 앞지르기하지 않는다.

해설 자차가 다른 차를 앞지르기 할 때의 방어운전은 ①, ②, ③항 이외에
① 앞차의 오른쪽으로 앞지르기하지 않는다.
② 점선의 중앙선을 넘어 앞지르기 하는 때에는 대향차의 움직임에 주의한다.

**43** 야간운전의 위험성이 아닌 것은?

① 커브길이나 길모퉁이에서는 전조등 불빛이 회전하는 방향을 제대로 비춰지지 않는 경향이 있으므로 속도를 줄여 주행한다.
② 마주 오는 대향차의 전조등 불빛으로 인해 도로 보행자의 모습을 볼 수 없게 되는 증발현상과 운전자의 눈 기능이 순간적으로 저하되는 현혹현상 등이 발생할 수 있다.
③ 원근감과 속도감이 향상되어 과속으로 운행하는 경향이 없다.
④ 밤에는 낮보다 장애물이 잘 보이지 않거나, 발견이 늦어 조치시간이 지연될 수 있다.

해설 야간운전의 위험성은 ①, ②, ④항 이외에 원근감과 속도감이 저하되어 과속으로 운행하는 경향이 발생할 수 있다.

**44** 야간의 안전운전을 위해 특별히 주의해야 할 사항과 거리가 먼 것은?

① 흑색 등 어두운 색의 옷차림을 한 보행자의 확인에 더울 세심한 주의를 기울인다.
② 자동차의 전조등 불빛이 강할 때는 선글라스를 착용하고 운전한다.
③ 자동차가 서로 마주보고 진행하는 경우에는 전조등 불빛의 방향을 아래로 향하게 한다.
④ 밤에 앞차의 바로 뒤를 따라갈 때에는 전조등 불빛의 방향을 아래로 향하게 한다.

해설 야간의 안전운전을 주의 사항은 ①, ③, ④항 이외에
① 해가 지기 시작하면 곧바로 전조등을 켜 다른 운전자들에게 자신을 알린다.
② 주간보다 시야가 제한되므로 속도를 줄여 운행한다.
③ 승합자동차는 야간에 운행할 때에 실내조명등을 켜고 운행한다.
④ 선글라스를 착용하고 운전하지 않는다.
⑤ 커브 길에서는 상향등과 하향등을 적절히 사용하여 자신이 접근하고 있

음을 알린다.
⑥ 대향차의 전조등을 직접 바라보지 않는다.
⑦ 장거리를 운행할 때에는 운행계획에 휴식시간을 포함시켜 세운다.
⑧ 불가피한 경우가 아니면 도로 위에 주·정차 하지 않는다.
⑨ 문제가 발생하여 도로 위에 정차할 때에는 자동차로부터 뒤쪽 100m 이상의 도로상에 비상삼각대를, 자동차로부터 뒤쪽 200m 이상의 도로상에 적색의 섬광신호 또는 불꽃신호를 설치하는 등 안전조치를 취한다.
⑩ 전조등이 비추는 범위의 앞쪽까지 살핀다.
⑪ 앞차의 미등만 보고 주행하지 않는다. 앞차의 미등만 보고 주행하게 되면 도로변에 정지하고 있는 자동차까지도 진행하고 있는 것으로 착각하게 되어 위험을 초래하게 된다.

## 45 야간에 안전운전을 위해 특별히 주의해야 할 사항과 거리가 먼 것은?

① 어두운 색의 옷차림을 한 보행자의 확인에 더욱 세심한 주의를 기울인다.
② 대향차의 전조등 불빛이 강할 때는 선글라스를 착용하고 운전한다.
③ 자동차가 서로 마주보고 진행하는 경우에는 전조등의 방향을 아래로 향하게 한다.
④ 밤에 앞차의 바로 뒤를 따라갈 때에는 전조등 불빛방향을 아래로 향하게 한다.

## 46 야간의 안전운전 방법에 속하지 않는 것은?

① 해가 지기 시작하면 곧바로 전조등을 켜 다른 운전자들에게 자신을 알린다.
② 주간보다 시야가 제한을 받지 않기 때문에 속도를 높여 운행한다.
③ 앞차의 미등만 보고 주행하게 되면 도로변에 정지하고 있는 자동차까지도 진행하고 있는 것으로 착각하게 되어 위험을 초래하게 된다.
④ 승합자동차는 야간에 운행할 때에 실내조명등을 켜고 운행한다.

**해설** 야간의 안전운전은 ①, ③, ④항 이외에 주간보다 시야가 제한되므로 속도를 줄여 운행한다.

## 47 안개길 운전의 위험성이 아닌 것은?

① 안개로 인해 운전시야 확보가 곤란하다.
② 주변의 교통안전 표지 등 교통정보 수집이 곤란하다.
③ 다른 차량 및 보행자의 위치 파악이 곤란하다.
④ 다른 차량 및 보행자의 위치 파악이 용이하다.

**해설** 안개길 운전의 위험성은 ①, ②, ③항 이다.

## 48 안개길 안전운전 방법이 아닌 것은?

① 전조등, 안개등 및 비상점멸 표시등을 켜고 운행한다.
② 가시거리가 100m 이내인 경우에는 최고속도를 20% 정도 감속하여 운행한다.
③ 앞차와의 차간거리를 충분히 확보하고, 앞차의 제동이나 방향지시등의 신호를 예의 주시하며 운행한다.
④ 앞을 분간하지 못할 정도의 짙은 안개로 운행이 어려울 때에는 차를 안전한 곳에 세우고 잠시 기다린다.

**해설** 안개길 안전운전은 ①, ③, ④항 이외에
① 가시거리가 100m 이내인 경우에는 최고속도를 50% 정도 감속하여 운행한다.
② 커브길 등에서는 경음기를 울려 자신이 주행하고 있다는 것을 알린다.

## 49 고속도로를 주행 중 안개지역을 통과할 때에 활용할 사항이 아닌 것은?

① 도로 전광판, 교통안전 표지 등을 통해 안개 발생구간을 확인한다.
② 갓길에 설치된 안개 시정표지를 통해 시정거리 및 뒤차와의 거리를 확인한다.
③ 중앙분리대 또는 갓길에 설치된 반사체인 시선 유도표지를 통해 전방의 도로선형을 확인한다.
④ 도로 갓길에 설치된 노면 요철포장의 소음 또는 진동을 통해 도로이탈을 확인하고 원래 차로로 신속히 복귀하여 평균 주행속도보다 감속하여 운행한다.

**해설** 고속도로를 주행 중 안개지역을 통과할 때에 활용할 사항은 ①, ③, ④항 이외에 갓길에 설치된 안개 시정표지를 통해 시정거리 및 앞차와의 거리를 확인한다.

## 50 빗길 운전의 위험성이 아닌 것은?

① 비로 인해 운전시야 확보가 용이하다.
② 타이어와 노면과의 마찰력이 감소하여 정지거리가 길어진다.
③ 수막현상 등으로 인해 조향조작 및 브레이크 기능이 저하될 수 있다.
④ 보행자의 주의력이 약해지는 경향이 있다.

**해설** 빗길 운전의 위험성은 ②, ③, ④항 이외에
① 비로 인해 운전시야 확보가 곤란하다.
② 젖은 노면에 토사가 흘러내려 진흙이 깔려 있는 곳은 다른 곳보다 더욱 미끄럽다.

## 51 빗길 안전운전이 아닌 것은?

① 비가 내려 노면이 젖어있는 경우에는 최고속도의 20%를 줄인 속도로 운행한다.
② 폭우로 가시거리가 100m 이내인 경우에는 최고속도의 50%를 줄인 속도로 운행한다.
③ 물이 고인 길을 통과할 때에는 속도를 높여 신속히 통과한다.
④ 물이 고인 길을 벗어난 경우에는 브레이크를 여러 번 나누어 밟아 마찰열로 브레이크 패드나 라이닝의 물기를 제거한다.

**해설** 빗길 안전운전은 ①, ②, ④항 이외에
① 물이 고인 길을 통과할 때에는 속도를 줄여 저속으로 통과한다.
② 보행자 옆을 통과할 때에는 속도를 줄여 흙탕물이 튀기지 않도록 주의한다.
③ 공사현장의 철판 등을 통과할 때에는 사전에 속도를 충분히 줄여 미끄러지지 않도록 천천히 통과하여야 하며, 급브레이크를 밟지 않는다.
④ 급출발, 급핸들, 급브레이크 등의 조작은 미끄러짐이나 전복사고의 원인이 되므로 엔진 브레이크를 적절히 사용하고, 브레이크를 밟을 때에는 페달을 여러 번 나누어 밟는다.

## 52 경제 운전을 설명한 것 중 거리가 먼 것은?

① 여러 가지 외적 조건에 따라 운전방식을 맞추어 연료 소모율 등을 낮추는 운전방식이다.
② 공해배출을 최소화하며, 심지어는 안전의 효과를 가져 오고자 하는 운전방식이다.
③ 경제 운전을 에코드라이빙이라고도 한다.
④ 공기 압력이 낮은 타이어의 사용은 경제운전의 한 방식이다.

**해설** 타이어의 공기압이 적정 압력보다 15~20% 낮으면 연료 소모량은 5~8% 증가하는 것으로 나타나고 있다.

**53** 다음 중 경제운전의 기본적인 방법이 아닌 것은?

① 가·감속을 부드럽게 한다.
② 불필요한 공회전을 피한다.
③ 급회전을 피한다.
④ 항상 고속으로 주행한다.

해설 경제운전의 기본적인 방법은 ①, ②, ③항 이외에 일정한 차량속도를 유지한다.

**54** 경제 운전의 효과와 거리가 먼 것은?

① 교통소통 증진효과
② 고장수리 및 유지관리 작업 등 시간 손실 감소효과
③ 공해배출 등 환경문제의 감소효과
④ 차량관리, 고장수리, 타이어 교체 등 비용 감소효과

해설 경제운전의 효과는 ②, ③, ④항 이외에
① 교통안전 증진 효과
② 운전자 및 승객의 스트레스 감소 효과

**55** 경제운전에 영향을 미치는 요인이 아닌 것은?

① 교통상황          ② 도로조건
③ 기상조건          ④ 제동요건

해설 경제운전에 영향을 미치는 요인은 ①, ②, ③항 이외에 차량의 타이어, 엔진, 공기역학 등이다.

**56** 자동차를 출발하고자 할 때 기본 운행수칙으로 적당하지 않은 것은?

① 시동을 걸 때에는 기어가 들어가 있는지 확인한다.
② 출발할 때에는 자동차 문을 완전히 닫은 상태에서 출발한다.
③ 주차상태에서 출발할 때에는 차량의 사각지점을 고려하여 전후, 좌우의 안전을 직접 확인한다.
④ 출발 후 진로변경이 끝난 후에도 신호는 계속 유지한다.

해설 출발 후 진로변경이 끝난 후에도 신호를 계속하고 있지 않는다.

**57** 출발할 때 가장 우선적으로 해야 하는 것은?

① 기어변속을 한다.
② 방향지시등을 작동한다.
③ 차문을 닫는다.
④ 가속을 한다.

해설 출발 할 때에는 자동차 문을 완전히 닫은 상태에서 방향지시등을 작동시켜 도로주행 의사를 표시한 후 출발한다.

**58** 정지할 때 기본 운행 수칙이 아닌 것은?

① 정지할 때에는 미리 감속하여 급정지로 인한 타이어 흔적이 발생하지 않도록 한다.
② 정지할 때까지 여유가 있는 경우에는 브레이크 페달을 가볍게 2~3회 나누어 밟는 '단속조작'을 통해 정지한다.
③ 미끄러운 노면에서는 제동으로 인해 차량이 회전하지 않도록 주의한다.
④ 정지할 때는 주차브레이크를 잡아당겨 정차하도록 한다.

해설 정지할 때 기본 운행 수칙은 ①, ②, ③항 이다.

**59** 주행하고 있을 때 기본 운행 수칙이 아닌 것은?

① 해질 무렵, 터널 등 조명조건이 불량한 경우에는 가속하여 주행한다.
② 주택가나 이면도로 등은 돌발 상황 등에 대비하여 과속이나 난폭운전을 하지 않는다.
③ 주행하는 차들과 제한속도를 넘지 않는 범위 내에서 속도를 맞추어 주행한다.
④ 신호대기 중에 기어를 넣은 상태에서 클러치와 브레이크 페달을 밟아 자세가 불안정하게 만들지 않는다.

해설 주행하고 있을 때 기본운행 수칙은 ②, ③, ④항 이외에 해질 무렵, 터널 등 조명조건이 불량한 경우에는 감속하여 주행한다.

**60** 진로변경 및 주행차로를 선택할 때 기본 운행 수칙이 아닌 것은?

① 도로별 차로에 따른 통행차의 기준을 준수하여 주행차로를 선택한다.
② 급차로 변경을 하지 않는다.
③ 일반도로에서 차로를 변경하는 경우에는 그 행위를 하려는 지점에 도착하기 전 30m(고속도로에서는 100m) 이상의 지점에 이르렀을 때 방향신호등을 작동시킨다.
④ 도로노면에 표시된 황색 실선에서 진로를 변경한다.

해설 진로변경 및 주행차로를 선택할 때 기본운행 수칙은 ①, ②, ③항 이외에
① 도로 노면에 표시된 백색 점선에서 진로를 변경한다.
② 터널 안, 교차로 직전 정지선, 가파른 비탈길 등 백색 실선이 설치된 곳에서는 진로를 변경하지 않는다.
③ 진로변경이 끝날 때까지 신호를 계속 유지하고, 진로변경이 끝난 후에는 신호를 중지한다.
④ 다른 통행차량 등에 대한 배려나 양보 없이 본인 위주의 진로변경을 하지 않는다.

**61** 진로변경 위반에 해당하는 경우가 아닌 것은?

① 주행차로로 운행하는 경우
② 한 차로로 운행하지 않고 두 개 이상의 차로를 지그재그로 운행하는 행위
③ 갑자기 차로를 바꾸어 옆 차로로 끼어드는 행위
④ 여러 차로를 연속적으로 가로지르는 행위

해설 진로변경 위반에 해당하는 경우 ②, ③, ④항 이외에
① 두 개의 차로에 걸쳐 운행하는 경우
② 진로변경이 금지된 곳에서 진로를 변경하는 행위

**62** 편도 1차로 도로 등에서 앞지르기 하고자 할 때 기본 운행 수칙이 아닌 것은?

① 앞지르기 할 때에는 반드시 반대방향 차량, 추월차로에 있는 차량, 뒤쪽 및 앞 차량과의 안전여부를 확인한 후 시행한다.
② 앞지르기는 신속하게 하여야 하므로 제한속도를 초과하여도 상관없다.
③ 도로의 구부러진 곳, 오르막길의 정상부근, 급한 내리막길, 교차로, 터널 안, 다리 위에서는 앞지르기를 하지 않는다.
④ 앞차의 좌측에 다른 차가 나란히 가고 있는 경우에는 앞지르기를 시도하지 않는다.

해설 편도 1차로 도로 등에서 앞지르기를 하고자 할 때 기본 운행 수칙은 ①, ③, ④항 이외에 제한속도를 넘지 않는 범위 내에서 시행한다.

**63** 좌·우로 회전할 때 기본 운행 수칙이 아닌 것은?

① 회전하고자 하는 지점에 이르기 전 30m(고속도로에서는 100m) 이상의 지점에 이르렀을 때 방향지시등을 작동시킨다.

② 좌회전 차로가 2개 설치된 교차로에서 좌회전할 때에는 중·소형승합자동차는 1차로로, 대형승합자동차는 2차로의 통행기준을 준수한다.

③ 대향차가 교차로를 통과하고 있을 때에는 완전히 통과시킨 후 좌회전한다.

④ 우회전할 때에는 내륜차 현상이 발생하므로 보도를 침범하여도 무방하다.

**해설** 좌·우로 회전할 때 기본 운행 수칙은 ①, ②, ③항 이외에

① 우회전할 때에는 내륜차 현상으로 인해 보도를 침범하지 않도록 주의한다.

② 우회전하기 직전에는 직접 눈으로 또는 후사경으로 오른쪽 옆의 안전을 확인하여 충돌이 발생하지 않도록 주의한다.

③ 회전할 때에는 원심력이 발생하여 차량이 이탈하지 않도록 감속하여 진입한다.

**64** 봄철의 기상 특성이 아닌 것은?

① 발달된 양쯔 강 기단이 동서방향으로 위치하여 이동성 고기압으로 한반도를 통과하면 장기간 맑은 날씨가 지속되며, 봄 가뭄이 발생한다.

② 푄현상으로 경기 및 충청지방으로 고온 건조한 날씨가 지속된다.

③ 시베리아 기단이 한반도에 겨울철 기압배치를 이루면 꽃샘추위가 발생한다.

④ 고기압이 한반도에 영향을 주므로 안개는 발생하지 않는다.

**해설** 봄철의 기상 특성은 ①, ②, ③항 이외에

① 저기압이 한반도에 영향을 주면 약한 강우를 동반한 지속성이 큰 안개가 자주 발생한다.

② 중국에서 발생한 모래먼지에 의한 황사현상이 자주 발생하여 운전자의 시야에 지장을 초래한다.

③ 낮과 밤의 일교차가 커지는 일기변화로 인해 환절기 환자가 급증하는 시기로 건강에 유의해야 한다.

**65** 봄철의 도로조건이 아닌 것은?

① 이른 봄에는 일교차가 심해 새벽에 결빙된 도로가 발생할 수 있다.

② 도로의 균열이나 낙석의 위험이 적다.

③ 지반이 약한 도로의 가장자리를 운행할 때에는 도로변의 붕괴 등에 주의해야 한다.

④ 황사현상에 의한 모래바람은 운전자 시야 장애요인이 되기도 한다.

**해설** 봄철의 도로조건은 ①, ③, ④항 이외에 날씨가 풀리면서 겨우내 얼어있던 땅이 녹아 지반 붕괴로 인한 도로의 균열이나 낙석의 위험이 크다.

**66** 불쾌지수가 높으면 나타날 수 있는 현상이 아닌 것은?

① 차량 조작이 민첩해지고 난폭운전을 하기 쉽다.

② 사소한 일에도 언성을 높이고 잘못을 전가하려는 신경질적인 반응을 보이기 쉽다.

③ 불필요한 경음기 사용, 감정에 치우친 운전으로 사고 위험이 증가한다.

④ 스트레스가 가중돼 운전이 손에 잡히지 않고, 두통, 소화불량 등 신체 이상이 나타날 수 있다.

**해설** 불쾌지수가 높으면 나타날 수 있는 현상은 ②, ③, ④항 이외에 차량 조작이 민첩하지 못하고 난폭운전을 하기 쉽다.

**67** 여름철 주행 후 세차가 가장 필요한 상황은?

① 해안도로 주행 후　　② 시내도로 주행 후

③ 시외도로 주행 후　　④ 고속도로 주행 후

**해설** 해수욕장 또는 해안 근처는 소금기가 강하고 이 소금기는 금속의 산화작용을 일으키기 때문에 해안 부근을 주행한 경우에는 세차를 통해 소금기를 제거해야 한다.

**68** 와이퍼 작동 상태의 점검방법으로 거리가 먼 것은?

① 와이퍼가 정상적으로 작동하는 지를 확인한다.

② 유리면과 접촉하는 와이퍼 블레이드가 닳지 않았는지를 점검한다.

③ 노즐의 분출구가 막히지 않았는지, 노즐의 분사 각도는 양호한지를 점검한다.

④ 냉각수가 충분한지 점검한다.

**해설** 와이퍼의 작동 상태 점검은 와이퍼가 정상적으로 작동되는지, 유리면과 접촉하는 와이퍼 블레이드가 닳지 않았는지, 노즐의 분출구가 막히지 않았는지, 노즐의 분사 각도는 양호한지 그리고 워셔액은 충분한지 등을 점검한다.

**69** 겨울철 기상 특성이 아닌 것은?

① 한반도는 북서풍이 탁월하고 강하여 공기가 매우 습하다.

② 겨울철 안개는 서해안에 가까운 내륙지역과 찬 공기가 쌓이는 분지지역에서 주로 발생하며, 빈도는 적으나 지속시간이 긴 편이다.

③ 대도시 지역은 연기, 먼지 등 오염물질이 올라갈수록 기온이 상승되어 있는 기층 아래에 쌓여서 옅은 안개가 자주 나타난다.

④ 기온이 급강하고 한파를 동반한 눈이 자주 내리며, 눈길, 빙판길, 바람과 추위는 운전에 악영향을 미치는 기상특성을 보인다.

**해설** 겨울철 기상 특성은 ②, ③, ④항 이외에 한반도는 북서풍이 탁월하고 강하여 습도가 낮고 공기가 매우 건조하다.

**70** 편도 2차로 이상 고속도로에서 적재중량 1.5톤을 초과하는 화물자동차, 특수자동차, 위험물운반자동차, 건설기계의 최고속도는 매시 몇 km인가?

① 매시 50km　　② 매시 60km

③ 매시 70km　　④ 매시 80km

**71** 겨울철 교통사고 위험요인에 대한 설명으로 가장 적절하지 않은 것은?

① 적은 양의 눈이 내려도 바로 빙판길이 될 수 있기 때문에 자동차 간의 충돌, 추돌 또는 도로 이탈 등의 사고가 발생할 수 있다.

② 먼 거리에서는 도로의 노면이 평탄하고 안전해 보이지만 실제로는 빙판길인 구간이나 지점을 접할 수 있다.

③ 보행자의 경우 안전한 보행을 위하여 보행자가 확인하고 통행하여야 할 사항에 대한 집중력이 강화되어 사고 위험이 감소하는 계절이다.

④ 한 해를 마무리하는 시기로 사람들의 마음이 바쁘고 들뜨기 쉬운 계절이다.

**해설** 날씨가 추워지면 안전한 보행을 위해 보행자가 확인하고 통행하여야 할 사항을 소홀히 하거나 생략하여 사고에 직면하기 쉬운 계절이다.

**72** 운행 제한차량 종류에 속하지 않는 것은?

① 차량의 축하중 10톤, 총중량 40톤을 초과한 차량
② 적재물을 포함한 차량의 길이(16.7m), 폭(2.5m), 높이(4m)를 초과한 차량
③ 편중적재, 스페어타이어 고정 불량
④ 덮개를 씌웠거나 결속 상태가 양호한 차량

**73** 총중량 40톤, 축하중 10톤, 폭 2.5m, 높이 4m, 길이 16.7m를 초과하여 운행제한을 위반한 운전자에 대한 벌칙은?

① 500만 원 이하 과태료
② 1000만 원 이하 과태료
③ 1500만 원 이하 과태료
④ 2000만 원 이하 과태료

**74** 과적차량을 제한하는 사유에 속하지 않는 것은?

① 고속도로의 포장균열, 파손, 교량의 파괴
② 고속주행으로 인한 교통소통의 완활
③ 핸들 조작의 어려움, 타이어 파손, 전·후방 주시 곤란
④ 제동장치의 무리, 동력연결부의 잦은 고장 등 교통사고 유발

> **해설** 과적차량 제한 사유
> ① 고속도로의 포장균열, 파손, 교량의 파괴
> ② 저속주행으로 인한 교통소통 지장
> ③ 핸들 조작의 어려움, 타이어 파손, 전·후방 주시 곤란
> ④ 제동장치의 무리, 동력연결부의 잦은 고장 등 교통사고 유발

**75** 과로한 상태에서 교통표지를 못 보거나 보행자를 알아보지 못하는 것과 관계있는 것은?

① 판단력 저하
② 주의력 저하
③ 지구력 저하
④ 감정조절능력 저하

> **해설** 과로에 의해 주의력이 저하된 경우에는 교통표지를 간과하거나 보행자를 알아보지 못한다.

# 03 운송서비스 (버스 운전자의 예절에 관한 사항 포함)

요점정리

## 제 1 장 여객운수 종사자의 기본자세

### 01 서비스의 개념과 특징

#### 1 여객 운송 서비스

① 서비스는 행위, 과정, 성과로 정의할 수 있다.
② 운수종사자의 서비스는 승객의 요구, 필요를 충족시켜 주기 위해 제공되는 서비스라 할 수 있다.
③ 버스 이용 승객이 원하는 서비스는 정해진 시간에 버스가 도착하고, 목적지까지 안전하게 가는 것, 쾌적한 버스 환경, 운수종사자의 적절한 응대이다.
④ 승객이 목적지까지 편안하고 안전하게 이동할 수 있도록 책임과 의무를 다하는 것이다.

#### 2 서비스의 특성

① **무형성** : 보여지는 것이 아니라 기억에 새겨지는 것이다. 즉 고객의 욕구를 충족시키기 위해 수행하는 활동
② **이질성** : 제공자와 수혜자의 상호작용으로 다양함과 이질성이 심화됨으로써 서비스의 표준화가 어렵다.
③ **소멸성** : 서비스는 1회성이며 생방송이다. 서비스는 저장 재활용할 수 없다. 순간순간의 느낌이 남는 것이다.
④ **비분리성** : 생산과 소비가 동시에 발생한다. 고객과 서비스 제공자와의 상호작용으로 발생한다.

### 02 승객 만족

#### 1 일반적인 승객의 요구

① 자신의 불만 제기가 정당한 것이라는 것을 인정해 주기를 바란다.
② 자신의 감정에 대해 공감하고 이해하는 태도를 보여주기를 바란다.
③ 잘못된 점을 시정하도록 돕겠다는 말을 해주길 바란다.
④ 피해를 입게 되었을 때 진정성 있는 사과와 보상을 기대한다.
⑤ 개선할 의지의 말과 더불어 변화를 보여주길 바란다.

### 2 승객만족을 위한 기본예절

① 직무에 책임을 다한다.
② 단정한 용모를 유지한다.
③ 시간을 엄수한다.
④ 매사에 성실하고 성의를 다한다.
⑤ 공손하고 친절하게 응대한다.
⑥ 예의 바른 말씨를 사용한다.
⑦ 자기를 제어한다.
⑧ 조심성 있게 행동하고 일을 정확히 처리한다.
⑨ 조직이 추구하는 목표와 윤리기준에 부합하기 위해 최선을 다한다.
⑩ 명랑한 태도로 모든 일을 의욕적으로 한다.

### 3 승객만족 서비스

#### (1) 3S

① **스마일** : 호감을 주는 표정으로
② **서비스** : 승객의 입장에서 생각하고
③ **스피드** : 신속한 응대 및 성의 있는 행동을 한다.

#### (2) 책임과 의무

① 쾌적하고 안전한 버스 환경 점검
② 건강한 심신 유지
③ 단정한 용모와 복장 확인
④ 온화한 표정과 좋은 음성관리
⑤ 승·하차 시 인사표현 연습
⑥ 상황별 인사 표현
⑦ 성의 있는 반응을 보이기(질문에 정성껏 응대, 공감적 수용적 응대)

### 03 승객을 위한 행동예절

#### 1 이미지(Image) 관리

① 이미지란 개인의 사고방식이나 생김새, 성격, 태도 등에 대해 상대방이 받아들이는 느낌을 말한다.
② 개인의 이미지는 본인에 의해 결정되는 것이 아니라 상대방이 보고 느낀 것에 의해 결정된다.
③ **긍정적인 이미지를 만들기 위한 3요소**
㉮ 시선 처리(눈빛)
㉯ 음성 관리(목소리)
㉰ 표정 관리(미소)

## 2 인사

### (1) 인사의 개념
① 인사는 서비스의 첫 동작이자 마지막 동작이다.
② 인사는 서로 만나거나 헤어질 때 말·태도 등으로 존경, 사랑, 우정을 표현하는 행동양식이다.
③ 상대의 인격을 존중하고 배려하며 경의를 표시하는 수단으로 마음, 행동, 말씨가 일치되어 승객에게 공경의 뜻을 전달하는 방법이다.
④ 상사에게는 존경심을, 동료에게는 우애와 친밀감을 표현할 수 있는 수단이다.

### (2) 인사의 중요성
① 인사는 평범하고도 대단히 쉬운 행동이지만 생활화되지 않으면 실천에 옮기기 어렵다.
② 인사는 애사심, 존경심, 우애, 자신의 교양 및 인격의 표현이다.
③ 인사는 서비스의 주요 기법 중 하나이다.
④ 인사는 승객과 만나는 첫걸음이다.
⑤ 인사는 승객에 대한 마음가짐의 표현이다.
⑥ 인사는 승객에 대한 서비스 정신의 표시이다.

### (3) 잘못된 인사
① 턱을 쳐들거나 눈을 치켜뜨고 하는 인사
② 할까 말까 망설이다 하는 인사
③ 성의 없이 말로만 하는 인사
④ 무표정한 인사
⑤ 경황없이 급히 하는 인사
⑥ 뒷짐을 지고 하는 인사
⑦ 상대방의 눈을 보지 않고 하는 인사
⑧ 자세가 흐트러진 인사
⑨ 머리만 까닥거리는 인사
⑩ 고개를 옆으로 돌리고 하는 인사

## 3 호감 받는 표정관리

### (1) 표정이란
① 마음속의 감정이나 정서 따위의 심리 상태가 얼굴에 나타난 모습을 말한다.
② 다분히 주관적이고 순간순간 변할 수 있고 다양하다.

### (2) 표정의 중요성
① 표정은 첫인상을 좋게 만든다.
② 첫인상은 대면 직후 결정되는 경우가 많다.
③ 상대방에 대한 호감도를 나타낸다.
④ 상대방과의 원활하고 친근한 관계를 만들어 준다.
⑤ 업무 효과를 높일 수 있다.
⑥ 밝은 표정은 호감 가는 이미지를 형성하여 사회생활에 도움을 준다.
⑦ 밝은 표정과 미소는 신체와 정신 건강을 향상시킨다.

### (3) 밝은 표정의 효과
① 자신의 건강증진에 도움이 된다.
② 상대방과의 호감 형성에 도움이 된다.
③ 상대방으로부터 느낌을 직접 받아들여 상대방과 자신이 서로 통한다고 느끼는 감정이입 효과가 있다.
④ 업무능률 향상에 도움이 된다.

### (4) 시선 처리
① 자연스럽고 부드러운 시선으로 상대를 본다.
② 눈동자는 항상 중앙에 위치하도록 한다.
③ 가급적 승객의 눈높이와 맞춘다.

> ※ 승객이 싫어하는 시선
> 위로 치켜뜨는 눈, 곁눈질, 한 곳만 응시하는 눈, 위·아래로 훑어보는 눈

### (5) 좋은 표정 만들기
① 밝고 상쾌한 표정을 만든다.
② 얼굴 전체가 웃는 표정을 만든다.
③ 돌아서면서 표정이 굳어지지 않도록 한다.
④ 입은 가볍게 다문다.
⑤ 입의 양 꼬리가 올라가게 한다.

### (6) 잘못된 표정
① 상대의 눈을 보지 않는 표정
② 무관심하고 의욕이 없는 무표정
③ 입을 일자로 굳게 다문 표정
④ 갑자기 표정이 자주 변하는 얼굴
⑤ 눈썹 사이에 세로 주름이 지는 찡그리는 표정
⑥ 코웃음을 치는 것 같은 표정

### (7) 승객 응대 마음가짐 10가지
① 사명감을 가진다.
② 승객의 입장에서 생각한다.
③ 원만하게 대한다.
④ 항상 긍정적으로 생각한다.
⑤ 승객이 호감을 갖도록 한다.
⑥ 공사를 구분하고 공평하게 대한다.
⑦ 투철한 서비스 정신을 가진다.
⑧ 예의를 지켜 겸손하게 대한다.
⑨ 자신감을 갖고 행동한다.
⑩ 부단히 반성하고 개선해 나간다.

## 4 용모 및 복장

좋은 옷차림을 한다는 것을 단순히 좋은 옷을 멋지게 입는다는 뜻이 아니다 때와 장소는 물론 자신의 생활에 맞추어 옷을 '올바르게' 입는다는 뜻이다.

### (1) 단정한 용모와 복장의 중요성
① 승객이 받는 첫인상을 결정한다.
② 회사의 이미지를 좌우하는 요인을 제공한다.
③ 하는 일의 성과에 영향을 미친다.
④ 활기찬 직장 분위기 조성에 영향을 준다.

### (2) 복장의 기본원칙
① 깨끗하게　　　　　② 단정하게
③ 품위 있게　　　　　④ 규정에 맞게
⑤ 통일감 있게　　　　⑥ 계절에 맞게
⑦ 편한 신발을 신되, 샌들이나 슬리퍼는 삼가야 한다.

### (3) 승객에게 불쾌감을 주는 몸가짐
① 충혈 되어 있는 눈
② 잠잔 흔적이 남아 있는 머릿결
③ 정리되지 않은 덥수룩한 수염
④ 길게 자란 코털

⑤ 지저분한 손톱
⑥ 무표정한 얼굴 등

## 5 언어예절

### (1) 대화의 4원칙
① 밝고 적극적으로 말한다.　　② 공손하게 말한다.
③ 명료하게 말한다.　　④ 품위 있게 말한다.

### (2) 승객에 대한 호칭과 지칭
① 누군가를 부르는 말은 그 사람에 대한 예의를 반영하므로 매우 조심스럽게 써야 한다.
② '고객'보다는 '차를 타는 손님'이라는 뜻이 담긴 '승객'이나 '손님'을 사용하는 것이 좋다.
③ 할아버지, 할머니 등 나이가 드신 분들은 '어르신'으로 호칭하거나 지칭한다.
④ '아줌마', '아저씨'는 상대방을 높이는 느낌이 들지 않으므로 호칭이나 지칭으로 사용하지 않는다.
⑤ 초등학생과 미취학 어린이에게는 ○○○어린이/학생의 호칭이나 지칭을 사용하고, 중·고등학생은 ○○○승객이나 손님으로 성인에 준하여 호칭하거나 지칭한다. 잘 아는 사람이라면 이름을 불러 친근감을 줄 수 있으나 공대말을 사용하여 존중하는 느낌을 받도록 한다.

## 6 직업관

### (1) 직업의 개념과 의미

#### 1) 직업이란
직업이란 경제적 소득을 얻거나 사회적 가치를 이루기 위해 참여하는 계속적인 활동으로 삶의 한 과정이다.

#### 2) 직업의 특징
① 직업을 통해 생계를 유지할 뿐만 아니라 사회적 역할을 수행하고, 자아실현을 이루어간다.
② 어떤 사람들은 일을 통해 보람과 긍지를 맛보며 만족스런 삶을 살아가지만, 어떤 사람들은 그렇지 못하다.

#### 3) 직업의 경제적 의미
① 직업을 통해 안정된 삶을 영위해 나갈 수 있어 중요한 의미를 가진다.
② 직업은 인간 개개인에게 일할 기회를 제공한다.
③ 일의 대가로 임금을 받아 본인과 가족의 경제생활을 영위한다.
④ 인간이 직업을 구하려는 동기 중의 하나는 바로 노동의 대가, 즉 임금을 얻는 소득측면이 있다.

#### 4) 직업의 사회적 의미
① 직업을 통해 원만한 사회생활, 인간관계 및 봉사를 하게 되며, 자신이 맡은 역할을 수행하여 능력을 인정받는 것이다.
② 직업을 갖는다는 것은 현대사회의 조직적이고 유기적인 분업 관계 속에서 분담된 기능의 어느 하나를 맡아 사회적 분업 단위의 지분을 수행하는 것이다.
③ 사람은 누구나 직업을 통해 타인의 삶에 도움을 주기도 하고, 사회에 공헌하며 사회발전에 기여하게 된다.
④ 직업은 사회적으로 유용한 것이어야 하며, 사회발전 및 유지에 도움이 되어야 한다.

#### 5) 직업의 심리적 의미
① 삶의 보람과 자기실현에 중요한 역할을 하는 것으로 사명감과 소명의식을 갖고 정성과 정열을 쏟을 수 있는 것이다.
② 인간은 직업을 통해 자신의 이상을 실현한다.
③ 인간의 잠재적 능력, 타고난 소질과 적성 등이 직업을 통해 계발되고 발전된다.
④ 직업은 인간 개개인의 자아실현의 매개인 동시에 장이 되는 것이다.
⑤ 자신이 갖고 있는 제반 욕구를 충족하고 자신의 이상이나 자아를 직업을 통해 실현함으로써 인격의 완성을 기하는 것이다.

### (2) 직업관에 대한 이해
① 직업관이란 특정한 개인이나 사회의 구성원들이 직업에 대해 갖고 있는 태도나 가치관을 말한다.
② 생계유지의 수단, 개성발휘의 장, 사회적 역할의 실현 등 서로 상응관계에 있는 3가지 측면에서 직업을 인식할 수 있으나, 어느 측면을 보다 강조하느냐에 따라서 각기 특유의 직업관이 성립된다.
③ **바람직한 직업관**
　㉮ 소명의식을 지닌 직업관
　㉯ 사회 구성원으로서의 역할 지향적 직업관
　㉰ 미래 지향적 전문능력 중심의 직업관
④ **잘못된 직업관**
　㉮ 생계유지 수단적 직업관　　㉯ 지위 지향적 직업관
　㉰ 귀속적 직업관　　㉱ 차별적 직업관
　㉲ 폐쇄적 직업관

### (3) 올바른 직업윤리
① 소명의식　　② 천직의식
③ 직분의식　　④ 봉사정신
⑤ 전문의식　　⑥ 책임의식

## 제2장 운수종사자 준수사항 및 운전예절

### 01 운수종사자 준수사항

① 정당한 사유 없이 여객의 승차를 거부하거나 여객을 중도에 내리게 하는 행위를 하여서는 안 된다.
② 부당한 운임 또는 요금을 받아서는 안 된다.
③ 일정한 장소에 오랜 시간 정차하여 여객을 유치하는 행위를 하면 안 된다.
④ 문을 완전히 닫지 아니한 상태에서 자동차를 출발시키거나 운행하여서는 안 된다.
⑤ 여객이 승차하기 전에 자동차를 출발시키거나 승하차할 여객이 있는데도 정류장을 지나치면 안 된다.
⑥ 자동차 안내방송 시설이 설치 되어있는 경우 안내방송을 반드시 해야 한다.
⑦ 기점 및 경유지에서 승차하는 여객에게 자동차의 출발 전에 좌석 안전띠를 착용하도록 음성방송이나 말로 안내하여야 한다.
⑧ 여객의 안전과 사고예방을 위하여 운행 전 사업용 자동차의 안전설비 및 등화장치 등의 이상 유무를 확인해야 한다.

⑨ 질병·피로·음주나 그 밖의 사유로 안전한 운전을 할 수 없을 때에는 그 사정을 해당 운송사업자에게 알려야 한다.

⑩ 자동차의 운행 중 중대한 고장을 발견하거나 사고가 발생할 우려가 있다고 인정될 때에는 즉시 운행을 중지하고 적절한 조치를 해야 한다.

⑪ 운전업무 중 해당 도로에 이상이 있었던 경우에는 운전업무를 마치고 교대할 때에 다음 운전자에게 알려야 한다.

⑫ 여객이 다음 행위를 할 때에는 안전운행과 다른 승객의 편의를 위하여 이를 제지하고 필요한 사항을 안내해야 한다.

㉮ 다른 여객에게 위해를 끼칠 우려가 있는 폭발성 물질, 인화성 물질 등의 위험물을 자동차 안으로 가지고 들어오는 행위

㉯ 다른 여객에게 위해를 끼치거나 불쾌감을 줄 우려가 있는 동물(장애인 보조견 및 전용 운반상자에 넣은 애완동물은 제외한다)을 자동차 안으로 데리고 들어오는 행위

㉰ 자동차의 출입구 또는 통로를 막을 우려가 있는 물품을 자동차 안으로 가지고 들어오는 행위

㉱ 운행 중인 전세버스 운송사업용 자동차 안에서 안전띠를 착용하지 않고 좌석을 이탈하여 돌아다니는 행위

㉲ 운행 중인 전세버스 운송사업용 자동차 안에서 가요반주기·스피커·조명시설 등을 이용하여 안전운전에 현저히 장해가 될 정도로 춤과 노래를 하는 등 소란스럽게 하는 행위

⑬ 관계 공무원으로부터 운전면허증, 신분증 또는 자격증의 제시 요구를 받으면 즉시 이에 따라야 한다.

⑭ 여객자동차운송사업에 사용되는 자동차 안에서 담배를 피워서는 안 된다.

⑮ 사고로 인하여 사상자가 발생하거나 사업용자동차의 운행을 중단할 때에는 사고의 상황에 따라 적절한 조치를 취해야 한다.

⑯ 관할관청이 필요하다고 인정하여 복장 및 모자를 지정할 경우에는 그 지정된 복장과 모자를 착용하고, 용모를 항상 단정하게 해야 한다.

⑰ 그 밖에 여객자동차 운수사업법 시행규칙에 따라 운송사업자가 지시하는 사항을 이행해야 한다.

## 02 운전예절

### 1 교통질서의 중요성

① 제한된 도로 공간에서 많은 운전자가 안전한 운전을 하기 위해서는 운전자의 질서의식이 제고되어야 한다.

② 타인도 쾌적하고 자신도 쾌적한 운전을 하기 위해서는 모든 운전자가 교통질서를 준수해야 한다.

③ 교통사고로부터 국민의 생명 및 재산을 보호하고, 원활한 교통흐름을 유지하기 위해서는 운전자 스스로 교통질서를 준수해야 한다.

### 2 사업용 운전자의 사명과 자세

#### (1) 운전자의 사명

① **타인의 생명도 내 생명처럼 존중** : 사람의 생명은 이 세상 다른 무엇보다도 존귀하고 소중하며, 안전운행을 통해 인명손실을 예방할 수 있다.

② **사업용 운전자는 '공인'이라는 사명감 필요** : 승객의 소중한 생명을 보호할 의무가 있는 공인이라는 사명감이 수반되어야 한다.

#### (2) 운전자가 가져야 할 기본자세

① 교통법규 이해와 준수    ② 여유 있는 양보운전
③ 주의력 집중           ④ 심신상태 안정
⑤ 추측운전 금지         ⑥ 운전기술 과신은 금물
⑦ 배출가스로 인한 대기오염 및 소음공해 최소화 노력

### 3 올바른 운전예절

#### (1) 인성과 습관의 중요성

① 운전자는 일반적으로 각 개인이 가지는 사고, 태도 및 행동특성인 인성의 영향을 받게 된다.

② 운전자의 운전행태를 보면 어떤 행위를 오랫동안 되풀이하는 과정에서 저절로 익혀진 운전습관이 나타나는 것을 살펴볼 수 있다.

㉮ 습관은 후천적으로 형성되는 조건반사 현상으로 무의식중에 어떤 것을 반복적으로 행할 때 자신도 모르게 생활화된 행동으로 나타나게 된다.

㉯ 습관은 본능에 가까운 강력한 힘을 발휘하게 되어 나쁜 운전습관이 몸에 배면 나중에 고치기 어려우며 잘못된 습관은 교통사고로 이어질 수 있다.

③ 올바른 운전 습관은 다른 사람들에게 자신의 인격을 표현하는 방법 중의 하나이다.

#### (2) 운전자가 지켜야 하는 행동

##### 1) 횡단보도에서의 올바른 행동

① 신호등이 없는 횡단보도를 통행하고 있는 보행자가 있으면 일시 정지 하여 보행자를 보호한다.

② 보행자가 통행하고 있는 횡단보도 내로 차가 진입하지 않도록 정지선을 지킨다.

##### 2) 전조등의 올바른 사용

① 야간운행 중 반대차로에서 오는 차가 있으면 전조등을 변환빔(하향등)으로 조정하여 상대 운전자의 눈부심 현상을 방지한다.

② 야간에 커브 길을 진입하기 전에 상향등을 깜박거려 반대차로를 주행하고 있는 차에게 자신의 진입을 알린다.

##### 3) 차로변경에서의 올바른 행동

방향지시등을 작동시킨 후 차로를 변경하고 있는 차가 있는 경우에는 속도를 줄여 진입이 원활하도록 도와준다.

##### 4) 교차로를 통과할 때의 올바른 행동

① 교차로 전방의 정체 현상으로 통과하지 못할 때에는 교차로에 진입하지 않고 대기한다.

② 앞 신호에 따라 진행하고 있는 차가 있는 경우에는 안전하게 통과하는 것을 확인하고 출발한다.

#### (3) 운전자가 삼가야 하는 행동

① 지그재그 운전으로 다른 운전자를 불안하게 만드는 행동은 하지 않는다.

② 과속으로 운행하며 급브레이크를 밟는 행위는 하지 않는다.

③ 운행 중에 갑자기 끼어들거나 다른 운전자에게 욕설을 하지 않는다.

④ 도로상에서 사고가 발생한 경우 차량을 세워 둔 채로 시비, 다툼 등의 행위로 다른 차량의 통행을 방해하지 않는다.

⑤ 운행 중에 갑자기 오디오 볼륨을 크게 작동시켜 승객을 놀라게 하거나, 경음기 버튼을 작동시켜 다른 운전자를 놀라게 하지 않는다.

⑥ 신호등이 바뀌기 전에 빨리 출발하라고 전조등을 깜빡이거나 경음기로 재촉하는 행위를 하지 않는다.

⑦ 교통 경찰관의 단속에 불응하거나 항의하는 행위를 하지 않는다.

⑧ 갓길로 통행하지 않는다.

## 03 운전자 주의사항

### 1 교통관련 법규 및 사내 안전관리 규정 준수

① 배차지시 없이 임의 운행금지
② 정당한 사유 없이 지시된 운행노선을 임의로 변경운행 금지
③ 승차 지시된 운전자 이외의 타인에게 대리운전 금지
④ 사전승인 없이 타인을 승차시키는 행위 금지
⑤ 운전에 악영향을 미치는 음주 및 약물복용 후 운전 금지
⑥ 철길건널목에서는 일시정지 준수 및 정차 금지
⑦ 도로교통법에 따라 취득한 운전면허로 운전할 수 있는 차종 이외의 차량 운전금지
⑧ 자동차 전용도로, 급한 경사길 등에서는 주·정차 금지
⑨ 기타 사회적인 물의를 일으키거나 회사의 신뢰를 추락시키는 난폭운전 등의 운전 금지
⑩ 차는 이동하는 회사(이동을 하면서 회사를 홍보해주는) 도구로써 청결 유지. 차의 내·외부를 청결하게 관리하여 쾌적한 운행환경 유지

### 2 운행 전 준비

① 용모 및 복장 확인(단정하게)
② 승객에게는 항상 친절하게 불쾌한 언행 금지
③ 차의 내·외부를 항상 청결하게 유지
④ 운행 전 일상점검을 철저히 하고 이상이 발견되면 관리자에게 즉시 보고하여 조치 받은 후 운행
⑤ 배차사항, 지시 및 전달사항 등을 확인한 후 운행

### 3 운행 중 주의

① 주·정차 후 출발할 때에는 차량주변의 보행자, 승·하차자 및 노상취객 등을 확인한 후 안전하게 운행한다.
② 내리막길에서는 풋 브레이크를 장시간 사용하지 않고 엔진 브레이크 등을 적절히 사용하여 안전하게 운행한다.
③ 보행자, 이륜차, 자전거 등과 교행, 나란히 진행할 때에는 서행하며 안전거리를 유지하면서 운행한다.
④ 후진할 때에는 유도요원을 배치하여 수신호에 따라 안전하게 후진한다.
⑤ 후진 카메라를 설치한 경우에는 카메라를 통해 후방의 이상 유무를 확인한 후 안전하게 후진한다.
⑥ 눈길, 빙판길 등은 체인이나 스노타이어를 장착한 후 안전하게 운행한다.
⑦ 뒤따라오는 차량이 추월하는 경우에는 감속 등을 통해 양보 운전한다.

### 4 교통사고에 따른 조치

① 교통사고를 발생시켰을 때에는 도로교통법령에 따라 현장에서의 인명구호, 관할경찰서 신고 등의 의무를 성실히 이행한다.
② 어떤 사고라도 임의로 처리하지 말고 사고발생 경위를 육하원칙에 따라 거짓 없이 정확하게 회사에 보고한다.
③ 사고처리 결과에 대해 개인적으로 통보를 받았을 때에는 회사에 보고한 후 회사의 지시에 따라 조치한다.

### 5 운전자 신상변동 등에 따른 보고

① 결근, 지각, 조퇴가 필요하거나, 운전면허증 기재사항 변경, 질병 등 신상변동이 발생한 때에는 즉시 회사에 보고한다.
② 운전면허 정지 및 취소 등의 행정처분을 받았을 때에는 즉시 회사에 보고하여야 하며, 어떠한 경우라도 운전을 해서는 아니 된다.

---

# 제3장 교통시스템에 대한 이해

## 01 버스 준공영제

### 1 버스 준공영제의 개요

#### (1) 버스 운영체제의 유형

① **공영제** : 정부가 버스노선의 계획에서부터 버스차량의 소유·공급, 노선의 조정, 버스의 운행에 따른 수입금 관리 등 버스 운영체계의 전반을 책임지는 방식이다.
② **민영제** : 민간이 버스노선의 결정, 버스운행 및 서비스의 공급 주체가 되고, 정부규제는 최소화하는 방식이다.
③ **버스 준공영제** : 노선버스 운영에 공공개념을 도입한 형태로 운영은 민간, 관리는 공공영역에서 담당하게 하는 운영체제를 말한다.

#### (2) 공영제와 민영제의 장단점 비교

**1) 공영제의 장점**
① 종합적 도시교통계획 차원에서 운행서비스 공급이 가능
② 노선의 공유화로 수요의 변화 및 교통수단간 연계차원에서 노선 조정, 신설, 변경 등이 용이
③ 연계·환승시스템, 정기권 도입 등 효율적 운영체계의 시행이 용이
④ 서비스의 안정적 확보와 개선이 용이
⑤ 수익노선 및 비수익노선에 대해 동등한 양질의 서비스 제공이 용이
⑥ 저렴한 요금을 유지할 수 있어 서민대중을 보호하고 사회적 분배효과 고양

**2) 공영제의 단점**
① 책임의식 결여로 생산성 저하
② 요금인상에 대한 이용자들의 압력을 정부가 직접 받게 되어 요금 조정이 어려움
③ 운전자 등 근로자들이 공무원화 될 경우 인건비 증가 우려
④ 노선 신설, 정류소 설치, 인사 청탁 등 외부간섭의 증가로 비효율성 증대

**3) 민영제의 장점**
① 민간이 버스노선 결정 및 운행서비스를 공급함으로 공급비용을 최소화
② 업무성적과 보상이 연관되어 있고 엄격한 지출통제에 제한받지 않기 때문에 민간회사가 보다 효율적
③ 민간회사들이 보다 혁신적
④ 버스시장의 수요·공급체계의 유연성
⑤ 정부규제 최소화 및 행정비용, 정부 재정지원의 최소화

**4) 민영제의 단점**
① 노선의 사유화로 노선의 합리적 개편이 적시적소에 이루어지기 어려움

② 노선의 독점적 운영으로 업체 간 수입격차가 극심하여 서비스 개선 곤란
③ 비수익노선의 운행서비스 공급 애로
④ 타 교통수단과의 연계교통체계 구축이 어려움
⑤ 과도한 버스 운임의 상승

### (3) 준공영제의 특징
① 버스의 소유·운영은 각 버스업체가 유지
② 버스노선 및 요금의 조정, 버스운행 관리에 대해서는 지방자치단체가 개입
③ 지방자치단체의 판단에 의해 조정된 노선 및 요금으로 인해 발생된 운송수지적자에 대해서는 지방자치단체가 보전
④ 노선체계의 효율적인 운영
⑤ 표준 운송원가를 통한 경영효율화 도모
⑥ 수준 높은 버스 서비스 제공

## 2 버스 준공영제의 유형

### (1) 형태에 의한 분류
① 노선 공동관리형
② 수입금 공동관리형
③ 자동차 공동관리형

### (2) 버스업체 지원형태에 의한 분류
① **직접 지원형** : 운영비용이나 자본비용을 보조하는 형태
② **간접 지원형** : 기반시설이나 수요증대를 지원하는 형태

## 02 버스요금제도

## 1 버스요금의 관할관청
① 버스운임의 기준·요율 결정 및 신고의 관할관청은 다음과 같다.

| 구 분 | | 운임의 기준·요율결정 | 신 고 |
|---|---|---|---|
| 노선 운송 사업 | 시내버스 | 시·도지사 (광역급행형 : 국토교통부장관) | 시장·군수 |
| | 농어촌버스 | 시·도지사 | 시장·군수 |
| | 시외버스 | 국토교통부장관 | 시장·도지사 |
| | 고속버스 | 국토교통부장관 | 시장·도지사 |
| | 마을버스 | 시장·군수 | 시장·군수 |
| 구역 운송 사업 | 전세버스 | 자율요금 | |
| | 특수여객 | 자율요금 | |

## 2 버스요금 체계

### (1) 버스요금 체계의 유형
① **단일(균일) 운임제** : 이용거리와 관계없이 일정하게 설정된 요금을 부과하는 요금체계
② **구역 운임제** : 운행구간을 몇 개의 구역으로 나누어 구역별로 요금을 설정하고, 동일 구역 내에서는 균일하게 요금을 설정하는 요금체계
③ **거리 운임 요율제** : 거리 운임 요율에 운행거리를 곱해 요금을 산정하는 요금체계

④ **거리 체감제** : 이용거리가 증가함에 따라 단위당 운임이 낮아지는 요금체계

### (2) 업종별 요금체계
① **시내·농어촌버스** : 동일 특별시·광역시·시·군내에서는 단일 운임제, 시(읍)계 외 지역에는 구역제·구간제·거리 운임 요율제
② **시외버스** : 거리 운임 요율제(기본구간 10km 기준 최저기본 운임), 거리 체감제
③ **고속버스** : 거리 체감제
④ **마을버스** : 단일 운임제
⑤ **전세서비스** : 자율 요금
⑥ **특수여객** : 자율 요금

## 03 간선 급행버스 체계(BRT ; Bus Rapid Transit)

## 1 간선 급행버스 체계의 개념
① 도심과 외곽을 잇는 주요 간선도로에 버스전용차로를 설치하여 급행버스를 운행하게 하는 대중교통 시스템을 말한다.
② 요금정보 시스템과 승강장·환승정류장·환승터미널·정보체계 등 도시철도 시스템을 버스운행에 적용한 것으로 '땅 위의 지하철'로도 불린다.

## 2 간선 급행버스 체계의 도입 배경
① 도로와 교통시설의 증가의 둔화
② 대중교통 이용률 하락
③ 교통 체증의 지속
④ 도로 및 교통시설에 대한 투자비의 급격한 증가
⑤ 신속하고, 양질의 대량수송에 적합한 저렴한 비용의 대중교통 시스템 필요

## 3 간선 급행버스 체계의 특성
① 중앙버스차로와 같은 분리된 버스전용차로 제공
② 효율적인 사전 요금징수 시스템 채택
③ 신속한 승하차 가능
④ 정류장 및 승차대의 쾌적성 향상
⑤ 지능형교통시스템(ITS ; Intelligent Transportation system)을 활용한 첨단신호체계 운영
⑥ 실시간으로 승객에게 버스운행정보 제공 가능
⑦ 환승 정류소 및 터미널을 이용하여 다른 교통수단과의 연계 가능
⑧ 환경 친화적인 고급버스를 제공함으로써 버스에 대한 이미지 혁신 가능
⑨ 대중교통에 대한 승객 서비스 수준 향상

## 4 간선 급행버스 체계 운영을 위한 구성요소
① **통행권 확보** : 독립된 전용도로 또는 차로 등을 활용한 이용통행권 확보
② **교차로 시설 개선** : 버스 우선 신호, 버스전용 지하 또는 고가 등을 활용한 입체교차로 운영
③ **자동차 개선** : 저공해, 저소음, 승객들의 수평 승하차 및 대량수송
④ **환승시설 개선** : 편리하고 안전한 환승시설 운영
⑤ **운행관리 시스템** : 지능형 교통시스템을 활용한 운행관리

## 04 버스정보시스템 및 버스운행관리시스템

### 1 BIS(Bus Information System) / BMS(Bus Management System) 개요

#### (1) 정의
① **버스 정보 시스템(BIS)** : 버스와 정류소에 무선 송수신기를 설치하여 버스의 위치를 실시간으로 파악하고, 이를 이용해 이용자에게 정류장에서 해당 노선버스의 도착 예정시간을 안내하고 이와 동시에 인터넷 등을 통하여 운행정보를 제공하는 시스템이다.
② **버스 운행관리 시스템(BMS)** : 차내 장치를 설치한 버스와 종합사령실을 유·무선 네트워크로 연결해 버스의 위치나 사고 정보 등을 버스회사, 운전자에게 실시간으로 보내주는 시스템이다.

#### (2) 버스정보시스템(BIS) 운영
① **정류소** : 대기승객에게 정류소 안내기를 통하여 도착 예정시간 등을 제공
② **차내** : 다음 정류소 안내, 도착 예정시간 안내
③ **그 외 장소** : 유무선 인터넷을 통한 특정 정류소 버스 도착 예정시간 정보 제공
④ **주목적** : 버스 이용자에게 편의 제공과 이를 통한 활성화

#### (3) 버스운행관리시스템(BMS) 운영
① 버스운행관리 센터 또는 버스회사에서 버스운행 상황과 사고 등 돌발적인 상황 감지
② 관계기관, 버스회사, 운수종사자를 대상으로 정시성 확보
③ 버스운행관제, 운행상태(위치, 위반사항) 등 버스정책 수립 등을 위한 기초자료 제공
④ **주목적** : 버스운행관리, 이력관리 및 버스운행정보제공 등

### 2 버스정보시스템 및 버스운행관리 시스템의 주요 기능

#### (1) 버스도착 정보제공
① 정류소별 도착예정 정보 표출
② 정류소간 주행시간 표출
③ 버스운행 및 종료 정보 제공

#### (2) 실시간 운행상태 파악
① 버스운행의 실시간 관제
② 정류소별 도착시간 관제
③ 배차간격 미준수 버스 관제

#### (3) 전자지도 이용 실시간 관제
① 노선 임의변경 관제
② 버스위치 표시 및 관리
③ 실제 주행여부 관제

#### (4) 버스운행 및 통계관리
① 누적 운행시간 및 횟수 통계관리
② 기간별 운행통계관리
③ 버스, 노선, 정류소별 통계관리

### 3 이용 주체별 기대효과

#### (1) 이용자(승객)-버스정보시스템
① 버스운행정보 제공으로 만족도 향상
② 불규칙한 배차, 결행 및 무정차 통과에 의한 불편해소
③ 과속 및 난폭운전으로 인한 불안감 해소
④ 버스도착 예정시간 사전확인으로 불필요한 대기시간 감소

#### (2) 운수종사자(버스 운전자)-버스운행관리시스템
① 운행정보 인지로 정시 운행
② 앞·뒤차 간의 간격인지로 차간 간격 조정 운행
③ 운행상태 완전노출로 운행질서 확립

#### (3) 버스회사-버스운행관리시스템
① 서비스 개선에 따른 승객 증가로 수지개선
② 과속 및 난폭운전에 대한 통제로 교통사고율 감소 및 보험료 절감
③ 정확한 배차관리, 운행간격 유지 등으로 경영합리화 가능

#### (4) 정부·지자체-버스운행관리시스템
① 자가용 이용자의 대중교통 흡수 활성화
② 대중교통정책 수립의 효율화
③ 버스운행 관리감독의 과학화로 경제성, 정확성, 객관성 확보

## 05 버스전용차로

### 1 버스전용차로의 개념
① 버스전용차로는 일반차로와 구별되게 버스가 전용으로 신속하게 통행할 수 있도록 설정된 차로를 말한다.
② 버스전용차로는 통행방향과 차로의 위치에 따라 가로변 버스전용차로, 역류 버스전용차로, 중앙 버스전용차로로 구분할 수 있다.
③ 버스전용차로의 설치는 일반차량의 차로수를 줄이기 때문에 일반차량의 교통상황이 나빠지는 문제가 발생할 수 있다.
④ 버스전용차로를 설치하여 효율적으로 운영하기 위해서는 다음과 같은 구간에 설치되는 것이 바람직하다.
  ㉮ 전용차로를 설치하고자 하는 구간의 교통정체가 심한 곳
  ㉯ 버스 통행량이 일정수준 이상이고, 승차인원이 한 명인 승용차의 비중이 높은 구간
  ㉰ 편도 3차로 이상 등 도로 기하구조가 전용차로를 설치하기 적당한 구간
  ㉱ 대중교통 이용자들의 폭넓은 지지를 받는 구간

### 2 전용차로 유형별 특징

#### (1) 가로변 버스전용차로
① 가로변 버스전용차로는 일방통행로 또는 양방향 통행로에서 가로변 차로를 버스가 전용으로 통행할 수 있도록 제공하는 것을 말한다.
② 가로변 버스전용차로는 종일 또는 출·퇴근 시간대 등을 지정하여 운영할 수 있다.
③ 버스전용차로 운영시간대에는 가로변의 주·정차를 금지하고 있으며, 시행구간의 버스 이용자수가 승용차 이용자수보다 많아야 효과적이다.
④ 가로변 버스전용차로는 우회전하는 차량을 위해 교차로 부근에서는 일반차량의 버스전용차로 이용을 허용하여야 하며, 버스전용차로에 주·정차하는 차량을 근절시키기 어렵다.

⑤ 가로변 버스전용차로의 장·단점

| 장 점 |
| --- |
| • 시행이 간편하다. |
| • 적은 비용으로 운영이 가능하다. |
| • 기존의 가로망 체계에 미치는 영향이 적다. |
| • 시행 후 문제점 발생에 따른 보완 및 원상복귀가 용이하다. |

| 단 점 |
| --- |
| • 시행효과가 바로 나타나지 않는다. |
| • 가로변 상업 활동과 상충된다. |
| • 전용차로 위반차량이 많이 발생한다. |
| • 우회전하는 차량과 충돌할 위험이 존재한다. |

## (2) 역류 버스전용차로

① 역류 버스전용차로는 일방통행로에서 차량이 진행하는 반대방향으로 1~2개 차로를 버스전용차로로 제공하는 것을 말한다. 이는 일방통행로에서 양방향으로 대중교통 서비스를 유지하기 위한 방법이다.

② 역류 버스전용차로는 일반 차량과 반대방향으로 운영하기 때문에 차로분리시설과 안내시설 등의 설치가 필요하며, 가로변 버스전용차로에 비해 시행비용이 많이 든다.

③ 역류 버스전용차로는 일방통행로에 대중교통수요 등으로 인해 버스노선이 필요한 경우에 설치한다.

④ 대중교통 서비스는 계속 유지되면서 일방통행의 장점을 살릴 수 있지만, 시행준비가 까다롭고 투자비용이 많이 소요되는 단점이 있다.

⑤ 역류 버스전용차로의 장·단점

| 장 점 |
| --- |
| • 대중교통 서비스를 제공하면서 가로변에 설치된 일방통행의 장점을 유지할 수 있다. |
| • 대중교통의 정시성이 제고된다. |

| 단 점 |
| --- |
| • 일방통행로에서는 보행자가 버스전용차로의 진행방향만 확인하는 경향으로 인해 보행자 사고가 증가할 수 있다. |
| • 잘못 진입한 차량으로 인해 교통 혼잡이 발생할 수 있다. |

## (3) 중앙 버스전용차로

① 중앙 버스전용차로는 도로 중앙에 버스만 이용할 수 있는 전용차로를 지정함으로써 버스를 다른 차량과 분리하여 운영하는 방식을 말한다.

② 중앙 버스전용차로는 버스의 운행속도를 높이는데 도움이 되며, 승용차를 포함한 다른 차량들은 버스의 정차로 인한 불편을 피할 수 있다. 버스의 잦은 정류장 또는 정류소의 정차 및 갑작스런 차로 변경은 다른 차량의 교통흐름을 단절시키거나 사고 위험을 초래할 수 있다.

③ 중앙 버스전용차로는 일반 차량의 중앙 버스전용차로 이용 및 주·정차를 막을 수 있어 차량의 운행속도 향상에 도움이 된다.

④ 버스 이용객의 입장에서 볼 때 횡단보도를 통해 정류소로 이동함에 따라 정류소 접근시간이 늘어나고, 보행자 사고 위험성이 증가할 수 있는 단점이 있다.

⑤ 중앙 버스전용차로는 일반적으로 편도 3차로 이상 되는 기존 도로의 중앙 차로에 버스전용차로를 제공하는 것으로 다른 차량의 진입을 막기 위해 방호울타리 또는 연석 등의 물리적 분리시설 등의 안전시설이 필요하기 때문에 설치비용이 많이 소요되는 단점이 있다.

⑥ 차로수가 많을수록 중앙 버스전용차로 도입이 용이하고, 만성적인 교통 혼잡이 발생하는 구간 또는 좌회전하는 대중교통 버스노선이 많은 지점에 설치하면 효과가 크다.

⑦ 중앙 버스전용차로의 장·단점

| 장 점 |
| --- |
| • 일반 차량과의 마찰을 최소화 한다. |
| • 교통정체가 심한 구간에서 더욱 효과적이다. |
| • 대중교통의 통행속도 제고 및 정시성 확보가 유리하다. |
| • 대중교통 이용자의 증가를 도모할 수 있다. |
| • 가로변 상업 활동이 보장된다. |

| 단 점 |
| --- |
| • 도로 중앙에 설치된 버스정류소로 인해 무단횡단 등 안전문제가 발생한다. |
| • 여러 가지 안전시설 등의 설치 및 유지로 인한 비용이 많이 든다. |
| • 전용차로에서 우회전하는 버스와 일반차로에서 좌회전하는 차량에 대한 체계적인 관리가 필요하다. |
| • 일반 차로의 통행량이 다른 전용차로에 비해 많이 감소할 수 있다. |
| • 승하차 정류소에 대한 보행자의 접근거리가 길어진다. |

⑧ 중앙 버스전용차로의 위험 요소

㉮ 대기 중인 버스를 타기 위한 보행자의 횡단보도 신호위반 및 버스정류소 부근의 무단횡단 가능성 증가

㉯ 중앙 버스전용차로가 시작하는 구간 및 끝나는 구간에서 일반 차량과 버스간의 충돌위험 발생

㉰ 좌회전하는 일반차량과 직진하는 버스 간의 충돌위험 발생

㉱ 버스전용차로가 시작하는 구간에서는 일반차량의 직진 차로 수의 감소에 따른 교통 혼잡 발생

㉲ 폭이 좁은 정류소 추월차로로 인한 사고 위험 발생 : 정류소에 설치된 추월차로는 정류소에 정차하지 않는 버스 또는 승객의 승·하차를 마친 버스가 대기 중인 버스를 추월하기 위한 차로로 폭이 좁아 중앙선을 침범하기 쉬운 문제를 안고 있다.

## 3 고속도로 버스전용차로제

### (1) 시행 구간

① 평일 : 경부고속도로 오산 IC부터 한남대교 남단까지

② 토요일, 공휴일, 연휴 등 : 경부고속도로 신탄진 IC부터 한남대교 남단까지

### (2) 시행 시간

① 평일, 토요일, 공휴일 : 서울·부산 양방향 07 : 00부터 21 : 00까지

② 설날·추석 연휴 및 연휴 전날 : 서울·부산 양방향 07 : 00부터 다음날 01 : 00까지

### (3) 통행 가능 차량

9인승 이상 승용자동차 및 승합자동차(승용자동차 또는 12인승 이하의 승합자동차는 6인 이상이 승차한 경우에 한한다)

---

## 06 교통카드 시스템

## 1 교통카드 시스템의 개요

### (1) 교통카드

① 대중교통 수단의 운임이나 유료도로의 통행료를 지불할 때 주로 사용되는 일종의 전자화폐이다.

② 현금지불에 대한 불편 및 승하차시간 지체문제 해소와 운송업체의 경영효율화 등을 위해 1996년 3월에 최초로 서울시가 버스카드제를 도입하였으며 1998년 6월부터는 지하철카드제를 도입하였다.

## (2) 교통카드 시스템의 도입효과

### 1) 이용자 측면
① 현금소지의 불편 해소
② 소지의 편리성, 요금 지불 및 징수의 신속성
③ 하나의 카드로 다수의 교통수단 이용 가능
④ 요금할인 등으로 교통비 절감

### 2) 운영자 측면
① 운송수입금 관리가 용이
② 요금집계업무의 전산화를 통한 경영합리화
③ 대중교통 이용률 증가에 따른 운송수익의 증대
④ 정확한 전산실적 자료에 근거한 운행 효율화
⑤ 다양한 요금체계에 대응(거리 운임 요일제, 구간 요금제 등)

### 3) 정부 측면
① 대중교통 이용률 제고로 교통 환경 개선
② 첨단교통체계 기반 마련
③ 교통정책 수립 및 교통요금 결정의 기초자료 확보

## 2 교통카드 시스템의 구성
① 교통카드 시스템은 크게 사용자 카드, 단말기, 중앙처리 시스템으로 구성된다.
② 흔히 사용자가 접하게 되는 것은 교통카드와 단말기이며, 교통카드 발급자와 단말기 제조자, 중앙처리 시스템 운영자는 사정에 따라 같을 수도 있으나 다른 경우가 대부분이다.

## 3 교통카드의 종류

### (1) 카드방식에 따른 분류
① **MS(Magnetic Strip) 방식** : 자기인식 방식으로 간단한 정보 기록이 가능하며, 정보를 저장하는 매체인 자성체가 손상될 위험이 높고, 위·변조가 용이해 보안에 취약하다.
② **IC방식(스마트카드)** : 반도체 칩을 이용해 정보를 기록하는 방식으로 자기카드에 비해 수 백배 이상의 정보 저장이 가능하고, 카드에 기록된 정보를 암호화할 수 있어, 자기카드에 비해 보안성이 높다.

### (2) IC카드의 종류(내장하는 Chip의 종류에 따라)
① **접촉식**
② **비접촉식**(RF, Radio Frequency)
③ **하이브리드** : 접촉식 + 비접촉식 2종의 칩을 함께하는 방식이나 2개 종류 간 연동이 안 된다.
④ **콤비** : 접촉식 + 비접촉식 2종의 칩을 함께하는 방식으로 2개 종류 간 연동이 된다.

## 4 단말기
① 단말기는 카드를 판독하여 이용요금을 차감하고 잔액을 기록하는 기능을 한다.
② **구조** : 카드인식장치, 정보처리장치, 킷값(Idcenter), 키값관리장치, 정보저장장치

## 5 집계 시스템
① 단말기와 정산시스템을 연결하는 기능을 한다.
② **구성** : 데이터 처리장치, 통신장치(유/무선), 인쇄장치, 무정전 전원공급장치

## 6 충전 시스템
① 금액이 소진된 교통카드에 금액을 재충전하는 기능을 한다.

② **종류** : On Line(은행과 연결하여 충전),
Off Line(충전기에서 직접 충전)

## 7 정산 시스템
① 각종 단말기 및 충전기와 네트워크로 연결하여 사용 거래기록을 수집, 정산 처리하고, 정산결과를 해당 은행으로 전송한다.
② 거래기록의 정산처리 뿐만 아니라 정산 처리된 모든 거래기록을 데이터 베이스화 하는 기능을 한다.

# 제4장 운수종사자가 알아야 할 응급처치 방법 등

## 01 운전자 상식

## 1 교통사고 현장에서의 상황별 안전조치

### (1) 교통사고 상황파악
① 짧은 시간 안에 사고 정보를 수집하여 침착하고 신속하게 상황을 파악한다.
② 피해자와 구조자 등에게 위험이 계속 발생하는지 파악한다.
③ 생명이 위독한 환자가 누구인지 파악한다.
④ 구조를 도와줄 사람이 주변에 있는지 파악한다.
⑤ 전문가의 도움이 필요한지 파악한다.

### (2) 사고현장의 안전관리
① 피해자를 위험으로부터 보호하거나 피신시킨다.
② 사고위치에 노면표시를 한 후 도로 가장자리로 자동차를 이동시킨다.

## 2 교통사고 현장에서의 원인조사

### (1) 노면에 나타난 흔적조사
① 스키드 마크, 요 마크, 프린트 자국 등 타이어 자국의 위치 및 방향
② 차의 금속부분이 노면에 접촉하여 생긴 파인 흔적 또는 긁힌 흔적의 위치 및 방향
③ 충돌 충격에 의한 차량 파손품의 위치 및 방향
④ 충돌 후에 떨어진 액체 잔존물의 위치 및 방향
⑤ 차량 적재물의 낙하위치 및 방향
⑥ 피해자의 유류품 및 혈흔자국
⑦ 도로구조물 및 안전시설물의 파손위치 및 방향

### (2) 사고차량 및 피해자 조사
① 사고차량의 손상부위 정도 및 손상방향
② 사고차량에 묻은 흔적, 마찰, 찰과흔
③ 사고차량의 위치 및 방향
④ 피해자의 상처 부위 및 정도
⑤ 피해자의 위치 및 방향

### (3) 사고 당사자 및 목격자 조사
① 운전자에 대한 사고 상황조사
② 탑승자에 대한 사고 상황조사
③ 목격자에 대한 사고 상황조사

**(4) 사고현장 시설물 조사**

① 사고지점 부근의 가로등, 가로수, 전신주 등의 시설물 위치
② 신호등(신호기) 및 신호체계
③ 차로, 중앙선, 중앙분리대, 갓길 등 도로횡단 구성요소
④ 방호울타리, 충격흡수시설, 안전표지 등 안전시설 요소
⑤ 노면의 파손, 결빙, 배수불량 등 노면상태 요소

**(5) 사고현장 측정 및 사진촬영**

① 사고지점 부근의 도로선형(평면 및 교차로 등)
② 사고지점의 위치
③ 차량 및 노면에 나타난 물리적 흔적 및 시설물 등의 위치
④ 사고현장에 대한 가로방향 및 세로방향의 길이
⑤ 곡선구간의 곡선반경, 노면의 경사도(종단구배 및 횡단구배)
⑥ 도로의 시거 및 시설물의 위치 등
⑦ 사고현장, 사고차량, 물리적 흔적 등에 대한 사진촬영

### 3 버스승객의 주요 불만사항

① 버스가 정해진 시간에 오지 않는다.
② 정체로 시간이 많이 소요되고 목적지에 도착할 시간을 알 수 없다.
③ 난폭, 과속운전을 한다.
④ 버스기사가 불친절하다.
⑤ 차내가 혼잡하다.
⑥ 안내 방송이 미흡하다.(시내버스, 농어촌버스)
⑦ 차량의 청소, 정비 상태가 불량하다.
⑧ 정류소에 정차하지 않고 무정차 운행한다.(시내버스, 농어촌버스)

### 4 버스에서 발생하기 쉬운 사고유형과 대책

① 버스는 불특정 다수를 대량으로 수송한다는 점과 운행거리 및 운행시간이 타 차량에 비해 긴 특성을 가지고 있어, 사고발생 확률이 높으며, 실제로 더 많은 사고가 발생하고 있다.
② 버스사고의 절반가량은 사람과 관련되어 발생하고 있으며, 전체 버스사고 중 약 1/3 정도는 차내 전도사고 이며, 승하차 중에도 사고가 빈발하고 있다.
③ 버스사고는 주행 중인 도로상, 버스정류소, 교차로 부근, 횡단보도 부근 순으로 많이 발생하고 있다.
④ 승객의 안락한 승차감과 사고를 예방하기 위해서는 안전운전 습관을 몸에 익혀야 한다.
  ㉮ 급출발이 되지 않도록 한다.
  ㉯ 출발 시에는 차량 탑승 승객이 좌석이나 입석공간에 완전히 위치한 상황을 파악한 후 출발한다.
  ㉰ 버스운전자는 안내방송 또는 육성을 통해 승객의 주의를 환기시켜 사고가 발생하지 않도록 사전예방에 노력을 기울여야 한다.

## 02 응급처치방법

### 1 부상자 의식 상태 확인

① 말을 걸거나 팔을 꼬집어 눈동자를 확인한 후 의식이 있으면 말로 안심시킨다.
② 의식이 없다면 기도를 확보한다. 머리를 뒤로 충분히 젖힌 뒤, 입안에 있는 피나 토한 음식물 등을 긁어내어 막힌 기도를 확보한다.
③ 의식이 없거나 구토할 때는 목이 오물로 막혀 질식하지 않도록 옆으로 눕힌다.
④ 목뼈 손상의 가능성이 있는 경우에는 목 뒤쪽을 한 손으로 받쳐준다.

⑤ 환자의 몸을 심하게 흔드는 것은 금지한다.

### 2 심폐소생술

① **의식 확인**
  ㉮ 성인 : 양쪽 어깨를 가볍게 두드리며 "괜찮으세요?"라고 말한 후 반응 확인
  ㉯ 영아 : 한쪽 발바닥을 가볍게 두드리며 반응 확인
② **기도열기 및 호흡확인** : 머리 젖히고 턱 들어올리기, 5~10초 동안 보고-듣고-느낌
③ **인공호흡** : 가슴이 충분히 올라올 정도로 2회(1회당 1초간) 실시
④ **가슴압박 및 인공호흡 반복** : 30회 가슴압박과 2회 인공호흡 반복(30 : 2)

## 03 응급상황 대처요령

### 1 교통사고 발생 시 운전자의 조치사항

① 교통사고가 발생했을 때 운전자는 무엇보다도 사고피해를 최소화 하는 것과 제2차사고 방지를 위한 조치를 우선적으로 취해야 한다.
② 운전자는 이를 위해 마음의 평정을 찾아야 한다.
③ 사고발생시 운전자가 취할 조치과정은 다음과 같다.
  ㉮ **탈출** : 교통사고 발생 시 우선 엔진을 멈추게 하고 연료가 인화되지 않도록 한다. 이 과정에서 무엇보다 안전하고 신속하게 사고차량으로부터 탈출해야 하며 침착해야 한다.
  ㉯ **인명구조** : 부상자가 발생하여 인명구조를 해야 될 경우 다음과 같은 점에 유의한다.
    ㉠ 승객이나 동승자가 있는 경우 적절한 유도로 승객의 혼란방지에 노력해야 한다. 아비규환의 상태에서는 피해가 더욱 증가할 수 있기 때문이다.
    ㉡ 인명구출 시 부상자, 노인, 어린아이 및 부녀자 등 노약자를 우선적으로 구조한다.
    ㉢ 정차위치가 차선, 갓길 등과 같이 위험한 장소일 때에는 신속히 도로 밖의 안전장소로 유도하고 2차 피해가 일어나지 않도록 한다.
    ㉣ 부상자가 있을 때에는 우선 응급조치를 한다.
    ㉤ 야간에는 주변의 안전에 특히 주의를 하고 냉정하고 기민하게 구출유도를 해야 한다.
  ㉰ **후방방호** : 고장발생 시와 마찬가지로 경황이 없는 중에 통과차량에 알리기 위해 차선으로 뛰어나와 손을 흔드는 등의 위험한 행동을 삼가야한다.
  ㉱ **연락** : 보험회사나 경찰 등에 다음 사항을 연락한다.
    ㉠ 사고발생지점 및 상태
    ㉡ 부상정도 및 부상자수
    ㉢ 회사명
    ㉣ 운전자 성명
    ㉤ 우편물, 신문, 여객의 휴대 화물의 상태
    ㉥ 연료 유출여부 등
  ㉲ **대기** : 대기요령은 고장차량의 경우와 같이 하되, 특히 주의를 요하는 것은 부상자가 있는 경우 응급처치 등 부상자 구호에 필요한 조치를 한 후 후속차량에 긴급후송을 요청해야 한다. 부상자를 후송할 경우 위급한 환자부터 먼저 후송하도록 해야 한다.

## 2 차량고장 시 운전자의 조치사항

① 교통사고는 고장과 연관될 가능성이 크며, 고장은 사고의 원인이
되기도 한다.

② 여러 가지 이유로 고장이 발생할 경우 다음과 같은 조치를 취해야
한다.

  ㉮ 정차 차량의 결함이 심할 때는 비상등을 점멸시키면서 갓길에
바짝 차를 대서 정차한다.

  ㉯ 차에서 내릴 때에는 옆 차로의 차량 주행상황을 살핀 후 내린다.

  ㉰ 야간에는 밝은 색 옷이나 야광이 되는 옷을 착용하는 것이 좋다.

  ㉱ 비상전화를 하기 전에 차의 후방에 경고반사판을 설치해야 하
며 특히 야간에는 주위를 기울인다.

  ㉲ 비상주차대에 정차할 때는 타 차량의 주행에 지장이 없도록 정
차해야 한다.

③ 후방에 대한 안전조치를 취해야 한다.

  ㉮ 대기 장소에서는 통과차량의 접근에 따라 접촉이나 추돌이 생
기지 않도록 하는 안전조치를 취해야 한다.

  ㉯ 이를 위해 고장차를 즉시 알 수 있도록 표시 또는 눈에 띄게 한다.

  ㉰ 도로교통법에 의하면 '자동차의 운전자는 고장이나 그 밖의 사
유로 고속도로 등에서 자동차를 운행할 수 없게 되었을 때에는
행정안전부령이 정하는 표지(고장자동차의 표지)를 하여야 하
며, 그 자동차를 고속도로 등이 아닌 다른 곳으로 옮겨 놓는 등
의 필요한 조치를 하여야 한다.'고 규정하고 있다.

④ 도로교통법 시행규칙에 따른 고장 자동차의 표지는 후방에서 접
근하는 자동차의 운전자가 확인할 수 있는 위치에 설치하여야 한
다. 밤에는 고장 자동차의 표지와 함께 사방 500m 지점에서 식별
할 수 있는 적색의 섬광신호·전기제등 또는 불꽃신호를 추가로 설
치하여야 한다.

⑤ 구조차 또는 서비스차가 도착할 때까지 차량 내에 대기하는 것은
특히 위험하므로 반드시 안전지대로 나가서 기다리도록 유도한
다.

## 3 재난발생 시 운전자의 조치사항

① 운행 중 재난이 발생한 경우에는 신속하게 차량을 안전지대로 이
동한 후 즉각 회사 및 유관기관에 보고한다.

② 장시간 고립 시에는 유류, 비상식량, 구급환자발생 등을 즉시 신
고, 한국도로공사 및 인근 유관기관 등에 협조를 요청한다.

③ 승객의 안전조치를 우선적으로 취한다.

  ㉮ 폭설 및 폭우로 운행이 불가능하게 된 경우에는 응급환자 및 노
인, 어린이 승객을 우선적으로 안전지대로 대피시키고 유관기
관에 협조를 요청한다.

  ㉯ 재난 시 차내에 유류 확인 및 업체에 현재 위치를 알리고 도착
전까지 차내에서 안전하게 승객을 보호한다.

  ㉰ 재난 시 차량 내부에 이상 여부 확인 및 신속하게 안전지대로 차
량을 대피한다.

버스운전
자격시험

# 운송서비스

운송
서비스

## 1. 여객운수 종사자의 기본자세

**01 서비스에 관한 설명으로 틀린 것은?**

① 한 당사자가 다른 당사자에게 소유권의 변동 없이 제공해 줄 수 있는 무형의 행위 또는 활동을 말한다.

② 여객운송업에 있어 서비스란 긍정적인 마음을 적절하게 표현하여 승객을 기쁘고 즐겁게 목적지까지 안전하게 이동시키는 것을 말한다.

③ 서비스란 승객의 이익을 도모하기 위해 행동하는 기계적 노동을 말한다.

④ 서비스도 하나의 상품으로 서비스 품질에 대한 승객만족을 위해 계속적으로 승객에게 제공하는 모든 활동을 의미한다.

**해설** 서비스에 관한 설명은 ①, ②, ④항 이외에 서비스란 승객의 이익을 도모하기 위해 행동하는 정신적·육체적 노동을 말한다.

**02 올바른 서비스 제공을 위한 요소가 아닌 것은?**

① 단정한 용모와 복장　　② 밝은 표정

③ 공손한 인사　　　　　④ 퉁명한 말

**해설 올바른 서비스 제공을 위한 5요소**

① 단정한 용모 및 복장　　② 밝은 표정
③ 공손한 인사　　　　　④ 친근한 말
⑤ 따뜻한 응대

**03 올바른 서비스 제공을 위한 요소가 아닌 것은?**

① 단정한 용모와 복장　　② 밝은 표정

③ 친근한 말　　　　　　④ 퉁명한 말

**04 서비스의 특징이 아닌 것은?**

① 유형성　　　　　　　② 동시성

③ 인적 의존성　　　　　④ 소멸성

**해설** 서비스의 특징은 ②, ③, ④항 이외에 무형성, 무소유권이다.

**05 다음 중 일반적인 승객의 욕구와 거리가 먼 것은?**

① 편안해지고 싶어 한다.

② 관심을 받고 싶어 한다.

③ 독특한 사람으로 인식되고 싶어 한다.

④ 기대와 욕구를 수용하고 인정받고 싶어 한다.

**해설 일반적인 승객의 욕구**

① 기억되고 싶어 한다.
② 환영받고 싶어 한다.
③ 관심을 받고 싶어 한다.
④ 중요한 사람으로 인식되고 싶어 한다.
⑤ 편안해지고 싶어 한다.
⑥ 존경받고 싶어 한다.
⑦ 기대와 욕구를 수용하고 인정받고 싶어 한다.

**06 승객의 기본예절에 대해 설명한 것으로 적절하지 않은 것은?**

① 변함없는 진실한 마음으로 승객을 대한다.

② 승객의 여건, 능력, 개인차를 인정하고 배려한다.

③ 승객의 결점이 발견되면 바로 지적한다.

④ 승객의 입장을 이해하고 존중한다.

**해설 승객 만족을 위한 기본예절**은 ①, ②, ④항 이외에

① 승객을 기억한다.
② 자신의 것만 챙기는 이기주의는 바람직한 인간관계 형성의 저해요소이다.
③ 약간의 어려움을 감수하는 것은 좋은 인간관계 유지를 위한 투자이다.
④ 예의란 인간관계에서 지켜야할 도리이다.
⑤ 연장자는 사회의 선배로서 존중하고, 공·사를 구분하여 예우한다.
⑥ 상스러운 말을 하지 않는다.
⑦ 승객에게 관심을 갖는 것은 승객으로 하여금 내게 호감을 갖게 한다.
⑧ 관심을 가짐으로써 인간관계는 더욱 성숙된다.
⑨ 승객의 결점을 지적할 때에는 진지한 충고와 격려로 한다.
⑩ 승객을 존중하는 것은 돈 한 푼 들이지 않고 승객을 접대하는 효과가 있다.
⑪ 모든 인간관계는 성실을 바탕으로 한다.

**07 승객의 만족을 위한 기본예절에 속하지 않는 것은?**

① 승객을 기억한다.

② 자신의 것만 챙기는 이기주의의 자세를 취한다.

③ 약간의 어려움을 감수하는 것은 좋은 인간관계 유지를 위한 투자이다.

④ 승객의 입장을 이해하고 존중한다.

**08 긍정적인 이미지를 만들기 위한 3요소가 아닌 것은?**

① 시선 처리　　　　　② 음성 관리

③ 표정 관리　　　　　④ 과다한 몸짓

**해설 긍정적인 이미지를 만들기 위한 3요소**

① 시선 처리(눈빛) ② 음성 관리(목소리) ③ 표정 관리(미소)

**09 인사에 대한 설명으로 틀린 것은?**

① 인사는 평범하고도 대단히 쉬운 행동이지만 생활화되지 않으면 실천에 옮기기 어렵다.

② 인사는 애사심, 존경심, 우애, 자신의 교양 및 인격의 표현이다.

③ 인사는 서비스와 무관하다.

④ 인사는 승객과 만나는 첫걸음이다.

**해설 인사의 중요성**은 ①, ②, ④항 이외에

① 인사는 서비스의 주요 기법 중 하나이다.
② 인사는 승객에 대한 마음가짐의 표현이다.
③ 인사는 승객에 대한 서비스 정신의 표시이다.

**10** 다음 중 표정의 중요성이 아닌 것은?

① 표정은 첫인상을 좋게 만든다.
② 첫인상은 대면 직후 결정되는 경우가 많다.
③ 상대방에 대한 호감도를 나타낸다.
④ 상대방과의 불편한 관계를 만들어 준다.

┌해설 **표정의 중요성**은 ①, ②, ③항 이외에
　① 업무 효과를 높일 수 있다.
　② 밝은 표정은 호감 가는 이미지를 형성하여 사회생활에 도움을 준다.
　③ 밝은 표정과 미소는 신체와 정신 건강을 향상시킨다.
　④ 상대방과의 원활하고 친근한 관계를 만들어 준다.

**11** 다음 중 승객이 싫어하는 시선이 아닌 것은?

① 위로 치켜뜨는 눈 　② 위·아래로 훑어보는 눈
③ 자연스럽고 부드러운 눈 　④ 한 곳만 응시하는 눈

┌해설 **승객이 싫어하는 시선** : 위로 치켜뜨는 눈, 곁눈질, 한 곳만 응시하는 눈,
위·아래로 훑어보는 눈

**12** 다음 중 잘못된 표정으로 부적절한 것은?

① 눈썹 사이에 세로 주름이 지는 찡그리는 표정
② 무관심하고 의욕이 없는 무표정
③ 얼굴 전체가 웃는 표정
④ 코웃음을 치는 것 같은 표정

┌해설 **잘못된 표정**으로는 ①, ②, ④항 이외에
　① 상대의 눈을 보지 않는 표정
　② 입을 일자로 굳게 다문 표정
　③ 갑자기 표정이 자주 변하는 얼굴

**13** 다음 중 승객을 응대하는 마음가짐으로 부적절한 것은?

① 항상 부정적으로 생각한다.
② 승객이 호감을 갖도록 한다.
③ 예의를 지켜 겸손하게 대한다.
④ 승객의 입장에서 생각한다.

┌해설 **승객 응대 마음가짐 10가지**는 ②, ③, ④항 이외에
　① 사명감을 가진다.
　② 원만하게 대한다.
　③ 항상 긍정적으로 생각한다.
　④ 공사를 구분하고 공평하게 대한다.
　⑤ 투철한 서비스 정신을 가진다.
　⑥ 자신감을 갖고 행동한다.
　⑦ 부단히 반성하고 개선해 나간다.

**14** 단정한 용모와 복장의 중요성에 대한 설명으로 부적절한 것은?

① 승객이 받는 첫인상을 결정한다.
② 회사의 이미지를 좌우하는 요인을 제공한다.
③ 하는 일의 성과에는 영향을 미치지 않는다.
④ 활기찬 직장 분위기 조성에 영향을 준다.

┌해설 **단정한 용모와 복장의 중요성**은 ①, ②, ④항 이외에 하는 일의 성과에
영향을 미친다.

**15** 근무복에 대한 공적인 입장(운수업체 입장)에 속하지 않는 것은?

① 시각적인 안정감과 편안함을 승객에게 전달할 수 있다.
② 종사자의 소속감 및 애사심 등 심리적인 효과를 유발시킬 수 있다.
③ 사복에 대한 경제적 부담이 완화될 수 있다.
④ 효율적이고 능동적인 업무처리에 도움을 줄 수 있다.

**16** 복장의 기본원칙에 속하지 않는 것은?

① 통일감 있게
② 단정하게
③ 계절에 맞게
④ 신발은 샌들이나 슬리퍼를 착용

┌해설 **복장의 기본원칙**은 ①, ②, ③항 이외에
　① 깨끗하게
　② 품위 있게
　③ 규정에 맞게
　④ 편한 신발을 신되, 샌들이나 슬리퍼는 삼간다.

**17** 승객에게 불쾌감을 주는 몸가짐과 거리가 먼 것은?

① 품위 있는 자세
② 저분한 손톱
③ 정리되지 않은 덥수룩한 수염
④ 잠잔 흔적이 남아 있는 머릿결

┌해설 **승객에게 불쾌감을 주는 몸가짐**
　① 충혈 되어 있는 눈
　② 길게 자란 코털
　③ 무표정한 얼굴 등

**18** 다음 중 대화의 4원칙이 아닌 것은?

① 무표정한 얼굴로 말한다. 　② 공손하게 말한다.
③ 명료하게 말한다. 　④ 품위 있게 말한다.

┌해설 **대화의 4원칙**은 ②, ③, ④항 이외에 밝고 적극적으로 말한다.

**19** 직업의 의미 중에서 경제적 의미가 아닌 것은?

① 직업을 통해 안정된 삶을 영위해 나갈 수 있어 중요한 의미를 가진다.
② 직업은 인간 개개인에게 일할 기회를 제공하지 못한다.
③ 일의 대가로 임금을 받아 본인과 가족의 경제생활을 영위한다.
④ 인간이 직업을 구하려는 동기 중의 하나는 바로 노동의 대가, 즉 임금을 얻는 소득측면이 있다.

┌해설 **직업의 경제적 의미**는 ①, ③, ④항 이외에 직업은 인간 개개인에게 일할
기회를 제공한다.

**20** 직업의 의미 중에서 사회적 의미가 아닌 것은?

① 직업을 통해 원만한 사회생활, 인간관계 및 봉사를 하게 되며, 자신이 맡은 역할을 수행하여 능력을 인정받는 곳이다.
② 직업을 갖는다는 것은 현대사회의 조직적이고 유기적인 분업 관계 속에서 분담된 기능의 어느 하나를 맡아 사회적 분업 단위의 지분을 수행하는 것이다.
③ 사람은 누구나 직업을 통해 자신의 삶에 도움을 받지 못한다.
④ 직업은 사회적으로 유용한 것이어야 하며, 사회발전 및 유지에 도움이 되어야 한다.

┌해설 사람은 누구나 직업을 통해 타인의 삶에 도움을 주기도 하고, 사회에 공헌
하며 사회발전에 기여하게 된다.

**21** 다음 중 바람직한 직업관에 해당되지 않는 것은?

① 소명의식을 지닌 직업관
② 사회 구성원으로서의 역할 지향적 직업관
③ 미래 지향적 전문능력 중심의 직업관
④ 귀속적 직업관

**22** 다음 중 잘못된 직업관에 해당되지 않는 것은?

① 사회 구성원으로서의 역할 지향적 직업관
② 생계유지 수단적 직업관
③ 지위 지향적 직업관
④ 귀속적 직업관

해설 잘못된 직업관은 ②, ③, ④항 이외에 차별적 직업관, 폐쇄적 직업관 등이 있다.

**23** 다음 중 올바른 직업윤리에 속하지 않는 것은?

① 소명의식      ② 천직의식
③ 봉사정신      ④ 차별의식

해설 올바른 직업윤리는 ①, ②, ③항 이외에 직분의식, 전문의식, 책임의식이다.

**24** 다음 설명 중 올바른 직업윤리는?

① 직업에 대해 차별적인 의식을 가진다.
② 자신의 직업에 긍지를 느끼며 그 일에 열과 성을 다한다.
③ 직업생활의 최고 목표는 높은 지위에 올라가는 것에 둔다.
④ 사회봉사보다 자아실현을 중시한다.

해설 생계유지 수단적, 지위 지향적, 귀속적, 차별적, 폐쇄적 직업관은 잘못된 직업관이라 한다.

---

**운송 서비스**

## 2. 운수종사자 준수사항 및 운전예절

**01** 자동차의 장치 및 설비 등에 관한 준수사항 중 전세버스에 관한 사항이 아닌 것은?

① 난방장치 및 냉방장치는 설치하지 않아도 괜찮다.
② 앞바퀴는 재생한 타이어를 사용해서는 안 된다.
③ 앞바퀴의 타이어는 튜브리스타이어를 사용해야 한다.
④ 13세 미만의 어린이의 통학을 위하여 학교 및 보육시설의 장과 운송계약을 체결하고 운행하는 전세버스의 경우에는 도로교통법에 따른 어린이통학버스의 신고를 하여야 한다.

**02** 자동차의 장치 및 설비 등에 관한 준수사항 중 노선버스에 관한 사항이 아닌 것은?

① 난방장치 및 냉방장치를 설치해야 한다.
② 시내버스 및 농어촌버스의 차 안에는 안내 방송장치를 갖춰야 하며, 정차 신호용 버저를 작동시킬 수 있는 스위치를 설치해야 한다.
③ 시내버스, 농어촌버스, 마을버스 및 일반형 시외버스의 차실에는 입석 여객의 안전을 위하여 손잡이대 또는 손잡이를 설치해야 한다.
④ 버스의 앞바퀴에는 재생한 타이어를 사용하도록 한다.

해설 버스의 앞바퀴에는 재생한 타이어를 사용해서는 안 된다.

**03** 자동차의 장치 및 설비 등에 관한 준수사항 중에서 옳지 않은 것은?

① 전세버스의 앞바퀴는 재생한 타이어를 사용해서는 안 된다.
② 전세버스, 시외우등고속버스, 시외고속버스 및 시외직행버스

---

의 앞바퀴의 타이어는 튜브리스 타이어를 사용해야 한다.
③ 노선버스의 차체에는 행선지를 표시할 수 있는 설비를 설치해야 한다.
④ 13세 미만의 어린이의 통학을 위하여 학교 및 보육시설의 장과 운송계약을 체결하고 운행하는 전세버스의 경우에는 「교통안전법」에 따른 어린이통학버스의 신고를 하여야 한다.

해설 13세 미만의 어린이의 통학을 위하여 학교 및 보육시설의 장과 운송계약을 체결하고 운행하는 전세버스의 경우에는 「도로교통법」에 따른 어린이통학버스의 신고를 하여야 한다.

**04** 운수종사자의 준수사항으로써 옳지 않은 것은?

① 어떠한 경우라도 운수종사자는 승객을 제지해서는 안 된다.
② 사고로 운행을 중단할 때에는 사고 상황에 따라 적절한 조치를 취해야 한다.
③ 자동차가 사고가 발생할 우려가 있다고 판단될 때에는 즉시 운행을 중지하고 적절한 조치를 취한다.
④ 승객의 안전과 사고예방을 위해 차량의 안전설비와 등화장치 등의 이상 유무를 확인한다.

해설 폭발성 물질 및 인화성 물질, 불쾌감을 줄 우려가 있는 동물, 출입구 또는 통로를 막을 우려가 있는 물품 등을 자동차 안으로 들고 들어오는 행위에 대해서는 안전운행과 다른 승객의 편의를 위하여 제지하고 필요한 사항을 안내해야 한다.

**05** 운수종사자 준수사항에 속하지 않는 설명은?

① 부당한 운임 또는 요금을 받아서는 안 된다.
② 일정한 장소에 오랜 시간 정차하여 여객을 유치하는 행위를 하면 안 된다.
③ 시간이 없을 때에는 문을 완전히 닫지 아니한 상태에서 자동차를 출발시키거나 운행하여도 상관없다.
④ 여객이 승차하기 전에 자동차를 출발시키거나 승하차할 여객이 있는데도 정류장을 지나치면 안 된다.

해설 문을 완전히 닫지 아니한 상태에서 자동차를 출발시키거나 운행하여서는 안 된다.

**06** 여객자동차 운수사업법령상 운수종사자는 여객의 안전과 사고예방을 위하여 운행 전 사업용 자동차의 이상 유무를 확인해야 하는 사항은?

① 불편사항 연락처 및 차고지 등을 적은 표지판
② 운행 계통도
③ 등화장치
④ 운행 시간표

해설 여객의 안전과 사고예방을 위하여 운행 전 사업용 자동차의 안전설비 및 등화장치 등의 이상 유무를 확인해야 한다.

**07** 여객이 안전운행과 다른 승객의 편의를 위하여 이를 제지하고 필요한 사항을 안내해야 할 사항이 아닌 것은?

① 다른 여객에게 위해를 끼칠 우려가 있는 폭발성 물질, 인화성 물질 등의 위험물을 자동차 안으로 가지고 들어오는 행위
② 다른 여객에게 위해를 끼치거나 불쾌감을 줄 우려가 있는 동물을 자동차 안으로 데리고 들어오는 행위
③ 장애인 보조견 및 전용 운반상자에 넣은 애완동물을 자동차 안으로 데리고 들어오는 행위
④ 자동차의 출입구 또는 통로를 막을 우려가 있는 물품을 자동차 안으로 가지고 들어오는 행위

해설 장애인 보조견 및 전용 운반상자에 넣은 애완동물은 제외한다.

**08** 사업용 운전자가 가져야 할 기본자세에 속하지 않는 것은?

① 교통법규 이해와 준수
② 항상 조급한 앞지르기 운전
③ 주의력 집중
④ 심신상태 안정

> **해설** 운전자가 가져야 할 기본자세는 ①, ③, ④항 이외에
> ① 여유 있는 양보운전  ② 추측운전 금지  ③ 운전기술 과신은 금물
> ④ 배출가스로 인한 대기오염 및 소음공해 최소화 노력

**09** 운전자의 인성과 습관이 운전예절에 미치는 요인에 관한 설명으로 옳지 않은 것은?

① 습관은 쉽게 무조건 반사 현상으로 나타나기 때문에 위험하다.
② 운전자는 일반적으로 각 개인이 지닌 사고, 태도, 인성의 영향을 받는다.
③ 올바른 운전습관은 다른 사람들에게 자신의 인격을 표현하는 하나의 방법이다.
④ 나쁜 운전습관이 몸에 배면 나중에 고치기 어렵고 잘못된 습관은 교통사고로 이어질 수 있다.

> **해설** 습관은 후천적으로 형성되는 조건반사 현상으로 무의식중에 어떤 것을 반복적으로 행할 때 자신도 모르게 생활화된 행동으로 나타나게 된다.

**10** 다음 중 운전자가 지켜야 할 행동으로 적절하지 않은 것은?

① 차로변경의 도움을 받았을 때에는 비상등을 2~3회 작동시켜 양보에 대한 고마움을 표현한다.
② 보행자가 통행하고 있는 횡단보도 내로 차가 진입하지 않도록 정지선을 지킨다.
③ 야간운행 중 반대차로에서 오는 차가 있으면 전조등을 하향등으로 조정하여 상대 운전자의 눈부심 현상을 방지한다.
④ 앞 신호에 따라 진행하고 있는 차가 있을 때에는 앞차에 가까이 붙어 신속히 진행한다.

> **해설** 앞 신호에 따라 진행하고 있는 차가 있는 경우에는 안전하게 통과하는 것을 확인하고 출발한다.

**11** 운전자가 취득한 운전면허로 운전할 수 있는 차종 이외의 차량은 운전을 금지하고 있다. 이와 같이 취득한 운전면허로 운전할 수 있는 차종을 규정해 놓은 법은?

① 교통안전법
② 자동차관리법
③ 여객자동차 운수사업법
④ 도로교통법

**12** 운전자가 삼가야 하는 행동이 아닌 것은?

① 도로상에서 사고가 발생한 경우 차량을 세워 둔 채로 시비, 다툼 등의 행위로 다른 차량의 통행을 방해하지 않는다.
② 운행 중에 갑자기 오디오 볼륨을 크게 작동시켜 승객을 놀라게 하거나 경음기 버튼을 작동시켜 다른 운전자를 놀라게 하지 않는다.
③ 신호등이 바뀌기 전에 빨리 출발하라고 전조등을 깜빡이거나 경음기로 재촉하는 행위를 하지 않는다.
④ 바쁠 때에는 갓길로 통행하도록 한다.

> **해설** 운전자가 삼가야 하는 행동은 ①, ②, ③항 이외에
> ① 지그재그 운전으로 다른 운전자를 불안하게 만드는 행동은 하지 않는다.
> ② 과속으로 운행하며 급브레이크를 밟는 행위는 하지 않는다.
> ③ 운행 중에 갑자기 끼어들거나 다른 운전자에게 욕설을 하지 않는다.
> ④ 교통 경찰관의 단속에 불응하거나 항의하는 행위를 하지 않는다.
> ⑤ 갓길로 통행하지 않는다.

**13** 교통관련 법규 및 사내 안전관리 규정 준수에서 운전자 주의사항이 아닌 것은?

① 배차지시가 없더라도 임의로 운행하여도 된다.
② 정당한 사유 없이 지시된 운행노선을 임의로 변경운행을 금지한다.
③ 승차 지시된 운전자 이외의 타인에게 대리운전을 금지한다.
④ 사전승인 없이 타인을 승차시키는 행위는 금지한다.

> **해설** 운전자 주의사항은 ②, ③, ④항 이외에
> ① 배차지시 없이 임의 운행금지
> ② 운전에 악영향을 미치는 음주 및 약물복용 후 운전 금지
> ③ 철길건널목에서는 일시정지 준수 및 정차 금지
> ④ 도로교통법에 따라 취득한 운전면허로 운전할 수 있는 차종 이외의 차량 운전금지
> ⑤ 자동차 전용도로, 급한 경사길 등에서는 주·정차 금지
> ⑥ 기타 사회적인 물의를 일으키거나 회사의 신뢰를 추락시키는 난폭운전 등의 운전 금지
> ⑦ 차는 이동하는 회사 홍보도구로써 청결 유지. 차의 내·외부를 청결하게 관리하여 쾌적한 운행환경 유지

**14** 운전자의 운행 전 준비사항이 아닌 것은?

① 용모 및 복장을 확인(단정하게)한다.
② 승객에게는 항상 친절하게 불쾌한 언행은 금지한다.
③ 시간이 없을 때에는 차의 내·외부를 청결하게 유지하지 않아도 된다.
④ 운행 전 일상점검을 철저히 하고 이상이 발견되면 관리자에게 즉시 보고하여 조치 받은 후 운행한다.

> **해설** 운행 전 준비 사항은 ①, ②, ④항 이외에
> ① 차의 내·외부를 항상 청결하게 유지
> ② 배차사항, 지시 및 전달사항 등을 확인한 후 운행

**15** 운행 중 운전자의 주의사항으로 옳지 않은 것은?

① 눈길, 빙판길은 체인이나 스노타이어를 장착한 후 안전 운행한다.
② 후진할 때에는 유도요원을 배치하여 수신호에 따라 후진한다.
③ 뒤를 따르는 차량이 추월하는 경우에는 감속하여 양보 운전한다.
④ 배차사항, 지시 및 전달사항 등을 확인한다.

> **해설** 운행 중 주의 사항은 ①, ②, ③항 이외에
> ① 주·정차 후 출발할 때에는 차량주변의 보행자, 승·하차자 및 노상취객 등을 확인한 후 안전하게 운행한다.
> ② 내리막길에서는 풋 브레이크를 장시간 사용하지 않고 엔진 브레이크 등을 적절히 사용하여 안전하게 운행한다.
> ③ 보행자, 이륜차, 자전거 등과 교행, 병진할 때에는 서행하며 안전거리를 유지하면서 운행한다.

운송
서비스

# 3. 교통 시스템에 대한 이해

**01** 정부가 버스노선의 계획에서부터 버스차량의 소유·공급, 노선의 조정, 버스의 운행에 따른 수입금 관리 등 버스 운영체계의 전반을 책임지는 방식의 버스 운영체제의 유형을 무엇이라고 하는가?

① 공영제  ② 민영제  ③ 노조제  ④ 자치제

**해설** 공영제 : 정부가 버스노선의 계획에서부터 버스차량의 소유·공급, 노선의 조정, 버스의 운행에 따른 수입금 관리 등 버스 운영체계의 전반을 책임지는 방식의 버스운영체제의 유형

**02** 다음 중 공영제의 장점에 속하지 않는 것은?

① 노선의 공유화로 수요의 변화 및 교통수단간 연계차원에서 노선조정, 신설, 변경 등이 용이
② 연계·환승시스템, 정기권 도입 등 효율적 운영체계의 시행이 용이
③ 서비스의 안정적 확보와 개선이 용이
④ 책임의식 결여로 생산성 저하

**해설** 공영제의 장점은 ①, ②, ③항 이외에
① 종합적 도시교통계획 차원에서 운행서비스 공급이 가능
② 수익노선 및 비수익노선에 대해 동등한 양질의 서비스 제공이 용이
③ 저렴한 요금을 유지할 수 있어 서민대중을 보호하고 사회적 분배효과 고양

**03** 다음 중 민영제의 단점이 아닌 것은?

① 노선의 사유화로 노선의 합리적 개편이 적시적소에 이루어지기 어려움
② 노선의 독점적 운영으로 업체 간 수입격차가 극심하여 서비스 개선 곤란
③ 비수익노선의 운행서비스 공급 애로
④ 버스시장의 수요·공급체계의 유연성

**해설** 민영제의 단점은 ①, ②, ③항 이외에
① 타 교통수단과의 연계교통체계 구축이 어려움
② 과도한 버스 운임의 상승

**04** 다음 중 준공영제의 특징이 아닌 것은?

① 과도한 버스 운임의 상승
② 버스의 소유·운영은 각 버스업체가 유지
③ 버스노선 및 요금의 조정, 버스운행 관리에 대해서는 지방자치단체가 개입
④ 지방자치단체의 판단에 의해 조정된 노선 및 요금으로 인해 발생된 운송 수지적자에 대해서는 지방자치단체가 보전

**해설** 준공영제의 특징은 ②, ③, ④항 이외에
① 노선체계의 효율적인 운영  ② 표준 운송원가를 통한 경영효율화 도모
③ 수준 높은 버스 서비스 제공

**05** 버스 준공영제의 유형 중 형태에 의한 분류에 해당하지 않는 것은?

① 노선 공동관리형  ② 차고지 공동관리형
③ 수입금 공동관리형  ④ 자동차 공동관리형

**해설** 버스 준공영제의 유형 중 형태에 의한 분류
① 노선 공동관리형  ② 수입금 공동관리형  ③ 자동차 공동관리형

**06** 현행 민영체제 하에서 버스운영의 한계에 속하지 않는 것은?

① 오랜 기간 동안 버스 서비스를 민간 사업자에게 맡김으로 인해 노선이 사유화되고 이로 인해 적지 않은 문제점이 내재하고 있음
② 버스노선의 공유화로 효율적 운영
③ 버스업체의 자발적 경영개선의 한계
④ 노·사 대립으로 인한 사회적 갈등

**해설** 현행 민영체제 하에서 버스운영의 한계는 ①, ③, ④항 이외에 버스노선의 사유화로 비효율적 운영

**07** 버스준공영제 시행 목적에 부합하지 않은 것은?

① 여객자동차운송사업의 합병
② 수입금의 투명한 관리와 시민 신뢰 확보
③ 대중교통 이용 활성화
④ 버스에 대한 이미지 개선

**해설** 버스 준공영제 시행 목적은 ②, ③, ④항 이외에
① 서비스 안정성 제고
② 적정한 원가보전 기준 마련 및 경영개선 유도
③ 도덕적 해이 방지
④ 운행 질서 등 전반적인 서비스 품질 향상
⑤ 버스 이용의 쾌적·편의성 증대

**08** 시내·농어촌 버스 운임의 기준·요율 결정은 누가 하는가?(단, 광역급행형은 제외)

① 국무총리  ② 행정안전부장관
③ 고용노동부장관  ④ 시·도지사

**해설** 버스 운임의 기준·요율 결정 및 신고 관할관청

| 구 분 | | 운임의 기준·요율결정 | 신 고 |
|---|---|---|---|
| 노선<br>운송<br>사업 | 시내버스 | 시·도지사(광역급행형 : 국토교통부장관) | 시장·군수 |
| | 농어촌버스 | 시·도지사 | 시장·군수 |
| | 시외버스 | 국토교통부장관 | 시장·도지사 |
| | 고속버스 | 국토교통부장관 | 시장·도지사 |
| | 마을버스 | 시장·군수 | 시장·군수 |
| 구역 운송<br>사업 | 전세버스 | 자율요금 | |
| | 특수여객 | 자율요금 | |

**09** 버스요금 기준·요율의 결정에 있어서 상이한 버스 업은 다음 중 어느 것인가?

① 시내버스  ② 시외버스
③ 농어촌 버스  ④ 전세버스

**해설** 전세버스 및 특수여객의 요금은 운수업자가 자율적으로 정하여 요금을 수수할 수 있다.

**10** 다음 중 이용거리가 증가함에 따라 단위당 운임이 낮아지는 버스요금 체계를 무엇이라 하는가?

① 거리운임 요율제  ② 거리 비례제
③ 거리 체감제  ④ 거리 체증제

**해설** 버스요금 체계의 유형
① 단일(균일) 운임제 : 이용거리와 관계없이 일정하게 설정된 요금을 부과하는 요금체계이다.
② 구역 운임제 : 운행구간을 몇 개의 구역으로 나누어 구역별로 요금을 설정하고, 동일 구역 내에서는 균일하게 요금을 설정하는 요금체계이다.
③ 거리 운임 요율제(거리 비례제) : 단위거리 당 요금(요율)과 이용거리를 곱해 요금을 산정하는 요금체계이다.

**11** 버스요금 체계의 유형의 설명으로 틀린 것은?

① 단일(균일) 운임제 : 이용거리와 관계없이 일정하게 설정된 요금을 부과하는 요금체계이다.

② 구역 운임제 : 운행구간을 몇 개의 구역으로 나누어 구역별로 요금을 설정하고, 동일 구역 내에서는 균일하게 요금을 설정하는 요금체계이다.

③ 거리 운임 요율제 : 단위거리 당 요금(요율)과 이용거리를 나누어 요금을 산정하는 요금체계이다.

④ 거리 체감제 : 이용거리가 증가함에 따라 단위당 운임이 낮아지는 요금체계이다.

해설 거리 운임 요율제 : 거리 운임 요율에 운행거리를 곱해 요금을 산정하는 요금체계이다.

**12** 다음 중 업종별 요금체계를 잘못 설명한 것은?

① 시내·농어촌버스 : 동일 특별시·광역시·시·군내에서는 단일 운임제, 시(읍)계 외 지역에서는 구역제·구간제·거리 비례제

② 시외버스 : 거리 운임 요율제(기본구간 10km 기준 최저 기본 운임), 거리 체감제

③ 고속버스 : 거리 체감제

④ 마을버스 : 거리 비례제

해설 마을버스 : 단일 운임제

**13** 간선 급행버스 체계의 도입 배경이 아닌 것은?

① 도로와 교통시설의 증가 및 둔화

② 대중교통 이용률 증가

③ 교통 체증의 지속

④ 막대한 도로 및 교통시설에 대한 투자비 증가

해설 간선 급행버스 체계의 도입 배경은 ①, ③, ④항 이외에
① 대중교통 이용률 하락
② 신속하고, 양질의 대량수송에 적합한 저렴한 비용의 대중교통 시스템 필요

**14** 간선 급행버스 체계의 특성이 아닌 것은?

① 효율적인 사전 요금징수 시스템 채택

② 환승 정류소 및 터미널을 이용하여 다른 교통수단과의 연계 가능

③ 실시간으로 승객에게 버스운행정보 제공의 어려움

④ 지능형 교통시스템(ITS)을 활용한 첨단 신호체계 운영

해설 간선 급행버스 체계의 특성은 ①, ②, ④항 이외에
① 중앙버스차로와 같은 분리된 버스전용차로 제공
② 실시간으로 승객에게 버스운행정보 제공 가능
③ 신속한 승하차 가능
④ 정류장 및 승차대의 쾌적성 향상
⑤ 환경 친화적인 고급버스를 제공함으로써 버스에 대한 이미지 혁신 가능
⑥ 대중교통에 대한 승객 서비스 수준 향상

**15** 간선 급행버스 체계(BRT)의 도입 효과로 거리가 먼 것은?

① 환경오염 급감　　　② 버스운행정보 실시간 제공

③ 교통사고 감소　　　④ 신속성 및 정시성 향상

**16** 간선 급행버스 체계 운영을 위한 구성요소에 포함되지 않는 사항은?

① 통행권 확보　　　② 교차로 시설 개선

③ 운전자 개선　　　④ 환승시설 개선

해설 간선 급행버스 체계 운영을 위한 구성요소는 ①, ②, ④항 이외에
① 자동차 개선　② 운행관리 시스템

**17** 버스와 정류장에 무선 송수신기를 설치하여 버스의 위치를 실시간으로 파악하고, 이를 이용해 이용자에게 실시간으로 버스운행정보를 제공하는 것은?

① 교통카드시스템

② 자동차관리정보시스템(VMIS)

③ 지능형교통시스템(ITS)

④ 버스정보시스템(BIS)

해설 버스정보시스템(BIS ; Bus Information System) : 버스와 정류소에 무선 송수신기를 설치하여 버스의 위치를 실시간으로 파악하고, 이를 이용해 이용자에게 정류소에서 해당 노선버스의 도착예정시간을 안내하고 이와 동시에 인터넷 등을 통하여 운행정보를 제공하는 시스템

**18** 차내 장치를 설치한 버스와 종합사령실을 유·무선 네트워크로 연결해 버스의 위치나 사고정보 등을 버스회사, 운전자에게 실시간으로 보내주는 시스템은?

① ITS(지능형교통시스템)　② ATMS(교통관리시스템)

③ BMS(버스운행관리시스템)　④ BIS(버스정보시스템)

해설 버스운행관리시스템(BMS ; Bus Management System)은 차내장치를 설치한 버스와 종합사령실을 유무선 네트워크로 연결해 버스의 위치나 사고정보 등을 버스회사, 운전자에게 실시간으로 보내주는 시스템이다.

**19** 버스정보시스템(BIS) 주요기능에 속하지 않는 것은?

① 버스도착 정보제공

② 실시간 운행상태 파악의 어려움

③ 전자지도 이용 실시간 관제

④ 버스운행 및 통계관리

해설 버스정보시스템 주요 기능
① 버스도착 정보제공　② 실시간 운행상태 파악
③ 전자지도 이용 실시간 관제　④ 버스운행 및 통계관리

**20** 이용자(승객)의 버스정보시스템의 기대효과가 아닌 것은?

① 버스운행정보 제공으로 만족도 향상

② 불규칙한 배차, 결행 및 무정차 통과에 의한 불편가중

③ 과속 및 난폭운전으로 인한 불안감 해소

④ 버스도착 예정시간 사전확인으로 불필요한 대기시간 감소

해설 이용자(승객)의 버스정보시스템의 기대효과는 ①, ③, ④항 이외에 불규칙한 배차, 결행 및 무정차 통과에 의한 불편해소

**21** 버스전용차로를 통행방향과 차로의 위치에 따른 분류가 아닌 것은?

① 가로변 버스전용차로　② 역류 버스전용차로

③ 중앙 버스전용차로　④ 보도 버스전용차로

해설 버스전용차로는 통행방향과 차로의 위치에 따라 가로변 버스전용차로, 역류 버스전용차로, 중앙 버스전용차로로 구분할 수 있다.

**22** 버스전용차로를 설치하여 효율적으로 운영하기 위한 구간에 속하지 않는 것은?

① 전용차로를 설치하고자 하는 구간의 교통정체가 심한 곳

② 버스 통행량이 일정수준 이상이고, 승차인원이 한 명인 승용차의 비중이 높은 구간

③ 편도 3차로 이상 등 도로 기하구조가 전용차로를 설치하기 적당한 구간

④ 대중교통 이용자들이 적은 구간

해설 버스전용차로를 설치하여 효율적으로 운영하기 위한 구간은 ①, ②, ③항 이외에 대중교통 이용자들의 폭넓은 지지를 받는 구간

**23** 가로변 버스전용차로에 대한 설명으로 틀린 것은?

① 가로변 버스전용차로는 일방통행로 또는 양방향 통행로에서 가로변 차로를 버스가 전용으로 통행할 수 있도록 제공하는 것을 말한다.

② 가로변 버스전용차로는 종일 또는 출·퇴근 시간대 등을 지정하여 운영할 수 있다.

③ 버스전용차로 운영시간에는 가로변의 주·정차를 금지하고 있으며, 시행구간의 버스 이용자수가 승용차 이용자수보다 많아야 효과적이다.

④ 가로변 버스전용차로는 버스전용차로에 주·정차하는 차량을 근절시키기 쉽다.

**해설** 가로변 버스전용차로는 우회전하는 차량을 위해 교차로 부근에서는 일반 차량의 버스전용차로 이용을 허용하여야 하며, 버스전용차로에 주·정차 하는 차량을 근절시키기 어렵다.

**24** 가로변 버스전용차로의 장점이 아닌 것은?

① 시행이 간편하다.

② 적은 비용으로 운영이 가능하다.

③ 시행 후 문제점 발생에 따른 보완 및 원상복귀가 용이하다.

④ 우회전하는 차량과 충돌할 위험이 존재한다.

**해설** 가로변 버스전용차로의 장·단점

| 장 점 | 단 점 |
|---|---|
| ① 시행이 간편하다.<br>② 적은 비용으로 운영이 가능하다.<br>③ 기존의 가로망 체계에 미치는 영향이 적다.<br>④ 시행 후 문제점 발생에 따른 보완 및 원상복귀가 용이하다. | ① 시행효과가 미비하다.<br>② 가로변 상업 활동과 상충된다.<br>③ 전용차로 위반차량이 많이 발생한다.<br>④ 우회전하는 차량과 충돌할 위험이 존재한다. |

**25** 역류 버스전용차로에 대한 설명으로 틀린 것은?

① 역류 버스전용차로는 일방통행로에서 차량이 진행하는 반대방향으로 1~2개 차로를 버스전용 차로로 제공하는 것을 말한다.

② 역류 버스전용차로는 일반 차량과 반대방향으로 운영하기 때문에 차로분리시설과 안내시설 등의 설치가 필요하며, 가로변 버스전용차로에 비해 시행비용이 많이 든다.

③ 역류 버스전용차로는 일방통행로에 대중교통 수요 등으로 인해 버스노선이 필요한 경우에 설치한다.

④ 시행준비가 쉽고 투자비용이 적은 장점이 있다.

**해설** 대중교통 서비스는 계속 유지되면서 일방통행의 장점을 살릴 수 있지만, 시행준비가 까다롭고 투자비용이 많이 소요되는 단점이 있다.

**26** 역류 버스전용차로의 장점은?

① 대중교통 서비스를 제공하면서 가로변에 설치된 일방통행의 장점을 유지할 수 있다.

② 일방통행로에서는 보행자가 버스전용차로의 진행방향만 확인하는 경향으로 인해 보행자 사고가 증가할 수 있다.

③ 잘못 진입한 차량으로 인해 교통 혼잡이 발생할 수 있다.

④ 전용차로 위반차량이 많이 발생한다.

**해설** 역류 버스전용차로의 장·단점

| 장 점 | 단 점 |
|---|---|
| ① 대중교통 서비스를 제공하면서 가로변에 설치된 일방통행의 장점을 유지할 수 있다.<br>② 대중교통의 정시성이 제고된다. | ① 일방통행로에서는 보행자가 버스전용차로의 진행방향만 확인하는 경향으로 인해 보행자 사고가 증가할 수 있다.<br>② 잘못 진입한 차량으로 인해 교통 혼잡이 발생할 수 있다. |

**27** 도로 중앙에 설치된 중앙 버스전용차로에 대한 설명으로 옳지 않은 것은?

① 일반 차량과 반대방향으로 운영하기 때문에 차로분리 안내시설 등의 설치가 필요하다.

② 버스의 운행속도를 높이는데 도움이 되며, 승용차를 포함한 다른 차량들은 버스의 정차로 인한 불편을 피할 수 있다.

③ 일반 차량의 중앙 버스전용차로 이용 및 주·정차를 막을 수 있어 차량의 운행속도 향상에 도움이 된다.

④ 버스의 잦은 정류장 또는 정류소의 정차 및 갑작스런 차로 변경은 다른 차량의 교통흐름을 단절시키거나 사고 위험을 초래할 수 있다.

**해설** 역류 버스전용차로는 일반 차량과 반대방향으로 운영하기 때문에 차로분리시설과 안내시설 등의 설치가 필요하며, 가로변 버스전용차로에 비해 시행비용이 많이 든다.

**28** 다음 중 중앙 버스전용차로의 장점에 대한 설명으로 틀린 것은?

① 여러 가지 안전시설을 활용할 수 있어 비용이 든다.

② 정체가 심한 구간에서 더욱 효과적이다.

③ 교통 이용자의 증가를 도모할 수 있다.

④ 차량과의 마찰을 최소화한다.

**해설** 중앙 버스전용차로의 장·단점

| 장 점 | 단 점 |
|---|---|
| ① 일반 차량과의 마찰을 최소화 한다.<br>② 교통정체가 심한 구간에서 더욱 효과적이다.<br>③ 대중교통의 통행속도 제고 및 정시성 확보가 유리하다.<br>④ 대중교통 이용자의 증가를 도모할 수 있다.<br>⑤ 가로변 상업 활동이 보장된다. | ① 도로 중앙에 설치된 버스정류소로 인해 무단횡단 등 안전문제가 발생한다.<br>② 여러 가지 안전시설 등의 설치 및 유지로 인한 비용이 많이 든다.<br>③ 전용차로에서 우회전하는 버스와 일반차로에서 좌회전하는 차량에 대한 체계적인 관리가 필요하다.<br>④ 일반 차로의 통행량이 다른 전용차로에 비해 많이 감소할 수 있다.<br>⑤ 승하차 정류소에 대한 보행자의 접근거리가 길어진다. |

**29** 중앙 버스전용차로의 단점이 아닌 것은?

① 교통정체가 심한 구간에서 더욱 효과적이다.

② 도로 중앙에 설치된 버스정류소로 인해 무단횡단 등 안전문제가 발생한다.

③ 여러 가지 안전시설 등의 설치 및 유지로 인한 비용이 많이 든다.

④ 전용차로에서 우회전하는 버스와 일반차로에서 좌회전하는 차량에 대한 체계적인 관리가 필요하다.

**30** 중앙 버스전용차로의 위험요소가 아닌 것은?

① 대기 중인 버스를 타기 위한 보행자의 횡단보도 신호위반 및 버스정류소 부근의 무단횡단 가능성이 증가한다.

② 중앙 버스전용차로가 시작하는 구간 및 끝나는 구간에서 일반 차량과 버스간의 충돌위험이 발생한다.

③ 좌회전하는 일반차량과 직진하는 버스 간의 충돌위험이 없다.

④ 버스전용차로가 시작하는 구간에서는 일반차량의 직진 차로수의 감소에 따른 교통 혼잡이 발생한다.

**해설** 중앙 버스전용차로의 위험요소는 ①,②, ④항 이외에
① 좌회전하는 일반차량과 직진하는 버스 간의 충돌위험 발생
② 폭이 좁은 정류소 추월차로로 인한 사고 위험 발생 : 정류소에 설치된 추월차로는 정류소에 정차하지 않는 버스 또는 승객의 승하차를 마친 버스가 대기중인 버스를 추월하기 위한 차로로 폭이 좁아 중앙선을 침범하기 쉬운 문제를 안고 있다.

**31** 고속도로 버스전용차로제에서 통행이 가능한 차량으로 옳은 것은?

① 9인승 이상 승용자동차 및 승합자동차(승용자동차 또는 12인승 이하의 승합자동차는 6인 이상이 승차한 경우에 한한다.)

② 10인승 이상 승용자동차 및 승합자동차(승용자동차 또는 12인승 이하의 승합자동차는 7인 이상이 승차한 경우에 한한다.)

③ 12인승 이상 승용자동차 및 승합자동차(승용자동차 또는 12인승 이하의 승합자동차는 8인 이상이 승차한 경우에 한한다.)

④ 15인승 이상 승용자동차 및 승합자동차(승용자동차 또는 12인승 이하의 승합자동차는 9인 이상이 승차한 경우에 한한다.)

**32** 다음 중 대중교통 전용지구의 목적이 아닌 것은?

① 도심 상업지구의 활성화   ② 쾌적한 보행자 공간의 확보
③ 대중교통의 원활한 운행 확보 ④ 외곽지 교통 환경 개선

ᐅ**해설** 대중교통 전용지구의 목적으로는 ①, ②, ③항 이외에 도심 교통 환경 개선이다.

**33** 이용자 측면의 교통카드 시스템 도입효과에 속하지 않는 것은?

① 현금소지의 불편 해소
② 소지의 편리성, 요금 지불 및 징수의 신속성
③ 하나의 카드로 다수의 교통수단 이용 가능
④ 요금할인 등으로 교통비 상승

ᐅ**해설** 이용자 측면의 교통카드 시스템 도입효과는 ①, ②항 이외에 요금할인 등으로 교통비 절감

**34** 운영자 측면의 교통카드 시스템 도입효과에 속하지 않는 것은?

① 운송수입금 관리의 어려움
② 요금집계 업무의 전산화를 통한 경영합리화
③ 대중교통 이용률 증가에 따른 운송수익의 증대
④ 정확한 전산실적 자료에 근거한 운행 효율화

ᐅ**해설** 운영자 측면의 교통카드 시스템 도입효과는 ②, ③, ④항 이외에
① 운송수입금 관리가 용이
② 다양한 요금체계에 대응(거리 비례제, 구간 요금제 등)

**35** 반도체 칩을 이용해 정보를 기록하는 방식으로 자기카드에 비해 수 백 배 이상의 정보 저장이 가능하고, 카드에 기록된 정보를 암호화할 수 있어, 자기카드에 비해 보안성이 높은 카드방식은?

① MS방식   ② IC방식   ③ LED방식   ④ SRS방식

ᐅ**해설** IC방식(스마트카드) : 반도체 칩을 이용해 정보를 기록하는 방식으로 자기카드에 비해 수 백 배 이상의 정보 저장이 가능하고, 카드에 기록된 정보를 암호화할 수 있어, 자기카드에 비해 보안성이 높다.

**36** 교통카드 중에서 IC카드에 해당되지 않는 것은?

① 접촉식   ② 비접촉식
③ 마그네틱(MS)방식   ④ 하이브리드

ᐅ**해설** IC카드의 종류는 접촉식, 비접촉식, 하이브리드, 콤비방식으로 분류된다.

**37** 처리된 모든 거래기록을 데이터 베이스화 하는 기능을 가진 시스템은?

① 정산 시스템   ② 충전 시스템
③ 중앙처리 시스템   ④ 집계 시스템

ᐅ**해설** ① 충전시스템 : 금액이 소진된 교통카드에 금액을 재충전하는 기능
② 중앙처리 시스템 : 데이터를 중앙의 컴퓨터에서 집중적으로 처리하는 기능
③ 집계 시스템 : 단말기와 정산시스템을 연결하는 기능

**운송 서비스 4. 운수종사자가 알아야 할 응급처치 방법 등**

**01** 교통사고 조사규칙에 따른 대형 교통사고란?

① 3명 이상이 사망   ② 2명 이상이 사망
③ 1명 이상이 사망   ④ 3명 이상이 경상

ᐅ**해설** 교통사고 조사규칙에 따른 대형 교통사고
① 3명 이상이 사망(교통사고 발생일로부터 30일 이내에 사망한 것을 말한다.)
② 20명 이상의 사상자가 발생한 사고

**02** 여객자동차 운수사업법에 따른 중대한 교통사고에 속하지 않는 것은?

① 전복사고
② 사망자 1명과 중상자 3명 이상이 발생한 사고
③ 중상자 6명 이상이 발생한 사고
④ 경상자 6명 이상이 발생한 사고

ᐅ**해설** 여객자동차 운수사업법에 따른 중대한 교통사고는 ①, ②, ③항 이외에
① 화재가 발생한 사고   ② 사망자 2명 이상 발생한 사고
③ 중상자 6명 이상이 발생한 사고

**03** 교통사고의 용어에 대한 설명으로 잘못된 것은?

① 전복사고는 차가 주행 중 도로 또는 도로 이외의 장소로 뒤집혀 넘어진 사고를 말한다.
② 접촉사고는 차가 추월, 교행 등을 하려다가 차의 좌우 측면을 서로 스친 사고를 말한다.
③ 충돌사고 차가 반대방향 또는 측방에서 진입하여 그 차의 정면으로 다른 차의 정면 또는 측면을 충격한 사고를 말한다.
④ 추돌사고는 진행하는 차량의 측면을 충격한 사고를 말한다.

ᐅ**해설** 교통사고 용어의 정의
① 전복사고 : 차가 주행 중 도로 또는 도로 이외의 장소에 뒤집혀 넘어진 것을 말한다.
② 접촉사고 : 차가 추월, 교행 등을 하려다가 차의 좌우 측면을 서로 스친 것을 말한다.
③ 충돌사고 : 차가 반대방향 또는 측방에서 진입하여 그 차의 정면으로 다른 차의 정면 또는 측면을 충격한 것을 말한다.
④ 추돌사고 : 2대 이상의 차가 동일방향으로 주행 중 뒤차가 앞차의 후면을 충격한 것을 말한다.

**04** 자동차에 사람이 승차하지 아니하고 물품(예비부분품 및 공구 기타 휴대물품을 포함한다)을 적재하지 아니한 상태로서 연료·냉각수 및 윤활유를 만재하고 예비타이어(예비타이어를 장착한 자동차만 해당한다)를 설치하여 운행할 수 있는 상태를 무엇이라 하는가?

① 공차상태   ② 적차상태   ③ 차량 중량   ④ 승차정원

ᐅ**해설** 공차상태 : 자동차에 사람이 승차하지 아니하고 물품(예비부분품 및 공구 기타 휴대물품을 포함한다)을 적재하지 아니한 상태로서 연료·냉각수 및 윤활유를 만재하고 예비타이어(예비타이어를 장착한 자동차만 해당한다)를 설치하여 운행할 수 있는 상태를 말한다.

**05** 승차정원 1인(13세 미만의 자는 1.5인을 승차정원 1인으로 본다)의 중량은 몇 킬로그램으로 계산하는가?

① 45   ② 55   ③ 65   ④ 75

ᐅ**해설** 승차정원 1인(13세 미만의 자는 1.5인을 승차정원 1인으로 본다)의 중량은 65킬로그램으로 계산한다.

**정답** 31.① 32.④ 33.④ 34.① 35.② 36.③ 37.①

**정답** 01.① 02.④ 03.④ 04.① 05.③

**06** 버스 운전석의 위치나 승차정원에 따른 종류의 설명으로 틀린 것은?

① 보닛 버스(Cab-behind-Engine Bus) : 운전석이 보닛 뒤쪽에 있는 버스

② 캡 오버 버스(Cab-over-Engine Bus) : 운전석이 엔진의 위치에 있는 버스

③ 코치 버스(Coach Bus) : 엔진을 자동차의 뒷부분에 설치하여 튀어 나오지 않도록 되어 있는 버스

④ 마이크로버스(Micro Bus) : 승차정원이 10명 미만의 중형버스

**해설** 마이크로버스(Micro Bus) : 승차정원이 30명 미만의 중형버스

**07** 전고 3.6m 이상, 상면 지상고 890mm 이상으로 승객석을 높게 하여 조망을 좋게 하고 바닥 밑의 공간을 활용하기 위해 설계 제작되어 관광용 버스에서 주로 이용되는 버스는?

① 고상 버스　　　　② 초고상 버스
③ 저상 버스　　　　④ 마이크로버스

**해설** 초고상 버스(Super High Decker) : 전고 3.6m 이상, 상면 지상고 890mm 이상으로 승객석을 높게 하여 조망을 좋게 하고 바닥 밑의 공간을 활용하기 위해 설계 제작되어 관광용 버스에서 주로 이용되고 있다.

**08** 상면 지상고가 340mm 이하로 출입구에 계단이 없고 차체 바닥이 낮으며, 경사판(슬로프)이 장착되어 있어 장애인이 휠체어를 타거나 아기를 유모차에 태운 채 오르내릴 수 있을 뿐 아니라 노약자들도 쉽게 이용 할 수 있는 버스로서 주로 교통약자를 위한 시내버스에 이용되고 있는 버스는?

① 고상 버스　　　　② 초고상 버스
③ 저상 버스　　　　④ 마이크로버스

**해설** 저상버스 : 상면 지상고가 340mm 이하로 출입구에 계단이 없고 차체 바닥이 낮으며, 경사판(슬로프)이 장착되어 있어 장애인이 휠체어를 타거나 아기를 유모차에 태운 채 오르내릴 수 있을 뿐 아니라 노약자들도 쉽게 이용 할 수 있는 버스로서 주로 교통약자를 위한 시내버스에 이용되고 있다.

**09** 교통사고 상황파악의 설명으로 틀린 것은?

① 사고 정보 수집은 긴 시간을 필요로 하므로 신속하게 상황을 파악하지 않아도 된다.

② 피해자와 구조자 등에게 위험이 계속 발생하는지 파악한다.

③ 생명이 위독한 환자가 누구인지 파악한다.

④ 구조를 도와줄 사람이 주변에 있는지 파악한다.

**해설** 교통사고 상황파악은 ②, ③, ④항 이외에
① 짧은 시간 안에 사고 정보를 수집하여 침착하고 신속하게 상황을 파악한다.
② 전문가의 도움이 필요한지 파악한다.

**10** 교통사고 현장에서의 원인 조사에서 노면에 나타난 흔적 조사 방법으로 틀린 것은?

① 스키드 마크, 요 마크, 프린트 자국 등 타이어 자국의 위치 및 방향은 무시한다.

② 차의 금속부분이 노면에 접촉하여 생긴 파인 흔적 또는 긁힌 흔적의 위치 및 방향을 조사한다.

③ 충돌 충격에 의한 차량 파손품의 위치 및 방향을 조사한다.

④ 충돌 후에 떨어진 액체 잔존물의 위치 및 방향을 조사한다.

**해설** 노면에 나타난 흔적조사는 ②, ③, ④항 이외에
① 스키드 마크, 요 마크, 프린트 자국 등 타이어 자국의 위치 및 방향
② 차량 적재물의 낙하위치 및 방향
③ 피해자의 유류품 및 혈흔자국
④ 도로구조물 및 안전시설물의 파손위치 및 방향

**11** 사고차량 및 피해자 조사 내용이 아닌 것은?

① 사고차량의 손상부위 정도 및 손상방향

② 피해자의 상처 부위 및 정도

③ 사고차량에서 정상적으로 작동되는 부품

④ 피해자의 위치 및 방향

**해설** 사고차량 및 피해자 조사 내용은 ①, ②, ④항 이외에
① 사고차량에 묻은 흔적, 마찰, 찰과흔
② 사고차량의 위치 및 방향

**12** 사고현장의 시설물 조사 내용에 포함되지 않는 것은?

① 사고지점 부근의 휴게소 유무여부

② 신호등(신호기) 및 신호체계

③ 차로, 중앙선, 중앙분리대, 갓길 등 도로횡단 구성 요소

④ 방호울타리, 충격흡수시설, 안전표지 등 안전시설 요소

**해설** 사고현장 시설물 조사 내용은 ②, ③, ④항 이외에
① 사고지점 부근의 가로등, 가로수, 전신주 등의 시설물 위치
② 노면의 파손, 결빙, 배수불량 등 노면상태 요소

**13** 버스 승객의 주요 불만사항이 아닌 것은?

① 버스가 정해진 시간에 오지 않는다.

② 정체로 시간이 많이 소요되고, 목적지에 도착할 시간을 알 수 없다.

③ 난폭, 과속운전을 한다.

④ 버스기사가 친절하다.

**해설** 버스 승객의 주요 불만사항은 ①, ②, ③항 이외에
① 버스기사가 불친절하다.　② 차내가 혼잡하다.
③ 안내 방송이 미흡하다.(시내버스, 농어촌버스)
④ 차량의 청소, 정비 상태가 불량하다.
⑤ 정류소에 정차하지 않고 무정차 운행한다.(시내버스, 농어촌버스)

**14** 버스에서 발생되기 쉬운 사고에 대한 설명으로 부적절한 것은?

① 버스는 불특정 다수를 수송하기 때문에 대형사고의 발생확률이 높다.

② 대형차량으로 교통사고 발생 시 인명피해가 많다.

③ 버스에서는 차내 전도사고가 많이 발생하고 있다.

④ 일반차량에 비해 운행거리 및 운행시간이 길어 사고의 발생 확률이 높다.

**해설** 차내 전도 사고는 버스 사고 중 약 1/3 정도이다.

**15** 부상자 의식 상태를 확인하는 방법으로 잘못된 것은?

① 말을 걸거나 팔을 꼬집어 눈동자를 확인한 후 의식이 있으면 말로 안심시킨다.

② 의식이 없다면 기도를 확보한다.

③ 의식이 없거나 구토할 때는 목이 오물로 막혀 질식하지 않도록 옆으로 눕힌다.

④ 환자의 몸을 심하게 흔들어 의식을 확인한다.

**해설** 부상자 의식 상태를 확인하는 방법은 ①, ②, ③항 이외에
① 목뼈 손상의 가능성이 있는 경우에는 목 뒤쪽을 한 손으로 받쳐준다.
② 환자의 몸을 심하게 흔드는 것은 금지한다.

**16** 심장의 기능이 정지하거나 호흡이 멈추었을 때에 인공호흡과 흉부압박을 지속적으로 시행하는 응급처지 방법을 무엇이라 하는가?

① 심장마사지법　　　② 심폐소생술
③ 인공호흡법　　　　④ 쇼크증상처치

**17** 교통사고로 부상자가 발생하여 인명구조를 해야 될 경우 유의할 사항이 아닌 것은?

① 승객이나 동승자가 있는 경우 적절한 유도로 승객의 혼란방지에 노력해야 한다.

② 인명구출 시 부상자, 노인, 어린아이 및 부녀자 등 노약자를 우선적으로 구조한다.

③ 정차위치가 차선, 갓길 등과 같이 위험한 장소일 때에는 신속히 도로 밖의 안전장소로 유도하고 2차 피해가 일어나지 않도록 한다.

④ 야간에는 주변의 안전에 신경 쓰지 않아도 무방하다.

해설 인명구조를 할 때 유의사항은 ①, ②, ③항 이외에
① 부상자가 있을 때에는 우선 응급조치를 한다.
② 야간에는 주변의 안전에 특히 주의를 하고 냉정하고 기민하게 구출유도를 해야 한다.

**18** 교통사고 발생 시 버스회사, 보험사 또는 경찰 등에 연락할 때 우선적 연락해야 할 사항과 거리가 먼 것은?

① 사고발생 지점 및 상태　　② 도로 및 시설물의 결함

③ 운전자 성명　　　　　　④ 부상정도 및 부상자 수

해설 보험사나 경찰 등에 연락해야 할 사항은 ①, ③, ④항 이외에
① 회사명　② 화물의 상태　③ 연료 유출여부 등

**19** 차량고장 시 운전자의 조치사항이 아닌 것은?

① 정차 차량의 결함이 심할 때는 비상등을 점멸시키면서 갓길에 바짝 차를 대서 정차한다.

② 차에서 내릴 때에는 옆 차로의 차량 주행상황을 살핀 후 내린다.

③ 야간에는 검은색의 옷을 착용하는 것이 좋다.

④ 비상전화를 하기 전에 차의 후방에 경고반사판을 설치해야 하며 특히 야간에는 주위를 기울인다.

해설 차량고장 시 운전자의 조치사항은 ①, ②, ④항 이외에
① 야간에는 밝은 색 옷이나 야광이 되는 옷을 착용하는 것이 좋다.
② 비상주차대에 정차할 때는 타 차량의 주행에 지장이 없도록 정차해야 한다.

**20** 고장 자동차의 표지는 후방에서 접근하는 운전자가 확인할 수 있는 위치에 설치하여야 한다. 밤에는 고장 자동차 표지와 함께 사방 몇 미터 지점에서 식별할 수 있는 적색의 섬광신호 · 전기제등 또는 불꽃 신호를 추가로 설치하여야 하는가?

① 200미터　　　　　　② 300미터

③ 400미터　　　　　　④ 500미터

해설 도로교통법 시행규칙에 따른 고장 자동차의 표지는 후방에서 접근하는 자동차의 운전자가 확인할 수 있는 위치에 설치하여야 한다. 밤에는 고장 자동차의 표지와 함께 사방 500m 지점에서 식별할 수 있는 적색의 섬광신호· 전기제등 또는 불꽃신호를 추가로 설치하여야 한다.

**21** 재난발생 시 운전자의 조치사항으로 부적절한 것은?

① 승객의 안전조치를 우선적으로 취한다.

② 즉각 회사 및 유관기관에 보고한다.

③ 어떠한 경우라도 승객을 하차시켜서는 안 된다.

④ 신속하게 차량을 안전지대로 이동한다.

해설 폭설 및 폭우로 운행이 불가능하게 된 경우에는 응급환자 및 노인, 어린이 승객을 우선적으로 안전지대로 대피시키고 유관기관에 협조를 요청한다.

# 04 요점 정리 자동차 관리요령

## 제 1 장  자동차 관리

### 01 자동차 점검

#### 1 일상점검

**(1) 일상점검이란?**

자동차를 운행하는 사람이 매일 자동차를 운행하기 전에 점검하는 것

**(2) 일상점검 시 주의사항**

① 경사가 없는 평탄한 장소에서 점검한다.
② 변속레버는 P(주차)에 위치시킨 후 주차 브레이크를 당겨 놓는다.
③ 엔진 시동 상태에서 점검해야 할 사항이 아니면 엔진 시동을 끄고 한다.
④ 점검은 환기가 잘 되는 장소에서 실시한다.
⑤ 엔진을 점검할 때에는 가급적 엔진을 끄고, 식은 다음에 실시한다 (화상예방)
⑥ 연료장치나 배터리 부근에서는 불꽃을 멀리 한다.(화재예방)
⑦ 배터리, 전기 배선을 만질 때에는 미리 배터리의 ⊖단자를 분리한다.(감전예방)

#### 2 운행 전 점검사항

**(1) 운전석에서 점검**

① 연료 게이지량
② 브레이크 페달 유격 및 작동상태
③ 에어압력 게이지 상태
④ 룸미러 각도, 경음기 작동 상태, 계기 점등상태
⑤ 와이퍼 작동상태
⑥ 스티어링 휠(핸들) 및 운전석 조정

**(2) 엔진 점검**

① 엔진오일은 양은 적당하며 불순물은 없는지 점검한다.
② 냉각수의 양은 적당하며 색이 변하지는 않았는지 점검한다.
③ 각종 벨트의 장력은 적당하며 손상된 곳은 없는지 점검한다.
④ 배선은 깨끗이 정리 되어 있으며 배선이 벗겨져 있거나 연결부분에서 합선 등 누전의 염려는 없는지 점검한다.

**(3) 자동차 주위(외관)에서 점검**

① 유리는 깨끗하며 깨진 곳은 없는지 점검한다.
② 차체에 굴곡 된 곳은 없으며 후드(보닛)의 고정은 이상이 없는지 점검한다.
③ 타이어의 공기압력 마모 상태는 적절한지 점검한다.
④ 차체가 기울지는 않았는지 점검한다.
⑤ 후사경의 위치는 바르며 깨끗한지 점검한다.
⑥ 차체에 먼지나 외관상 바람직하지 않은 것은 없는지 점검한다.
⑦ 반사기 및 번호판의 오염, 손상은 없는지 점검한다.
⑧ 휠 너트의 조임 상태는 양호한지 점검한다.
⑨ 파워스티어링 오일 및 브레이크 액의 양과 상태는 양호한지 점검한다.
⑩ 차체에서 오일이나 연료 냉각수 등이 누출되는 곳은 없는지 점검한다.
⑪ 라디에이터 캡과 연료탱크 캡은 이상 없이 채워져 있는지 점검한다.
⑫ 각종 등화는 이상 없이 잘 작동되는지 점검한다.

#### 3 운행 중 점검사항

**(1) 출발 전 확인사항**

① 엔진 시동시 배터리의 출력은 충분한지 확인한다.
② 시동시에 잡음이 없고 시동은 잘되는지 확인한다.
③ 각종 계기장치 및 등화장치는 정상적으로 작동되는지 확인한다.
④ 브레이크, 액셀러레이터 페달의 작동은 이상이 없는지 확인한다.
⑤ 공기 압력은 충분하며 잘 충전되고 있는지 확인한다.
⑥ 후사경의 위치와 각도는 적절한지 확인한다.
⑦ 클러치 작동과 기어접속은 이상이 없는지 확인한다.
⑧ 엔진 소리에 잡음은 없는지 확인한다.

**(2) 운행 중 유의사항**

① 조향장치는 부드럽게 작동되고 있는지 유의한다.
② 제동장치는 잘 작동되며, 한쪽으로 쏠리지는 않는지 유의한다.
③ 각종 계기장치는 정상위치를 가리키고 있는지 유의한다.
④ 엔진소리에 이상음이 발생하지는 않는지 유의한다.
⑤ 차체가 이상하게 흔들리거나 진동하지는 않는지 유의한다.
⑥ 각종 계기는 정상적으로 작동하고 있는지 유의한다.
⑦ 클러치 작동은 원활하며 동력전달에 이상은 없는지 유의한다.
⑧ 차내에서 이상한 냄새가 나지는 않는지 유의한다.

#### 4 운행 후 점검사항

**(1) 외관 점검**

① 차체가 기울지 않았는지 점검한다.
② 차체에 굴곡이나 손상된 곳은 없는지 점검한다.
③ 차체에 부품이 없어진 곳은 없는지 점검한다.
④ 후드(보닛)의 고리가 빠지지는 않았는지 점검한다.

### (2) 엔진 점검

① 냉각수, 엔진오일의 이상 소모는 없는지 점검한다.
② 배터리 액이 넘쳐흐르지는 않았는지 점검한다.
③ 배선이 흐트러지거나 빠지거나 잘못된 곳은 없는지 점검한다.
④ 오일이나 냉각수가 새는 곳은 없는지 점검한다.

### (3) 하체 점검

① 타이어는 정상으로 마모되고 있는지 점검한다.
② 볼트, 너트가 풀린 곳은 없는지 점검한다.
③ 조향장치, 완충장치의 나사 풀림은 없는지 점검한다.
④ 휠 너트가 빠져 없거나 풀리지는 않았는지 점검한다.
⑤ 에어가 누설되는 곳은 없는지 점검한다.
⑥ 각종 액체가 새는 곳은 없는지 점검한다.

## 02 주행 전·후 안전수칙

### 1 운행 전 안전수칙

① 안전벨트의 착용
② 운전에 방해되는 물건 제거
③ 올바른 운전 자세
④ 좌석, 핸들, 후사경 조정
⑤ 일상점검의 생활화
⑥ 인화성·폭발성 물질의 차내 방치 금지

> ※ 소화기 사용방법
> ① 바람을 등지고 소화기의 안전핀을 제거한다.
> ② 소화기 노즐을 화재 발생장소로 향하게 한다.
> ③ 소화기 손잡이를 움켜쥐고 빗자루로 쓸듯이 방사한다.

### 2 운행 중 안전수칙

① 도어를 개방한 상태로 운행해서는 안 된다.
② 창문 밖으로 손이나 얼굴 등을 내밀지 않도록 주의한다.
③ 터널 출구나 다리 위에서의 돌풍에 주의하여 운행한다.
④ 높이 제한이 있는 도로에서는 항상 차량의 높이에 주의한다.
⑤ 주행 중에는 엔진을 정지시켜서는 안 된다.
⑥ 과로나 음주 상태에서 운전을 하여서는 안 된다.

### 3 운행 후 안전수칙

① 차에서 내리거나 후진할 경우에는 자동차 밖의 안전을 확인한다.
② 주·정차를 하거나 워밍업을 할 경우 배기관 주변을 확인한다.
③ 밀폐된 공간에서 워밍업이나 점검을 해서는 안 된다.
④ 주차할 경우의 주의 사항
   ㉮ 반드시 주차 브레이크를 작동시킨다.
   ㉯ 오르막길에서는 1단, 내리막길에서는 R(후진)로 놓고 바퀴에 고임목을 설치한다.
   ㉰ 급경사에서는 가급적 주차하지 않는다.
   ㉱ 습기가 많고 통풍이 잘 되지 않는 차고에는 주차하지 않는다.

## 03 터보자처

### 1 터보차저 관리 요령

① 회전부에 원활한 윤활과 터보차저에 이물질이 들어가지 않도록

한다.
② 시동 전 오일량을 확인하고 시동 후 정상적으로 오일 압력이 상승되는지 확인한다.
③ 엔진이 정상적으로 가동할 수 있도록 운행 전 예비운전(워밍업)을 한다.
④ 운행 후 충분한 공회전을 실시하여 터보차저의 온도를 낮춘 후 엔진을 정지시킨다. 터보차저는 운행 중 고온 상태이므로 급속한 엔진 정지로 인한 열 방출이 안되기 때문에 터보차저 베어링부의 소착 등이 발생될 수 있다.
⑤ 공회전 또는 워밍업 할 때 무부하 상태에서 급가속을 해서는 안 된다.

### 2 터보차저 점검 요령

① 터보차저 고장은 대부분 윤활유 공급부족, 엔진오일 오염, 이물질 유입으로 인한 압축기 날개 손상 등에 의해 발생한다.
② 점검을 위하여 에어클리너 엘리먼트를 장착하지 않고 고속 회전시키는 것을 삼가야하며, 압축기 날개 손상의 원인이 된다.

### 3 세차 시기

① 겨울철에 동결방지제(염화칼슘 등)를 뿌린 도로를 주행하였을 경우
② 해안지대를 주행하였을 경우
③ 진흙 및 먼지 등이 현저하게 붙어 있는 경우
④ 옥외에서 장시간 주차하였을 때
⑤ 매연이나 분진, 철분 등이 묻어 있는 경우
⑥ 타르, 모래, 콘크리트 가루 등이 묻어 있는 경우
⑦ 새의 배설물, 벌레 등이 붙어 있는 경우

## 04 압축천연가스(CNG) 자동차

### 1 CNG 연료의 특징

① 천연가스는 메탄(83~99%)을 주성분으로 한 탄화수소 연료이다.
② 메탄의 비등점은 -162℃이며, 상온에서는 기체이다.
③ 옥탄가(120~136)는 높고 세탄가는 낮다.
④ 혼합기 형성이 용이하고 희박 연소가 가능하다.
⑤ 저온 상태에서도 시동성이 우수하다.
⑥ 입자상 물질의 생성이 적다.
⑦ 탄소량이 적어 발열량당 $CO_2$ 배출량이 적다.
⑧ 유황분이 없어 $SO_2$ 가스를 방출하지 않는다.
⑨ 연료 중의 탄소수가 적고 독성이 낮다.

### 2 천연가스 상태별 종류

① LNG(액화천연가스 ; Liquified Natural Gas) : 천연가스를 액화시켜 부피를 현저히 작게 만들어 저장, 운반 등 사용상의 효용성을 높이기 위한 액화가스
② CNG(압축천연가스 ; Compressed Natural Gas) : 천연가스를 고압으로 압축하여 고압 압력용기에 저장한 기체상태의 연료
※ LPG(액화석유가스 ; Liquified Petroleum Gas) : 프로판과 부탄을 섞어서 제조된 가스로써 석유 정제과정의 부산물로 이루어진 혼합가스

**3** 가스 공급라인 등 연결부에서 가스가 누출될 때 등의 조치요령

① 차량 부근으로 화기 접근을 금하고, 엔진 시동을 끈 후 메인 전원 스위치를 차단한다.

② 탑승하고 있는 승객을 안전한 곳으로 대피시킨 후 누설부위를 비눗물 또는 가스검진기 등으로 확인한다.

③ 스테인리스 튜브 등 가스 공급라인의 몸체가 파열된 경우에는 교환한다.

④ 커넥터 등 연결부위에서 가스가 새는 경우에는 새는 부위의 너트를 조금씩 누출이 멈출 때까지 반복해서 조여 준다. 만약 계속해서 가스가 누출되면 사람의 접근을 차단하고 실린더 내의 가스가 모두 배출될 때까지 기다린다.

**4** CNG 자동차의 구조

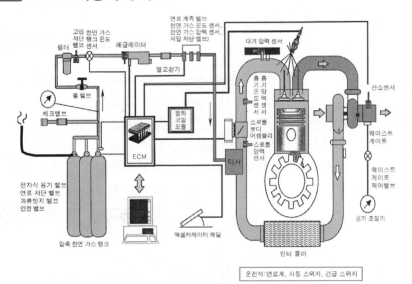

운전석:연료계, 시동 스위치, 긴급 스위치

① **천연가스 충전소 가스** : 충전 노즐 → 주입구 → 체크 밸브 → 가스용기(탱크)에 저장된다.

② **가스용기의 가스** : 배관을 따라서 고압을 저압의 상태로 조정하여 엔진의 연소실에 공급

③ **압축 천연가스 용기** : 고압의 CNG를 저장하며, 자동 실린더 밸브와 수동 실린더 밸브가 설치되어 과도한 온도와 압력을 감지하여 작동된다.

④ **압력 방출 장치** : 가스를 배출시켜 실린더의 파열을 방지하기 위한 1회용 소모성 장치

⑤ **과류 방지 밸브** : 유량이 설계 설정 값을 초과할 경우 자동으로 가스 흐름을 차단 또는 제한한다.

⑥ 이 외에도 CNG 필터, 압력 조절기(레귤레이터), 가스/공기 혼소기(믹서), 압력계 등으로 구성되어 있다.

**05** 운행할 때 자동차 조작 요령

**1** 브레이크의 조작 요령

① 브레이크 페달을 2~3회 나누어 밟으면 안정된 제동 성능을 얻을 수 있다.

② 브레이크 페달을 2~3회 나누어 밟으면 뒤따라오는 자동차에게 제동정보를 제공하여 후미 추돌을 방지할 수 있다.

③ 내리막길에서 풋 브레이크를 작동시키면 파열, 일시적인 작동 불능을 일으키게 된다.

④ 엔진 브레이크의 사용은 주행 중인 단보다 한단 낮은 저단으로 변속하여 속도를 줄인다.

⑤ 주행 중 제동은 핸들을 붙잡고 기어가 들어가 있는 상태에서 제동한다.

⑥ 내리막길에서 기어를 중립으로 두고 탄력 운행을 하지 않는다.

**2** 험한 도로를 주행할 때의 요령

① 요철이 심한 도로에서는 감속 주행하여 차체의 아래 부분이 충격을 받지 않도록 주의한다.

② 비포장도로, 눈길, 빙판길, 진흙탕 길에서는 속도를 낮추어 제동거리를 충분히 확보한다.

③ 제동할 때는 브레이크 페달을 펌프질 하듯 자동차가 멈출 때까지 가볍게 위아래로 밟아준다.

④ 눈길, 진흙길, 모랫길에서는 2단 기어를 사용하여 바퀴가 헛돌지 않게 천천히 가속한다.

⑤ 얼음, 눈, 모랫길에 빠진 경우 타이어체인, 모래, 미끄러지지 않는 물건을 바퀴 아래에 놓아 구동력이 발생되도록 한다.

⑥ 험한 도로를 주행하는 경우 저단 기어로 가속페달을 일정하게 밟고 기어 변속이나 가속은 하지 않는다.

**3** 악천후 시 자동차를 주행하는 요령

① 비가 내릴 경우 급제동을 피하고 차간 거리를 충분히 유지한다.

② 물이 고인 곳을 주행한 경우 여러 번에 걸쳐 브레이크 페달을 짧게 밟아 브레이크를 건조시킨다.

③ 노면이 젖어있는 도로를 주행한 경우 앞차와의 안전거리를 확보하고 서행하는 동안 여러 번에 걸쳐 브레이크 페달을 밟아준다.

④ 안개가 끼었거나 기상조건이 나빠 시계가 불량할 경우 속도를 줄이고 미등 및 안개등 또는 전조등을 점등시킨 상태로 운행한다.

⑤ 폭우가 내릴 경우 충분한 제동거리를 확보할 수 있도록 감속한다.

**4** 경제적인 운행 요령

① 급발진, 급가속 및 급제동을 피한다.

② 목적지를 확실하게 파악한 후 운행한다.

③ 자동차에 불필요한 화물을 싣고 다니지 않는다.

④ 창문을 열고 고속 주행을 하지 않는다.

⑤ 에어컨은 필요한 경우에만 사용한다.

⑥ 경제속도 준수 및 불필요한 공회전을 금지한다.

⑦ 타이어 공기압력을 적정수준으로 유지하고 운행한다.

⑧ 목적지를 확실하게 파악한 후 운행한다.

**5** 겨울철 운행

① 엔진시동 후에는 적당한 워밍업을 한 후 운행한다.

② 눈길이나 빙판에서는 타이어의 접지력이 약해지므로 가속페달이나 핸들을 급하게 조작하면 위험하다.

③ 내리막길에서는 엔진 브레이크를 사용하면 방향조작에 도움이 된다.

④ 오르막길에서는 한번 멈추면 다시 출발하기 어려우므로 차간거리를 유지하면서 서행한다.

⑤ 배터리와 케이블 상태를 점검한다.

⑥ 차의 하체 부위에 있는 얼음 덩어리를 운행 전에 제거한다.

⑦ 엔진의 시동을 작동하고 각종 페달이 정상적으로 작동되는지 확인한다.

⑧ 겨울철 오버히트가 발생하지 않도록 주의한다.

⑨ 자동차에 스노타이어를 장착할 경우 동일 규격의 타이어를 장착하여야 한다.

⑩ 후륜구동 자동차는 뒷바퀴에 타이어 체인을 장착하여야 한다.

⑪ 타이어 체인을 장착한 경우에는 30km/h 이내 또는 체인 제작사에서 추천하는 규정속도 이하로 주행한다.

⑫ 도어나 연료 주입구가 얼어서 열리지 않을 경우에는 도어나 연료 주입구의 주위를 두드리거나 더운물을 부어 얼어붙은 것을 녹여준다.

### 6 ABS(Anti-lock Brake System) 조작 요령

① ABS는 급제동 또는 미끄러운 도로에서 제동할 때 바퀴의 잠김 현상을 방지하여 핸들의 조향 성능을 유지시켜주는 장치이다.

② 급제동할 때 브레이크 페달을 힘껏 밟고 버스가 완전히 정지할 때까지 계속 밟고 있어야 한다.

③ ABS 차량은 급제동할 때에도 핸들 조향이 가능하다.

④ ABS 차량이라도 옆으로 미끄러지는 위험은 방지할 수 없다.

⑤ 자갈길이나 평평하지 않은 도로 등에는 일반 브레이크 차량보다 제동거리가 더 길어질 수 있다.

⑥ ABS가 정상인 경우 ABS 경고등은 키 스위치를 ON하면 3초 동안 점등된 후 소등된다.

## 제2장 자동차 장치 사용 요령

### 01 자동차 키 및 도어

#### 1 자동차 키의 사용

① 차를 떠날 때에는 짧은 시간일지라도 안전을 위해 반드시 키를 뽑아 지참한다.

② 자동차 키에는 시동키와 화물실 전용키 2종류가 있다.

③ 시동키 스위치가 ST에서 ON 상태로 되돌아오지 않게 되면 시동 후에도 스타터가 계속 작동되어 스타터 손상 및 배선의 과부하로 화재의 원인이 된다.

④ 시동키를 꽂지 않았더라도 키를 차안에 두고 어린이들만 차내에 남겨두지 않는다.

㉮ 어른들의 행동을 모방하여 시동키를 작동시킬 수 있다.

㉯ 차안의 다른 조작 스위치 등을 작동시킬 수 있다.

㉰ 차를 조작하여 심각한 신체 상해를 초래할 수 있다.

#### 2 도어의 개폐

##### (1) 차 밖에서 도어 개폐(※자동차에 따라 다를 수 있음)

① 키를 이용하여 도어를 닫고 열 수 있으며, 잠그고 해제할 수 있다.

② 도어 개폐 스위치에 키를 꽂고 오른쪽으로 돌리면 열리고 왼쪽으로 돌리면 닫힌다.

③ 키 홈이 얼어 열리지 않을 때에는 가볍게 두드리거나 키를 뜨겁게 하여 연다.

④ 도어 개폐 시에는 도어 잠금 스위치의 해제 여부를 확인한다.

##### (2) 차 안에서 도어 개폐

① 차내 개폐 버튼을 사용하여 도어를 열고 닫는다.

② 주행 중에는 도어를 개폐하지 않는다.

③ 도어를 개폐할 때에는 후방으로부터 오는 차량(오토바이) 및 보행자 등에 주의한다.

##### (3) 차를 떠날 때 도어 개폐

① 차에서 떠날 때에는 엔진을 정지시키고 도어를 반드시 잠근다.

② 엔진 시동을 끈 후 자동도어 개폐조작을 반복하면 에어탱크의 공기압이 급격히 저하된다.

③ 장시간 자동으로 문을 열어 놓으면 배터리가 방전될 수 있다.

##### (4) 화물실 도어 개폐

① 화물실 도어는 화물실 전용키를 사용한다.

② 도어를 열 때에는 키를 사용하여 잠금 상태를 해제한 후 도어를 당겨 연다.

③ 도어를 닫은 후에는 키를 사용하여 잠근다.

### 3 연료 주입구 개폐

#### (1) 연료 주입구 개폐 절차

① 연료 주입구에 키 홈이 있는 차량은 키를 꽂아 잠금 해제시킨 후 연료 주입구 커버를 연다.

② 시계 반대방향으로 돌려 연료 주입구 캡을 분리한다.

③ 연료를 보충한다.

④ 연료 주입구 캡을 닫으려면 시계방향으로 돌린다.

⑤ 연료 주입구 커버를 닫고 가볍게 눌러 원위치 시킨 후 확실하게 닫혔는지 확인한 다음 키 홈이 있는 차량은 키를 이용하여 잠근다.

#### (2) 연료 주입구 개폐할 때의 주의사항

① 연료 캡을 열 때에는 연료에 압력이 가해져 있을 수 있으므로 천천히 분리한다.

② 연료 캡에서 연료가 새거나 바람 빠지는 소리가 들리면 연료 캡을 완전히 분리하기 전에 이런 상황이 멈출 때까지 대기한다.

③ 연료를 충전할 때에는 항상 엔진을 정지시키고 연료 주입구 근처에 불꽃이나 화염을 가까이 하지 않는다.

### 02 운전석 및 안전장치

#### 1 운전석

##### (1) 운전석 등받이 각도 조절 순서(※자동차에 따라 다를 수 있음)

① 등을 앞으로 약간 숙인 후 좌석에 있는 등받이 각도 조절 레버를 당긴다.

② 좌석에 기대어 원하는 위치까지 조절한다.

③ 조절 레버에서 손을 놓으면 고정된다.

④ 조절이 끝나면 등받이 및 조절 레버가 고정되었는지 확인한다.

##### (2) 머리지지대 조절 및 분리(※머리지지대가 좌석과 일체형인 자동차도 있음)

① 머리지지대는 자동차의 좌석에서 등받이 맨 위쪽의 머리를 지지하는 부분을 말한다.

② 머리지지대는 사고 발생 시 머리와 목을 보호하는 역할을 한다.

③ 머리지지대의 높이는 머리지지대 중심부분과 운전자의 귀 상단이 일치하도록 조절한다.

④ 운전석에서 머리지지대와 머리 사이는 주먹하나 사이가 될 수 있도록 한다.

⑤ 머리지지대를 제거한 상태에서의 주행은 머리나 목의 상해를 초

래할 수 있다.

⑥ 머리지지대를 분리하고자 할 때에는 잠금해제 레버를 누른 상태에서 머리지지대를 위로 당겨 분리한다.

## 2 안전장치

### (1) 히터 사용 중 발열, 저온 및 화상 등의 위험이 발생할 수 있는 승객

① 유아, 어린이, 노인, 신체가 불편하거나 기타 질병이 있는 승객
② 피부가 연약한 승객
③ 피로가 누적된 승객(과로한 승객)
④ 술을 많이 마신 승객(과음한 승객)
⑤ 졸음이 올 수 있는 수면제 또는 감기약 등을 복용한 승객

### (2) 안전벨트 착용 방법

① 안전벨트를 착용할 때에는 좌석 등받이에 기대어 똑바로 앉는다.
② 안전벨트가 꼬이지 않도록 주의한다.
③ 어깨벨트는 어깨 위와 가슴 부위를 지나도록 한다.
④ 허리벨트는 골반 위를 지나 엉덩이 부위를 지나도록 한다.
⑤ 안전벨트에 별도의 보조장치를 장착하지 않는다.(안전벨트의 보호효과 감소)
⑥ 안전벨트를 복부에 착용하지 않는다.(충돌 시 강한 복부 압박으로 장파열 등의 신체 위해를 가할 수 있다)

## 03 계기판 용어

① **속도계** : 자동차의 단위 시간당 주행거리를 나타낸다.
② **회전계(타코미터)** : 엔진의 분당 회전수(rpm)를 나타낸다.
③ **수온계** : 엔진 냉각수의 온도를 나타낸다.
④ **연료계** : 연료 탱크에 남아있는 연료의 잔류량을 나타낸다. 동절기에는 연료를 가급적 충만한 상태를 유지한다.(연료 탱크 내부의 수분 침투를 방지하는데 효과적)
⑤ **주행 거리계** : 자동차가 주행한 총거리(km 단위)를 나타낸다.
⑥ **엔진오일 압력계** : 엔진오일의 압력을 나타낸다.
⑦ **공기 압력계** : 브레이크 공기 탱크내의 공기압력을 나타낸다.
⑧ **전압계** : 배터리의 충전 및 방전 상태를 나타낸다.

## 04 스위치

## 1 전조등

### (1) 전조등 스위치 조절

① 1단계 : 차폭등, 미등, 번호판등, 계기판등
② 2단계 : 차폭등, 미등, 번호판등, 계기판등, 전조등

### (2) 전조등 사용 시기

① **변환빔(하향)** : 마주 오는 차가 있거나 앞차를 따라갈 경우
② **주행빔(상향)** : 야간 운행 시 시야확보를 원할 경우(마주 오는 차 또는 앞 차가 없을 때에 한하여 사용)
③ **상향 점멸** : 다른 차의 주의를 환기시킬 경우(스위치를 2~3회 정도 당겨 올린다)

## 2 전자제어 현가장치(ECS ; Electronically controled suspension)

① 전자제어 현가장치(ECS)는 차고 센서로부터 ECS ECU가 자동차 높이의 변화를 감지하여 ECS 솔레노이드 밸브를 제어함으로써 에어 **스프링의 압력과 차량 높이를 조절**하는 전자제어 서스펜션 시스템을 말한다.
② 차량 주행 중에는 에어 소모가 감소한다.
③ 차량 하중 변화에 따른 차량 높이 조정이 자동으로 빠르게 이루어진다.
④ 도로조건이나 기타 주행조건에 따라서 운전자가 스위치를 조작하여 차량의 높이를 조정할 수 있다.
⑤ 안전성이 확보된 상태에서 차량의 높이 조정 및 닐링(Kneeling ; 차체의 앞부분을 내려가게 만드는 차체 기울임 시스템) 기능을 할 수 있다.
⑥ 자기진단 기능을 보유하고 있어 정비성이 용이하고 안전하다.

# 제3장 자동차 응급조치 요령

## 01 상황별 응급조치

## 1 배출가스로 구분할 수 있는 고장

① **무색 또는 엷은 청색** : 정상
② **검은색** : 초크 고장, 에어클리너 엘리먼트의 막힘, 연료장치 고장
③ **백색** : 헤드 개스킷 파손, 밸브의 오일 실(seal) 노후 또는 피스톤 링의 마모

## 2 엔진 오버히트(과열)

### (1) 엔진 오버히트가 발생할 때의 징후

① 운행 중 수온계가 H 부분을 가리키는 경우
② 엔진 출력이 갑자기 떨어지는 경우
③ 노킹 소리가 들리는 경우

### (2) 엔진 오버히트가 발생할 때의 안전조치

① 비상경고등을 작동한 후 도로 가장자리로 안전하게 이동하여 정차한다.
② 여름에는 에어컨, 겨울에는 히터의 작동을 중지시킨다.
③ 엔진이 작동하는 상태에서 보닛을 열어 엔진을 냉각시킨다.
④ 엔진을 충분히 냉각시킨 후 냉각수의 양 점검, 라디에이터 호스 연결부위 등의 누수여부 등을 확인한다.
⑤ 특이한 사항이 없다면 냉각수를 보충하여 운행하고 누수나 오버히트가 발생할 만한 문제가 발견된다면 점검을 받아야 한다.

## 3 타이어에 펑크가 난 경우

① 운행 중 타이어가 펑크 났을 경우에는 핸들이 돌아가지 않도록 견고히 잡고, 비상경고등을 작동시킨다.(한 쪽으로 쏠리는 현상 예방)
② 가속페달에서 발을 떼어 속도를 서서히 감속시키면서 길 가장자리로 이동한다.(급브레이크를 밟게 되면 양 쪽 바퀴의 제동력 차이로 자동차가 회전하는 것을 예방)

③ 브레이크를 밟아 차를 도로 옆 평탄하고 안전한 장소에 주차한 후 주차 브레이크를 당겨 놓는다.

④ 자동차의 운전자는 고장 자동차의 표지를 설치하는 경우 그 자동차의 후방에서 접근하는 자동차의 운전자가 확인할 수 있는 위치에 설치하여야 한다. 밤에는 사방 500m 지점에서 식별할 수 있는 적색의 섬광신호, 전기제등 또는 불꽃신호를 추가로 설치한다.

⑤ 잭을 사용하여 차체를 들어 올릴 때 자동차가 밀려나가는 현상을 방지하기 위해 교환할 타이어의 대각선에 있는 타이어에 고임목을 설치한다.

## 02 장치별 응급조치

### 1 엔진계통 응급조치 요령

#### (1) 시동모터가 작동되나 시동이 걸리지 않는 경우

| 추정 원인 | 조치 사항 |
| --- | --- |
| ① 연료가 떨어졌다<br>② 예열작동이 불충분하다.<br>③ 연료 필터가 막혀 있다. | ① 연료를 보충한 후 공기빼기를 한다.<br>② 예열시스템을 점검한다.<br>③ 연료 필터를 교환한다. |

#### (2) 시동모터가 작동되지 않거나 천천히 회전하는 경우

| 추정 원인 | 조치 사항 |
| --- | --- |
| ① 배터리가 방전되었다.<br>② 배터리 단자의 부식, 이완, 빠짐 현상이 있다.<br>③ 접지 케이블이 이완되어 있다<br>④ 엔진 오일 점도가 너무 높다. | ① 배터리를 충전하거나 교환한다.<br>② 배터리 단자의 부식 부분을 깨끗하게 처리하고 단단하게 고정한다.<br>③ 접지 케이블을 단단하게 고정한다.<br>④ 적정 점도의 오일로 교환한다. |

#### (3) 저속 회전하면 엔진이 쉽게 꺼지는 경우

| 추정 원인 | 조치 사항 |
| --- | --- |
| ① 공회전 속도가 낮다.<br>② 에어클리너 필터가 오염되었다.<br>③ 연료 필터가 막혀있다.<br>④ 밸브 간극이 비정상이다. | ① 공회전 속도를 조절한다.<br>② 에어클리너 필터를 청소 또는 교환한다.<br>③ 연료 필터를 교환한다.<br>④ 밸브 간극을 조정한다. |

#### (4) 엔진 오일의 소비량이 많다.

| 추정 원인 | 조치 사항 |
| --- | --- |
| ① 사용되는 오일이 부적당하다.<br>② 엔진오일이 누유되고 있다. | ① 규정에 맞는 엔진오일로 교환한다.<br>② 오일 계통을 점검하여 풀려 있는 부분은 다시 조인다. |

#### (5) 연료 소비량이 많다.

| 추정 원인 | 조치 사항 |
| --- | --- |
| ① 연료누출이 있다.<br>② 타이어 공기압이 부족하다.<br>③ 클러치가 미끄러진다.<br>④ 브레이크가 제동된 상태에 있다. | ① 연료계통을 점검하고 누출부위를 정비한다.<br>② 적정 공기압으로 조정한다.<br>③ 클러치 간극을 조정하거나 클러치 디스크를 교환한다.<br>④ 브레이크 라이닝 간극을 조정한다. |

#### (6) 배기가스 색이 검다.

| 추정 원인 | 조치 사항 |
| --- | --- |
| ① 에어클리너 필터가 오염되었다.<br>② 밸브 간극이 비정상이다. | ① 에어클리너 필터 청소 또는 교환한다.<br>② 밸브 간극을 조정한다. |

#### (7) 오버히트 한다.(엔진이 과열되었다.)

| 추정 원인 | 조치 사항 |
| --- | --- |
| ① 냉각수 부족 또는 누수되고 있다.<br>② 팬벨트의 장력이 지나치게 느슨하다.(워터펌프 작동이 원활하지 않아 냉각수 순환이 불량해지고 엔진 과열)<br>③ 냉각팬이 작동되지 않는다.<br>④ 라디에이터 캡의 장착이 불완전하다.<br>⑤ 서모스탯(온도조절기 ; thermostat)이 정상 작동하지 않는다. | ① 냉각수 보충 또는 누수 부위를 수리한다.<br>② 팬벨트 장력을 조정한다.<br>③ 냉각팬 전기배선 등을 수리한다.<br>④ 라디에이터 캡을 확실하게 장착한다.<br>⑤ 서모스탯을 교환한다. |

### 2 조향계통 응급조치 요령

#### (1) 핸들이 무겁다.

| 추정 원인 | 조치 사항 |
| --- | --- |
| ① 앞바퀴의 공기압이 부족하다.<br>② 파워스티어링 오일이 부족하다. | ① 적정 공기압으로 조정한다.<br>② 파워스티어링 오일을 보충한다. |

#### (2) 스티어링 휠(핸들)이 떨린다.

| 추정 원인 | 조치 사항 |
| --- | --- |
| ① 타이어의 무게 중심이 맞지 않는다.<br>② 휠 너트(허브 너트)가 풀려 있다.<br>③ 타이어 공기압이 각 타이어마다 다르다.<br>④ 타이어가 편마모 되어 있다. | ① 타이어를 점검하여 무게 중심을 조정한다.<br>② 규정 토크(주어진 회전축을 중심으로 회전시키는 능력)로 조인다.<br>③ 적정 공기압으로 조정한다.<br>④ 타이어를 교환한다. |

### 3 제동계통 응급조치 요령

#### (1) 브레이크 제동효과가 나쁘다.

| 추정 원인 | 조치 사항 |
| --- | --- |
| ① 공기압이 과다하다.<br>② 공기누설(타이어 공기가 빠져 나가는 현상)이 있다.<br>③ 라이닝 간극 과다 또는 마모상태가 심하다.<br>④ 타이어 마모가 심하다. | ① 적정 공기압으로 조정한다.<br>② 브레이크 계통을 점검하여 풀려 있는 부분은 다시 조인다.<br>③ 라이닝 간극을 조정 또는 라이닝을 교환한다.<br>④ 타이어를 교환한다. |

#### (2) 브레이크가 편제동 된다.

| 추정 원인 | 조치 사항 |
| --- | --- |
| ① 좌·우 타이어 공기압이 다르다.<br>② 타이어가 편마모 되어 있다.<br>③ 좌우 라이닝 간극이 다르다. | ① 적정 공기압으로 조정한다.<br>② 편마모된 타이어를 교환한다.<br>③ 라이닝 간극을 조정한다. |

### 4 전기 계통의 응급조치 요령

#### (1) 배터리가 자주 방전된다.

| 추정 원인 | 조치 사항 |
| --- | --- |
| ① 배터리 단자의 벗겨짐, 풀림, 부식이 있다.<br>② 팬벨트가 느슨하게 되어 있다.<br>③ 배터리액이 부족하다.<br>④ 배터리 수명이 다 되었다. | ① 배터리 단자의 부식부분을 제거하고 조인다.<br>② 팬벨트의 장력을 조정한다.<br>③ 배터리액을 보충한다.<br>④ 배터리를 교환한다. |

# 제4장 자동차의 구조 및 특성

## 01 동력전달장치

① 동력발생장치(엔진)는 자동차의 주행과 주행에 필요한 보조 장치들을 작동시키기 위한 동력을 발생시키는 장치이다.

② 동력전달장치는 동력발생장치에서 발생된 동력을 주행상황에 맞는 적절한 상태로 변화를 주어 바퀴에 전달하는 장치.

### 1 클러치

① 클러치는 엔진의 **동력을 변속기에 전달하거나 차단**하는 역할을 한다.

② 엔진 시동을 작동시킬 때나 기어를 변속할 때에는 동력을 끊고, 출발할 때에는 엔진의 동력을 서서히 연결하는 일을 한다.

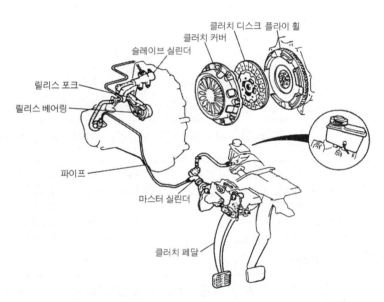

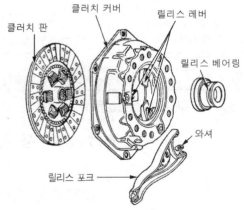

### (1) 클러치의 필요성

① 엔진을 작동시킬 때 **엔진을 무부하 상태로 유지**한다.

② 변속기의 기어를 변속할 때 **엔진의 동력을 일시 차단**한다.

③ **관성 운전**을 가능하게 한다.

㉠ 관성운전이란 주행 중 내리막길이나 신호등을 앞에 두고 가속 페달에서 발을 떼면 특정속도로 떨어질 때까지 연료 공급이 차단되고 관성력에 의해 주행하는 운전을 말한다.

㉡ 가속 페달에서 발을 떼면 특정속도로 떨어질 때까지 연료 공급이 차단되는 현상을 퓨얼 컷(Fuel cut)이라 한다.

### (2) 클러치의 구비조건

① 냉각이 잘 되어 과열하지 않아야 한다.

② 구조가 간단하고, 다루기 쉬우며 고장이 적어야 한다.

③ 회전력 단속 작용이 확실하며, 조작이 쉬워야 한다.

④ 회전부분의 평형이 좋아야 한다.

⑤ 회전관성이 적어야 한다.

### (3) 클러치가 미끄러지는 원인

① 클러치 페달의 자유간극(유격)이 없다.

② 클러치 디스크의 마멸이 심하다.

③ 클러치 디스크에 오일이 묻어 있다.

④ 클러치 스프링의 장력이 약하다.

### (4) 클러치가 미끄러질 때의 영향

① 연료소비량이 증가한다.

② 엔진이 과열한다.

③ 등판능력이 감소한다.

④ 구동력이 감소하여 출발이 어렵고, 증속이 잘되지 않는다.

### (5) 클러치 차단이 잘 안되는 원인

① 클러치 페달의 자유간극이 크다.

② 릴리스 베어링이 손상되었거나 파손되었다.

③ 클러치 디스크의 흔들림이 크다.

④ 유압장치에 공기가 혼입되었다.

⑤ 클러치 구성부품이 심하게 마멸되었다.

### 2 변속기

### (1) 변속기의 필요성

① 엔진과 차축 사이에서 회전력을 변환시켜 전달한다.

② 엔진을 시동할 때 **무부하 상태**로 한다.

③ 자동차의 **후진**을 위하여 필요하다.

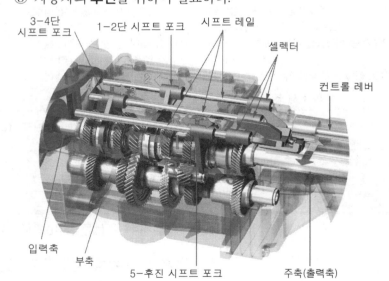

### (2) 변속기의 구비조건

① 연속적으로 또는 자동적으로 변속이 되어야 한다.

② 조작이 쉽고, 신속, 확실, 작동 소음이 작아야 한다.

③ 동력전달 효율이 좋아야 한다.

④ 가볍고 단단하며, 다루기 쉬울 것.

### (3) 자동변속기

#### 1) 자동변속기의 장점

① 기어변속이 자동으로 이루어져 운전이 편리하다

② 발진과 가·감속이 원활하여 승차감이 좋다.

③ 조작 미숙으로 인한 시동 꺼짐이 없다.

④ 유체가 댐퍼 역할을 하기 때문에 충격이나 진동이 적다.

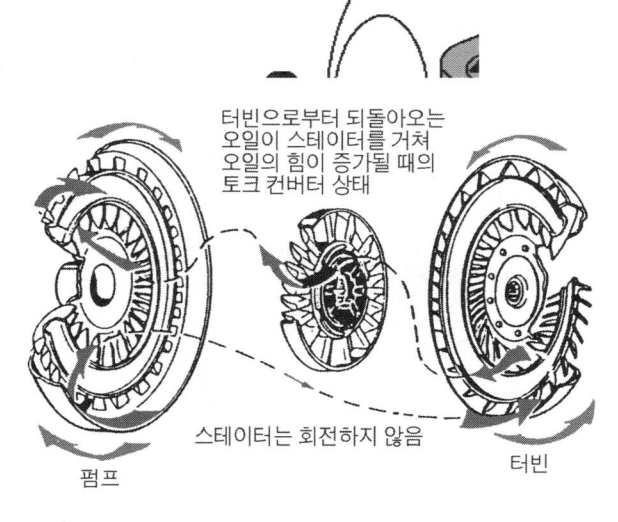

터빈으로부터 되돌아오는
오일이 스테이터를 거쳐
오일의 힘이 증가될 때의
토크 컨버터 상태

스테이터는 회전하지 않음

펌프　　　　　　　　　터빈

### 2) 자동변속기의 단점
① 수동변속기에 비해 연료의 소비율이 10% 정도 많다.
② 구조가 복잡하고 가격이 비싸다.
③ 자동차를 밀거나 끌어서 시동할 수 없다.

### 3) 자동변속기의 오일 색깔
① **정상** : 투명도가 높은 붉은 색
② **갈색** : 가혹한 상태에서 사용되거나, 장시간 사용한 경우
③ **투명도가 없어지고 검은 색을 띨 때** : 자동변속기 내부의 클러치 디스크의 마멸 분말에 의한 오손, 기어가 마멸된 경우
④ **니스 모양으로 된 경우** : 오일이 매우 높은 고온에 노출된 경우
⑤ **백색** : 오일에 수분이 다량으로 유입된 경우

## 3 타이어

### (1) 타이어의 주요기능
① 자동차의 하중을 지탱하는 기능을 한다.
② 엔진의 구동력 및 브레이크의 제동력을 노면에 전달하는 기능을 한다.
③ 노면으로부터 전달되는 충격을 완화시키는 기능을 한다.
④ 자동차의 진행방향을 전환 또는 유지시키는 기능을 한다.

### (2) 타이어의 구조 및 형상에 따라 튜브리스 타이어, 바이어스 타이어, 레디얼 타이어(Radial tire), 스노 타이어(Snow tire)로 구분되며, 그 특성은 다음과 같다.

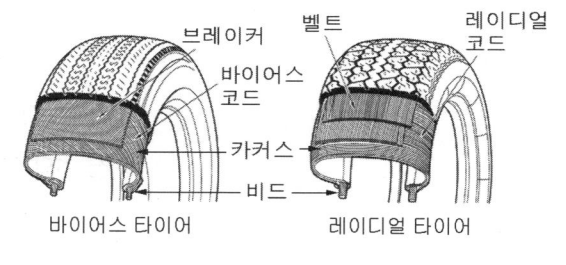

브레이커　벨트　레이디얼 코드
바이어스 코드
카커스
비드
바이어스 타이어　　레이디얼 타이어

### 1) 튜브리스 타이어(튜브 없는 타이어)의 장·단점
① 튜브 타이어에 비해 공기압을 유지하는 성능이 좋다.
② 못에 찔려도 공기가 급격히 새지 않는다.
③ 타이어 내부의 공기가 직접 림에 접촉하고 있기 때문에 주행 중에 발생하는 열의 발산이 좋아 발열이 적다.
④ 튜브 물림 등 튜브로 인한 고장이 없다.
⑤ 튜브 조립이 없으므로 펑크 수리가 간단하고, 작업능률이 향상된다.

⑥ 림이 변형되면 타이어와의 밀착이 불량하여 공기가 새기 쉽다.
⑦ 유리 조각 등에 의해 손상되면 수리하기가 어렵다.

### 2) 레디얼 타이어
① 고속으로 주행할 때에는 안전성이 크다.
② 충격을 흡수하는 강도가 작아 승차감이 좋지 않다.
③ 접지면적이 크고 타이어 수명이 길다.
④ 스탠딩웨이브 현상이 잘 일어나지 않는다.
⑤ 트레드가 하중에 의한 변형이 적다.
⑥ 회전할 때에 구심력이 좋다.
⑦ 저속으로 주행할 때에는 조향 핸들이 다소 무겁다.

### 3) 스노타이어
① 눈길에서 미끄럼이 적게 주행할 수 있도록 제작된 타이어로 바퀴가 고정되면 제동거리가 길어진다.
② 스핀을 일으키면 견인력이 감소하므로 출발을 천천히 해야 한다.
③ 구동 바퀴에 걸리는 하중을 크게 해야 한다.
④ 트레드부가 50% 이상 마멸되면 제 기능을 발휘하지 못한다.

### (3) 타이어의 특성

#### 1) 스탠딩 웨이브 현상(Standing Wave)
타이어 공기압이 낮은 상태로 고속 주행 중 어느 속도 이상이 되면 타이어 **트레드와 노면과의 접촉부 뒷면의 원주 상에 파형이 발생**된다. 원주 상에서 파형을 보면 정지되어 있는 것과 같이 보이기 때문에 스탠딩 웨이브라고 하며, 150km/h 전후의 속도에서 발생된다.

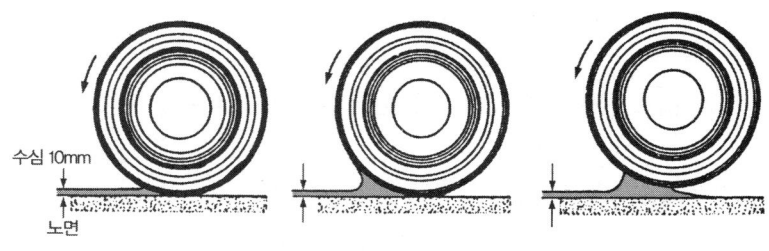

■■ 스탠딩 웨이브 현상

#### 2) 수막현상(Hydro planing)
수막현상은 비가 올 때 노면의 빗물에 의해 타이어가 노면에 직접 접촉되지 않고 **수막만큼 공중에 떠 있는 상태**를 말하는 것으로 이를 방지하기 위해서는
① 저속으로 주행한다.
② 마모된 타이어를 사용하지 않는다,
③ 공기압을 조금 높게 한다.
④ 배수효과가 좋은 타이어를 사용한다(리브형)

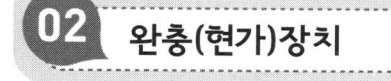

수심 10mm
노면

■■ 수막 현상

## 02 완충(현가)장치

① 차축과 프레임을 연결하여 주행 중 발생되는 **진동 및 충격을 완화**하는 장치.
② 주행 중 진동이나 충격을 완화시켜 차체나 **각 장치에 전달되는 것을 방지**
③ 차체나 화물의 손상을 방지하고 **승차감과 자동차의 주행 안전성을 향상**시킨다.
④ 새시 스프링, 쇽업소버, 스태빌라이저 등으로 구성되어 있다.

**1 완충장치의 주요기능**

① 적정한 자동차의 높이를 유지한다.
② 상·하 방향이 유연하여 차체가 노면에서 받는 충격을 완화시킨다.
③ 올바른 휠 얼라인먼트를 유지한다.
④ 차체의 무게를 지탱한다.
⑤ 타이어의 접지상태를 유지한다.
⑥ 주행방향을 일부 조정한다.

**2 완충장치의 구성**

**(1) 스프링**

차체와 차축사이에 설치되어 주행 중 노면에서의 충격이나 진동을 흡수하여 차체에 전달되지 않게 하는 것.

**1) 판스프링**

① 판스프링은 적당히 구부린 **띠 모양의 스프링 강을 몇 장 겹쳐 그 중심에서 볼트로 조인 것**을 말한다. 버스나 화물차에 사용한다.
② 스프링 자체의 강성으로 차축을 정해진 위치에 지지할 수 있어 구조가 간단하다.
③ 판간 마찰에 의한 진동의 억제작용이 크다.
④ 내구성이 크다.
⑤ 판간 마찰이 있기 때문에 작은 진동은 흡수가 곤란하다.

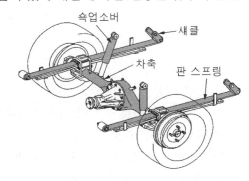

**2) 코일 스프링**

① 단위 중량당 흡수율이 판스프링보다 크고 유연하다.
② 판스프링보다 승차감이 우수하다.
③ 코일 사이에 마찰이 없기 때문에 진동의 감쇠 작용이 없다.
④ 옆 방향의 작용력(비틀림)에 대한 저항력이 없다.
⑤ 차축의 지지에 링크나 쇽업소버를 사용하여야 하기 때문에 구조가 복잡하다.

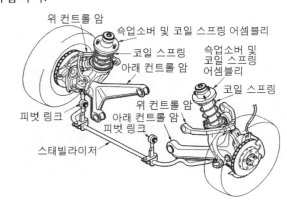

**3) 토션 바 스프링**

① 비틀었을 때 탄성에 의해 원위치하려는 성질을 이용한 스프링 강의 막대이다.
② 스프링의 힘은 바의 길이와 단면적에 따라 결정된다.
③ 단위 중량당 에너지 흡수율이 다른 스프링에 비해 크다.
④ 다른 스프링보다 가볍고 구조가 간단하다.
⑤ 오른쪽(R)과 왼쪽(L)의 표시가 있어 구분하여 설치하여야 한다.

⑥ 감쇠 작용을 할 수 없어 쇽업소버와 함께 사용하여야 한다.
⑦ 차체에 평행하게 설치하는 세로방식과 차체에 직각으로 설치하는 가로방식이 있다.

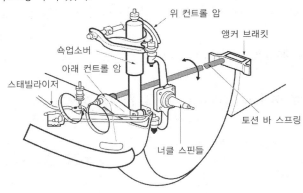

**4) 공기 스프링**

① 공기의 탄성을 이용하여 완충 작용을 한다.
② 다른 스프링에 비해 유연한 탄성을 얻을 수 있어 작은 진동도 흡수할 수 있다.
③ 승차감이 우수하기 때문에 장거리 주행 자동차 및 대형버스에 사용된다.
④ 차량무게의 증감에 관계없이 언제나 차체의 높이를 일정하게 유지할 수 있다.
⑤ 스프링의 세기가 하중에 거의 비례해서 변화하기 때문에 승차감의 차이가 없다.
⑥ 구조가 복잡하고 제작비가 비싸다.

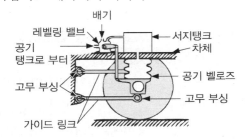

■■ 서지탱크

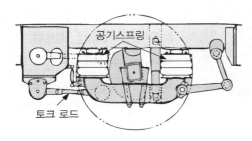

■■ 공기스프링

**(2) 쇽업소버**

① 노면에서 발생한 스프링의 진동을 재빨리 흡수한다.
② 승차감을 향상시키고 스프링의 피로를 줄인다.
③ 스프링의 움직임 대하여 역 방향으로 힘을 발생시켜 진동의 흡수를 앞당긴다.
④ 스프링의 상·하 운동에너지를 열에너지로 변환시켜 준다.
⑤ 쇽업소버는 노면에서 발생하는 진동에 대해 감쇠력이 좋아야 한다.

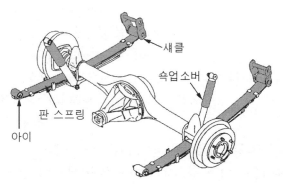

## (3) 스태빌라이저

① 좌우 바퀴가 서로 다른 상하 운동할 때 작용하여 차체의 기울기를 감소시킨다.
② 커브 길에서 자동차가 선회할 때 차체가 롤링(좌우 진동)하는 것을 방지한다.
③ 양끝이 좌·우의 로어 컨트롤 암에 연결되며, 가운데는 차체에 설치된다.

# 03 조향장치

① 자동차의 진행 방향을 운전자가 의도하는 바에 따라서 임의로 조작할 수 있는 장치
② 기계식 조향장치와 동력 조향장치로 구분된다.
③ 조향 휠, 조향 축, 조향 기어 박스, 동력 실린더, 오일펌프, 타이 로드, 조향너클로 구성되어 있다.

### 1 조향장치의 구비조건

① 조향 조작이 주행 중의 충격에 영향을 받지 않아야 한다.
② 조작이 쉽고, 방향 전환이 원활하게 이루어져야 한다.
③ 진행방향을 바꿀 때 섀시 및 바디 각 부에 무리한 힘이 작용하지 않아야 한다.
④ 고속주행에서도 조향 조작이 안정적이어야 한다.
⑤ 조향 핸들의 회전과 바퀴 선회 차이가 크지 않아야 한다.
⑥ 수명이 길고 정비하기 쉬워야 한다.

### 2 조향 장치의 고장 원인

#### (1) 조향 핸들이 무거운 원인

① 타이어의 공기압이 부족하다.
② 조향기어의 톱니바퀴가 마모되었다.
③ 조향기어 박스 내의 오일이 부족하다.
④ 앞바퀴의 정렬 상태가 불량하다.
⑤ 타이어의 마멸이 과다하다.

#### (2) 조향 핸들이 한쪽으로 쏠리는 원인

① 타이어의 공기압의 불균일하다.
② 앞바퀴의 정렬 상태가 불량하다.
③ 쇽업소버의 작동 상태가 불량하다.
④ 허브 베어링의 마멸이 과다하다.

### 3 동력 조향장치

자동차의 대형화 및 저압 타이어의 사용으로 앞바퀴의 접지압력과 면적이 증가하여 신속하고 경쾌한 조향이 어렵게 됨에 따라 가볍고 원활한 조향조작을 위해 엔진의 동력으로 오일펌프를 구동시켜 발생한 유압을 이용하여 조향핸들의 조작력을 경감시키는 장치를 말한다.

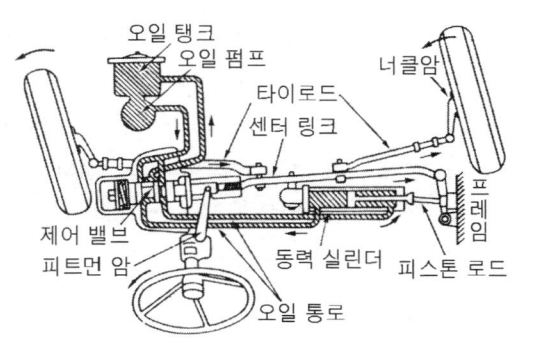

#### (1) 동력 조향장치의 장점

① 조향 조작력이 작아도 된다.
② 노면에서 발생한 충격 및 진동을 흡수한다.
③ 앞바퀴의 시미 현상(바퀴가 좌우로 흔들리는 현상)을 방지할 수 있다.
④ 조향조작이 신속하고 경쾌하다.
⑤ 앞바퀴가 펑크 났을 때 조향핸들이 갑자기 꺾이지 않아 위험도가 낮다.

#### (2) 동력 조향장치의 단점

① 기계식에 비해 구조가 복잡하고 값이 비싸다.
② 고장이 발생한 경우에는 정비가 어렵다.
③ 오일펌프 구동에 엔진의 출력이 일부 소비된다.

### 4 휠 얼라이먼트

#### (1) 휠 얼라이먼트의 역할

① **조향 핸들의 조작을 가볍게 한다** : 캠버와 조향축(킹핀) 경사각의 작용
② **조향 핸들의 조작을 확실하게 하고 안전성을 준다** : 캐스터의 작용
③ **조향 핸들에 복원성을 준다** : 캐스터와 조향축(킹핀) 경사각의 작용
④ **타이어의 마멸을 최소로 한다** : 토인의 작용

#### (2) 휠 얼라인먼트가 필요한 시기

① 자동차가 한 쪽으로 쏠림현상이 발생한 경우
② 자동차 하체가 충격을 받았거나 사고가 발생한 경우
③ 핸들이나 자동차의 떨림이 발생한 경우
④ 타이어를 교환한 경우
⑤ 자동차에서 롤링(좌·우 진동)이 발생한 경우
⑥ 핸들의 중심이 어긋난 경우
⑦ 타이어 편마모가 발생한 경우

#### (3) 캠버(Camber)

① 앞바퀴를 앞에서 보았을 때 타이어 중심선이 수선에 대해 어떤 각도를 이룬 것.
② **정의 캠버** : 타이어의 중심선이 수선에 대해 바깥쪽으로 기울은 상태.
③ **부의 캠버** : 타이어의 중심선이 수선에 대해 안쪽으로 기울은 상태.
④ **0 의 캠버** : 타이어 중심선과 수선이 일치된 상태.
⑤ 조향 핸들의 조작을 가볍게 한다.

⑥ 수직 방향의 하중에 의한 앞 차축의 휨을 방지한다.
⑦ 바퀴의 아래쪽이 바깥쪽으로 벌어지는 것을 방지한다.

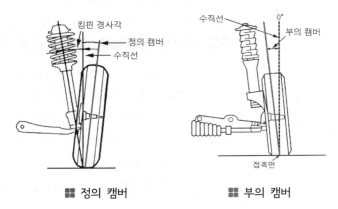

**▦ 정의 캠버**　　　**▦ 부의 캠버**

### (4) 캐스터(Caster)
① 앞바퀴를 옆에서 보았을 때 조향축(킹핀)의 중심선이 수선에 대해 어떤 각도를 이룬 것.
② **정의 캐스터** : 킹핀의 상단부가 뒤쪽으로 기울은 상태.
③ **부의 캐스터** : 킹핀의 상단부가 앞쪽으로 기울은 상태.
④ **0 의 캐스터** : 킹핀의 상단부가 어느 쪽으로도 기울어지지 않은 상태.
⑤ 주행 중 조향 바퀴에 방향성을 준다.
⑥ 조향 하였을 때 직진 방향으로 되돌아오는 복원력이 발생된다.

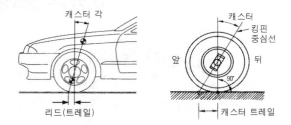

### (5) 토인(Toe-in)
① 자동차 앞바퀴를 위에서 내려다보면 **양쪽 바퀴의 중심선 사이의 거리가 앞쪽(A)이 뒤쪽(B)보다 약간 작게 되어 있는 것**을 말한다.
② 앞바퀴를 평행하게 회전시킨다.
③ 바퀴가 옆방향으로 미끄러지는 것과 타이어 마멸을 방지한다.
④ 조향 링키지의 마멸에 의해 토 아웃되는 것을 방지한다.

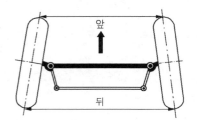

### (6) 조향축(킹핀) 경사각
① 캠버와 함께 조향 핸들의 조작력을 가볍게 한다.
② 앞바퀴의 시미현상을 (바퀴가 좌·우로 흔들리는 현상)을 일으키지 않도록 한다.
③ 캐스터와 함께 앞바퀴에 복원성을 주어 직진 위치로 쉽게 되돌아가게 한다.

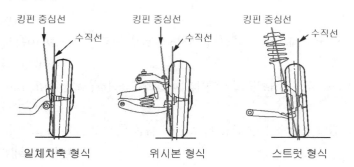

일체차축 형식　　위시본 형식　　스트럿 형식

---

## 04 제동장치

① 주행 중에 자동차의 속도를 줄이거나 정지시키는 역할을 한다.
② 자동차의 정차 또는 주차 상태를 유지시키는 역할을 한다.
③ 모든 바퀴를 고정시키는 풋 브레이크와 뒷바퀴만을 고정시키는 주차 브레이크가 있다.

### 1 공기식 브레이크
① 엔진으로 공기 압축기를 구동하여 발생한 압축 공기를 동력원으로 제동력을 발생시키는 형식이다.
② 브레이크 페달을 밟으면 압축 공기가 브레이크 슈를 드럼에 압착시켜 제동력을 발생한다.

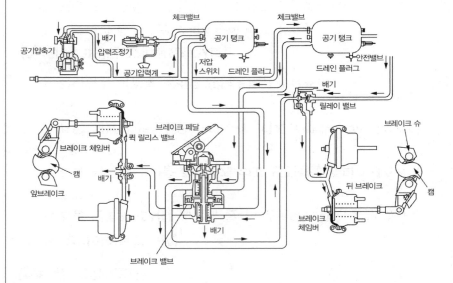

### (1) 공기 압축기
① 엔진 회전수의 1/2로 회전하여 압축공기를 만드는 역할을 한다.
② 실린더 헤드에는 언로더 밸브가 설치되어 압력 조정기와 함께 공기탱크 내의 압력을 일정하게 유지하고 필요 이상으로 압축기가 구동되는 것을 방지 한다

### (2) 공기탱크
① 사이드 멤버에 설치되어 압축된 공기를 저장하는 역할을 한다.
② 공기탱크 내의 압력은 5~7kgf/cm² 이다.
③ 안전밸브가 설치되어 탱크 내의 압력이 규정압력 이상이 되면 자동으로 대기 중에 방출하여 안전을 유지 한다.

### (3) 브레이크 밸브
페달을 밟으면 플런저가 배출 밸브를 눌러 공기탱크의 압축 공기가 앞 브레이크 체임버와 릴레이 밸브에 보내져 브레이크 작용을 한다.

### (4) 릴레이 밸브
① 브레이크 밸브에서 공기를 공급하면 배출 밸브는 닫고 공기 밸브를 열어 뒤 브레이크 체임버에 압축공기를 보낸다.
② 막 위에 작용되는 공기 압력이 막 아래에 작용하는 압력과 평형이 이루어지면 공급밸브 스프링에 의해 공급밸브를 닫아 브레이크 체임버로 가는 공기를 차단한다.
③ 브레이크 밸브의 공기가 배출되면 배출밸브를 열어 브레이크 체임버에 작용한 압축공기를 완전히 배출하여 브레이크를 푼다.

### (5) 퀵 릴리스 밸브
① 브레이크 밸브와 브레이크 체임버 사이에 설치되어 있다.
② 페달을 놓으면 브레이크 밸브에서 공기가 배출되므로 공기입구

압력이 대기압으로 되어 스프링 힘으로 밸브가 제자리로 되돌아간다.

③ 이때 배출구를 열어 브레이크 체임버 내에 공기를 속히 배출시킨다. 즉, 브레이크 체임버 내의 공기가 브레이크 밸브까지 가지 않고 배출되므로 브레이크 작용이 신속히 해제된다.

### (6) 브레이크 체임버

① 브레이크 체임버는 각 바퀴마다 설치되어 있다.
② 다이어프램 한쪽 면에는 푸시로드가 설치되어 브레이크가 작동되지 않을 때에는 리턴 스프링에 의해 한쪽으로 밀려져 있다.
③ 브레이크 페달을 밟아 압축공기가 들어오면 스프링 장력을 이기고 다이어프램이 푸시로드를 밀어 브레이크 캠을 작동시켜 브레이크 작용을 하게 된다.
④ 페달을 놓으면 다이어프램 리턴 스프링에 의해 제자리로 돌아와 브레이크 작용이 풀리게 된다.

### (7) 저압 표시기

① 공기식 브레이크의 공기 압력이 규정보다 낮은 것을 알려주는 일을 한다.
② 저압표시 장치에서는 붉은색의 경고등을 점등하고 동시에 부저를 울린다.

### (8) 체크 밸브

탱크 내의 압력이 규정 값이 되어 공기압축기에서 압축공기가 공급되지 않을 때에는 밸브를 달아 탱크 내의 공기가 새지 않도록 한다.

## 2 공기식 브레이크 장·단점

### (1) 공기식 브레이크의 장점

① 자동차 중량에 제한을 받지 않는다.
② 공기가 다소 누출되어도 제동성능이 현저하게 저하되지 않아 안전도가 높다.
③ 베이퍼 록 현상이 발생할 염려가 없다.
④ 페달을 밟는 양에 따라서 제동력이 조절된다.
⑤ 압축 공기의 압력을 높이면 더 큰 제동력을 얻을 수 있다.

### (2) 공기식 브레이크의 단점

① 구조가 복잡하고 유압 브레이크보다 값이 비싸다.
② 엔진출력을 사용하므로 연료소비량이 많다.

## 3 ABS(Anti-lock Break System)

### (1) ABS의 개요

자동차 주행 중 제동할 때 타이어의 **고착 현상을 미연에 방지**하여 노면에 달라붙는 힘을 유지하므로 사전에 사고의 위험성을 감소시키는 예방 안전장치이다.

### (2) ABS의 특징

① 바퀴의 미끄러짐이 없는 제동 효과를 얻을 수 있다.
② 자동차의 방향 안정성, 조종성능을 확보해 준다.
③ 앞바퀴의 고착에 의한 조향 능력 상실을 방지한다.
④ 노면이 비에 젖더라도 우수한 제동효과를 얻을 수 있다.

## 4 감속 브레이크

### (1) 감속 브레이크의 개요

① 감속 브레이크란 풋 브레이크의 보조로 사용되는 브레이크로 자동차가 고속화 및 대형화함에 따라 풋 브레이크를 자주 사용하는 것은 베이퍼 록이나 페이드 현상이 발생할 가능성이 높아져 안전한 운전을 할 수 없게 됨에 따라 개발된 것이다.
② 감속 브레이크는 제3의 브레이크라고도 하며, 엔진 브레이크, 제이크 브레이크, 배기 브레이크, 리타터 브레이크 등이 있다.

### (2) 감속 브레이크의 종류

① 엔진 브레이크 : 엔진의 회전 저항을 이용한 것으로 언덕길을 내려갈 때 가속 페달을 놓거나, 저속기어를 사용하면 회전저항에 의한 제동력이 발생한다.
② 제이크 브레이크 : 엔진 내 피스톤 운동을 억제시키는 브레이크로 일부 피스톤 내부의 연료분사를 차단하고 강제로 배기밸브를 개방하여 작동이 줄어든 피스톤 운동량만큼 엔진의 출력이 저하되어 제동력이 발생한다.
③ 배기 브레이크 : 배기관 내에 설치된 밸브를 통해 배기가스 또는 공기를 압축한 후 배기 파이프 내의 압력이 배기 밸브 스프링 장력과 평형이 될 때까지 높게 하여 제동력을 얻는다.
④ 리타터 브레이크 : 별도의 오일을 사용하고 기어 자체에 작은 터빈(자동변속기) 또는 별도의 리타터용 터빈(수동변속기)이 장착되어 유압을 이용하여 동력이 전달되는 회전방향과 반대로 터빈을 작동시켜 제동력을 발생시키는 브레이크로 풋 브레이크를 사용하지 않고 80~90%의 제동력을 얻을 수 있으나, 엔진의 저속회전 시(낮은 rpm)에서는 제동력이 낮다.

### (3) 감속 브레이크의 장점

① 풋 브레이크를 사용하는 횟수가 줄기 때문에 주행할 때의 안전도가 향상되고, 운전자의 피로를 줄일 수 있다.
② 브레이크슈, 드럼 혹은 타이어의 마모를 줄일 수 있다.
③ 눈, 비 등으로 인한 타이어 미끄럼을 줄일 수 있다.
④ 클러치 사용횟수가 줄게 됨에 따라 클러치 관련 부품의 마모가 감소한다.
⑤ 브레이크가 작동할 때 이상 소음을 내지 않으므로 승객에게 불쾌감을 주지 않는다.

## 제5장 자동차 검사 및 보험

## 01 자동차 검사

## 1 자동차검사의 필요성

① 자동차 결함으로 인한 교통사고 예방으로 국민의 생명보호
② 자동차 배출가스로 인한 대기환경 개선
③ 불법개조 등 안전기준 위반 차량 색출로 운행질서 및 거래 질서 확립
④ 자동차보험 미가입 자동차의 교통사고로부터 국민피해 예방

## 2 자동차 종합검사(배출가스 검사 + 안전도 검사)

### (1) 자동차 종합검사의 개념

자동차 정기검사와 배출가스 정밀검사 또는 특정경유자동차 배출가스 검사의 검사항목을 하나의 검사로 통합하고 검사 시기를 자동차 정기검사 시기로 통합하여 **한 번의 검사로 모든 검사가 완료**되도록 함으로써 자동차 검사로 인한 국민의 불편을 최소화하고 편익을 도모하기 위해 시행하는 제도로 다음 각 호에 대하여 실시하는 자동차 종합검사를 받은 경우에는 자동차 정기검사, 배출가스 정밀검사 및 특정 경유 자동차검사를 받은 것으로 본다.

① 자동차의 동일성 확인 및 배출가스 관련 장치 등의 작동 상태 확인을 관능검사(사람의 감각기관으로 자동차의 상태를 확인하는 검사) 및 기능검사로 하는 공통 분야
② 자동차 안전검사 분야
③ 자동차 배출가스 정밀검사 분야

### (2) 대상 자동차 및 검사 유효기간

| 검사 대상 | | 적용 차령(車齡) | 검사 유효기간 |
|---|---|---|---|
| 승용자동차 | 비사업용 | 차령이 4년 초과인 자동차 | 2년 |
| | 사업용 | 차령이 2년 초과인 자동차 | 1년 |
| 경형·소형의 승합 및 화물자동차 | 비사업용 | 차령이 3년 초과인 자동차 | 1년 |
| | 사업용 | 차령이 2년 초과인 자동차 | 1년 |
| 사업용 대형화물자동차 | | 차령이 2년 초과인 자동차 | 6개월 |
| 그 밖의 자동차 | 비사업용 | 차령이 3년 초과인 자동차 | 차령 5년까지는 1년, 이후부터는 6개월 |
| | 사업용 | 차령이 2년 초과인 자동차 | 차령 5년까지는 1년, 이후부터는 6개월 |

### (3) 자동차 종합검사 유효기간

1) 검사 유효기간 계산 방법
① **자동차관리법에 따라 신규등록을 하는 경우** : 신규등록일부터 계산
② **자동차 종합검사 기간 내에 종합검사를 신청하여 적합 판정을 받은 경우** : 직전 검사 유효기간 마지막 날의 다음 날부터 계산
③ **자동차 종합검사 기간 전 또는 후에 자동차 종합검사를 신청하여 적합 판정을 받은 경우** : 자동차 종합검사를 받은 날의 다음 날부터 계산
④ **재검사 기간 내에 적합 판정을 받은 경우** : 자동차 종합검사를 받은 것으로 보는 날의 다음 날부터 계산

2) 자동차 소유자가 자동차 종합검사를 받아야 하는 기간
① 자동차 종합검사 **유효기간의 마지막 날**(검사 유효기간을 연장하거나 검사를 유예한 경우에는 그 연장 또는 유예된 기간의 마지막 날) **전후 각각 31일 이내**에 받아야 한다.
② 소유권 변동 또는 사용본거지 변경 등의 사유로 자동차 종합검사의 대상이 된 자동차 중 자동차 정기검사의 기간 중에 있거나 자동차 정기검사의 기간이 지난 자동차는 **변경등록을 한 날부터 62일 이내**에 자동차 종합검사를 받아야 한다.

## 3 자동차 정기검사(안전도 검사)

### (1) 자동차 정기검사의 개념

자동차관리법에 따라 종합검사 시행지역 외 지역에 대하여 안전도 분야에 대한 검사를 시행하며, 배출가스 검사는 공회전상태에서 배출가스 측정

### (2) 검사 유효기간

| 구 분 | | 검 사 유 효 기 간 |
|---|---|---|
| 비사업용 승용자동차 및 피견인자동차 | | 2년(신조차로서 법 제43조제5항에 따른 신규 검사를 받은 것으로 보는 자동차의 최초 검사유효기간은 4년) |
| 사업용 승용자동차 | | 1년(신조차로서 법 제43조제5항에 따른 신규 검사를 받은 것으로 보는 자동차의 최초 검사유효기간은 2년) |
| 경형 및 소형 화물자동차 | | 1년 |
| 사업용 대형 화물자동차 | 차령이 2년 이하인 경우 | 1년 |
| | 차령이 2년 초과인 우 | 6월 |
| 중형·대형 승합자동차 | 차령이 8년 이하인 경우 | 1년 |
| | 차령이 8년 초과인 경우 | 6월 |
| 그 밖의 자동차 | 차령이 5년 이하인 경우 | 1년 |
| | 차령이 5년 초과인 경우 | 6월 |

### (3) 검사방법 및 항목

종합검사의 안전도 검사 분야의 검사방법 및 검사항목과 동일하게 시행

## 02 자동차 보험 및 공제

### 1 자동차 보험 및 공제 미가입에 따른 과태료

(1) 자동차 운행으로 다른 사람이 사망하거나 부상한 경우에 피해자(피해자가 사망한 경우에는 손해배상을 받을 권리를 가진 자)에게 책임보험금을 지급할 책임을 지는 책임보험이나 책임 공제에 미가입한 경우
① 가입하지 아니한 기간이 10일 이내인 경우 : 3만 원
② 가입하지 아니한 기간이 10일을 초과한 경우 : 3만 원에 11일째부터 1일마다 8천원을 가산한 금액
③ 최고 한도 금액 : 자동차 1대당 100만 원

(2) 책임보험 또는 책임공제에 가입하는 것 외에 자동차의 운행으로 다른 사람의 재물이 멸실되거나 훼손된 경우에 피해자에게 사고 1건당 1천만 원의 범위에서 사고로 인하여 피해자에게 발생한 손해액을 지급할 책임을 지는 보험업법에 따른 보험이나 여객자동차 운수사업법에 따른 공제에 미가입한 경우
① 가입하지 아니한 기간이 10일 이내인 경우 : 5천원
② 가입하지 아니한 기간이 10일을 초과한 경우 : 5천원에 11일째부터 1일마다 2천원을 가산한 금액
③ 최고 한도금액 : 자동차 1대당 30만 원

버스운전
자격시험

# 자동차 관리요령

자동차
관리요령

## 1. 자동차 관리

**01** 자동차를 운행하는 사람이 매일 운행하기 전에 실시하는 점검을 무엇이라 하는가?

① 정기점검　　　　② 일상점검
③ 수시점검　　　　④ 정밀점검

**해설** 일상점검은 안전운행에 필요한 점검이고 운전자의 의무이며, 매일 자동차를 운행하는 사람이 자동차를 운행하기 전에 반드시 실시하여야 한다.

**02** 자동차 일상점검을 실시할 때의 주의 사항으로 틀린 것은?

① 경사가 없는 평탄한 곳에서 실시한다.
② 변속레버는 중립에 위치시킨 후 주차 브레이크는 풀어 놓는다.
③ 환기가 되는 곳에서 실시한다.
④ 전기배선을 전기만질 때에는 미리 배터리의 ⊖단자를 분리한다.

**해설** 일상점검을 할 때 주의 사항으로는 ①, ③, ④항 이외에
① 변속레버는 P(주차)에 위치시킨 후 주차 브레이크를 당겨 놓는다.
② 엔진 시동 상태에서 점검해야 할 사항이 아니면 엔진 시동을 끄고 한다.
③ 엔진을 점검할 때에는 반드시 엔진을 끄고, 식은 다음에 실시한다(화상예방)
④ 연료장치나 배터리 부근에서는 불꽃을 멀리 한다. (화재예방)

**03** 일상점검 중 주의사항이 아닌 것은?

① 경사가 없는 평탄한 장소에서 점검한다.
② 점검은 환기가 잘되는 장소에서 실시한다.
③ 연료장치나 배터리 부근에서는 불꽃을 멀리한다.
④ 변속레버는 R(후진)에 위치시킨 후 점검한다.

**해설** 변속레버는 P(주차)에 위치시킨 후 주차 브레이크를 당겨 놓는다.

**04** 일상점검시 자동차 배터리 전기 배선을 취급할 때 주의사항으로 알맞은 것은?

① 먼저 배터리의 ⊖단자를 분리하여야 한다.
② 먼저 배터리의 ⊕단자를 분리하여야 한다.
③ 먼저 배터리의 ⊕단자를 분리하던 ⊖단자를 분리하던 아무런 문제가 없다.
④ 배터리의 단자를 분리하지 않고 배선을 취급하여도 아무런 문제가 없다.

**해설** 배터리, 전기 배선을 만질 때에는 미리 배터리의 ⊖단자를 분리한다.(감전예방)

**05** 엔진의 일상점검 항목을 설명한 것으로 부적절한 것은?

① 엔진오일, 냉각수는 충분한가?
② 심한 진동은 없는가?
③ 구동벨트의 장력은 적당하고 손상된 곳은 없는가?
④ 누수, 누유는 없는가?

**해설** 심한 진동은 운전석에서 변속기의 일상점검 항목에 해당한다.

**06** 자동차를 운행하기 전에 엔진을 점검하는 사항으로 틀린 것은?

① 각종 벨트의 장력은 적당하며 손상된 곳은 없는지 점검한다.
② 엔진 오일의 양은 적당하며 불순물은 없는지 점검한다.
③ 배터리 액 및 청결상태를 점검한다.
④ 냉각수의 양은 적당하며 색이 변하지 않았는지 점검한다.

**해설** 운행하기 전 엔진에서 점검 사항으로는 ①, ②, ④항 이외에 배선은 깨끗이 정리 되어 있으며, 배선이 벗겨져 있거나 연결부분에서 합선 등 누전의 염려는 없는지 점검한다.

**07** 자동차를 운행하기 전에 엔진을 점검하는 사항으로 알맞은 것은?

① 유리는 깨끗하며 깨진 곳은 없는지 점검한다.
② 배선이 벗겨져 있거나 연결부분에서 합선 등 누전의 염려는 없는지 점검한다.
③ 파워스티어링 및 브레이크 오일 수준의 상태가 양호한지 점검한다.
④ 라디에이터 캡과 연료탱크의 캡은 이상 없이 채워져 있는지 점검한다.

**08** 자동차를 운행하기 전에 자동차 주위에서 점검하여야 하는 사항으로 틀린 것은?

① 차체에 먼지나 외관상 바람직하지 않은 것은 없는지 점검한다.
② 후사경의 위치는 바르며 깨끗한지 점검한다.
③ 차체에서 오일이나 연료 냉각수 등이 누출되는 곳은 없는지 점검한다.
④ 각종벨트의 장력은 적당하며 손상된 곳은 없는지 점검한다.

**해설** 자동차 주위(외관)에서 점검 사항으로는 ①, ②, ③항 이외에
① 유리는 깨끗하며 깨진 곳은 없는지 점검한다.
② 차체에 굴곡 된 곳은 없으며 후드(보닛)의 고정이 이상이 없는지 점검한다.
③ 타이어의 공기압력 마모 상태는 적절한지 점검한다.
④ 차체가 기울지는 않았는지 점검한다.
⑤ 반사기 및 번호판의 오염, 손상은 없는지 점검한다.
⑥ 휠 너트의 조임 상태는 양호한지 점검한다.
⑦ 파워스티어링 및 브레이크 오일 수준상태 양호한지 점검한다.
⑧ 라디에이터 캡과 연료탱크 캡은 이상 없이 채워져 있는지 점검한다.

**09** 다음은 자동차를 출발하기 전에 확인할 사항을 설명한 것으로 알맞은 것은?

① 엔진 시동 시 배터리의 출력은 충분한지 확인한다.
② 배터리액이 넘쳐흐르지는 않았는지 확인한다.
③ 배선이 흐트러지거나 빠지거나 잘못된 곳은 없는지 확인한다.
④ 오일이나 냉각수가 새는 곳은 없는지 확인한다.

해설 **자동차를 출발하기 전 확인 사항**
① 엔진 시동시 배터리의 출력은 충분한지 확인한다.
② 시동시에 잡음이 없으며 시동은 잘되는지 확인한다.
③ 각종 계기장치 및 등화장치는 정상적으로 작동되는지 확인한다.
④ 브레이크, 액셀러레이터 페달의 작동은 이상이 없는지 확인한다.
⑤ 공기 압력은 충분하며 잘 충전되고 있는지 확인한다.
⑥ 후사경의 위치와 각도는 적절한지 확인한다.
⑦ 클러치 작동과 기어접속은 이상이 없는지 확인한다.
⑧ 엔진 소리에 잡음은 없는지 확인한다.

**10** 운행 중에 운전자가 유의하여야 할 사항을 설명한 것으로 옳지 않은 것은?

① 제동장치는 잘 작동되며, 한쪽으로 쏠리지는 않는지 유의한다.
② 공기압력은 충분하며 잘 충전되고 있는지 확인한다.
③ 클러치 작동은 원활하며 동력전달에 이상은 없는지 유의한다.
④ 각종 신호등은 정상적으로 작동하고 있는지 유의한다.

해설 **운행 중 유의사항**
① 조향장치는 부드럽게 작동되고 있는지 유의한다.
② 제동장치는 잘 작동되며, 한쪽으로 쏠리지는 않는지 유의한다.
③ 각종 계기장치는 정상위치를 가리키고 있는지 유의한다.
④ 엔진소리에 이상이 없는지 유의한다.
⑤ 차체가 이상하게 흔들리거나 진동하지는 않는지 유의한다.
⑥ 각종 신호등은 정상적으로 작동하고 있는지 유의한다.
⑦ 클러치 작동은 원활하며 동력전달에 이상은 없는지 유의한다.
⑧ 차내에서 이상한 냄새가 나지는 않는지 유의한다.

**11** 운행 중에 운전자가 유의하여야 할 사항을 설명한 것으로 옳은 것은?

① 차체가 이상하게 흔들리거나 진동하지는 않는지 유의한다.
② 타이어는 정상으로 마모되고 있는지 유의한다.
③ 에어가 누설되는 곳은 없는지 유의한다.
④ 오일이나 냉각수가 새는 곳은 없는지 유의한다.

**12** 자동차를 운행한 후 운전자가 자동차 주위에서 점검할 사항으로 옳지 않은 것은?

① 차체에 굴곡이나 손상된 곳은 없는지 점검한다.
② 조향장치, 완충장치의 나사 풀림은 없는지 점검한다.
③ 차체에 부품이 없어진 곳은 없는지 점검한다.
④ 후드(보닛)의 고리가 빠지지는 않았는지 점검한다.

해설 운행 후 자동차 외관 점검 사항으로는 ①, ③, ④항 이외에 차체가 기울지 않았는지 점검한다.

**13** 자동차를 운행한 후 운전자가 엔진에 대하여 점검할 사항으로 옳은 것은?

① 에어가 누설되는 곳은 없는지 점검한다.
② 배선이 흐트러지거나 빠지거나 잘못된 곳은 없는지 점검한다.
③ 타이어는 정상으로 마모되고 있는지 점검한다.
④ 휠 너트가 빠져 없거나 풀리지는 않았는지 점검한다.

해설 **운행한 후 운전자가 엔진에 대하여 점검할 사항**
① 냉각수, 엔진 오일의 이상 소모는 없는지 점검한다.
② 배터리 액이 넘쳐흐르지는 않았는지 점검한다.
③ 배선이 흐트러지거나 빠지거나 잘못된 곳은 없는지 점검한다.
④ 오일이나 냉각수가 새는 곳은 없는지 점검한다.

**14** 자동차를 운행한 후 운전자가 엔진에 대하여 점검할 사항이 아닌 것은?

① 오일이나 냉각수가 새는 곳은 없는지 점검한다.
② 냉각수, 엔진 오일의 이상 소모는 없는지 점검한다.
③ 차체에 부품이 없어진 곳은 없는지 점검한다.
④ 배터리 액이 넘쳐흐르지는 않았는지 점검한다.

해설 운행한 후 운전자가 엔진에 대하여 점검할 사항으로는 ①, ②, ④항 이외에 배선이 흐트러지거나 빠지거나 잘못된 곳은 없는지 점검한다.

**15** 운전자가 자동차를 운행한 후 하체에 대하여 점검할 사항으로 알맞은 것은?

① 차체가 기울어지지 않았는지 점검한다.
② 차체에 굴곡이나 손상된 곳은 없는지 점검한다.
③ 차체에 부품이 없어진 곳은 없는지 점검한다.
④ 휠 너트가 빠져 없거나 풀리지는 않았는지 점검한다.

해설 **운행한 후 운전자가 하체에 대하여 점검할 사항**
① 타이어는 정상으로 마모되고 있는지 점검한다.
② 볼트, 너트가 풀린 곳은 없는지 점검한다.
③ 조향장치, 완충장치의 나사 풀림은 없는지 점검한다.
④ 휠 너트가 빠져 없거나 풀리지는 않았는지 점검한다.
⑤ 에어가 누설되는 곳은 없는지 점검한다.

**16** 자동차를 운행하기 전에 지켜야할 안전 수칙으로 틀린 것은?

① 손목이 핸들의 가장 가까운 곳에 닿도록 시트를 조정한다.
② 안전벨트의 착용을 습관화 한다.
③ 운전에 방해되는 물건은 제거한다.
④ 일상점검을 생활화 한다.

해설 **자동차를 운행하기 전에 지켜야할 안전수칙으로는** ②, ③, ④항 이외에
① 올바른 운전 자세를 유지한다.  ② 좌석, 핸들, 후사경을 조정한다.
③ 인화성·폭발성 물질의 차내 방치를 금지한다.

**17** 안전벨트의 착용에 대한 설명으로 잘못된 것은?

① 신체의 상해를 예방하기 위하여 가까운 거리라도 안전벨트를 착용하여야 한다.
② 안전벨트가 꼬이지 않도록 하여 아래 엉덩이 부분에 착용하여야 한다.
③ 허리 부위의 안전벨트는 골반 위치에 착용하여야 한다.
④ 안전벨트를 목 주위로 감아서 어깨 안쪽으로 오도록 착용하여야 한다.

해설 탑승자가 기대거나 구부리지 않고 좌석에 깊이 걸쳐 앉아 등을 등받이에 기대어 똑바로 앉은 상태에서 안전벨트의 어깨띠 부분은 가슴 부위를 지나도록 착용하여야 한다.

**18** 다음은 운전자의 올바른 운전 자세를 설명한 것으로 잘못된 것은?

① 핸들의 중심과 운전자 몸의 중심이 일치되도록 앉는다.
② 클러치 페달과 브레이크 페달을 끝까지 밟았을 때 무릎이 약간 굽혀지도록 한다.
③ 손목이 핸들의 가장 가까운 곳에 닿아야 한다.
④ 머리지지대의 높이는 운전자의 귀 상단 또는 눈의 높이가 머리지지대 중심에 올 수 있도록 조절한다.

해설 올바른 운전 자세로는 ①, ②, ④항 이외에
① 등은 펴서 시트에 가까이 붙이도록 앉는다.
② 손목이 핸들의 가장 먼 곳에 닿아야 한다.

**19** 폭발성 물질을 자동차 내에 방치할 경우 가장 위험한 계절은?

① 봄  ② 여름  ③ 가을  ④ 겨울

해설 여름철과 같이 자동차 내의 온도가 급상승하는 경우에는 인화성·폭발성 물질이 폭발할 수 있다.

**20** 다음 중 소화기 사용방법 중 틀린 것은?

① 소화기는 영구적으로 사용할 수 있으므로 충전할 필요가 없다.
② 바람을 등지고 소화기의 안전핀을 제거한다.
③ 소화기 노즐을 화재 발생장소로 향하게 한다.
④ 소화기 손잡이를 움켜쥐고 빗자루로 쓸 듯이 방사한다.

해설 소화기 사용방법
① 바람을 등지고 소화기의 안전핀을 제거한다.
② 소화기 노즐을 화재 발생장소로 향하게 한다.
③ 소화기 손잡이를 움켜쥐고 빗자루로 쓸듯이 방사한다.

**21** 자동차를 운행하는 중에 운전자가 지켜야할 안전수칙에 대한 설명으로 부적절한 것은?

① 창문 밖으로 손이나 얼굴 등을 내밀지 않도록 주의하고 운행한다.
② 운행 중에 연료를 절약하기 위하여 엔진의 시동을 끄고 운행한다.
③ 높이 제한이 있는 도로에서는 항상 차량의 높이에 주의하여 운행한다.
④ 터널 밖이나 다리 위에서는 돌풍에 주의하여 운행한다.

해설 운전자가 운행 중에 지켜야 할 안전수칙으로는 ①, ③, ④항 이외에
① 도어를 개방한 상태로 운행해서는 안 된다.
② 주행 중에는 엔진을 정지시켜서는 안 된다.
③ 과로나 음주 상태에서 운전을 하여서는 안 된다.

**22** 자동차를 운행한 후 운전자가 지켜야 할 안전수칙의 설명이 잘못된 것은?

① 자동차를 후진할 때 백미러에만 의존하여 후방을 확인한다.
② 차에서 내릴 때에는 자동차 밖의 주위 상황을 확인하고 도어를 연다.
③ 주·정차를 하거나 워밍업을 할 경우 배기관 주변을 확인한다.
④ 밀폐된 공간에서 워밍업이나 자동차 점검을 해서는 안 된다.

해설 운행한 후 운전자가 지켜야할 안전수칙으로는 ②, ③, ④항 이외에 자동차를 후진할 때에는 백미러에만 의존하지 않고 직접 후방을 확인하여야 한다.

**23** 다음 터보차저의 관리 요령에 대한 설명 중 옳지 않은 것은?

① 시동 전 오일량을 확인하고 시동 후 정상적으로 오일 압력이 상승하는지 확인한다.
② 엔진이 정상적으로 작동할 수 있도록 운행 전 워밍업을 한다.
③ 운행 후 충분한 공회전을 실시하여 터보차저의 온도를 낮춘 후 엔진을 정지시킨다.
④ 워밍업 시간을 단축시키기 위하여 무부하 상태에서 급가속을 한다.

해설 터보차저의 관리 요령은 ①, ②, ③항 이외에
① 터보차저에 이물질이 들어가지 않도록 한다.
② 공회전 또는 워밍업 할 때 무부하 상태에서 급가속을 해서는 안 된다.

**24** 터보차저 차량을 운행한 후 충분한 공회전을 실시하여 온도를 낮춘 후 엔진을 정지시키는 이유를 올바르게 설명한 것은?

① 압축기 날개의 손상을 방지하기 위하여
② 터보차저 베어링부의 소착을 방지하기 위하여
③ 터빈 날개의 손상을 방지하기 위하여
④ 웨이스트 게이트 밸브의 손상을 방지하기 위하여

해설 터보차저는 운행 중 수만 rpm을 하기 때문에 고온 상태이므로 급속히 엔진을 정지시키면 열 방출이 이루어지지 않기 때문에 터보차저 베어링의 소착이 발생된다. 이를 방지하기 위하여 충분한 공회전으로 온도를 낮춘 후 엔진을 정지시켜야 한다.

**25** 터보차저의 주요 고장원인이 아닌 것은?

① 윤활유 공급부족  ② 엔진 오일 오염
③ 압축기 고장  ④ 이물질 유입

해설 터보차저의 고장은 주로 윤활유 공급부족, 엔진 오일의 오염, 이물질 유입의 원인으로 압축기 날개의 손상 등에 의해 발생한다.

**26** 터보차저 차량을 점검하기 위하여 에어클리너 엘리먼트를 장착하지 않고 고속회전을 시키면 어떤 부품에 손상을 일으킬 수 있는 원인이 되는가?

① 터보차저 베어링  ② 터빈의 날개
③ 압축기의 날개  ④ 웨이스트 게이트 밸브

해설 점검을 위하여 에어클리너 엘리먼트를 장착하지 않고 엔진을 고속회전을 시키면 압축기 날개의 손상 원인이 된다.

**27** 자동차의 세차를 하여야 할 시기에 대하여 설명한 것 중 올바르지 않은 것은?

① 동절기에 동결 방지제를 뿌린 도로를 주행한 경우
② 매연이나 분진, 철분 등이 묻어 있는 경우
③ 옥외에서 장시간 주행한 경우
④ 해안지대를 주행한 경우

해설 세차를 하여야 할 시기로는 ①, ②, ④항 이외에
① 진흙 및 먼지 등이 현저하게 붙어 있는 경우
② 옥외에서 장시간 주차하였을 때
③ 타르, 모래, 콘크리트 가루 등이 묻어 있는 경우
④ 새의 배설물, 벌레 등이 붙어 있는 경우

**28** 천연가스를 고압으로 압축하여 고압 압력용기에 저장한 연료를 무엇이라 하는가?

① ANG  ② LNG
③ LPG  ④ CNG

해설 천연가스 상태별 종류
① ANG(흡착천연가스 ; Absorbed Natural Gas) : 천연가스를 활성탄 등의 흡착제를 이용하여 압축천연 가스에 비해 1/5~1/3 정도의 중압으로 용기에 저장한 연료이다.
② LNG(액화천연가스 ; Liquified Natural Gas) : 천연가스를 액화시켜 부피를 현저히 작게 만들어 저장, 운반 등 사용상의 효용성을 높이기 위한 액화가스이다.
③ LPG(액화석유가스 ; Liquified Petroleum Gas) : 프로판과 부탄을 혼합한 가스로 석유 정제 과정의 부산물로 이루어진 혼합가스이다. LPG는 천연가스의 상태별 종류가 아니다.
④ CNG(압축천연가스 ; Compressed Natural Gas) : 천연가스를 고압으로 압축하여 고압 용기에 저장한 기체 상태의 연료이다.

**29** 천연가스의 상태별 종류에서 프로판과 부탄을 섞어서 제조된 가스로 석유 정제과정에서 부산물로 이루어진 혼합가스를 무엇이라 하는가?

① CNG(Compressed Natural Gas)
② LNG(Liquified Natural Gas)
③ ANG(Absorbed Natural Gas)
④ LPG(Liquified Petroleum Gas)

**30** 천연가스의 상태별 종류에서 천연가스를 액화시켜 부피를 현저히 작게 만들어 저장, 운반 등 사용상의 효율성을 높이기 위한 액화가스를 무엇이라 하는가?

① CNG(Compressed Natural Gas)
② LNG(Liquified Natural Gas)
③ ANG(Absorbed Natural Gas)
④ LPG(Liquified Petroleum Gas)

**31** 압축천연가스 자동차의 가스 공급라인에서 가스가 누출될 때의 조치요령으로 옳지 않은 것은?

① 자동차 부근으로 화기접근을 금지한다.
② 탑승하고 있는 승객은 안전한 곳으로 대피시킨다.
③ 가스 공급라인의 몸체가 파열된 경우 용접하여 재사용한다.
④ 누설부위를 비눗물 또는 가스검진기로 확인한다.

> **해설** 가스 공급라인 등 연결부에서 가스가 누출될 때 등의 조치요령
> ① 차량 부근으로 화기 접근을 금하고, 엔진 시동을 끈 후 메인 전원 스위치를 차단한다.
> ② 탑승하고 있는 승객을 안전한 곳으로 대피시킨 후 누설부위를 비눗물 또는 가스검진기 등으로 확인한다.
> ③ 스테인리스 튜브 등 가스 공급라인의 몸체가 파열된 경우에는 교환한다.
> ④ 커넥터 등 연결부위에서 가스가 새는 경우에는 새는 부위의 너트를 조금씩 누출이 멈출 때까지 반복해서 조여 준다. 만약 계속해서 가스가 누출되면 사람의 접근을 차단하고 실린더 내의 가스가 모두 배출될 때까지 기다린다.

**32** CNG 자동차의 연료장치 구성품에서 가스용기에 설치되어 가스를 배출시켜 실린더의 파열을 방지하기 위한 1회용 소모성 장치를 무엇이라 하는가?

① 압력조절기 　　② 과류방지 밸브
③ 가스/공기 혼소기 　　④ 압력방출 장치

> **해설** CNG 자동차의 구성부품
> ① 압축 천연가스 용기 : 고압의 CNG를 저장하며, 자동 실린더 밸브와 수동 실린더 밸브가 설치되어 과도한 온도와 압력을 감지하여 작동된다.
> ② 압력방출 장치 : 가스를 배출시켜 실린더의 파열을 방지하기 위한 1회용 소모성 장치
> ③ 과류방지 밸브 : 유량이 설계 설정 값을 초과할 경우 자동으로 가스 흐름을 차단 또는 제한한다.
> ④ 이 외에도 CNG 필터, 압력 조절기(레귤레이터), 가스/공기 혼소기(믹서), 압력계 등으로 구성되어 있다.

**33** CNG 자동차의 연료장치 구성부품에서 가스용기에 설치되어 유량이 설계의 설정 값을 초과할 경우 자동으로 가스 흐름을 차단 또는 제한하는 부품을 무엇이라 하는가?

① 압력조절기 　　② 과류방지 밸브
③ 가스/공기 혼소기 　　④ 압력방출 장치

**34** 다음은 자동차 운행 시 브레이크의 조작 요령에 대하여 설명한 것으로 틀린 것은?

① 내리막길에서 연료 절약을 위하여 기어를 중립으로 두고 탄력으로 운행한다.
② 브레이크 페달을 2~3회 나누어 밟으면 안정된 제동 성능을 얻을 수 있다.
③ 내리막길에서 풋 브레이크를 작동시키면 파열, 일시적인 작동 불능을 일으키게 된다.
④ 주행 중 제동은 핸들을 붙잡고 기어가 들어가 있는 상태에서 제동한다.

> **해설** 브레이크의 조작 요령은 ②, ③, ④항 이외에
> ① 브레이크 페달을 2~3회 나누어 밟으면 뒤따라오는 자동차에 제동정보를 제공하여 후미 추돌을 방지한다.

② 엔진 브레이크의 사용은 주행 중인 단보다 한단 낮은 단으로 변속하여 속도를 줄인다.
③ 내리막길에서 기어를 중립으로 두고 탄력 운행을 하지 않는다.

**35** 다음은 자동차 운행 시 브레이크의 조작 요령에 대한 설명 중 알맞은 것은?

① 브레이크 페달을 급격히 밟으면 안정된 제동 성능을 얻을 수 있다.
② 내리막길에서는 풋 브레이크만을 작동시키면서 내려간다.
③ 브레이크 페달을 2~3회 나누어 밟으면 뒤따라오는 자동차에 제동정보를 제공하여 후미 추돌을 방지할 수 있다.
④ 주행 중 제동은 핸들을 붙잡고 기어를 중립으로 한 상태에서 제동하여야 한다.

**36** 자동차를 험한 도로에서 주행할 때의 요령에 대하여 설명한 것으로 다음 중 틀린 것은?

① 비포장도로, 눈길, 빙판길, 진흙탕 길에서는 속도를 낮추어 제동거리를 충분히 확보한다.
② 제동할 때는 브레이크 페달을 펌프질 하듯 자동차가 멈출 때까지 가볍게 위아래로 밟아준다.
③ 눈길, 진흙길, 모랫길에서는 4단 기어를 사용하여 바퀴가 헛돌지 않게 천천히 가속한다.
④ 얼음, 눈, 모랫길에 빠진 경우 타이어체인, 모래, 미끄러지지 않는 물건을 바퀴 아래에 놓아 구동력이 발생되도록 한다.

> **해설** 험한 도로를 주행할 때의 요령
> ① 요철이 심한 도로에서는 감속하여 주행한다.
> ② 비포장도로, 눈길, 빙판길, 진흙탕 길에서는 속도를 낮추어 제동거리를 충분히 확보한다.
> ③ 제동할 때는 브레이크 페달을 펌프질 하듯 자동차가 멈출 때까지 가볍게 위아래로 밟아준다.
> ④ 눈길, 진흙길, 모랫길에서는 2단 기어를 사용하여 바퀴가 헛돌지 않게 천천히 가속한다.
> ⑤ 얼음, 눈, 모랫길에 빠진 경우 타이어체인, 모래, 미끄러지지 않는 물건을 바퀴 아래에 놓아 구동력이 발생되도록 한다.
> ⑥ 험한 도로를 주행하는 경우 저단 기어로 가속페달을 일정하고 밟고 기어 변속이나 가속은 하지 않는다.

**37** 자동차를 험한 도로에서 주행할 때의 요령에 대하여 설명한 것으로 다음 중 알맞은 것은?

① 제동할 때는 브레이크 페달을 급격히 밟아 자동차가 정지하도록 한다.
② 비포장도로, 눈길, 빙판길, 진흙탕 길에서는 속도를 높이며 제동거리를 충분히 확보한다.
③ 요철이 심한 도로에서는 가속하여 주행한다.
④ 험한 도로를 주행하는 경우 저단 기어로 가속페달을 일정하게 밟고 기어 변속이나 가속은 하지 않는다.

**38** 악천후 시 자동차를 주행하는 요령에 대하여 설명한 것으로 다음 중 틀린 것은?

① 비가 내릴 경우 급제동을 위하여 차간 거리를 충분히 유지한다.
② 노면이 젖어있는 도로를 주행한 경우 앞차와의 안전거리를 확보하고 서행하는 동안 여러 번에 걸쳐 브레이크 페달을 밟아준다.
③ 물이 고인 곳을 주행한 경우 여러 번에 걸쳐 브레이크 페달을 밟아 브레이크를 건조시킨다.
④ 안개가 끼었거나 기상조건이 나빠 시계가 불량할 경우 속도를 줄이고 미등 및 안개등 또는 전조등을 점등시킨 상태로 운행한다.

> **해설** 악천후 시 자동차를 주행하는 요령
> ① 비가 내릴 경우 급제동을 피하고 차간 거리를 충분히 유지한다.

② 물이 고인 곳을 주행한 경우 여러 번에 걸쳐 브레이크 페달을 밟아 브레이크를 건조시킨다.
③ 노면이 젖어있는 도로를 주행한 경우 앞차와의 안전거리를 확보하고 서행하는 동안 여러 번에 걸쳐 브레이크 페달을 밟아준다.
④ 안개가 끼었거나 기상조건이 나빠 시계가 불량할 경우 속도를 줄이고 미등 및 안개등 또는 전조등을 점등시킨 상태로 운행한다.
⑤ 폭우가 내릴 경우 충분한 제동거리를 확보할 수 있도록 감속한다.

**39** 자동차를 경제적으로 운행하는 요령에 대하여 설명한 것으로 다음 중 올바르지 않은 것은?

① 급출발, 급가속, 급제동, 공회전 등을 피한다.
② 자동차에 불필요한 화물을 싣고 다니지 않는다.
③ 타이어 압력은 적정하게 유지할 필요가 없다.
④ 경제속도를 준수하고 자동차에 불필요한 화물을 싣고 다니지 않는다.

**해설** 자동차를 경제적으로 운행하는 요령
① 급출발, 급가속, 급제동, 공회전 등을 피한다.
② 목적지를 확실하게 파악한 후 운행한다.
③ 자동차에 불필요한 화물을 싣고 다니지 않는다.
④ 창문을 열고 고속 주행을 하지 않는다.
⑤ 에어컨은 필요한 경우에만 사용한다.
⑥ 경제속도를 준수한다.
⑦ 타이어 공기압력을 적정수준으로 유지하고 운행한다.

**40** 자동차를 경제적으로 운행하는 요령에 대하여 설명한 것으로 다음 중 알맞은 것은?

① 경제속도를 준수하고 타이어 압력은 적정하게 유지할 필요가 없다.
② 목적지를 확실하게 파악한 후 운행한다.
③ 연료가 떨어질 때를 대비해 가득 주유한다.
④ 에어컨을 항상 저단으로 켜 둔다.

**41** 겨울철 자동차 운행요령으로 적합하지 않은 것은?

① 엔진 시동 후에는 바로 운행한다.
② 후륜구동 자동차는 뒷바퀴에 체인을 장착한다.
③ 가속페달이나 핸들을 급조작하지 않는다.
④ 하체 부위의 얼음 덩어리는 운행 전에 제거한다.

**해설** 엔진 시동 후에는 적당한 워밍업을 한 후 운행한다. 엔진이 냉각된 상태로 운행하면 엔진의 고장이 발생할 수 있다.

**42** 겨울철 타이어에 체인을 장착한 경우 안전하게 운행하려면 일반적으로 몇 km/h 이내로 주행하여야 하는가?

① 30km/h 이내          ② 40km/h 이내
③ 50km/h 이내          ④ 60km/h 이내

**해설** 타이어에 체인을 장착한 경우 30km/h 이내 또는 체인 제작사에서 추천하는 규정 속도 이하로 주행하며, 체인이 차체나 섀시에 닿는 소리가 들리면 즉시 자동차를 멈추고 체인의 상태를 점검한다.

**43** ABS가 장착된 차량을 조작하는 요령으로 부적절한 것은?

① 급제동할 때 브레이크 페달을 힘껏 밟고 버스가 완전히 정지할 때까지 계속 밟고 있어야 한다.
② ABS가 정상인 경우 ABS 경고등은 키 스위치를 ON하면 3초 동안 점등된 후 소등된다.
③ 자갈길이나 평평하지 않은 도로 등에는 일반 브레이크 차량보다 제동거리가 더 길어질 수 있다.
④ ABS 차량은 급제동할 때에도 핸들 조향이 가능하며, 옆으로 미끄러지는 위험도 방지할 수 있다.

**해설** ABS(Anti-lock Brake System) 조작 요령은 ①, ②, ③항 이외에
① ABS는 급제동 또는 미끄러운 도로에서 제동할 때 바퀴의 잠김 현상을 방지하여 핸들의 조향 성능을 유지시켜주는 장치이다.
② ABS 차량은 급제동할 때에도 핸들 조향이 가능하다.
③ ABS 차량이라도 옆으로 미끄러지는 위험은 방지할 수 없다.

**44** 급제동 또는 미끄러운 도로에서 제동할 때 바퀴의 잠김 현상을 방지하여 핸들의 조향 성능을 유지시켜주는 장치를 무엇이라 하는가?

① ABS(Anti-lock Brake System)
② EPS(Electronic Power Steering System)
③ ECAS(Electronically Controled Air Suspension)
④ CRDI(Common Rail Diesel Injection)

**자동차 관리요령**

## 2. 자동차장치 사용 요령

**01** 다음은 자동차에 승차하거나 하차할 때 자동차 밖에서 도어의 개폐에 대한 설명 중 옳지 않은 것은?

① 도어 개폐 시에는 도어 잠금 스위치의 해제 여부를 확인한다.
② 도어 개폐 스위치에 키를 꽂고 왼쪽으로 돌리면 열리고 오른쪽으로 돌리면 닫힌다.
③ 키를 이용하여 도어를 열고 닫을 수 있으며, 잠그고 해제할 수 있다.
④ 키 홈이 얼어 열리지 않을 경우에는 가볍게 두드리거나 키를 뜨겁게 하여 연다.

**해설** 자동차 밖에서 도어를 개폐하는 요령은 ①, ③, ④항 이외에 도어 개폐 스위치에 키를 꽂고 오른쪽으로 돌리면 열리고 왼쪽으로 돌리면 닫힌다.

**02** 다음 중 버스의 화물실 도어를 개폐하는 요령으로 적합하지 않은 것은?

① 차내 개폐 버튼을 사용하여 도어를 열고 닫는다.
② 화물실 도어는 전용키를 사용한다.
③ 도어를 열 때는 키를 사용하여 잠금 상태를 해제한 후 도어를 당겨 연다.
④ 도어를 닫은 후에는 키를 사용하여 잠근다.

**해설** 화물실 도어를 개폐하는 요령
① 화물실 도어는 화물실 전용키를 사용한다.
② 도어를 열 때에는 키를 사용하여 잠금 상태를 해제한 후 도어를 당겨 연다.
③ 도어를 닫은 후에는 키를 사용하여 잠근다.

**03** 연료 주입구 개폐 방법으로 틀린 것은?

① 연료 주입구에 키 홈이 있는 차량은 키를 꽂아 잠금 해제시킨 후 연료 주입구 커버를 연다.
② 시계방향으로 돌려 연료 주입구 캡을 분리한다.
③ 연료주입 후에는 연료 주입구 커버를 닫고 가볍게 눌러 원위치 시킨 후 확실하게 닫혔는지 확인한다.
④ 일반적으로 연료 주입구에 키 홈이 있는 차량은 연료 주입구 커버를 잠글 때 키를 이용하여야 잠글 수 있다.

**해설** 연료 주입구 개폐 방법으로 ①, ③, ④항 이외에
① 시계 반대방향으로 돌려 연료 주입구 캡을 분리한다.
② 연료 주입구 캡을 닫으려면 시계방향으로 돌린다.

**04** 자동차의 좌석에서 등받이 맨 위쪽의 머리를 받치는 부분의 역할을 하는 것은?

① 조향 컬럼
② 운전석 등받이
③ 선바이저
④ 머리지지대

해설 머리지지대(헤드 레스트)는 자동차의 좌석에서 등받이 맨 위쪽의 머리를 지지하는 부분을 말한다.

**05** 히터 사용 중 발열, 저온 및 화상 등의 위험이 발생할 수 있는 승객이 아닌 것은?

① 신체가 건강하거나 기타 질병이 없는 승객
② 피부가 연약한 승객
③ 술을 많이 마신 승객(과음)
④ 피로가 누적된 승객(과로)

해설 위험이 발생할 수 있는 승객은 ②, ③, ④항 이외에
① 유아, 어린이, 노인, 신체가 불편하거나 기타 질병이 있는 승객
② 졸음이 올 수 있는 수면제 또는 감기약 등을 복용한 승객

**06** 자동차 계기판 용어에 대한 설명으로 틀린 것은?

① 속도계 : 자동차의 단위 시간당 주행거리를 나타낸다.
② 회전계 : 바퀴의 시간당 회전수를 나타낸다.
③ 주행거리계 : 자동차가 주행한 총거리(km단위)를 나타낸다.
④ 전압계 : 배터리의 충전 및 방전상태를 나타낸다.

해설 회전계는 엔진의 분당 회전수를 나타낸다.

**07** 배터리의 충전 및 방전 상태를 나타내는 계기장치는?

① 수온계
② 연료계
③ 전압계
④ 엔진 오일 압력계

해설 계기판의 용어
① 수온계 : 엔진 냉각수의 온도를 나타낸다.
② 연료계 : 연료 탱크에 남아있는 연료의 잔류 량을 나타낸다. 동절기에는 연료를 가급적 충만한 상태를 유지한다.(연료 탱크 내부의 수분 침투를 방지하는데 효과적)
③ 엔진 오일 압력계 : 엔진 오일의 압력을 나타낸다.

**08** 전조등 스위치 1단계에서 점등되지 않는 등화는 무엇인가?

① 차폭등
② 번호판등
③ 미등
④ 전조등

해설 전조등 스위치
① 1단계 : 차폭등, 미등, 번호판등, 계기판등 점등된다.
② 2단계 : 차폭등, 미등, 번호판등, 계기판등, 전조등 점등된다.

**09** 전조등 사용 시기에 대한 설명 중 틀린 것은?

① 마주 오는 자동차가 있거나 앞 자동차를 따라갈 경우는 하향등을 켠다.
② 야간 운행 시 마주 오는 자동차가 없을 경우 시야확보를 위해서 상향등을 켠다.
③ 다른 자동차의 주의를 환기시킬 경우 전조등을 상향 점멸한다.
④ 운전자의 시야 확보를 위하여 항상 상향을 켜고 운행한다.

해설 전조등 사용 시기
① 하향 : 마주 오는 차가 있거나 앞 차를 따라갈 경우
② 상향 : 야간 운행 시 시야확보를 원할 경우(마주 오는 차 또는 앞 차가 없을 때에 한하여 사용)
③ 상향 점멸 : 다른 차의 주의를 환기시킬 경우(스위치를 2~3회 정도 당겨 올린다)

**10** 노면상태, 주행조건, 운전자의 선택상태 등에 의하여 차량의 높이와 스프링 상수 및 감쇠력 변화를 컴퓨터에서 자동적으로 조절하는 장치를 무엇이라고 하는가?

① 뒤차축 현가장치(IRS)
② 전자제어 현가장치(ECAS)
③ 미끄럼 제한 브레이크(ABS)
④ 고에너지 점화 장치(HEI)

해설 전자제어 현가장치(ECS ; Electronically controled suspension) : 전자제어 현가장치(ECS)는 차고 센서로부터 ECS ECU(Electronic control unit)가 차량의 높이 변화를 감지하여 ECS 솔레노이드 밸브를 제어함으로써 에어 스프링의 압력과 차량 높이를 조절하는 전자제어 서스펜션 시스템을 말한다.

**11** 다음은 전자제어 현가장치의 기능에 대하여 설명으로 잘못된 것은?

① 차량의 하중 변화에 따라 차량의 높이 조정이 자동으로 빠르게 이루어진다.
② 도로조건이나 기타 주행조건에 따라서 운전자가 스위치를 조작하여 차량의 높이를 조정할 수 있다.
③ 차량의 주행 중에는 에어 소모가 많지만 연비의 개선효과가 있다.
④ 안전성이 확보된 상태에서 차량의 높이 조정 및 닐링(Kneeling) 기능을 할 수 있다.

해설 전자제어 현가장치의 기능은 ①, ②, ④항 이외에
① 차량 주행 중에는 에어 소모가 감소하여 차량연비의 개선효과가 있다.
② 자기진단 기능을 보유하고 있어 정비성이 용이하고 안전하다.

**자동차 관리요령**

## 3. 자동차 응급조치 요령

**01** 자동차 머플러 파이프에서 검은색 연기를 뿜는다. 그 원인은?

① 윤활유가 연소실에 침입
② 에어클리너 엘리먼트 막힘
③ 희박한 혼합가스의 연소
④ 윤활유의 부족

해설 배출 가스로 구분할 수 있는 고장
① 무색 또는 옅은 청색 : 정상
② 검은색 : 에어클리너 엘리먼트의 막힘, 연료장치 고장
③ 백색 : 헤드개스킷 파손, 밸브의 오일 실(seal) 노후 또는 피스톤 링의 마모

**02** 오버히트(엔진 과열)가 발생하는 원인이 아닌 것은?

① 냉각수가 부족한 경우
② 배터리 전압이 낮을 경우
③ 냉각수에 부동액이 들어있지 않는 경우(추운 날씨)
④ 엔진 내부가 얼어 냉각수가 순환하지 않는 경우

해설 오버히트가 발생하는 원인
① 냉각수가 부족한 경우
② 냉각수에 부동액이 들어있지 않은 경우(추운 날씨)
③ 엔진 내부가 얼어 냉각수가 순환하지 않는 경우

**03** 오버히트가 발생하는 원인에 해당되는 것은?

① 냉각수 부족 또는 누수
② 밸브 간극 비정상
③ 에어컨 팬 작동
④ 브레이크 오일 양호

**04** 엔진의 오버히트가 발생할 때의 징후를 설명한 것으로 부적절한 것은?

① 엔진에서 노킹 소리가 들린다.
② 엔진의 출력이 갑자기 떨어진다.
③ 운행 중 수온계가 H 부분을 가리키고 있다.
④ 변속기에서 소음이 들린다.

**해설** 엔진의 오버히트(과열)가 발생할 때의 징후
　① 운행 중 수온계가 H부분을 가리키는 경우
　② 엔진출력이 갑자기 떨어지는 경우
　③ 노킹소리가 들리는 경우

**05** 시동 모터는 작동되나 시동되지 않는 경우 추정되는 원인으로 부적절한 것은?

① 배터리가 방전되었다.　　② 연료가 떨어졌다.
③ 연료 필터가 막혀 있다.　④ 예열이 불충분하다.

**해설** 시동모터가 작동되나 시동이 걸리지 않는 경우 추정되는 원인
　① 연료가 떨어졌다.　　　② 예열작동이 불충분하다.
　③ 연료필터가 막혀 있다.

**06** 시동 모터가 작동되지 않는 원인으로 추정되는 것은?

① 엔진의 예열이 불충분 하다.
② 접지 케이블이 이완되어 있다.
③ 오일 필터가 막혀 있다.
④ 연료 필터가 막혀 있다.

**해설** 시동 모터가 작동되지 않거나 천천히 회전하는 경우의 추정 원인
　① 배터리가 방전되었다.
　② 배터리 단자의 부식, 이완, 빠짐 현상이 있다.
　③ 접지 케이블이 이완되어 있다
　④ 엔진 오일의 점도가 너무 높다.

**07** 자동차의 연료 소비량이 많은 경우 추정되는 원인의 설명으로 알맞은 것은?

① 타이어의 무게 중심이 맞지 않는다.
② 라이닝 간극 과다 또는 마모상태가 심하다.
③ 클러치가 미끄러진다.
④ 타이어가 편마모 되어 있다.

**해설** 연료 소비가 많은 경우 추정되는 원인
　① 연료누출이 있다.　　　② 타이어 공기압이 부족하다.
　③ 클러치가 미끄러진다.　④ 브레이크가 제동된 상태에 있다.

**08** 조향핸들이 무거워지는 원인으로 추정되는 것은?

① 팬벨트 장력이 강하다.
② 앞 타이어 공기압이 정상이다.
③ 파워스티어링 오일이 부족하다.
④ 브레이크 오일이 부족하다.

**해설** 조향 핸들이 무거워지는 추정 원인
　① 앞바퀴의 공기압이 부족하다.　② 파워스티어링 오일이 부족하다.

**09** 주행 중 조향 핸들이 떨리는 원인으로 추정되는 것은?

① 타이어 공기압이 각 타이어마다 다르다.
② 클러치가 미끄러진다.
③ 라이닝 간극 과다 또는 마모상태가 심하다.
④ 엔진의 출력이 갑자기 떨어진다.

**해설** 조향 핸들이 떨리는 경우 추정되는 원인
　① 타이어의 무게 중심이 맞지 않는다.
　② 휠 너트(허브 너트)가 풀려 있다.

③ 타이어 공기압이 각 타이어마다 다르다.
④ 타이어가 편마모 되어 있다.

**10** 자동차를 운행 중에 브레이크 페달을 밟았을 때 제동효과가 나쁜 경우 추정되는 원인으로 틀린 것은?

① 타이어의 공기압이 과다하다.
② 타이어 공기가 빠져 나가는 현상이 있다.
③ 라이닝 간극 과다 또는 마모상태가 심하다.
④ 타이어의 무게 중심이 맞지 않는다.

**해설** 브레이크의 제동효과가 나쁜 경우 추정되는 원인은 ①, ②, ③항 이외에 타이어 마모가 심하다.

**자동차 관리요령**

# 4. 자동차의 구조 및 특성

**01** 엔진에서 발생한 동력을 주행상황에 맞는 적절한 상태로 변화를 주어 바퀴에 전달하는 장치를 무엇이라 하는가?

① 동력발생 장치　　　　　② 동력전달 장치
③ 동력차단 장치　　　　　④ 동력변환 장치

**해설** 동력발생 장치는 자동차의 주행과 주행에 필요한 보조 장치들을 작동시키기 위한 동력을 발생시키는 장치이다.

**02** 클러치의 필요성을 설명한 것이다. 다음 중 틀린 것은?

① 엔진을 작동시킬 때 엔진을 무부하 상태로 유지한다.
② 변속기의 기어를 변속할 때 엔진의 동력을 일시 차단한다.
③ 출발 및 등판주행 시 큰 구동력을 얻기 위해 필요하다.
④ 관성 운전을 가능하게 한다.

**해설** 클러치의 필요성
　① 시동할 때 엔진을 무부하 상태로 유지한다.
　② 엔진의 동력을 차단하여 기어 변속이 원활하게 이루어지도록 한다.
　③ 엔진의 동력을 차단하여 자동차의 관성 주행이 되도록 한다.

**03** 클러치(clutch)의 구비조건이 아닌 것은?

① 동력을 차단할 경우에는 차단이 신속하고 확실할 것
② 동력전달을 시작할 경우에는 미끄러지면서 서서히 동력전달을 시작하고 일단 접촉하면 절대로 미끄러지는 일이 없이 동력을 확실하게 전달할 것
③ 회전부분의 평형이 좋을 것
④ 회전관성이 클 것

**해설** 클러치의 구비조건은 ①, ②, ③항 이외에
　① 냉각이 잘되어 과열하지 않아야 한다.
　② 회전관성이 적어야 한다.

**04** 기계식 클러치에서 클러치가 미끄러지는 원인이 아닌 것은?

① 클러치 디스크에 오일이 묻어 있다.
② 클러치 페달의 자유간극(유격)이 없다.
③ 클러치 스프링의 장력이 강하다.
④ 클러치 디스크의 마멸이 심하다.

**해설** 클러치가 미끄러지는 원인은 ①, ②, ④항 이외에 클러치 스프링의 장력이 약하다.

**05** 자동차를 출발 또는 주행 중 가속을 하였을 때 엔진의 회전속도는 상승하지만 출발이 잘 안되거나 주행속도가 올라가지 않는 경우의 원인으로 알맞은 것은?

① 클러치 페달의 자유간극이 없다.
② 클러치 페달의 자유간극이 너무 크다.
③ 릴리스 베어링이 손상되었거나 파손되었다.
④ 클러치 디스크의 흔들림이 크다.

> **해설** 클러치가 미끄러지는 원인
> ① 클러치 페달의 자유간극(유격)이 없다.
> ② 클러치 디스크의 마멸이 심하다.
> ③ 클러치 디스크에 오일이 묻어 있다.
> ④ 클러치 스프링의 장력이 약하다.

**06** 기계식 클러치에서 미끄러질 때의 영향에 해당하지 않는 것은?

① 구동력이 감소하여 출발이 어렵고, 증속이 잘되지 않는다.
② 등판능력이 감소한다.
③ 연료의 소비량이 적어진다.
④ 엔진이 과열한다.

> **해설** 클러치가 미끄러질 때의 영향은 ①, ②, ④항 이외에 연료 소비량이 증가한다.

**07** 클러치에서 차단이 잘되지 않는 원인을 열거한 것으로 해당되지 않는 것은?

① 클러치 페달의 자유간극이 없다.
② 유압장치에 공기가 혼입 되었다.
③ 릴리스 베어링이 손상되었거나 파손되었다
④ 클러치 디스크의 흔들림이 크다.

> **해설** 클러치 차단이 잘되지 않는 원인은 ②, ③, ④항 이외에
> ① 클러치 페달의 자유간극이 크다.
> ② 클러치 구성부품이 심하게 마멸되었다.

**08** 변속기의 필요성과 관계가 없는 것은?

① 엔진의 회전력을 증대시키기 위하여
② 엔진을 무부하 상태로 있게 하기 위하여
③ 자동차의 후진을 위하여
④ 바퀴의 회전속도를 추진축의 회전속도보다 높이기 위하여

> **해설** 변속기의 필요성
> ① 엔진과 차축 사이에서 회전력을 변환시켜 전달한다.
> ② 엔진을 시동할 때 엔진을 무부하 상태로 한다.
> ③ 자동차를 후진시키기 위하여 필요하다.

**09** 다음 중 수동변속기에 요구되는 조건이 아닌 것은?

① 가볍고, 단단하며, 다루기 쉬워야 한다.
② 연속적으로 또는 자동적으로 변속이 되어야 한다.
③ 회전관성이 커야 한다.
④ 동력전달 효율이 좋아야 한다.

> **해설** 변속기의 구비조건은 ①, ②, ④항 이외에 조작이 쉽고, 신속 확실하며, 작동소음이 작아야 한다.

**10** 자동변속기의 장점에 해당되지 않는 것은?

① 기어변속이 자동으로 이루어져 운전이 편리하다.
② 조작미숙으로 인한 시동 꺼짐이 없다.
③ 발진과 가·감속이 원활하여 승차감이 좋다.
④ 구조가 복잡하고 가격이 비싸다.

> **해설** 자동변속기의 장점은 ①, ②, ③항 이외에 유체가 댐퍼(속업소버) 역할을 하기 때문에 충격이나 진동이 적다.

**11** 자동변속기의 장점과 단점을 설명한 것으로 단점에 해당하는 것은?

① 연료소비율이 수동 변속기에 비해 10% 정도 증가한다.
② 유체가 댐퍼의 역할을 하기 때문에 충격이나 진동이 적다.
③ 기어변속이 자동으로 이루어져 운전이 편리하다
④ 조작 미숙으로 인한 시동 꺼짐이 없다.

> **해설** 자동변속기의 단점
> ① 구조가 복잡하고 가격이 비싸다.
> ② 차를 밀거나 끌어서 시동을 걸 수 없다.
> ③ 연료소비율이 약 10% 정도 많아진다.

**12** 자동변속기 오일의 색깔이 검은색일 경우 그 원인은?

① 불순물 혼입
② 오일의 열화 및 클러치 디스크 마모
③ 불완전 연소
④ 에어클리너 막힘

> **해설** 자동변속기의 오일 색깔
> ① 정상 : 투명도가 높은 붉은 색
> ② 갈색 : 가혹한 상태에서 사용되거나, 장시간 사용한 경우
> ③ 투명도가 없어지고 검은 색을 띨 때 : 자동변속기 내부의 클러치 디스크의 마멸분말에 의한 오손, 기어가 마멸된 경우
> ④ 니스 모양으로 된 경우 : 오일이 매우 고온이 노출된 경우
> ⑤ 백색 : 오일에 수분이 다량으로 유입된 경우

**13** 타이어의 기능에 대한 설명으로 해당되지 않는 것은?

① 자동차의 하중을 지탱하는 기능을 한다.
② 엔진의 구동력 및 브레이크의 제동력을 노면에 전달하는 기능을 한다.
③ 노면으로부터 전달되는 충격을 완화시키는 기능을 한다.
④ 내열성이 양호하도록 밀착력을 보호하는 기능을 한다.

> **해설** 타이어의 기능은 ①, ②, ③항 이외에 자동차의 진행방향을 전환 또는 유지시키는 기능을 한다.

**14** 튜브 리스 타이어의 특징으로 틀린 것은?

① 못에 찔려도 공기가 급격히 새지 않는다.
② 유리조각 등에 의해 찢어지는 손상도 수리하기 쉽다.
③ 고속 주행하여도 발열이 적다.
④ 림이 변형되면 공기가 새기 쉽다.

> **해설** 튜브 리스 타이어의 장·단점
> ① 튜브 타이어에 비해 공기압을 유지하는 성능이 좋다.
> ② 못에 찔려도 공기가 급격히 새지 않는다.
> ③ 주행 중에 발생하는 열의 발산이 좋아 발열이 적다.
> ④ 튜브 물림 등 튜브로 인한 고장이 없다.
> ⑤ 튜브 조립이 없으므로 펑크 수리가 간단하고, 작업능률이 향상된다.
> ⑥ 림이 변형되면 타이어와의 밀착이 불량하여 공기가 새기 쉽다.
> ⑦ 유리 조각 등에 의해 손상되면 수리하기가 어렵다.

**15** 타이어 구조와 형상에 의한 분류에 해당되지 않는 것은?

① 레디얼 타이어
② 슈퍼 트랙션 패턴 타이어
③ 스노타이어
④ 바이어스 타이어

> **해설** 타이어의 형상에 따라 바이어스 타이어, 튜브리스 타이어, 레디얼 타이어, 스노타이어로 구분한다.

**16** 레디얼(radial) 타이어의 특성에 대한 설명으로 해당되지 않는 것은?

① 스탠딩웨이브 현상이 잘 일어나지 않는다.
② 트레드가 하중에 의한 변형이 적다.
③ 고속으로 주행할 때에는 안전성이 크다.
④ 저속주행, 험한 도로주행 시에 적합하다.

**해설** 레디얼 타이어의 특성은 ①, ②, ③항 이외에
① 접지면적이 크고 타이어 수명이 길다.
② 회전할 때에 구심력이 좋다.
③ 충격을 흡수하는 강도가 작아 승차감이 좋지 않다.
④ 저속으로 주행할 때에는 조향핸들이 다소 무겁다.

**17** 레디얼(radial) 타이어의 단점에 해당되는 것은?

① 접지면적이 크고 타이어 수명이 길다.
② 충격을 흡수하는 강도가 작아 승차감이 좋지 않다.
③ 트레드가 하중에 의한 변형이 적다.
④ 고속으로 주행할 때에는 안전성이 크다.

**18** 레디얼(radial) 타이어의 특성에 대하여 설명을 한 것이다. 다음 중 장점에 해당되는 것은?

① 승차감이 좋지 않다.
② 충격을 흡수하는 강도가 작다.
③ 스탠딩웨이브 현상이 잘 일어나지 않는다.
④ 저속으로 주행할 때에는 조향 핸들이 다소 무겁다.

**19** 고속도로를 주행하는 자동차에 타이어 공기압력을 10~15% 높여주는 이유로 가장 적합한 것은?

① 타이어의 회전력을 좋게 하기 위하여
② 제동력을 증가시키기 위하여
③ 승차감을 좋게 하기 위하여
④ 스탠딩 웨이브 현상을 방지하기 위하여

**해설** 타이어 공기압이 낮은 상태로 고속 주행 중 어느 속도 이상이 되면 타이어 트레드와 노면과의 접촉부 뒷면의 원주 상에 파형이 발생된다. 원주 상에서 파형을 보면 정지되어 있는 것과 같이 보이기 때문에 스탠딩 웨이브라고 하며, 스탠딩 웨이브 현상을 방지하기 위해서는 타이어의 공기압을 표준 공기압보다 10~15%정도 높인다.

**20** 수막(Hydro planing) 현상을 방지하는 방법이 아닌 것은?

① 마모된 타이어를 사용하지 않는다.
② 타이어의 공기압을 조금 높인다.
③ 러그형 패턴의 타이어를 사용한다.
④ 배수효과가 좋은 타이어를 사용한다.

**해설** 수막현상을 방지하는 방법은 ①, ②, ④항 이외에
① 저속으로 주행한다.
② 배수효과가 좋은 리브형 타이어를 사용한다.

**21** 다음은 완충장치에 대하여 설명한 것으로 해당되지 않는 것은?

① 차축과 프레임을 연결하여 주행 중 발생되는 진동 및 충격을 완화하는 장치.
② 주행 중 진동이나 충격을 완화시켜 차체나 각 장치에 전달되는 것을 방지
③ 차체나 화물의 손상을 방지하고 승차감과 자동차의 주행 안전성을 향상시킨다.
④ 섀시 스프링, 쇽업소버, 스태빌라이저 조향 너클 등으로 구성되어 있다.

**해설** 완충장치
① 차축과 프레임을 연결하여 주행 중 발생되는 진동 및 충격을 완화하는 장치.
② 주행 중 진동이나 충격을 완화시켜 차체나 각 장치에 전달되는 것을 방지
③ 차체나 화물의 손상을 방지하고 승차감과 자동차의 주행 안전성을 향상시킨다.
④ 섀시 스프링, 쇽업소버, 스태빌라이저 등으로 구성되어 있다.

**22** 주행 중 비틀림, 흔들림이 일어나거나 커브를 돌 때 휘청거리는 느낌이 들 경우 예상되는 고장 부분은?

① 조향장치 부분
② 바퀴부분
③ 완충장치 부분
④ 브레이크 부분

**해설** 완충장치는 주행 중 노면으로부터 발생하는 비틀림, 흔들림, 진동이나 충격을 완화시켜 차체나 각 장치에 직접 전달되는 것을 방지하는 역할을 한다.

**23** 다음 중 완충장치의 주요 기능에 해당되지 않는 것은?

① 노면에서 받는 충격을 완화시킨다.
② 적정한 자동차의 높이를 유지한다.
③ 자동차가 일정한 속도를 유지할 수 있도록 도와준다.
④ 올바른 휠 얼라인먼트를 유지한다.

**해설** 완충장치의 주요 기능은 ①, ②, ④항 이외에
① 차체의 무게를 지탱한다.
② 타이어의 접지상태를 유지한다.
③ 주행방향을 일부 조정한다.

**24** 다음은 판스프링에 대하여 설명한 것으로 단점에 해당되는 것은?

① 판간 마찰이 있기 때문에 작은 진동은 흡수가 곤란하다.
② 스프링 자체의 강성으로 차축을 정해진 위치에 지지할 수 있어 구조가 간단하다.
③ 판간 마찰에 의한 진동의 억제작용이 크다.
④ 띠 모양의 스프링 강을 몇 장 겹쳐 그 중심에서 볼트로 조인 것.

**해설** 판스프링의 단점
① 판스프링은 작은 진동을 흡수하지 못한다.
② 강판 사이의 마찰에 의해 진동을 흡수하기 때문에 마모 및 소음이 발생된다.
③ 스프링 정수가 작은 것을 사용하는 경우에 차축의 유지력이 약하여 불안정하다.
④ 판 사이의 마찰에 의해 진동을 흡수하므로 승차감이 저하된다.

**25** 다음은 코일 스프링에 대하여 설명한 것으로 장점에 해당되는 것은?

① 차축의 지지에 링크나 쇽업소버를 사용하여야 하기 때문에 구조가 복잡하다.
② 옆 방향의 작용력(비틀림)에 대한 저항력이 없다.
③ 코일 사이에 마찰이 없기 때문에 진동의 감쇠 작용이 없다.
④ 단위 중량당 흡수율이 판스프링보다 크고 유연하다.

**해설** 코일 스프링의 장점
① 단위 중량당 흡수율이 판스프링보다 크고 유연하다.
② 판스프링보다 승차감이 우수하다.

**26** 토션 바 스프링에 대하여 설명한 것으로 맞지 않는 것은?

① 다른 스프링보다 가볍고 구조가 간단하다.
② 코일 스프링과 같이 감쇠 작용을 할 수 없다.
③ 단위 중량당 에너지 흡수율이 다른 스프링에 비해 크다.
④ 쇽업소버를 함께 사용하지 않는다.

**해설** 토션바 스프링은 ①, ②, ③항 이외에
① 비틀었을 때 탄성에 의해 원위치하려는 성질을 이용한 스프링 강의 막대이다.
② 스프링의 힘은 바의 길이와 단면적에 따라 결정된다.
③ 오른쪽(R)과 왼쪽(L)의 표시가 있어 구분하여 설치하여야 한다.
④ 감쇠 작용을 할 수 없어 쇽업소버와 함께 사용하여야 한다.
⑤ 차체에 평행하게 설치하는 세로방식과 차체에 직각으로 설치하는 가로방식이 있다.

**27** 완충장치에서 하중 변화에 따른 차고를 일정하게 할 수 있으며, 승차감이 그다지 변하지 않는 장점이 있는 스프링은?

① 고무 스프링　　　　② 공기 스프링
③ 토션 바 스프링　　　④ 코일 스프링

해설 공기 스프링
① 공기의 탄성을 이용하여 완충 작용을 한다.
② 다른 스프링에 비해 유연한 탄성을 얻을 수 있어 작은 진동도 흡수할 수 있다.
③ 승차감이 우수하기 때문에 장거리 주행 자동차 및 대형버스에 사용된다.
④ 차량무게의 증감에 관계없이 언제나 차체의 높이를 일정하게 유지할 수 있다.
⑤ 스프링의 세기가 하중에 거의 비례해서 변화하기 때문에 승차감의 차이가 없다.
⑥ 구조가 복잡하고 제작비가 비싸다.

**28** 다음은 쇽업소버의 기능에 대하여 설명한 것으로 해당되지 않는 것은?

① 승차감을 향상시키고 스프링의 피로를 줄인다.
② 스프링의 움직임 대하여 역 방향으로 힘을 발생시켜 진동의 흡수를 앞당긴다.
③ 스프링의 상·하 운동에너지를 열에너지로 변환시켜 준다.
④ 차량 무게의 증감에 관계없이 언제나 차체의 높이를 일정하게 유지한다.

해설 쇽업소버의 기능은 ①, ②, ③항 이외에
① 노면에서 발생한 스프링의 진동을 재빨리 흡수한다.
② 노면에서 발생하는 진동에 대해 감쇠력이 좋아야 한다.

**29** 스태빌라이저에 대하여 설명 중 틀린 것은?

① 좌우 바퀴가 서로 다른 상하 운동할 때 작용하여 차체의 기울기를 감소시킨다.
② 차체의 평형을 유지하는 역할을 한다.
③ 선회할 때 발생되는 롤링을 방지한다.
④ 차체가 피칭(pitching)할 때 작용한다.

해설 스태빌라이저
① 좌우 바퀴가 서로 다른 상하 운동할 때 작용하여 차체의 기울기를 감소시킨다.
② 커브 길에서 자동차가 선회할 때 차체가 롤링(좌우 진동)하는 것을 방지한다.
③ 양끝이 좌·우의 로어 컨트롤 암에 연결되며, 가운데는 차체에 설치된다.

**30** 자동차의 진행방향을 운전자가 의도하는 바에 따라 임의로 조작할 수 있는 장치는?

① 제동장치　　　　　② 동력전달장치
③ 조향장치　　　　　④ 완충장치

해설 각 장치의 기능
① 제동장치 : 주행중에 자동차의 속도를 줄이거나 정지시키고 정차, 주차할 때에는 자동차가 굴러가지 않도록 고정시키기 위해 사용하는 장치
② 동력전달장치 : 동력발생장치에서 발생한 동력을 주행상황에 맞는 적절한 상태로 변화를 주어 바퀴에 전달하는 장치
③ 완충장치 : 주행 중 노면으로부터 발생하는 진동이나 충격을 완화시켜 차체나 각 장치에 직접 전달되는 것을 방지

**31** 자동차 조향장치가 갖추어야 할 구비조건에 해당되지 않는 것은?

① 조향 핸들의 회전과 바퀴의 선회 차이가 커야 한다.
② 조작이 쉽고 방향 전환이 원활하게 이루어져야 한다.
③ 고속주행에서도 조향 조작이 안정적이어야 한다.
④ 조향 조작이 주행 중의 충격에 영향을 받지 않아야 한다.

해설 조향 장치의 구비조건은 ②, ③, ④항 이외에
① 진행방향을 바꿀 때 섀시 및 바디 각 부에 무리한 힘이 작용하지 않아야 한다.
② 조향 핸들의 회전과 바퀴 선회 차이가 크지 않아야 한다.
③ 수명이 길고 정비하기 쉬워야 한다.

**32** 조향핸들이 무거운 원인으로 틀린 것은?

① 타이어의 공기압이 부족하다.
② 조향기어 박스 내의 오일이 부족하다.
③ 앞바퀴의 정렬 상태가 불량하다.
④ 타이어의 밸런스가 불량하다.

해설 조향핸들이 무거운 원인은 ①, ②, ③항 이외에
① 조향기어의 톱니바퀴가 마모되었다.
② 타이어의 마멸이 과다하다.

**33** 다음 중 조향핸들이 한쪽으로 쏠리는 원인이 아닌 것은?

① 타이어의 공기압의 불균일하다.
② 앞바퀴의 정렬 상태가 불량하다.
③ 조향기어 하우징이 풀렸다.
④ 허브 베어링의 마멸이 과다하다.

해설 조향핸들이 한쪽으로 쏠리는 원인은 ①, ②, ④항 이외에 쇽업소버의 작동 상태가 불량하다.

**34** 다음은 동력 조향장치를 설명한 것으로 장점에 해당되는 것은?

① 기계식에 비해 구조가 복잡하고 값이 비싸다.
② 조향조작이 신속하고 경쾌하다.
③ 고장이 발생한 경우에는 정비가 어렵다.
④ 오일펌프 구동에 엔진의 출력이 일부 소비된다.

해설 동력 조향장치의 장점
① 조향 조작력이 작아도 된다.
② 노면에서 발생한 충격 및 진동을 흡수한다.
③ 앞바퀴의 시미 현상(바퀴가 좌우로 흔들리는 현상)을 방지할 수 있다.
④ 조향조작이 신속하고 경쾌하다.
⑤ 앞바퀴가 펑크 났을 때 조향핸들이 갑자기 꺾이지 않아 위험도가 낮다.

**35** 다음은 동력 조향장치를 설명한 것으로 단점에 해당되는 것은?

① 적은 힘으로 조향 조작을 할 수 있다.
② 노면에서 발생한 충격 및 진동을 흡수한다.
③ 앞바퀴의 시미현상을 방지하는 효과가 있다.
④ 오일펌프 구동에 엔진의 출력이 일부 소비된다.

해설 동력 조향장치의 단점
① 기계식에 비해 구조가 복잡하고 값이 비싸다.
② 고장이 발생한 경우에는 정비가 어렵다.
③ 오일펌프 구동에 엔진의 출력이 일부 소비된다.

**36** 자동차의 주행성, 안전성, 조정성 등을 고려하여 기하학적으로 특정한 각도를 가지고 차축에 설치되어 있는 것은?

① 휠 얼라인먼트　　　② 휠 밸런스
③ 애커먼장토식　　　④ 전자제어 현가장치

해설 자동차의 앞부분을 지지하는 앞바퀴는 어떤 기하학적인 각도 관계를 가지고 설치되어 있으며, 여기에는 캠버, 캐스터, 토인, 조향축(킹핀) 경사각 등이 있다. 충격이나 사고, 부품 마모, 하체 부품의 교환 등에 따라 이들 각도가 변화하게 되면 주행 중에 각종 문제를 야기할 수 있다. 따라서 이러한 각도를 수정하는 일련의 작업을 휠 얼라인먼트(차륜 정렬)라 한다.

**37** 휠 얼라인먼트의 요소가 아닌 것은?

① 회전반경　　　　　② 조향축(킹핀) 경사각
③ 캐스터　　　　　　④ 토인, 캠버

**38** 다음은 휠 얼라인먼트에 관계되는 역할이다. 틀린 것은?

① 타이어의 이상마모 방지
② 주행 장치의 내구성 부여
③ 조향핸들의 복원성을 준다.
④ 조향방향의 안전성을 준다.

**해설** 휠 얼라인먼트(앞바퀴 정렬)의 역할
① 조향핸들의 조작을 확실하게 하고 안전성을 준다 : 캐스터의 작용
② 조향핸들에 복원성을 부여한다 : 캐스터와 조향축(킹핀) 경사각의 작용
③ 조향핸들의 조작을 가볍게 한다 : 캠버와 조향축(킹핀) 경사작의 작용
④ 타이어 마멸을 최소로 한다 : 토인의 작용

**39** 앞바퀴에 수직방향으로 작용하는 하중에 의한 앞차축의 휨을 방지하고 조향핸들의 조작을 가볍게 하기 위하여 시행하는 휠 얼라인먼트는?

① 캐스터
② 토인
③ 캠버
④ 킹핀 경사각

**해설** 캠버는 조향축(킹핀) 경사각과 함께 조향핸들의 조작을 가볍게 하고 수직 하중에 의한 앞 차축의 휨을 방지하며, 하중을 받았을 때 앞바퀴의 아래쪽이 벌어지는 것을 방지한다.

**40** 캠버에 관한 설명 중 틀린 것은?

① 정면에서 보았을 때 차륜 중심선이 수직선에 대해 경사되어 있는 상태를 말한다.
② 정(+)의 캠버란 차륜 중심선의 위쪽이 안으로 기울어진 상태를 말한다.
③ 정(+)의 캠버는 차륜 중심선의 위쪽이 밖으로 기울어진 상태를 말한다.
④ 부(-)의 캠버는 차륜 중심선의 위쪽이 안으로 기울어진 상태를 말한다.

**해설** 캠버(Camber)
① 앞바퀴를 앞에서 보았을 때 타이어 중심선이 수선에 대해 어떤 각도를 이룬 것.
② 정의 캠버 : 타이어의 중심선이 수선에 대해 바깥쪽으로 기울은 상태.
③ 부의 캠버 : 타이어의 중심선이 수선에 대해 안쪽으로 기울은 상태.
④ 0 의 캠버 : 타이어 중심선과 수선이 일치된 상태.

**41** 바퀴를 옆에서 보았을 때 조향축(킹핀)이 수선과 어떤 각도를 두고 설치되어 있는 것은 무엇이라 하는가?

① 토인
② 캠버
③ 킹핀 경사각
④ 캐스터

**해설** 캐스터는 자동차의 앞바퀴를 옆에서 보았을 때 앞 차축을 고정하는 조향축(킹핀)이 수직선과 어떤 각도를 두고 설치되어 있는 것을 말한다.

**42** 앞바퀴 정렬 중 캐스터에 대한 설명으로 틀린 것은?

① 바퀴를 옆에서 보았을 때 조향축(킹핀)이 수선과 어떤 각도를 두고 설치되어 있는 상태를 말한다.
② 정의 캐스터란 조향축(킹핀) 윗부분이 자동차 뒤쪽으로 기울어진 상태를 말한다.
③ 부의 캐스터는 조향축(킹핀) 윗부분이 자동차 뒤쪽으로 기울어진 상태를 말한다.
④ 부의 캐스터는 조향축(킹핀) 윗부분이 자동차 앞쪽으로 기울어진 상태를 말한다.

**해설** 조향축(킹핀) 윗부분이 자동차 뒤쪽으로 기울어진 상태를 정의 캐스터라 한다.

**43** 주행 중 조향바퀴에 복원력을 주어 직진위치로 쉽게 돌아오게 하는 휠 얼라인먼트의 요소는?

① 캠버
② 캐스터
③ 토인
④ 토 아웃

**해설** 캐스터는 주행 중 조향바퀴에 방향성을 주며, 조향하였을 때 직진방향으로의 복원력을 준다.

**44** 다음 중 토인의 필요성이 아닌 것은?

① 앞바퀴를 평행하게 회전시킨다.
② 주행 중 조향 바퀴에 추종성을 준다.
③ 앞바퀴가 옆 방향으로 미끄러지는 것과 타이어의 마멸을 방지한다.
④ 조향 링키지의 마멸에 의한 토 아웃이 되는 것을 방지한다.

**해설** 토인은 앞바퀴를 평행하게 회전시키며, 앞바퀴가 옆 방향으로 미끄러지는 것과 타이어 마멸을 방지하고 조향 링키지의 마멸에 의해 토 아웃 되는 것을 방지한다.

**45** 토인에 대한 설명 중 가장 적당치 않은 것은?

① 토인은 앞바퀴의 조향을 쉽게 하기 위하여 둔다.
② 토인의 조정이 불량하면 타이어가 편마모 된다.
③ 토인은 캠버와 함께 앞바퀴를 평행하게 회전시킨다.
④ 토인은 주행 중 타이어 앞부분이 벌어지는 것을 방지한다.

**46** 다음 중 공기식 브레이크의 구성부품이 아닌 것은?

① 공기 압축기
② 브레이크 밸브
③ 진공 펌프
④ 브레이크 체임버

**해설** 공기식 브레이크는 공기압축기, 공기탱크, 브레이크 밸브, 릴레이 밸브, 퀵 릴리스 밸브, 브레이크 체임버, 저압 표시기, 체크 밸브로 구성되어 있다.

**47** 공기 브레이크에서 공기 압축기의 공기압력을 조절하는 것은?

① 언로더 밸브
② 안전밸브
③ 릴레이 밸브
④ 체크밸브

**해설** 언로더 밸브는 압력 조절 밸브와 연동되어 작용하며, 공기탱크 내의 압력이 5~7kgf/cm² 이상으로 상승하면 공기압축기의 흡입밸브가 계속 열려 있도록 하여 압축작용을 정지시키는 역할을 한다.

**48** 공기 브레이크에서 공기탱크 내의 공기압력은 일반적으로 몇 kgf/cm² 정도인가?

① 1~4
② 5~7
③ 10~13
④ 14~17

**해설** 공기탱크는 프레임의 사이드 멤버에 설치되어 압축공기를 저장하는 역할을 하며, 공기탱크 내의 압력은 5~7kgf/cm² 이다.

**49** 공기식 브레이크 장치의 구성부품 중 운전자의 브레이크 페달 밟는 정도에 따라 제동효과를 통제하는 것은?

① 브레이크 밸브
② 로드 센싱 밸브
③ 브레이크 드럼
④ 퀵 릴리스 밸브

**해설** 페달을 밟으면 플런저가 배출 밸브를 눌러 공기탱크의 압축 공기가 앞 브레이크 체임버와 릴레이 밸브에 보내져 브레이크 작용을 한다.

**50** 공기식 브레이크 장치의 브레이크 밸브와 브레이크 체임버 사이에 설치되어 브레이크가 빠르고 확실하게 풀리도록 하는 것은?

① 공기압축기
② 압력 조정기
③ 퀵 릴리스 밸브
④ 체크 및 안전밸브

**해설** 퀵 릴리스 밸브는 브레이크 페달을 놓았을 때 배출 포트가 열려 브레이크 체임버에 공급된 압축 공기가 신속하게 배출되도록 하는 역할을 된다.

**51** 공기 브레이크에서 압축공기 압력을 이용하여 캠을 기계적 힘으로 바꾸어 주는 구성 부품은?

① 브레이크 밸브
② 퀵 릴리스 밸브
③ 브레이크 체임버
④ 언로더 밸브

**해설** 브레이크 체임버는 공기의 압력을 기계적 에너지로 변환시키는 역할을 하며, 압축 공기가 유입되어 다이어프램에 가해지면 푸시로드를 밀어 레버를 통하여 브레이크 캠을 작동시킨다.

**52** 공기식 브레이크 장치의 장점으로 틀린 것은?

① 자동차 중량에 제한을 받지 않는다.
② 베이퍼 록 현상이 발생할 염려가 없다.
③ 압축공기의 압력을 높이면 더 큰 제동력을 얻는다.
④ 공기 압축기 구동에 필요한 기관의 진공이 일부 사용된다.

**해설** 공기 브레이크의 장점은 ①, ②, ③항 이외에
① 공기가 다소 누출되어도 제동성능이 현저하게 저하되지 않아 안전도가 높다.
② 페달을 밟는 양에 따라서 제동력이 조절된다.

**53** 공기식 제동장치에 대한 설명으로 틀린 것은?

① 차량의 중량이 증가되면 사용이 곤란하다.
② 공기가 약간 누설되어도 사용이 가능하다.
③ 베이퍼 록이 발생되지 않는다.
④ 공기의 압력을 높이면 더 큰 제동력을 얻을 수 있다.

**54** 자동차 주행 중 급정거 하거나 제동을 걸때에 발생하기 쉬운 미끄러짐(Skid)현상을 방지하는 전자제어 장치는?

① TPS
② ABS
③ AFS
④ ECS

**해설** ABS(Anti-lock Break System)는 자동차 주행 중 제동할 때 타이어의 고착 현상을 미연에 방지하여 노면에 달라붙는 힘을 유지하므로 사전에 사고의 위험성을 감소시키는 예방 안전장치이다.

**55** 전자제어 제동장치인 ABS의 특징에 대한 설명으로 적합하지 않은 것은?

① 방향 안전성 확보
② 제동거리 단축 가능
③ 핸들 떨림 방지
④ 조향능력 상실방지

**해설** ABS의 특징
① 바퀴의 미끄러짐이 없는 제동 효과를 얻을 수 있다.
② 자동차의 방향 안정성, 조종성능을 확보해 준다.
③ 앞바퀴의 고착에 의한 조향 능력 상실을 방지한다.
④ 뒷바퀴의 조기 고착으로 인한 옆 방향 미끄러짐을 방지한다.
⑤ 노면의 상태가 변해도 최대 제동효과를 얻을 수 있다.

**56** 자동차의 ABS 특징으로 올바른 것은?

① 바퀴가 로크 되는 것을 방지하여 조향 안정성 유지
② 스핀 현상을 발생시켜 안정성 유지
③ 제동시 한쪽 쏠림 현상을 발생시켜 안정성 유지
④ 제동거리를 증가시켜 안정성 유지

**57** 미끄럼 제한 브레이크(ABS)장치에 대한 설명이다. 틀린 것은?

① 뒷바퀴의 조기 고착으로 인한 옆 방향 미끄러짐을 방지한다.
② 앞바퀴의 고착에 의한 조향 능력 상실을 방지한다.
③ 항상 최대 마찰계수를 얻도록 하여 차륜의 미끄럼을 방지한다.
④ 자동차의 방향 안정성, 조종성능을 확보해 준다.

**58** 배기 파이프를 막아 기관 내부의 압력을 높이는 방법으로 제동 효과를 증대시키는 감속 제동장치는?

① 와전류 브레이크
② 제이크 브레이크
③ 엔진 브레이크
④ 배기 브레이크

**59** 감속 브레이크(제3 브레이크) 종류가 아닌 것은?

① 주차 브레이크
② 배기 브레이크
③ 제이크 브레이크
④ 리타더 브레이크

**해설** 감속 브레이크(제3브레이크)의 종류
① 배기브레이크 : 엔진 브레이크의 효과를 향상시키기 위해 배기관에 회전이 가능한 로터리 밸브를 설치되어 있으며, 로터리 밸브를 닫아 배기관 내에서 압축되도록 한 것을 배기 브레이크라 한다.
② 제이크 브레이크 : 엔진 내 피스톤 운동을 억제시키는 브레이크로 일부 피스톤 내부의 연료분사를 차단하고 강제로 배기밸브를 개방하여 작동이 줄어든 피스톤 운동량만큼 엔진의 출력이 저하되어 제동력이 발생한다.
③ 리타더 브레이크 : 별도의 오일을 사용하고 기어 자체에 작은 터빈(자동변속기) 또는 별도의 리타터용 터빈(수동변속기)이 장착되어 유압을 이용하여 동력이 전달되는 회전방향과 반대로 터빈을 작동시켜 제동력을 발생시키는 브레이크로 풋 브레이크를 사용하지 않고 80~90%의 제동력을 얻을 수 있으나, 엔진의 저속회전 시(낮은 rpm)에서는 제동력이 낮다.
④ 엔진 브레이크 : 가속 페달을 놓으면 피스톤 헤드에 형성되는 압력과 부압에 의해 제동 효과가 발생된다. 효과가 크지 않기 때문에 긴 내리막길에서 변속 기어를 저속에 놓으면 브레이크 효과가 향상된다.

**자동차 관리요령**

### 5. 자동차 검사 및 보험

**01** 자동차 검사의 필요성에 대한 설명으로 부적절한 것은?

① 자동차 결함으로 인한 교통사고 예방으로 국민의 생명을 보호한다.
② 자동차 배출가스로 인한 대기오염이 많아진다.
③ 불법개조 등 안전기준 위반 차량의 색출로 운행질서를 확립한다.
④ 자동차보험 미가입 자동차의 교통사고로부터 국민피해를 예방한다.

**해설** 자동차 검사의 필요성은 ①, ③, ④항 이외에 자동차 배출가스로 인한 대기오염을 최소화한다.

**02** 자동차 검사에 대한 설명으로 부적절한 것은?

① 신규등록을 하려는 경우 실시하는 검사를 신규검사라 한다.
② 자동차의 구조 및 장치를 변경한 경우 실시하는 검사를 튜닝검사라 한다.
③ 자동차관리법에 따른 명령이나 자동차 소유자의 신청을 받아 비정기적으로 실시하는 검사를 임시검사라 한다.
④ 자동차검사는 한국교통안전공단이 대행하고 있으며, 정기검사는 차량을 지정정비사업체가 대행할 수 없다.

**해설** 정기검사를 받으려는 자는 다음 각 호의 서류를 자동차 검사대행자 또는 지정 정비사업자에게 제출하고 해당 자동차를 제시하여야 한다.

**03** 자동차관리 법령에 따라 자동차 신규검사 시 신청서류가 아닌 것은?

① 자동차 등록증　　　　② 신규검사 신청서
③ 출처 증명서　　　　　④ 제원표

> **해설** 신규검사 신청 시 서류
> ① 신규검사 신청서
> ② 출처 증명서류[말소사실 증명서 또는 수입신고서, 자기인증 면제확인서
> (자기인증 면제 대상차량에 한함)]
> ③ 제원표

**04** 여객자동차 운수사업법에 의하여 면허, 등록, 인가 또는 신고가 실효되거나 취소되어 말소된 자동차를 다시 등록하고자 한 경우 신청하는 자동차 검사 종류는?

① 자동차 종합검사　　　② 정기검사
③ 임시검사　　　　　　④ 신규검사

> **해설** 신규검사를 받아야 하는 경우
> ① 여객자동차 운수사업법에 의하여 면허, 등록, 인가 또는 신고가 실효하거나 취소되어 말소한 경우
> ② 자동차를 교육·연구목적으로 사용하는 등 대통령령이 정하는 사유에 해당하는 경우
> ㉮ 자동차 자기인증을 하기 위해 등록한 자
> ㉯ 국가간 상호인증 성능시험을 대행할 수 있도록 지정된 자
> ㉰ 자동차 연구개발 목적의 기업부설연구소를 보유한 자
> ㉱ 해외자동차업체와 계약을 체결하여 부품개발 등의 개발업무를 수행하는 자
> ㉲ 전기자동차 등 친환경·첨단미래형 자동차의 개발·보급을 위하여 필요하다고 국토교통부장관이 인정하는 자
> ③ 자동차의 차대번호가 등록원부상의 차대번호와 달라 직권 말소된 자동차
> ④ 속임수나 그 밖의 부정한 방법으로 등록되어 말소된 자동차
> ⑤ 수출을 위해 말소한 자동차
> ⑥ 도난당한 자동차를 회수한 경우

**05** 자동차 튜닝검사를 받고자 하는 자가 자동차 검사신청서에 첨부해야 할 서류가 아닌 것은?

① 튜닝 전·후의 주요 제원 대비표
② 자동차보험 가입증명서
③ 튜닝 전, 후의 자동차의 외관도(외관이 변경이 있는 경우)
④ 자동차 등록증

> **해설** 검사신청서에 첨부해야 할 서류
> ① 자동차 등록증
> ② 튜닝 승인서
> ③ 튜닝 전·후의 주요 제원 대비표
> ④ 튜닝 전·후의 자동차 외관도(외관의 변경이 있는 경우에 한한다)
> ⑤ 튜닝하려는 구조·장치의 설계도
> ⑥ 튜닝작업 완료 증명서(제56조제4항 단서에 따라 튜닝작업 완료 증명서를 발급받지 아니한 경우는 제외한다)

**06** 운송사업용 자동차의 속도제한 장치 또는 운행기록계 관련 기준을 규정해 놓은 것은?

① 자동차 및 자동차 부품의 성능과 기준에 관한 규칙
② 도로 교통법 시행규칙
③ 교통 안전관리 규정 심사지침
④ 교통 안전진단 지침

> **해설** 운송사업자는 자동차 및 자동차 부품의 성능과 기준에 관한 규칙에 따른 속도제한장치 또는 운행기록계가 장착된 운송 사업용 자동차를 해당 장치 또는 기기가 정상적으로 작동되는 상태에서 운행되도록 해야 한다.

**07** 책임보험이나 책임공제에 미가입한 1대의 자동차에 부과할 과태료의 최고한도 금액은?

① 50만원　　　　　　② 100만원
③ 150만원　　　　　 ④ 200만원

> **해설** 책임보험이나 책임 공제에 미가입한 경우 과태료
> ① 가입하지 아니한 기간이 10일 이내인 경우 : 3만원
> ② 가입하지 아니한 기간이 10일을 초과한 경우 : 3만원에 11일째부터 1일마다 8천원을 가산한 금액
> ③ 최고 한도금액 : 자동차 1대당 100만원

# PART

## 02

# 기출문제
## 해설&정답

→ 버스운전자격시험 기출문제

# 제1회

버스운전 자격시험문제집

**01** 버스운전 자격시험은 총점의 몇 할 이상을 얻어야 합격 하는가?

① 5할 　　　　　　　② 6할
③ 7할 　　　　　　　④ 8할

**해설** 버스운전 자격시험 과목은 교통 및 운수관련 법규, 교통사고 유형, 자동차관리 요령, 안전운행 요령 및 운송서비스(운전자의 예절에 관한 사항을 포함한다.)의 4과목으로 필기시험 총점의 6할 이상을 얻으면 합격한다.

**02** 회사나 학교와 운송계약을 체결하여 그 소속원만의 통근·통학 목적으로 자동차를 운행하는 사업이 포함되는 운송사업은?

① 마을버스 운송사업 　　　② 특수여객자동차 운송사업
③ 시내버스 운송사업 　　　④ 전세버스 운송사업

**해설** 전세버스 운송사업은 운행계통을 정하지 아니하고 전국을 사업구역으로 정하여 1개의 운송계약에 따라 국토교통부령으로 정하는 자동차를 사용하여 여객을 운송하는 사업으로 회사나 학교와 운송계약을 체결하여 그 소속원만의 통근·통학 목적으로 자동차를 운행하는 운송사업을 말한다.

**03** 여객자동차 운수사업법령과 관련된 용어의 정의로 맞는 것은?

① 여객자동차 운송사업 : 다른 사람의 공급에 응하여 자동차를 사용하여 무상으로 여객을 운송하는 사업
② 노선 : 자동차를 정기적으로 운행하거나 운행하려는 구간
③ 운행계통 : 노선의 기점에서 대기하고 있는 차량대수
④ 관할관청 : 자격시험 시행기관

**해설** 용어의 정의
① **여객자동차 운송사업** : 다른 사람의 수요에 응하여 자동차를 사용하여 유상으로 여객을 운송하는 사업
② **노선** : 자동차를 정기적으로 운행하거나 운행하려는 구간
③ **운행계통** : 노선의 기점·종점과 그 기점·종점 간의 운행경로·운행거리·운행횟수 및 운행대수를 총칭한 것
④ **관할관청** : 관할이 정해지는 국토해양부장관이나 특별시장·광역시장·도지사 또는 특별자치도지사

**04** 다음 중 여객자동차 운송사업의 위반 내용 및 과징금 부과기준에 포함되는 내용이 아닌 것은?

① 자동차 안에 게시하여야 할 사항을 게시하지 아니한 경우
② 운행기록계가 정상적으로 작동되지 아니하는 상태에서 자동차를 운행한 경우
③ 앞바퀴에 재생타이어를 사용한 경우
④ 운행하기 전에 점검 및 확인을 한 경우

**해설** 앞바퀴에 튜브리스 타이어를 사용하여야 할 자동차에 이를 사용하지 아니한 경우 즉, 재생 타이어를 사용한 경우에는 과징금이 부과된다.

**05** 도로의 통행방법·통행구분 등 도로교통의 안전을 위하여 필요한 지시를 하는 경우에 도로 사용자가 이에 따르도록 알리는 표지는?

① 주의표지 　　　　　② 규제표지
③ 지시표지 　　　　　④ 보조표지

**해설** 교통안전 표지의 의미
① **주의표지** : 도로상태가 위험하거나 도로 또는 그 부근에 위험물이 있는 경우에 필요한 안전 조치를 할 수 있도록 이를 도로 사용자에게 알리는 표지
② **규제표지** : 도로교통의 안전을 위하여 각종 제한·금지 등의 규제를 하는 경우에 이를 도로 사용자에게 알리는 표지
③ **지시표지** : 도로의 통행방법·통행구분 등 도로교통의 안전을 위하여 필요한 지시를 하는 경우에 도로 사용자가 이에 따르도록 알리는 표지
④ **보조표지** : 주의표지·규제표지 또는 지시표지의 주기능을 보충하여 도로 사용자에게 알리는 표지

**06** 다음 중 좌석안전띠 미착용 시 주어지는 범칙 금액은?

① 2만원 　　　　　② 3만원
③ 5만원 　　　　　④ 7만원

**해설** 좌석안전띠 미착용시 범칙 금액은 승합자동차 및 승용자동차 3만 원이다.

**07** 보행자의 도로 횡단 방법으로 잘못된 것은?

① 지체장애인의 경우에는 다른 교통에 방해가 되지 아니하는 방법으로 도로 횡단 시설을 이용하지 아니하고 도로를 횡단할 수 있다.
② 보행자는 횡단보도가 설치되어 있지 아니한 도로에서는 가장 짧은 거리로 횡단하여야 한다.
③ 보행자는 안전표지 등에 의하여 횡단이 금지되어 있어도 차량에 주의하면서 도로를 횡단할 수 있다.
④ 보행자는 횡단보도를 횡단하거나 신호기 또는 경찰공무원 등의 신호나 지시에 따라 도로를 횡단하는 경우에는 차의 앞이나 뒤로 횡단이 가능하다.

**해설** 보행자는 안전표지 등에 의하여 횡단이 금지되어 있는 도로의 부분에서는 그 도로를 횡단하여서는 아니 된다.

**08** 눈으로 인한 악천후 시 최고속도의 100분의 50을 줄인 속도로 운행해야 하는 기준은?

① 눈이 10mm 이상 쌓인 경우
② 눈이 20mm 이상 쌓인 경우
③ 눈이 30mm 이상 쌓인 경우
④ 눈이 40mm 이상 쌓인 경우

**해설** 폭우·폭설·안개 등으로 가시거리가 100m 이내인 경우와 노면이 얼어붙은 경우 및 눈이 20mm 이상 쌓인 경우에는 최고속도의 100분의 50을 줄인 속도로 운행하여야 한다.

**09** 모든 운전자가 준수하여야 할 사항 중에 일시정지하지 않아도 되는 사항은?

① 어린이가 보호자와 함께 도로의 갓길을 따라 이동하는 경우
② 어린이가 도로에서 놀이를 할 때 등 어린이에 대한 교통사고의 위험이 있는 것을 발견한 경우
③ 앞을 보지 못하는 사람이 흰색 지팡이를 가지거나 맹인안내견을 동반하고 도로를 횡단하고 있는 경우
④ 지하도나 육교 등 도로 횡단시설을 이용할 수 없는 지체장애인 이나 노인 등이 도로를 횡단하고 있는 경우

**해설** 운전자가 준수하여야 할 사항 중에 일시정지 하여야 하는 사항
① 어린이가 보호자 없이 도로를 횡단할 때, 어린이가 도로에서 앉아 있거나 서 있을 때 또는 어린이가 도로에서 놀이를 할 때 등 어린이에 대한 교통사고의 위험이 있는 것을 발견한 경우
② 앞을 보지 못하는 사람이 흰색 지팡이를 가지거나 맹인안내견을 동반하고 도로를 횡단하고 있는 경우
③ 지하도나 육교 등 도로 횡단시설을 이용할 수 없는 지체장애인이나 노인 등이 도로를 횡단하고 있는 경우

**10** 비가 내려 노면이 젖어 있는 경우 제한속도 70km/h 도로에서는 몇 km/h 이하로 주행하여야 하는가?

① 56km/h  ② 60km/h  ③ 64km/h  ④ 70km/h

**해설** 비가 내려 노면이 젖어있는 경우나 눈이 20mm 미만 쌓인 경우는 최고속도의 100분의 20을 줄인 속도로 운행하여야 하는 한다.
따라서 70km/h × 0.8 = 56km/h로 주행하여야 한다.

**11** 다음 중 고속도로 및 자동차 전용도로에서 횡단 등의 금지에 해당하지 않는 것은?

① 횡단  ② 유턴
③ 앞지르기  ④ 후진

**해설** 자동차의 운전자는 그 차를 운전하여 고속도로 등을 횡단하거나 유턴 또는 후진하여서는 아니 된다.

**12** 자동차의 운전자가 고속도로에서 앞지르기를 하고자 하는 경우 바람직한 통행 방법은?

① 주행 차로에 관계없이 빈 차로로 안전하게 통행한다.
② 방향지시기·등화 또는 경음기를 사용하여 차로에 따른 통행차의 기준에 따라 왼쪽 차로로 안전하게 통행한다.
③ 방향지시기·등화 또는 경음기를 사용하여 우측 차로로 안전하게 통행한다.
④ 고속도로에서는 등화 또는 경음기의 사용을 자제해야 하며, 통행차의 기준에 따라 안전하게 통행한다.

**해설** 앞지르기 방법
① 모든 차의 운전자는 다른 차를 앞지르려면 앞차의 좌측으로 통행하여야 한다.
② 앞지르려고 하는 모든 차의 운전자는 반대방향의 교통과 앞차 앞쪽의 교통에도 주의를 충분히 기울여야 하며, 앞차의 속도·진로와 그 밖의 도로 상황에 따라 방향지시기·등화 또는 경음기를 사용하는 등 안전한 속도와 방법으로 앞지르기를 하여야 한다.

**13** 다음 중 교통안전 교육의 종류가 아닌 것은?

① 특별교통안전 의무교육  ② 특별교통안전 권장교육
③ 긴급자동차 교통안전교육  ④ 교통 특별교육

**해설** 교통안전 교육의 종류
① 특별교통안전 의무교육 : 운전면허 취소처분을 받은 사람으로서 운전면허를 다시 받으려는 사람, 운전면허 효력정지의 처분을 받을 가능성이 있는 사람은 의무교육을 받아야 한다.
② 특별교통안전 권장교육 : 교통법규 위반 등 제2항제2호 및 제4호에 따른 사유 외의 사유로 인하여 운전면허효력 정지처분을 받게 되거나 받은 사람, 교통법규 위반 등으로 인하여 운전면허효력 정지처분을 받을 가능성이 있는 사람이 신청한 경우에 받는 교육

③ 긴급자동차 교통안전교육 : 긴급자동차의 운전업무에 종사하는 사람으로서 대통령령으로 정하는 사람은 대통령령으로 정하는 바에 따라 정기적으로 긴급자동차의 안전운전 등에 관한 교육을 받아야 한다.

**14** 술에 취한 상태에서의 운전으로 사람을 사상한 후 사상자의 구호 및 신고 조치를 하지 않아 운전면허가 취소된 경우 취소된 날부터 몇 년이 지나야 운전면허를 받을 수 있는가?

① 1년  ② 3년  ③ 5년  ④ 7년

**해설** 술에 취한 상태에서 운전 금지를 위반하여 사람을 사상한 후 필요한 조치 및 신고를 하지 아니한 경우에는 운전면허가 취소된 날부터 5년이 지나야 운전면허를 받을 수 있다.

**15** 도로상태가 위험하여 운전자가 사전에 필요한 조치를 할 수 있도록 알리는 기능을 하는 안전표지를 주의표지라고 한다. 다음 중 주의표지에 해당하는 것은?

①  ②  ③  ④

**해설** ②는 규제표지, ③은 노면표지, ④는 보조 표지이다.

**16** 위험운전 치사상의 경우 사고운전자의 가중처벌 기준으로 맞는 것은?

① 음주로 정상적인 운전이 곤란한 상태에서 자동차를 운전하여 사람을 사망에 이르게 한 경우에는 3년 이상의 유기징역
② 약물의 영향으로 정상적인 운전이 곤란한 상태에서 자동차를 운전하여 사람을 사망에 이르게 한 경우에 2년 이상의 유기징역
③ 사람을 상해에 이르게 한 경우 1년 이하의 징역 또는 500만원 이상 3천 만원 이하의 벌금
④ 음주로 정상적인 운전이 곤란한 상태에서 자동차를 운전하여 사람을 사망에 이르게 한 경우에는 1년 이상의 유기징역

**해설** 위험운전 치사상의 경우 가중처벌 기준
① 음주 또는 약물의 영향으로 정상적인 운전이 곤란한 상태에서 자동차(원동기장치자전거를 포함한다)를 운전하여 사람을 사망에 이르게 한 사람은 1년 이상의 유기징역에 처한다.
② 음주 또는 약물의 영향으로 정상적인 운전이 곤란한 상태에서 자동차(원동기장치자전거를 포함한다)를 운전하여 사람을 상해에 이르게 한 사람은 10년 이하의 징역 또는 500만원 이상 3천만원 이하의 벌금에 처한다.

**17** 철길 건널목의 종류에 대한 설명이 틀린 것은?

① 1종 건널목 : 차단기, 건널목 경보기 및 교통안전 표지가 설치되어 있는 경우
② 2종 건널목 : 건널목 경보기 및 교통안전 표지가 설치되어 있는 경우
③ 3종 건널목 : 교통안전 표지만 설치되어 있는 경우
④ 4종 건널목 : 경보기만 설치되어 있는 경우

**해설** 철길 건널목의 종류에는 4종 건널목은 없다.

**18** 교통사고의 정의에 대한 설명으로 틀린 것은?

① 차의 교통으로 사람을 사망케 하는 것
② 차의 교통으로 물건을 운반하는 것
③ 차의 교통으로 물건을 손괴하는 것
④ 차의 교통으로 사람을 다치게 하는 것

**해설** 교통사고란 차의 교통으로 인하여 사람을 사상하거나 물건을 손괴하는 것을 말한다.

**19** 추돌사고의 운전자 과실 원인에서 앞차의 급정지 원인이 다른 하나는?

① 신호 착각에 따른 급정지

② 우측 도로변 승객을 태우기 위해 급정지

③ 주·정차 장소가 아닌 곳에서 급정지

④ 자동차 전용도로에서 전방사고를 구경하기 위해 급정지

**해설** 앞차의 정당성 있는 급정지 항목
① 신호 착각에 따른 급정지
② 초행길로 인한 급정지
③ 전방상황 오인 급정지

**20** 고속도로에서 주행할 때 통행하는 차로를 무엇이라 하는가?

① 가속 차로 　　　② 주행 차로

③ 감속 차로 　　　④ 오르막 차로

**해설** 고속도로의 차로 구성과 의미
① 주행 차로 : 고속도로에서 주행하는 차로
② 가속 차로 : 주행차로에 진입하기 위해 속도를 높이는 차로.
③ 감속 차로 : 고속도로에서 벗어날 때 감속하는 차로
④ 오르막 차로 : 저속으로 오르막을 오를 때 사용하는 차로

**21** 후진에 의한 교통사고가 성립되기 위한 요건으로 맞는 것은?

① 유료 주차장에서 발생하여야 한다.

② 아파트 주차장에서 발생하여야 한다.

③ 도로에서 발생하여야 한다.

④ 주차된 차량이 노면경사로 인해 차량이 뒤로 미끄러져 발생하여야 한다.

**해설** 후진에 의한 교통사고가 성립되기 위한 장소적 요건은 도로에서 발생이며, 피해자 요건은 후진하는 차량에 충돌되어 피해를 입은 경우이다.

**22** 모든 차의 운전자는 같은 방향으로 가고 있는 앞차의 뒤를 따르는 경우에는 앞차가 갑자기 정지하게 되는 경우 그 앞차의 충돌을 피할 수 있는 필요한 거리를 확보하여야 하는데 이를 무엇이라 하는가?

① 공주거리 　　　② 제동거리

③ 시인거리 　　　④ 안전거리

**해설** 용어의 정의
① 공주거리 : 운전자가 위험을 느끼고 브레이크 페달을 밟았을 때 자동차가 제동되기 전까지 주행한 거리
② 제동거리 : 제동되기 시작하여 정지될 때까지 주행한 거리
③ 시인거리 : 육안으로 물체를 알아 볼 수 있는 거리

**23** 신호등이 없는 교차로에 설치되는 일반적인 교통안전 표지가 아닌 것은?

① 비보호 좌회전 표지 　　② 일시정지 표지

③ 서행 표지 　　　　　　④ 양보 표지

**해설** 신호등이 없는 교차로의 시설물 설치 요건 : 사도 경찰청장이 설치한 안전 표지가 있는 경우 일시정지 표지, 서행 표지, 양보 표지이다.

**24** 다음 중 서행의 의미로 맞는 것은?

① 차가 즉시 정지할 수 있는 느린 속도로 진행하는 것을 의미

② 반드시 차가 멈추어야 하되, 얼마간의 시간동안 정지 상태를 유지하는 교통상황의 의미

③ 반드시 차가 일시적으로 그 바퀴를 완전히 멈추어야 하는 행위 자체에 대한 의미

④ 자동차가 완전히 멈추는 상태를 의미

**해설** 서행이란 운전자가 차를 즉시 정지시킬 수 있는 정도의 느린 속도로 진행하는 것을 말한다.

**25** 다음 중 운전자의 난폭운전 사례가 아닌 것은?

① 급차로 변경

② 지그재그 운전

③ 좌우로 핸들을 급조작하는 운전

④ 다른 사람에게 위험을 초래하지 않는 속도로 운전

**해설** 난폭운전 사례
① 급차로 변경
② 지그재그 운전
③ 좌우로 핸들을 급조작하는 운전
④ 지선도로에서 간선도로로 진입할 때 일시정지 없이 급 진입하는 운전

**26** 자동차 일상점검을 실시할 때의 주의 사항으로 틀린 것은?

① 경사가 없는 평탄한 곳에서 실시한다.

② 변속레버는 중립에 위치시킨 후 주차 브레이크는 풀어 놓는다.

③ 환기가 되는 곳에서 실시한다.

④ 전기배선을 전기만질 때에는 미리 배터리의 ⊖ 단자를 분리한다.

**해설** 일상점검을 할 때 주의 사항으로는 ①, ③, ④항 이외에
① 변속레버를 P(주차)에 위치시킨 후 주차 브레이크를 당겨 놓는다.
② 엔진 시동 상태에서 점검해야 할 사항이 아니면 엔진 시동을 끄고 한다.
③ 엔진을 점검할 때에는 반드시 엔진을 끄고, 식은 다음에 실시한다(화상예방)
④ 연료장치나 배터리 부근에서는 불꽃을 멀리 한다. (화재예방)

**27** 폭발성 물질을 자동차 내에 방치할 경우 가장 위험한 계절은?

① 봄　　　② 여름　　　③ 가을　　　④ 겨울

**해설** 여름철과 같이 자동차 내의 온도가 급상승하는 경우에는 인화성·폭발성 물질이 폭발할 수 있다.

**28** 터보차저의 주요 고장원인이 아닌 것은?

① 윤활유 공급부족 　　② 엔진 오일 오염

③ 압축기 고장 　　　　④ 이물질 유입

**해설** 터보차저의 고장은 주로 윤활유 공급부족, 엔진 오일의 오염, 이물질 유입의 원인으로 압축기 날개의 손상 등에 의해 발생한다.

**29** 천연가스를 고압으로 압축하여 고압 압력용기에 저장한 연료를 무엇이라 하는가?

① ANG 　　　　　　② LNG

③ LPG 　　　　　　④ CNG

**해설** 천연가스 상태별 종류
① ANG(흡착천연가스 ; Absorbed Natural Gas) : 천연가스를 활성탄 등의 흡착제를 이용하여 압축천연 가스에 비해 1/5~1/3 정도의 중압으로 용기에 저장한 연료이다.
② LNG(액화천연가스 ; Liquified Natural Gas) : 천연가스를 액화시켜 부피를 현저히 작게 만들어 저장, 운반 등 사용상의 효용성을 높이기 위한 액화 가스이다.
③ LPG(액화석유가스 ; Liquified Petroleum Gas) : 프로판과 부탄을 혼합한 가스로 석유 정제 과정의 부산물로 이루어진 혼합가스이다. LPG는 천연가스의 상태별 종류가 아니다.
④ CNG(압축천연가스 ; Compressed Natural Gas) : 천연가스를 고압으로 압축하여 고압 용기에 저장한 기체 상태의 연료이다.

**30** 겨울철 타이어에 체인을 장착한 경우 안전하게 운행하려면 일반적으로 몇 km/h 이내로 주행하여야 하는가?

① 30km/h 이내 　　　② 40km/h 이내

③ 50km/h 이내 　　　④ 60km/h 이내

**해설** 타이어에 체인을 장착한 경우 30km/h 이내 또는 체인 제작사에서 추천하는 규정 속도 이하로 주행하며, 체인이 차체나 섀시에 닿는 소리가 들리면 즉시 자동차를 멈추고 체인의 상태를 점검한다.

**31** 연료 주입구 개폐방법으로 틀린 것은?
① 연료 주입구에 키 홈이 있는 차량은 키를 꽂아 잠금 해제시킨 후 연료 주입구 커버를 연다.
② 시계방향으로 돌려 연료 주입구 캡을 분리한다.
③ 연료 주입 후에는 연료 주입구 커버를 닫고 가볍게 눌러 원위치시킨 후 확실하게 닫혔는지 확인한다.
④ 일반적으로 연료 주입구에 키 홈이 있는 차량은 연료 주입구 커버를 잠글 때 키를 이용하여야 잠글 수 있다.

**해설** 연료 주입구 개폐 방법으로 ①, ③, ④항 이외에
① 시계 반대방향으로 돌려 연료 주입구 캡을 분리한다.
② 연료 주입구 캡을 닫으려면 시계방향으로 돌린다.

**32** 자동차의 좌석에서 등받이 맨 위쪽의 머리를 받치는 부분의 역할을 하는 것은?
① 조향 컬럼
② 운전석 등받이
③ 선바이저
④ 헤드 레스트

**해설** 헤드 레스트(머리지지대)는 자동차의 좌석에서 등받이 맨 위쪽의 머리를 지지하는 부분을 말한다.

**33** 자동차 계기판 용어에 대한 설명으로 틀린 것은?
① 속도계 : 자동차의 단위 시간당 주행거리를 나타낸다.
② 회전계 : 바퀴의 시간당 회전수를 나타낸다.
③ 주행거리계 : 자동차가 주행한 총거리(km단위)를 나타낸다.
④ 전압계 : 배터리의 충전 및 방전상태를 나타낸다.

**해설** 회전계는 엔진의 분당 회전수(rpm ; revolution per minute)를 나타낸다.

**34** 전조등 스위치 1단계에서 점등되지 않는 등화는 무엇인가?
① 차폭등
② 번호판등
③ 미등
④ 전조등

**해설** 전조등 스위치 단계별 점등되는 등화
① 1단계 : 차폭등, 미등, 번호판등, 계기판등 점등된다.
② 2단계 : 차폭등, 미등, 번호판등, 계기판등, 전조등 점등된다.

**35** 주행 중 비틀림, 흔들림이 일어나거나 커브를 돌 때 휘청거리는 느낌이 들 경우 예상되는 고장부분은?
① 조향장치 부분
② 바퀴 부분
③ 완충장치 부분
④ 브레이크 부분

**해설** 완충장치는 주행 중 노면으로부터 발생하는 비틀림, 흔들림, 진동이나 충격을 완화시켜 차체나 각 장치에 직접 전달되는 것을 방지하는 역할을 한다.

**36** 오버히트가 발생하는 원인에 해당되는 것은?
① 냉각수 부족 또는 누수
② 밸브 간극 비정상
③ 에어컨 팬 작동
④ 브레이크 오일 양호

**해설** 오버히트가 발생하는 원인
① 냉각수가 부족한 경우
② 냉각수에 부동액이 들어있지 않은 경우(추운 날씨)
③ 엔진 내부가 얼어 냉각수가 순환하지 않는 경우
④ 냉각수가 누수 되는 경우

**37** 자동변속기의 장점에 해당되지 않는 것은?
① 기어변속이 자동으로 이루어져 운전이 편리하다.
② 조작미숙으로 인한 시동 꺼짐이 없다.
③ 발진과 가·감속이 원활하여 승차감이 좋다.
④ 구조가 복잡하고 가격이 비싸다.

**해설** 자동변속기의 장점은 ①, ②, ③항 이외에 유체가 댐퍼(속업소버) 역할을 하기 때문에 충격이나 진동이 적다.

**38** 자동차의 진행방향을 운전자가 의도하는 바에 따라 임의로 조작할 수 있는 장치는?
① 제동장치
② 동력전달장치
③ 조향장치
④ 완충장치

**해설** 각 장치의 기능
① **제동장치** : 주행중에 자동차의 속도를 줄이거나 정지시키고 정차, 주차할 때에는 자동차가 굴러가지 않도록 고정시키기 위해 사용하는 장치
② **동력전달장치** : 동력발생장치에서 발생한 동력을 주행상황에 맞는 적절한 상태로 변화를 주어 바퀴에 전달하는 장치
③ **완충장치** : 주행 중 노면으로부터 발생하는 진동이나 충격을 완화시켜 차체나 각 장치에 직접 전달되는 것을 방지

**39** 다음 중 공기식 브레이크의 구성부품이 아닌 것은?
① 공기 압축기
② 브레이크 밸브
③ 진공 펌프
④ 브레이크 체임버

**해설** 공기식 브레이크는 공기압축기, 공기탱크, 브레이크 밸브, 릴레이 밸브, 퀵 릴리스 밸브, 브레이크 체임버, 저압 표시기, 체크 밸브로 구성되어 있다.

**40** 자동차관리 법령에 따라 자동차 신규검사 시 신청서류가 아닌 것은?
① 자동차등록증
② 신규검사 신청서
③ 출처 증명서
④ 제원표

**해설** 신규검사 신청 시 서류
① 신규검사 신청서
② 출처 증명서류[말소사실 증명서 또는 수입신고서, 자기인증 면제확인서(자기인증 면제 대상차량에 한함)]
③ 제원표

**41** 교차로 신호 위반 사고요인과 관계가 먼 것은?
① 조급함에 따른 급출발
② 신호변경 시 무리한 진입
③ 황색신호에 대한 자의적 해석
④ 녹색신호에 따른 교차로 진입

**해설** 교차로 신호위반 사고 요인으로는 조급함, 좌우 관찰의 결여, 신호에 대한 자의적 해석 등이 있다.

**42** 교통사고 요인의 가설적 연쇄과정 중 인간요인에 의한 연쇄과정이 아닌 것은?
① 출근이 늦어졌다.
② 비가 오고 있다.
③ 과속으로 운전을 한다.
④ 초조하게 운전을 한다.

**해설** 인간 요인에 의한 연쇄과정
① 아내와 싸운다.
② 출근이 늦어졌다.
③ 초조하게 운전을 한다.
④ 과속으로 운전을 한다.
⑤ 운전자는 전방의 커브에 느린 차가 있는 위험에 곧바로 주의하지 못함

**43** 승용차와 차별되는 버스의 운전 특성과 거리가 먼 것은?
① 주의의 부담이 크다.
② 승객의 안전을 책임진다.
③ 서비스 만족도를 높여야 한다.
④ 5만km 정도의 주행경험만 되면 충분하다.

**해설** 버스 운전자는 주위의 부담이 매우 크고 다양한 사고요인이 존재하기 때문에 많은 경험이 필요하며, 승객의 안전을 책임지면서 서비스에 대한 만족도를 높여야 한다.

**44** 도로교통법령상 제1종 운전면허의 시력 기준으로 맞는 것은?

① 두 눈을 동시에 뜨고 잰 시력이 0.5 이상
② 두 눈을 동시에 뜨고 잰 시력이 0.8 이상
③ 양쪽 눈의 시력이 각각 0.6이상
④ 양쪽 눈의 시력이 각각 0.8이상

**해설** 운전면허 시력기준
① 제1종 운전면허 : 두 눈을 동시에 뜨고 잰 시력이 0.8 이상이고, 양쪽 눈의 시력이 각각 0.5이상이어야 한다.
② 제2종 운전면허 : 두 눈을 동시에 뜨고 잰 시력이 0.50이상일 것. 다만, 한 쪽 눈을 보지 못하는 사람은 다른 쪽 눈의 시력이 0.6 이상이어야 한다.

**45** 운전 중 피로를 낮추기 위한 방법으로서 부적절한 것은?

① 차안에는 항상 신선한 공기가 충분히 유입되도록 한다.
② 차안은 약간 더운 상태로 유지한다.
③ 햇빛이 강할 때는 선글라스를 쓴다.
④ 정기적으로 차를 세우고 차에서 나와 가벼운 체조를 한다.

**해설** 운전 중 피로를 낮추기 위한 방법으로는 ①, ③, ④항 이외에도 지루하게 느껴지거나 졸음이 오면 라디오를 틀거나, 노래 부르기, 휘파람 불기, 혼자 소리 내어 말하기 등의 방법을 써 본다.

**46** 같은 대형차라도 다른 대형차에 접근해 운전하는 것을 피해야 하는 가장 큰 이유는?

① 전·후방의 시야를 제약한다.
② 정지거리가 상대적으로 짧다.
③ 점유공간이 상대적으로 많다.
④ 대형차는 갑자기 정지하기 어렵다.

**해설** 대형 버스는 단지 큰 차가 아니라 크면 클수록 대형차 운전자들이 볼 수 없는 곳(사각)이 늘어나 후방의 시야를 제약한다.

**47** 비가 자주 오거나 습도가 높은 날 브레이크 드럼에 미세한 녹이 발생하고 마찰계수가 높아져 평소보다 브레이크가 지나치게 예민하게 작동하는 현상은?

① 스탠딩 웨이브(Standing wave) 현상
② 수막(Hydroplaning) 현상
③ 모닝 록(Morning lock) 현상
④ 베이퍼 록(vapour lock) 현상

**해설** 비가 자주오거나 습도가 높은 날 또는 오랜 시간 주차한 후에는 브레이크 드럼에 미세한 녹이 발생하여 브레이크 드럼과 라이닝, 브레이크 패드와 디스크의 마찰계수가 높아져 평소보다 브레이크가 지나치게 예민하게 작동하는 현상을 모닝 록 현상이라 한다.

**48** 정지거리에 영향을 미치는 요인 중 운전자 요인이 아닌 것은?

① 인지 반응속도
② 브레이크의 성능
③ 피로도
④ 신체적 특성

**해설** 정지거리에 영향을 미치는 요인
① 운전자 요인 : 인지 반응속도, 운행속도, 피로도, 신체적 특성
② 자동차 요인 : 자동차의 종류, 타이어의 마모 정도, 브레이크 성능
③ 도로의 요인 : 노면의 종류, 노면의 상태

**49** 교통약자 이동편의 증진법에서 정의하는 교통약자에 해당되지 않는 사람은?

① 장애인
② 고령자
③ 부녀자
④ 어린이

**해설** 교통약자란 장애인, 고령자, 임산부, 영유아를 동반한 사람, 어린이 등 생활함에 있어 이동에 불편함을 느끼는 사람을 말한다.

**50** 일반적으로 종단경사가 커짐에 따라 사고율은 어떻게 나타나는가?

① 내리막길에서의 사고율이 오르막길에서보다 높게 나타난다.
② 오르막길에서의 사고율이 평지에서보다 높게 나타난다.
③ 평지에서의 사고율이 내리막에서보다 높게 나타난다.
④ 내리막길에서의 사고율이 평지와 같게 나타난다.

**해설** 종단경사(오르막 내리막 경사)가 커짐에 따라 자동차 속도 변화가 커 사고 발생이 증가할 수 있으며, 내리막길에서의 사고율이 오르막길에서 보다 높은 것으로 나타난다.

**51** 차로를 구분하기 위해 설치한 것으로 맞는 것은?

① 차선
② 길 어깨
③ 주차대
④ 자전거 도로

**52** 회전 교차로의 장점이 아닌 것은?

① 교차로 유지비용이 적게 든다.
② 교통사고를 줄일 수 있다.
③ 교통량을 줄일 수 있다.
④ 도로미관 향상을 기대할 수 있다.

**해설** 회전 교차로는 교통량이 상대적으로 많은 비신호 교차로 또는 교통량이 적은 신호 교차로에서 지체가 발생할 경우 교통소통 향상을 목적으로 설치한다.

**53** 주간 또는 야간에 운전자의 시선을 유도하기 설치된 시선 유도 시설 중 표지병은 다음 중 어느 것인가?

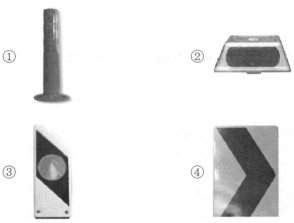

**해설** ①의 명칭은 시선 유도 표지, ③은 시선 유도 표지, ④는 갈매기 표지이다.

**54** 정차하려는 버스와 우회전하려는 자동차가 상충될 수 있는 단점이 있는 가로변 버스정류소는?

① 도로구간 내 정류소
② 도로 구간 외 정류소
③ 교차로 통과 후 정류소
④ 교차로 통과 전 정류소

**해설** 교차로 통과 전 정류소의 단점은 정차하려는 버스와 우회전하려는 자동차가 상충될 수 있다. 횡단하는 보행자가 정차되어 있는 버스로 인해 시야를 제한 받을 수 있다.

**55** 주행 중 교통정보를 수집하는 방법으로 틀린 것은?

① 주행차로를 중심으로 전방의 먼 곳을 살핀다.
② 가까운 곳은 좌우로 번갈아 보면서 도로 주변 상황을 탐색한다.
③ 후사경과 사이드미러를 주기적으로 살펴 좌우와 뒤에서 접근하는 차량들의 상태를 파악한다.
④ 도로 전방의 한 곳에 시선을 고정하여 교통상황을 파악한다.

**해설** 습관적으로 도로 전방의 한 곳에 고정되기 쉬운 눈동자를 계속 움직여 교통상황을 파악하여야 한다.

**56** 고속도로에서 공간을 다루는 전략으로 부적절한 것은?

① 뒤로 바짝 붙는 차량은 안전한 경우에 한해 다른 차로로 변경하여 앞으로 가게 한다.

② 앞지르기를 마무리 할 때 앞지르기 한 차량의 앞으로 너무 일찍 들어가지 않도록 한다.

③ 주행 시 진입차량이 있을 때는 전조등 등 진입을 경고한다.

④ 도로의 차로수가 갑자기 줄어드는 장소를 조심한다.

> **해설** 고속도로에서 공간을 다루는 전략은 ①, ②, ④항 이외에
> ① 자신과 다른 차량이 주행하는 속도, 도로, 기상조건 등에 맞도록 차의 위치를 조절한다.
> ② 다른 차량과의 합류 시, 차로변경 시, 진입차선을 통해 고속도로로 들어갈 때, 적어도 4초의 간격을 허용하도록 한다.
> ③ 차로를 변경하기 위해서는 핸들을 점진적으로 튼다. 핸들을 지나치게 꺾거나, 예각으로 꺾어 다른 차로로 들어가면 고속에서 차의 컨트롤을 잃게 되기 쉽다.
> ④ 만일 여러 차로를 가로지를 필요가 있다면 매번 신호를 하면서 한 번에 한 차로씩 옮겨간다.
> ⑤ 차들이 고속도로에 진입해 들어 올 여지를 준다.
> ⑥ 트럭이나 기타 폭이 넓은 차량을 앞지를 때는 일반 차량과 달리 그 차량과의 사이에 측면의 공간이 좁아진다는 점을 유의할 필요가 있다.

**57** 방어운전에 대한 설명으로 옳지 않은 것은?

① 신호를 예측하여 관성으로 차량을 정지하여 방어하는 방법이다.

② 다른 사람을 위험한 상황으로부터 보호하는 기술이다.

③ 사람들의 행동을 예상하고 적절한 때에 차의 속도와 위치를 바꿀 수 있는 방법이다.

④ 사고유형 패턴의 실수를 예방하기 위한 방법이다.

> **해설** 방어운전은 자신과 다른 사람을 위험한 상황으로부터 보호하는 기술이다. 방어 운전자는 사람들의 행동을 예상하고 적절한 때에 차의 속도와 위치를 바꿀 수 있는 사람이다. 방어운전은 주요 사고유형 패턴의 실수를 예방하기 위한 방법이다.

**58** 시가지 도로에서 사고 예방을 위한 안전운행 방법으로 옳지 않은 것은?

① 전방 차량 후미의 등화에 지속적으로 주의한다.

② 빌딩이나 주차장 등의 입구나 출구 앞에서는 충돌방지를 위해 신속히 통과한다.

③ 항상 예기치 못한 정지나 회전에도 마음의 준비를 한다.

④ 주의표지나 신호에 대해서도 감시를 늦추지 말아야 한다.

> **해설** 시가지에서 시인성 다루기는 ①, ③, ④항 이외에
> ① 1~2 블록 전방의 상황과 길의 양쪽 부분을 모두 탐색한다.
> ② 조금이라도 어두울 때는 하향 전조등을 켜도록 한다.
> ③ 교차로에 접근할 때나 차의 속도를 늦추든지 멈추려고 할 때는 언제든지 후사경과 사이드 미러를 이용해서 차들을 살펴본다.
> ④ 예정보다 빨리 회전하거나 한쪽으로 붙을 때는 자신의 의도를 신호로 알린다.
> ⑦ 빌딩이나 주차장 등의 입구나 출구에 대해서도 주의한다. 가까이 접근해서도 잘 볼 수 없는 경우가 많다.

**59** 오르막길에서의 안전운전 방법으로 부적절한 것은?

① 정차할 때는 앞차가 뒤로 밀려 충돌할 가능성이 있으므로 충분한 차간 거리를 유지한다.

② 오르막길의 정상 부근은 시야가 제한되므로 서행하며 위험에 대비한다.

③ 정차해 있을 때에는 가급적 풋 브레이크와 핸드 브레이크를 동시에 사용한다.

④ 오르막길에서 부득이하게 앞지르기 할 때에는 가급적 고단 기어를 사용하는 것이 안전하다.

> **해설** 오르막길에서의 안전운전 및 방어운전은 ①, ②, ③항 이외에
> ① 오르막길에서 부득이하게 앞지르기 할 때에는 힘과 가속이 좋은 저단 기어를 사용하는 것이 안전하다.

② 언덕길에서 올라가는 차량과 내려오는 차량이 교차할 때에는 내려오는 차량에게 통행 우선권이 있으므로 올라가는 차량이 양보하여야 한다. 이것은 내리막 가속에 의한 사고위험이 더 높은 점을 반영한 것이다.

③ 뒤로 미끄러지는 것을 방지하기 위해 정지하였다가 출발할 때에 핸드 브레이크를 사용하면 도움이 된다.

**60** 회전을 하거나 차로 변경을 할 경우에 가장 우선적으로 고려해야 할 안전운전 기술은?

① 눈을 계속해서 움직인다.

② 다른 사람들이 자신을 볼 수 있게 한다.

③ 전방 가까운 곳을 잘 살핀다.

④ 차가 빠져나갈 공간을 확보한다.

> **해설** 방어운전의 5가지 기본 기술
> ① 운전 중에 전방을 멀리 본다.  ② 전체적으로 살펴본다.
> ③ 눈을 계속해서 움직인다.  ④ 다른 사람들이 자신을 볼 수 있게 한다.
> ⑤ 차가 빠져나갈 공간을 확보한다.

**61** 안전운전 측면에서 앞지르기 방법으로 부적절한 것은?

① 좌측 및 우측 차로의 상황을 살피고 앞지르기가 쉬운 차로로 앞지르기를 시도한다.

② 전방의 안전을 확인하는 동시에 후사경 등으로 진입할 차로의 전·후방을 확인한다.

③ 최고속도의 제한범위 내에서 가속하여 진로를 변경한다.

④ 앞지르기 당하는 차를 후사경으로 볼 수 있는 거리까지 주행하며 방향지시등을 켠 다음 진입한다.

> **해설** 앞지르기 순서와 방법상의 주의 사항
> ① 앞지르기 금지장소 여부를 확인한다.
> ② 전방의 안전을 확인하는 동시에 후사경으로 좌측 및 좌후방을 확인한다.
> ③ 좌측 방향지시등을 켠다.
> ④ 최고속도의 제한범위 내에서 가속하여 진로를 서서히 좌측으로 변경한다.
> ⑤ 차가 일직선이 되었을 때 방향지시등을 끈 다음 앞지르기 당하는 차의 좌측을 통과한다.
> ⑥ 앞지르기 당하는 차를 후사경으로 볼 수 있는 거리까지 주행한 후 우측 방향지시등을 켠다.
> ⑦ 진로를 서서히 우측으로 변경한 후 차가 일직선이 되었을 때 방향지시등을 끈다.

**62** 야간의 안전운전을 위해 특별히 주의해야 할 사항과 거리가 먼 것은?

① 흑색 등 어두운 색의 옷차림을 한 보행자의 확인에 더욱 세심한 주의를 기울인다.

② 자동차의 전조등 불빛이 강할 때는 선글라스를 착용하고 운전한다.

③ 자동차가 서로 마주보고 진행하는 경우에는 전조등 불빛의 방향을 아래로 향하게 한다.

④ 밤에 앞차의 바로 뒤를 따라갈 때에는 전조등 불빛의 방향을 아래로 향하게 한다.

> **해설** 야간의 안전운전을 주의 사항은 ①, ③, ④항 이외에
> ① 해가 지기 시작하면 곧바로 전조등을 켜 다른 운전자들에게 자신을 알린다.
> ② 주간보다 시야가 제한되므로 속도를 줄여 운행한다.
> ③ 승합자동차는 야간에 운행할 때에 실내조명등을 켜고 운행한다.
> ④ 선글라스를 착용하고 운전하지 않는다.
> ⑤ 커브 길에서는 상향등과 하향등을 적절히 사용하여 자신이 접근하고 있음을 알린다.
> ⑥ 대향차의 전조등을 직접 바라보지 않는다.
> ⑦ 장거리를 운행할 때에는 운행계획에 휴식시간을 포함시켜 세운다.
> ⑧ 불가피한 경우가 아니면 도로 위에 주정차 하지 않는다.
> ⑨ 문제가 발생하여 도로 위에 정차할 때에는 자동차로부터 뒤쪽 100m 이상의 도로상에 비상삼각대를, 자동차로부터 뒤쪽 200m 이상의 도로상에 적색의 섬광신호 또는 불꽃신호를 설치하는 등 안전조치를 취한다.
> ⑩ 전조등이 비추는 범위의 앞쪽까지 살핀다.
> ⑪ 앞차의 미등만 보고 주행하지 않는다. 앞차의 미등만 보고 주행하게 되면 도로변에 정지하고 있는 자동차까지도 진행하고 있는 것으로 착각하게 되어 위험을 초래하게 된다.

**63** 경제 운전을 설명한 것 중 거리가 먼 것은?

① 여러 가지 외적 조건에 따라 운전방식을 맞추어 연료 소모율 등을 낮추는 운전방식이다.

② 공해배출을 최소화하며, 심지어는 안전의 효과를 가져오고자 하는 운전방식이다.

③ 경제 운전을 에코드라이빙이라고도 한다.

④ 공기 압력이 낮은 타이어의 사용은 경제운전의 한 방식이다.

**해설** 타이어의 공기압이 적정 압력보다 15~20% 낮으면 연료 소모량은 5~8% 증가하는 것으로 나타나고 있다.

**64** 자동차를 출발하고자 할 때 기본 운행수칙으로 적당하지 않은 것은?

① 시동을 걸 때에는 기어가 들어가 있는지 확인한다.

② 출발할 때에는 자동차 문을 완전히 닫은 상태에서 출발한다.

③ 주차상태에서 출발할 때에는 차량의 사각지점을 고려하여 전후, 좌우의 안전을 직접 확인한다.

④ 출발 후 진로변경이 끝난 후에도 신호는 계속 유지한다.

**해설** 출발 후 진로변경이 끝난 후에도 신호를 계속하고 있지 않는다.

**65** 여름철 주행 후 세차가 가장 필요한 상황은?

① 해안도로 주행 후　　② 시내도로 주행 후

③ 시외도로 주행 후　　④ 고속도로 주행 후

**해설** 해수욕장 또는 해안 근처는 소금기가 강하고 이 소금기는 금속의 산화작용을 일으키기 때문에 해안 부근을 주행한 경우에는 세차를 통해 소금기를 제거해야 한다.

**66** 올바른 서비스 제공을 위한 요소가 아닌 것은?

① 단정한 용모와 복장　　② 밝은 표정

③ 공손한 인사　　④ 퉁명한 말

**해설** 올바른 서비스 제공을 위한 5요소

① 단정한 용모 및 복장　　② 밝은 표정

③ 공손한 인사　　④ 친근한 말

⑤ 따뜻한 응대

**67** 승객의 기본예절에 대해 설명한 것으로 적절하지 않은 것은?

① 변함없는 진실한 마음으로 승객을 대한다.

② 승객의 여건, 능력, 개인차를 인정하고 배려한다.

③ 승객의 결점이 발견되면 바로 지적한다.

④ 승객의 입장을 이해하고 존중한다.

**해설** 승객 만족을 위한 기본예절은 ①, ②, ④항 이외에

① 승객을 기억한다.

② 자신의 것만 챙기는 이기주의는 바람직한 인간관계 형성의 저해요소이다.

③ 약간의 어려움을 감수하는 것은 좋은 인간관계 유지를 위한 투자이다.

④ 예의란 인간관계에서 지켜야할 도리이다.

⑤ 연장자는 사회의 선배로서 존중하고, 공·사를 구분하여 예우한다.

⑥ 상스러운 말을 하지 않는다.

⑦ 승객에게 관심을 갖는 것은 승객으로 하여금 내게 호감을 갖게 한다.

⑧ 관심을 가짐으로써 인간관계는 더욱 성숙된다.

⑨ 승객의 결점을 지적할 때에는 진지한 충고와 격려로 한다.

⑩ 승객을 존중하는 것은 돈 한 푼 들이지 않고 승객을 접대하는 효과가 있다.

⑪ 모든 인간관계는 성실을 바탕으로 한다.

**68** 다음 설명 중 올바른 직업윤리는?

① 직업에 대해 차별적인 의식을 가진다.

② 자신의 직업에 긍지를 느끼며 그 일에 열과 성을 다한다.

③ 직업생활의 최고 목표는 높은 지위에 올라가는 것에 둔다.

④ 사회봉사보다 자아실현을 중시한다.

**해설** 생계유지 수단적, 지위 지향적, 귀속적, 차별적, 폐쇄적 직업관은 잘못된 직업관이라 한다.

**69** 운송사업용 자동차의 속도제한 장치 또는 운행기록계 관련 기준을 규정해 놓은 것은?

① 자동차 및 자동차 부품의 성능과 기준에 관한 규칙

② 도로 교통법 시행규칙

③ 교통 안전관리 규정 심사지침

④ 교통 안전진단 지침

**해설** 운송사업자는 자동차 및 자동차 부품의 성능과 기준에 관한 규칙에 따른 속도제한장치 또는 운행기록계가 장착된 운송 사업용 자동차를 해당 장치 또는 기기가 정상적으로 작동되는 상태에서 운행되도록 해야 한다.

**70** 운수종사자의 준수사항으로써 옳지 않은 것은?

① 어떠한 경우라도 운수종사자는 승객을 제지해서는 안 된다.

② 사고로 운행을 중단할 때에는 사고 상황에 따라 적절한 조치를 취해야 한다.

③ 자동차가 사고가 발생할 우려가 있다고 판단될 때에는 즉시 운행을 중지하고 적절한 조치를 취한다.

④ 승객의 안전과 사고예방을 위해 차량의 안전설비와 등화장치 등의 이상 유무를 확인한다.

**해설** 폭발성 물질 및 인화성 물질, 불쾌감을 줄 우려가 있는 동물, 출입구 또는 통로를 막을 우려가 있는 물품 등을 자동차 안으로 들고 들어오는 행위에 대해서는 안전운행과 다른 승객의 편의를 위하여 제지하고 필요한 사항을 안내해야 한다.

**71** 운전자의 인성과 습관이 운전예절에 미치는 요인에 관한 설명으로 옳지 않은 것은?

① 습관은 쉽게 무조건반사 현상으로 나타나기 때문에 위험하다.

② 운전자는 일반적으로 각 개인이 지닌 사고, 태도, 인성의 영향을 받는다.

③ 올바른 운전습관은 다른 사람들에게 자신의 인격을 표현하는 하나의 방법이다.

④ 나쁜 운전습관이 몸에 배면 나중에 고치기 어렵고 잘못된 습관은 교통사고로 이어질 수 있다.

**해설** 습관은 후천적으로 형성되는 조건반사 현상으로 무의식중에 어떤 것을 반복적으로 행할 때 자신도 모르게 생활화된 행동으로 나타나게 된다.

**72** 운행 중 운전자의 주의사항으로 옳지 않은 것은?

① 눈길, 빙판길은 체인이나 스노타이어를 장착한 후 안전 운행한다.

② 후진할 때에는 유도요원을 배치하여 수신호에 따라 후진한다.

③ 뒤를 따르는 차량이 추월하는 경우에는 감속하여 양보 운전한다.

④ 배차사항, 지시 및 전달사항 등을 확인한다.

**해설** 운행 중 주의 사항은 ①, ②, ③항 이외에

① 주·정차 후 출발할 때에는 차량주변의 보행자, 승·하차자 및 노상취객 등을 확인한 후 안전하게 운행한다.

② 내리막길에서는 풋 브레이크를 장시간 사용하지 않고 엔진 브레이크 등을 적절히 사용하여 안전하게 운행한다.

③ 보행자, 이륜차, 자전거 등과 교행, 병진할 때에는 서행하며 안전거리를 유지하면서 운행한다.

**73** 버스준공영제 시행 목적에 부합하지 않은 것은?

① 여객자동차운송사업의 합병
② 수입금의 투명한 관리와 시민 신뢰 확보
③ 대중교통 이용 활성화
④ 버스에 대한 이미지 개선

**해설** 버스 준공영제 시행 목적은 ②, ③, ④항 이외에
　① 서비스 안정성 제고
　② 적정한 원가보전 기준 마련 및 경영개선 유도
　③ 도덕적 해이 방지
　④ 운행 질서 등 전반적인 서비스 품질 향상
　⑤ 버스 이용의 쾌적·편의성 증대

**74** 버스요금 기준·요율의 결정에 있어서 상이한 버스업은 다음 중 어느 것인가?

① 시내버스　　　② 시외버스
③ 농어촌 버스　　④ 전세버스

**해설** 전세버스 및 특수여객의 요금은 운수업자가 자율적으로 정하여 요금을 수수할 수 있다.

**75** 차내 장치를 설치한 버스와 종합사령실을 유·무선 네트워크로 연결해 버스의 위치나 사고정보 등을 버스회사, 운전자에게 실시간으로 보내주는 시스템은?

① ITS(지능형교통시스템)
② ATMS(교통관리시스템)
③ BMS(버스운행관리시스템)
④ BIS(버스정보시스템)

**해설** 버스운행관리시스템(BMS ; Bus Management System)은 차내 장치를 설치한 버스와 종합사령실을 유·무선 네트워크로 연결해 버스의 위치나 사고 정보 등을 버스회사, 운전자에게 실시간으로 보내주는 시스템이다.

**76** 도로 중앙에 설치된 중앙 버스전용차로에 대한 설명으로 옳지 않은 것은?

① 일반 차량과 반대방향으로 운영하기 때문에 차로분리 안내시설 등의 설치가 필요하다.
② 버스의 운행속도를 높이는데 도움이 되며, 승용차를 포함한 다른 차량들은 버스의 정차로 인한 불편을 피할 수 있다.
③ 일반 차량의 중앙 버스전용차로 이용 및 주·정차를 막을 수 있어 차량의 운행속도 향상에 도움이 된다.
④ 버스의 잦은 정류장 또는 정류소의 정차 및 갑작스런 차로 변경은 다른 차량의 교통흐름을 단절시키거나 사고 위험을 초래할 수 있다.

**해설** 역류 버스전용차로는 일반 차량과 반대방향으로 운영하기 때문에 차로분리시설과 안내시설 등의 설치가 필요하며, 가로변 버스전용차로에 비해 시행비용이 많이 든다.

**77** 교통카드 중에서 IC 카드에 해당되지 않는 것은?

① 접촉식　　　② 비접촉식
③ 마그네틱(MS)방식　　④ 하이브리드

**해설** IC 카드의 종류는 접촉식, 비접촉식, 하이브리드, 콤비방식으로 분류된다.

**78** 버스에서 발생되기 쉬운 사고에 대한 설명으로 부적절한 것은?

① 버스는 불특정 다수를 수송하기 때문에 대형사고의 발생확률이 높다.
② 대형차량으로 교통사고 발생 시 인명피해가 많다.
③ 버스에서는 차내 전도사고가 많이 발생하고 있다.
④ 일반차량에 비해 운행거리 및 운행시간이 길어 사고의 발생 확률이 높다.

**해설** 차내 전도 사고는 버스 사고 중 약 1/3 정도이다.

**79** 심장의 기능이 정지하거나 호흡이 멈추었을 때에 인공호흡과 흉부압박을 지속적으로 시행하는 응급처지 방법을 무엇이라 하는가?

① 심장마사지법　　　② 심폐소생술
③ 인공호흡법　　　④ 쇼크증상처치

**80** 재난발생 시 운전자의 조치사항으로 부적절한 것은?

① 승객의 안전조치를 우선적으로 취한다.
② 즉각 회사 및 유관기관에 보고한다.
③ 어떠한 경우라도 승객을 하차시켜서는 안 된다.
④ 신속하게 차량을 안전지대로 이동한다.

**해설** 폭설 및 폭우로 운행이 불가능하게 된 경우에는 응급환자 및 노인, 어린이 승객을 우선적으로 안전지대로 대피시키고 유관기관에 협조를 요청한다.

→ 버스운전자격시험 기출문제

# 제2회

버스운전 자격시험문제집

**01** 차가 주행 중 도로 또는 도로 이외의 장소에 차체의 측면이 지면에 접하고 있는 상태를 의미하는 용어는?

① 전도　　　　　　　　② 전복
③ 추락　　　　　　　　④ 충돌

**해설** 교통사고 조사 규칙 용어의 정의
① 전복 : 차가 주행 중 도로 또는 도로 이외의 장소에 뒤집혀 넘어진 것
② 추락 : 차가 도로변 절벽 또는 교량 등 높은 곳에서 떨어진 것
③ 충돌 : 차가 반대방향 또는 측방에서 진입하여 그 차의 정면으로 다른 차의 정면 또는 측면을 충격한 것

**02** 다음 중 운전적성 정밀검사의 특별검사를 받아야 할 대상이 아닌 것은?

① 신규로 여객자동차 운송사업용 자동차를 운전하려는 사람
② 과거 1년간 운전면허 행정처분 기준에 따라 계산한 벌점의 누적점수가 81점 이상인 사람
③ 운전 중 사망사고를 일으킨 사람
④ 질병 등의 이유로 안전운전을 할 수 없는 자인지 알기 위하여 운송사업자가 특별검사를 신청한 사람

**해설** 특별검사를 받아야 할 대상
① 중상 이상의 사상 사고를 일으킨 자
② 과거 1년간 도로교통법 시행규칙에 따른 운전면허 행정처분 기준에 따라 계산한 누산점수가 81점 이상인 자
③ 질병, 과로, 그 밖의 사유로 안전운전을 할 수 없다고 인정되는 자인지를 알기 위하여 운송사업자가 신청한 자

**03** 모든 차의 운전자는 같은 방향으로 가고 있는 앞차의 뒤를 따르는 경우에는 앞차가 갑자기 정지하게 되는 경우 그 앞차의 충돌을 피할 수 있는 필요한 거리를 확보하여야 하는데 이를 무엇이라 하는가?

① 공주거리　　　　　　② 제동거리
③ 안전거리　　　　　　④ 시인거리

**해설** 용어의 정의
① 공주거리 : 운전자가 위험을 느끼고 브레이크 페달을 밟았을 때 자동차가 제동되기 전까지 주행한 거리
② 제동거리 : 제동되기 시작하여 정지될 때까지 주행한 거리
③ 시인거리 : 육안으로 물체를 알아 볼 수 있는 거리

**04** 여객자동차 운수사업법령에서 여객이 승차 또는 하차할 수 있도록 노선 사이에 설치한 장소를 무엇이라 정의하는가?

① 정거장　　　　　　　② 주차장
③ 정차장　　　　　　　④ 정류소

**해설** 정류소란 여객이 승차 또는 하차할 수 있도록 노선 사이에 설치한 장소를 말한다.

**05** 버스운전자격 효력정지의 처분기준을 적용할 때 위반행위의 동기 및 회수 등을 고려하여 처분기준의 2분의 1의 범위에서 경감하거나 가중할 수 있는 기관은?

① 한국교통안전공단　　② 관할관청
③ 전국버스연합회　　　④ 전국버스공제조합

**해설** 관할관청은 버스운전자격 효력정지의 처분기준을 적용할 때 위반행위의 동기 및 횟수 등을 고려하여 처분기준의 2분의 1 범위에서 경감하거나 가중할 수 있다.

**06** 다음 중 여객자동차 운수종사자에게 과태료를 부과할 수 있는 사항은?

① 승하차할 여객이 있는데도 정차하지 아니하고 정류소를 지나치는 행위
② 여객이 승차하기 전에 자동차를 출발시키지 아니하는 행위
③ 문을 완전히 닫은 상태에서 자동차를 운행하는 행위
④ 부당한 운임 또는 요금을 받지 않는 행위

**해설** 여객자동차 운수종사자 과태료 부과기준
① 정당한 사유 없이 여객의 승차를 거부하거나 여객을 중도에 내리게 하는 경우
② 부당한 운임 또는 요금을 받는 경우
③ 일정한 장소에 오랜 시간 정차하여 여객을 유치하는 경우
④ 문을 완전히 닫지 아니한 상태에서 자동차를 출발시키거나 운행하는 경우

**07** 다음 중 운행계통을 정하지 아니하고 전국을 사업구역으로 하여 1개의 운송계약에 따라 승차정원 16인승 이상의 승합자동차를 사용하여 여객을 운송하는 사업은?

① 전세버스 운송사업　　② 농어촌버스 운송사업
③ 마을버스 운송사업　　④ 시외버스 운송사업

**해설** 여객자동차 운송사업의 종류
① 농어촌버스 운송사업 : 주로 군(광역시의 군은 제외)의 단일 행정구역에서 운행계통을 정하고 국토교통부령으로 정하는 자동차를 사용하여 여객을 운송하는 사업
② 마을버스 운송사업 : 주로 시·군·구의 단일 행정구역에서 기점·종점의 특수성이나 사용되는 자동차의 특수성 등으로 인하여 다른 노선 여객자동차 운송사업자가 운행하기 어려운 구간을 대상으로 국토교통부령으로 정하는 기준에 따라 운행 계통을 정하고 국토교통부령으로 정하는 자동차를 사용하여 여객을 운송하는 사업
③ 시외버스 운송사업 : 운행계통을 정하고 국토교통부령으로 정하는 자동차를 사용하여 여객을 운송하는 사업

**08** 버스운전 자격시험은 총점의 몇 할 이상을 얻어야 합격 하는가?

① 5할　　② 6할　　③ 7할　　④ 8할

**해설** 버스운전 자격시험 과목은 교통 및 운수관련 법규, 교통사고 유형, 자동차관리 요령, 안전운행 요령 및 운송서비스(운전자의 예절에 관한 사항을 포함한다.)의 4과목으로 필기시험 총점의 6할 이상을 얻으면 합격한다.

**09** 다음 중 서행을 바르게 설명한 것은?
① 반드시 차가 멈추어야 하되 얼마간의 시간동안 정지 상태를 유지하는 것
② 자동차가 완전히 멈추는 상태
③ 반드시 차가 일시적으로 그 바퀴를 완전히 멈추어야 하는 행위
④ 차가 즉시 정지할 수 있는 느린 속도로 진행하는 것

**10** 여객의 특수성 또는 수요의 불규칙성 등으로 노선 여객 자동차운송사업자가 운행하기 어려운 경우 공항, 고속철도, 대중교통 등 이용자의 교통 불편을 해소하기 위하여 허가하는 면허를 무엇이라 하는가?
① 일반면허 ② 특수면허
③ 대형면허 ④ 한정면허

**11** 다음 중 자동차 전용도로에 대한 설명으로 올바른 것은?
① 자동차의 고속 운행에만 사용하기 위하여 지정된 도로
② 자동차만 다닐 수 있도록 설치된 도로
③ 자동차와 자전거가 같이 다닐 수 있도록 설치된 도로
④ 자동차와 보행자, 자전거가 같이 다닐 수 있도록 설치된 도로

> **해설** 자동차 전용도로란 자동차만 다닐 수 있도록 설치된 도로를 말한다.

**12** 운수종사자 현황 통보에 대한 설명으로 틀린 것은?
① 운송사업자는 매월 10일까지 전월 말일 현재의 운수종사자 현황을 시·도지사에게 알려야 한다.
② 해당 조합은 소속 운송사업자를 대신하여 소속 운송 사업자의 운수종사자 현황을 취합하여 통보할 수 있다.
③ 운송사업자가 시·도지사에게 퇴직한 운수종사자 명단을 알릴 때에는 운전면허의 종류와 취득일자를 알려야 한다.
④ 시·도지사는 통보받은 운수종사자 현황을 취합하여 한국교통안전공단에 통보하여야 한다.

> **해설** 운수종사자 현황 통보
> ① 운송사업자는 매월 10일까지 전월 말일 현재의 운수종사자 현황을 시·도지사에게 알려야 한다.
> ② 해당 조합은 소속 운송사업자를 대신하여 소속 운송사업자의 운수종사자 현황을 취합하여 통보할 수 있다.
> ③ 시·도지사는 통보받은 운수종사자 현황을 취합하여 한국교통안전공단에 통보하여야 한다.

**13** 운전자가 피해자를 사고 장소로부터 옮겨 유기하고 도주한 경우에 대한 가중처벌 기준으로 틀린 것은?
① 피해자를 사망에 이르게 하고 도주한 경우 사형, 무기 또는 5년 이상의 징역
② 피해자를 상해에 이르게 한 경우에는 1년 이상의 유기징역
③ 도주 후에 피해자가 사망한 경우에는 사형, 무기 또는 5년 이상의 징역
④ 피해자를 상해에 이르게 한 경우에는 3년 이상의 유기징역

> **해설** 사고운전자가 피해자를 사고 장소로부터 옮겨 유기하고 도주한 경우 가중처벌 기준
> ① 피해자를 사망에 이르게 하고 도주한 경우 사형, 무기 또는 5년 이상의 징역
> ② 도주 후에 피해자가 사망한 경우에는 사형, 무기 또는 5년 이상의 징역
> ③ 피해자를 상해에 이르게 한 경우에는 3년 이상의 유기징역

**14** 여객자동차 운수사업법령에 따라 자가용 자동차를 운송용으로 제공하거나 임대할 수 있도록 허가하는 자가 아닌 것은?
① 특별자치도지사 ② 시장
③ 자치구청장 ④ 동장

> **해설** 대중교통수단이 없는 지역 등 대통령령으로 정하는 사유에 해당하는 경우로서 특별자치도지사·시장·군수·구청장의 허가를 받은 경우 자가용 자동차를 유상 운송용으로 제공하거나 임대할 수 있다.

**15** 다음 중 모든 운전자의 준수사항이 아닌 것은?
① 어린이가 보호자 없이 도로를 횡단하는 때에는 일시 정지할 것
② 자동차를 급히 출발시키거나 속도를 급격히 높이지 아니할 것
③ 자동차가 정지하고 있을 때에도 휴대용 전화를 사용하지 아니할 것
④ 반복적이거나 연속적으로 경음기를 울리지 아니할 것

> **해설** 운전자가 휴대용 전화를 사용할 수 있는 경우
> ① 자동차가 정지하고 있는 경우
> ② 긴급자동차를 운전하는 경우
> ③ 각종 범죄 및 재해 신고 등 긴급한 필요가 있는 경우
> ④ 손으로 잡지 않고 휴대용 전화를 사용할 수 있도록 해주는 장치를 이용하는 경우

**16** 연석선, 안전표지나 그와 비슷한 인공 구조물로 경계를 표시하여 보행자가 통행할 수 있도록 한 도로의 부분을 뜻하는 것은?
① 중앙선 ② 차도
③ 차로 ④ 보도

> **해설** 용어의 정의
> ① **중앙선** : 차마의 통행 방향을 명확하게 구분하기 위하여 도로에 황색 실선이나 황색 점선 등의 안전표지로 표시한 선 또는 중앙 분리대나 울타리 등으로 설치한 시설물을 말한다.
> ② **차도** : 연석선, 안전표지나 그와 비슷한 인공 구조물을 이용하여 경계를 표시하여 모든 차가 통행할 수 있도록 설치된 도로의 부분을 말한다.
> ③ **차로** : 차마가 한 줄로 도로의 정하여진 부분을 통행하도록 차선(車線)으로 구분한 차도의 부분을 말한다.

**17** 다음 중 노면표시의 기본 색상에 대한 설명으로 틀린 것은?
① 황색은 반대방향의 교통류 분리 또는 도로이용의 제한 및 지시
② 청색은 지정방향의 교통류 분리 표지
③ 적색은 어린이보호 구역 또는 주거지역 안에 설치하는 속도제한 표시의 테두리선
④ 백색은 동일방향의 경계표시 또는 도로이용의 제한

> **해설** 노면표시의 기본 색상
> ① 백색은 동일방향의 교통류 분리 및 경계표시
> ② 황색은 반대방향의 교통류 분리 또는 도로이용의 제한 및 지시(중앙선 표시, 노상 장애물 중 도로중앙 장애물 표시, 주차금지 표시, 정차·주차금지 표시 및 안전지대 표시)
> ③ 청색은 지정방향의 교통류 분리 표시(버스전용차로 표시 및 다인승차량 전용차선 표시)
> ④ 적색은 어린이보호 구역 또는 주거지역 안에 설치하는 속도제한 표시의 테두리선에 사용

**18** 운전 중 휴대전화 사용시 주어지는 벌점은?
① 15점 ② 30점
③ 40점 ④ 60점

> **해설** 위반시 벌점 15점 항목
> ① 신호·지시위반
> ② 속도위반(20km/h 초과 40km/h 이하)
> ③ 속도위반(어린이보호구역 안에서 오전 8시부터 오후 8시까지 사이에 제한속도를 20km/h 이내에서 초과한 경우에 한정한다)
> ④ 앞지르기 금지시기·장소위반
> ⑤ 운전 중 휴대용 전화 사용

**19** 교통법령상 편도 4차로의 고속도로에서 차로에 따른 통행차의 기준 내용으로 틀린 것은?

① 1차로 : 앞지르기를 하려는 승용자동차

② 1차로 : 앞지르기를 하려는 경형·소형·중형 승합자동차

③ 왼쪽 차로 : 승용자동차 및 경형·소형·중형 승합자동차

④ 오른쪽 차로 : 특수자동차, 건설기계 및 이륜자동차

**해설** 오른쪽 차로는 대형 승합자동차, 화물자동차, 특수자동차 및 건설기계의 주행차로이다.

**20** 다음 주의표지 중 도로 폭이 좁아짐을 나타내는 표지는?

①    ②

③    ④

**해설** ① 양측방 통행표지, ③ Y자형 교차로 표지, ④ 우측방 통행 표지

**21** 도로교통의 안전을 위하여 각종 주의, 규제, 지시 등의 내용을 노면에 기호, 문자 또는 선으로 도로 사용자에게 알리는 안전표지는?

① 노면표시          ② 규제표지

③ 지시표지          ④ 보조표지

**해설** 안전표지의 종류

① **규제표지** : 도로교통의 안전을 위하여 각종 제한·금지 등의 규제를 하는 경우에 이를 도로 사용자에게 알리는 표지

② **지시표지** : 도로의 통행방법·통행구분 등 도로교통의 안전을 위하여 필요한 지시를 하는 경우에 도로 사용자가 이를 따르도록 알리는 표지

③ **보조표지** : 주의표지·규제표지 또는 지시표지의 주기능을 보충하여 도로사용자에게 알리는 표지

**22** 다음 중 특별교통안전 의무교육을 받아야 하는 경우가 아닌 것은?

① 적성검사에 불합격하여 운전면허 취소처분을 받은 사람

② 난폭운전으로 운전면허 효력 정지처분을 받은 사람으로 그 정지기간이 끝나지 아니한 사람

③ 운전면허 취소처분이 면제된 사람으로서 면제된 날부터 1개월이 지나지 아니한 사람

④ 운전면허 효력 정지처분을 받은 초보 운전자로서 그 정지기간이 끝나지 아니한 사람

**23** 다음 중 음주운전으로 처벌이 불가한 경우는?

① 혈중 알코올농도 0.05% 상태로 주차장에서 운전한 경우

② 혈중 알코올농도 0.09% 상태로 공장 내 통행로에서 운전한 경우

③ 혈중 알코올농도 0.02% 상태로 도로에서 운전한 경우

④ 혈중 알코올농도 0.04% 상태로 학교 내 통행로에서 운전한 경우

**해설** 혈중 알코올농도 0.03% 미만에서의 음주운전은 처벌 불가

**24** 다음 중 교통사고처리특례법상 교통사고로 처리되는 것은?

① 명백한 자살이라고 인정되는 경우

② 확정적인 고의 범죄에 의해 타인을 사상한 경우

③ 축대 등이 무너져 도로를 진행 중인 차량이 손괴된 경우

④ 자동차의 교통으로 인하여 사람을 사상하거나 물건을 손괴하는 경우

**해설** 교통사고로 처리되지 않는 경우

① 명백한 자살이라고 인정되는 경우

② 확정적인 고의 범죄에 의해 타인을 사상하거나 물건을 손괴한 경우

③ 건조물 등이 떨어져 운전자 또는 동승자가 사상한 경우

④ 축대 등이 무너져 도로를 진행 중인 차량이 손괴되는 경우

⑤ 사람이 건물, 육교 등에서 추락하여 운행 중인 차량과 충돌 또는 접촉하여 사상한 경우

**25** 다음 중 신호등 없는 교차로 사고 중에서 운전자 과실에 의한 사고의 성립요건이 아닌 것은?

① 선진입 차량에게 진로를 양보하지 않는 경우

② 상대 차량이 보이지 않는 곳, 교통이 빈번한 곳을 통행하면서 일시정지 하지 않고 통행하는 경우

③ 통행 우선권이 있는 차량에게 양보하고 통행하는 경우

④ 일시정지, 서행, 양보표지가 있는 곳에서 이를 무시하고 통행하는 경우

**해설** 신호등 없는 교차로 사고 중에서 운전자 과실에 의한 사고의 성립요건

① 선진입 차량에게 진로를 양보하지 않은 경우

② 상대차량이 보이지 않는 곳, 교통이 빈번한 곳을 통행하면서 일시정지 하지 않고 통행하는 경우

③ 통행우선권이 있는 차량에게 양보하지 않고 통행하는 경우

④ 일시정지, 서행, 양보표지가 있는 곳에서 이를 무시하고 통행하는 경우

**26** 엔진에서 발생한 동력을 주행상황에 맞는 적절한 상태로 변화를 주어 바퀴에 전달하는 장치를 무엇이라 하는가?

① 동력발생 장치          ② 동력전달 장치

③ 동력차단 장치          ④ 동력변환 장치

**해설** 동력발생 장치는 자동차의 주행과 주행에 필요한 보조 장치들을 작동시키기 위한 동력을 발생시키는 장치이다.

**27** 배터리의 충전 및 방전 상태를 나타내는 계기장치는?

① 수온계          ② 연료계

③ 전압계          ④ 엔진 오일 압력계

**해설** 계기판의 용어

① **수온계** : 엔진 냉각수의 온도를 나타낸다.

② **연료계** : 연료 탱크에 남아있는 연료의 잔류 량을 나타낸다. 동절기에는 연료를 가급적 충만한 상태를 유지한다.(연료 탱크 내부의 수분 침투를 방지하는데 효과적)

③ **엔진 오일 압력계** : 엔진 오일의 압력을 나타낸다.

**28** 책임보험이나 책임공제에 미가입한 1대의 자동차에 부과할 과태료의 최고한도 금액은?

① 50만원          ② 100만원          ③ 150만원          ④ 200만원

**해설** 책임보험이나 책임 공제에 미가입한 경우 과태료

① 가입하지 아니한 기간이 10일 이내인 경우 : 3만원

② 가입하지 아니한 기간이 10일을 초과한 경우 : 3만원에 11일째부터 1일마다 8천원을 가산한 금액

③ 최고 한도금액 : 자동차 1대당 100만원

**29** 압축천연가스 자동차의 가스 공급라인에서 가스가 누출될 때의 조치요령으로 옳지 않은 것은?

① 자동차 부근으로 화기접근을 금지한다.

② 탑승하고 있는 승객은 안전한 곳으로 대피시킨다.

③ 가스 공급라인의 몸체가 파열된 경우 용접하여 재사용한다.

④ 누설부위를 비눗물 또는 가스검진기로 확인한다.

**해설** 가스 공급라인 등 연결부에서 가스가 누출될 때 등의 조치요령

① 차량 부근으로 화기 접근을 금하고, 엔진 시동을 끈 후 메인 전원 스위치를 차단한다.

② 탑승하고 있는 승객을 안전한 곳으로 대피시킨 후 누설부위를 비눗물 또는 가스검진기 등으로 확인한다.

③ 스테인리스 튜브 등 가스 공급라인의 몸체가 파열된 경우에는 교환한다.

④ 커넥터 등 연결부위에서 가스가 새는 경우에는 새는 부위의 너트를 조금

씩 누출이 멈출 때까지 반복해서 조여 준다. 만약 계속해서 가스가 누출되면 사람의 접근을 차단하고 실린더 내의 가스가 모두 배출될 때까지 기다린다.

**30** 자동차 조향장치가 갖추어야 할 구비조건에 해당되지 않는 것은?

① 조향 핸들의 회전과 바퀴의 선회 차이가 커야 한다.
② 조작이 쉽고 방향 전환이 원활하게 이루어져야 한다.
③ 고속주행에서도 조향 조작이 안정적이어야 한다.
④ 조향 조작이 주행 중의 충격에 영향을 받지 않아야 한다.

> **해설** 조향 장치의 구비조건은 ②, ③, ④항 이외에
> ① 진행방향을 바꿀 때 섀시 및 바디 각 부에 무리한 힘이 작용하지 않아야 한다.
> ② 조향 핸들의 회전과 바퀴 선회 차이가 크지 않아야 한다.
> ③ 수명이 길고 정비하기 쉬워야 한다.

**31** 겨울철 자동차 운행요령으로 적합하지 않는 것은?

① 엔진 시동 후에는 바로 운행한다.
② 후륜구동 자동차는 뒷바퀴에 체인을 장착한다.
③ 가속페달이나 핸들을 급조작하지 않는다.
④ 하체 부위의 얼음 덩어리는 운행 전에 제거한다.

> **해설** 엔진 시동 후에는 적당한 워밍업을 한 후 운행한다. 엔진이 냉각된 상태로 운행하면 엔진의 고장이 발생할 수 있다.

**32** 오버히트(엔진 과열)가 발생하는 원인이 아닌 것은?

① 냉각수가 부족한 경우
② 배터리 전압이 낮을 경우
③ 냉각수에 부동액이 들어있지 않는 경우(추운 날씨)
④ 엔진 내부가 얼어 냉각수가 순환하지 않는 경우

> **해설** 오버히트가 발생하는 원인
> ① 냉각수가 부족한 경우
> ② 냉각수에 부동액이 들어있지 않은 경우(추운 날씨)
> ③ 엔진 내부가 얼어 냉각수가 순환하지 않는 경우

**33** 다음 중 버스의 화물실 도어를 개폐하는 요령으로 적합하지 않은 것은?

① 차내 개폐 버튼을 사용하여 도어를 열고 닫는다.
② 화물실 도어는 전용키를 사용한다.
③ 도어를 열 때는 키를 사용하여 잠금 상태를 해제한 후 도어를 당겨 연다.
④ 도어를 닫은 후에는 키를 사용하여 잠근다.

> **해설** 화물실 도어를 개폐하는 요령
> ① 화물실 도어는 화물실 전용키를 사용한다.
> ② 도어를 열 때에는 키를 사용하여 잠금 상태를 해제한 후 도어를 당겨 연다.
> ③ 도어를 닫은 후에는 키를 사용하여 잠근다.

**34** 일상점검 중 주의사항이 아닌 것은?

① 경사가 없는 평탄한 장소에서 점검한다.
② 점검은 환기가 잘되는 장소에서 실시한다.
③ 연료장치나 배터리 부근에서는 불꽃을 멀리한다.
④ 변속레버는 R(후진)에 위치시킨 후 점검한다.

> **해설** 변속레버는 P(주차)에 위치시킨 후 주차 브레이크를 당겨 놓는다.

**35** 여객자동차 운수사업법에 의하여 면허, 등록, 인가 또는 신고가 실효되거나 취소되어 말소된 자동차를 다시 등록하고자 한 경우 신청하는 자동차 검사 종류는?

① 자동차 종합검사
② 정기검사
③ 임시검사
④ 신규검사

> **해설** 신규검사를 받아야 하는 경우
> ① 여객자동차 운수사업법에 의하여 면허, 등록, 인가 또는 신고가 실효하거나 취소되어 말소한 경우
> ② 자동차를 교육·연구목적으로 사용하는 등 대통령령이 정하는 사유에 해당하는 경우
> ㉮ 자동차 자기인증을 하기 위해 등록한 자
> ㉯ 국가간 상호인증 성능시험을 대행할 수 있도록 지정된 자
> ㉰ 자동차 연구개발 목적의 기업부설연구소를 보유한 자
> ㉱ 해외자동차업체와 계약을 체결하여 부품개발 등의 개발업무를 수행하는 자
> ㉲ 전기자동차 등 친환경·첨단미래형 자동차의 개발·보급을 위하여 필요하다고 국토교통부장관이 인정하는 자
> ③ 자동차의 차대번호가 등록원부상의 차대번호와 달라 직권 말소된 자동차
> ④ 속임수나 그 밖의 부정한 방법으로 등록되어 말소된 자동차
> ⑤ 수출을 위해 말소한 자동차
> ⑥ 도난당한 자동차를 회수한 경우

**36** 전조등 사용 시기에 대한 설명 중 틀린 것은?

① 마주 오는 자동차가 있거나 앞 자동차를 따라갈 경우는 하향등을 켠다.
② 야간 운행 시 마주 오는 자동차가 없을 경우 시야확보를 위해서 상향등을 켠다.
③ 다른 자동차의 주의를 환기시킬 경우 전조등을 상향 점멸한다.
④ 운전자의 시야 확보를 위하여 항상 상향을 켜고 운행한다.

> **해설** 전조등 사용 시기
> ① 하향 : 마주 오는 차가 있거나 앞 차를 따라갈 경우
> ② 상향 : 야간 운행 시 시야확보를 원할 경우(마주 오는 차 또는 앞 차가 없을 때에 한하여 사용)
> ③ 상향 점멸 : 다른 차의 주의를 환기시킬 경우(스위치를 2~3회 정도 당겨 올린다)

**37** 조향핸들이 무거워지는 원인으로 추정되는 것은?

① 팬벨트 장력이 강하다.
② 앞 타이어 공기압이 정상이다.
③ 파워스티어링 오일이 부족하다.
④ 브레이크 오일이 부족하다.

> **해설** 조향 핸들이 무거워지는 추정 원인
> ① 앞바퀴의 공기압이 부족하다.
> ② 파워스티어링 오일이 부족하다.

**38** 다음 중 소화기 사용방법 중 틀린 것은?

① 소화기는 영구적으로 사용할 수 있으므로 충전할 필요가 없다.
② 바람을 등지고 소화기의 안전핀을 제거한다.
③ 소화기 노즐을 화재 발생장소로 향하게 한다.
④ 소화기 손잡이를 움켜쥐고 빗자루로 쓸 듯이 방사한다.

> **해설** 소화기 사용방법
> ① 바람을 등지고 소화기의 안전핀을 제거한다.
> ② 소화기 노즐을 화재 발생장소로 향하게 한다.
> ③ 소화기 손잡이를 움켜쥐고 빗자루로 쓸듯이 방사한다.

**39** 다음 중 완충장치의 주요 기능에 해당되지 않는 것은?

① 노면에서 받는 충격을 완화시킨다.
② 적정한 자동차의 높이를 유지한다.
③ 자동차가 일정한 속도를 유지할 수 있도록 도와준다.
④ 올바른 휠 얼라인먼트를 유지한다.

> **해설** 완충장치의 주요 기능은 ①, ②, ④항 이외에
> ① 차체의 무게를 지탱한다.
> ② 타이어의 접지상태를 유지한다.
> ③ 주행방향을 일부 조정한다.

**40** 히터 사용 중 발열, 저온 및 화상 등의 위험이 발생할 수 있는 승객이 아닌 것은?

① 신체가 건강하거나 기타 질병이 없는 승객
② 피부가 연약한 승객
③ 술을 많이 마신 승객(과음)
④ 피로가 누적된 승객(과로)

> **해설** 위험이 발생할 수 있는 승객은 ②, ③, ④항 이외에
> ① 유아, 어린이, 노인, 신체가 불편하거나 기타 질병이 있는 승객
> ② 졸음이 올 수 있는 수면제 또는 감기약 등을 복용한 승객

**41** 시가지 교차로에서 교통사고 예방을 위한 '좌우좌 규칙'을 가장 바르게 설명한 것은?

① 교차로에 접근하면서 먼저 오른쪽과 왼쪽을 살펴보면서 교차 방향 차량을 관찰한다. 그 다음에는 다시 왼쪽을 살핀다.
② 교차로에 접근하면서 먼저 왼쪽과 오른쪽을 살펴보면서 교차 방향 차량을 관찰한다. 그 다음에는 다시 왼쪽을 살핀다.
③ 교차로에 접근하면서 전방 신호기만을 확인한 후 주행 방향으로 진행한다.
④ 교차로에 접근할 경우는 앞 차의 주행상황을 맹목적으로 따라간다.

> **해설** 좌우좌 규칙은 교차로에 접근하면서 먼저 왼쪽과 오른쪽을 살펴보면서, 교차 방향 차량을 관찰한다. 동시에 오른 발은 브레이크 페달 위에 갖다 놓고 밟을 준비를 한다. 그 다음에는 다시 왼쪽을 살핀다.

**42** 주간 또는 야간에 운전자의 시선을 유동하기 위해 설치된 안전시설이 아닌 것은?

① 신호등                    ② 갈매기 표지
③ 시선 유도 표지            ④ 표지병

> **해설** 주간 또는 야간에 운전자의 시선을 유도하기 위해 설치된 안전시설로 시선 유도 표지, 갈매기 표지, 표지병 등이 있다.

**43** 버스 회전 시 주변에 있는 물체와 접촉할 가능성이 높아지는 것은 버스의 어떤 특성 때문인가?

① 내륜차가 승용차에 비해 크다
② 운전석에서 볼 수 없는 곳이 승용차에 비해 넓다.
③ 바퀴 크기가 승용차보다 크다.
④ 무게가 승용차에 비해 무겁다.

> **해설** 버스의 좌우회전 시에 주변에 있는 물체와 접촉할 가능성이 높아지는 것은 내륜차가 승용차에 비해 훨씬 크다.

**44** 다음 중 눈, 비 올 때의 미끄러짐 사고를 예방하기 위한 운전법이 아닌 것은?

① 다른 차량 주변으로 가깝게 다가가지 않는다.
② 제동이 제대로 되는지를 수시로 살펴본다.
③ 제동상태가 나쁠 경우 도로 조건에 맞춰 속도를 낮춘다.
④ 앞차와의 거리를 좁혀 앞차의 궤적을 따라 간다.

> **해설** 미끄러짐 사고를 예방하기 위한 운전법
> ① 다른 차량 주변으로 가깝게 다가가지 않는다.
> ② 수시로 브레이크 페달을 작동해서 제동이 제대로 되는지를 살펴본다.
> ③ 제동상태가 나쁠 경우 도로 조건에 맞춰 속도를 낮춘다.

**45** 비상주차대가 설치되는 장소가 아닌 것은?

① 고속도로에서 길 어깨(갓길) 폭이 2.5m 미만으로 설치되는 경우
② 길 어깨(갓길)를 축소하여 건설되는 긴 교량의 경우
③ 긴 터널의 경우
④ 오르막 도로의 커브가 심한 경우

> **해설** 비상주차대가 설치되는 장소
> ① 고속도로에서 길어깨 폭이 2.5m미만으로 설치되는 경우
> ② 길어깨를 축소하여 건설되는 긴 교량의 경우
> ③ 긴 터널의 경우 등

**46** 지방도에서 사고 예방을 위한 운전 방법으로 적절하지 않은 것은?

① 천천히 움직이는 차는 바로 앞지르기를 시행한다.
② 교통 신호등이 없는 교차로에서는 언제든지 감속 또는 정지 준비를 한다.
③ 낯선 도로를 운전할 때는 미리 갈 노선을 계획한다.
④ 동물이 주행로를 가로질러 건너갈 때는 속도를 줄인다.

> **해설** 지방도에서 사고 예방 운전 방법
> ① 천천히 움직이는 차를 주시한다. 필요에 따라 속도를 조절한다.
> ② 교차로, 특히 교통신호등이 설치되어 있지 않은 곳일수록 접근하면서 속도를 줄인다. 언제든지 감속 또는 정지 준비를 한다.
> ③ 낯선 도로를 운전할 때는 여유시간을 허용한다. 미리 갈 노선을 계획한다.
> ④ 자갈길, 지저분하거나 도로 노면의 표시가 잘 보이지 않는 도로를 주행할 때는 속도를 줄인다.
> ⑤ 도로 상에 또는 도로 근처에 있는 동물에 접근하거나 이를 통과할 때 동물이 주행로를 가로질러 건너갈 때는 속도를 줄인다.

**47** 다음 중 옳은 것은?

㉮ 안전거리＝정지거리＋제동거리
㉯ 공주거리＝정지거리＋제동거리
㉰ 제동거리＝안전거리＋공주거리
㉱ 정지거리＝공주거리＋제동거리

**48** 보행자가 교차하는 차량의 불빛 중간에 있게 되면 운전자가 순간적으로 보행자를 전혀 보지 못하는 현상을 말하는 것은?

① 현혹 현상              ② 증발 현상
③ 명순응                ④ 암순응

> **해설** 야간에 대향차의 전조등 눈부심으로 인해 순간적으로 보행자를 잘 볼 수 없게 되는 현상으로 보행자가 교차하는 차량의 불빛 중간에 있게 되면 운전자가 순간적으로 보행자를 전혀 보지 못하는 현상을 증발 현상이라 한다.

**49** 과로한 상태에서 교통표지를 못 보거나 보행자를 알아보지 못하는 것과 관계있는 것은?

① 판단력 저하            ② 주의력 저하
③ 지구력 저하            ④ 감정조절능력 저하

> **해설** 과로에 의해 주의력이 저하된 경우에는 교통표지를 간과하거나 보행자를 알아보지 못한다.

**50** 교통사고의 구성요인에 포함되지 않는 것은?

① 인간                  ② 도로환경
③ 차량                  ④ 경제

> **해설** 교통사고의 위험 요인은 교통의 구성 요인인 인간, 도로환경 그리고 차량의 측면으로 구분할 수 있다.

**51** 차가 커브를 돌 때 주행하던 차로나 도로를 벗어나려는 힘을 무엇이라고 하는가?

① 원심력                ② 구심력
③ 마찰력                ④ 접지력

> **해설** 차가 길모퉁이나 커브를 돌 때 차로나 도로를 벗어나려는 힘을 원심력이라 한다.

**52** 곡선부 등에 차량의 이탈사고를 방지하기 위해 설치하는 시설과 관계있는 것은?

① 방호울타리  ② 갈매기 표지
③ 측대  ④ 편경사

**해설** 곡선부 등에서는 차량의 이탈사고를 방지하기 위해 방호울타리를 설치할 수 있으며, 기능은 운전자의 시선 유도, 탑승자의 상해 및 자동차의 파손 감소, 자동차를 정상적인 진행방향으로 복귀, 자동차의 차도 이탈방지다.

**53** 운전 중의 위험사태 판단과 관련된 능력은 개인차가 있지만 대체로 무엇과 밀접한 관계를 갖는가?

① 지식정도  ② 체력정도
③ 운전경험  ④ 최종학력

**해설** 운전 중의 위험사태 판단과 관련된 능력은 개인차가 있지만 대체로 운전경험과 밀접한 관계를 갖는다고 한다.

**54** 뒤차가 바짝 붙어서 주행하는 상황을 피할 수 있는 방법으로 옳지 않은 것은?

① 가능하면 차로는 변경하지 않고 직진한다.
② 가능하면 속도를 약간 내서 뒤차와의 거리를 늘린다.
③ 정지할 공간을 확보할 수 있게 점진적으로 속도를 줄여서 뒤차가 추월할 수 있게 만든다.
④ 브레이크 페달을 가볍게 밟아서 제동등이 들어오게 하여 속도를 줄이려는 의도를 뒤차가 알 수 있게 한다.

**해설** 뒤차가 바짝 붙어 오는 상황을 피하는 방법
① 가능하면 뒤차가 지나갈 수 있게 차로를 변경한다.
② 가능하면 속도를 약간 내서 뒤차와의 거리를 늘린다.
③ 브레이크 페달을 가볍게 밟아서 제동등이 들어오게 하여 속도를 줄이려는 의도를 뒤차가 알 수 있게 한다.
④ 정지할 공간을 확보할 수 있게 점진적으로 속도를 줄인다. 이렇게 해서 뒤차가 추월할 수 있게 만든다.

**55** 2차로 앞지르기 금지구간에서 자동차의 원활한 교통을 도모하고, 도로 안전성을 제고하기 위해 길어깨(갓길) 쪽으로 설치하는 저속 자동차의 주행차로를 무엇이라 하는가?

① 회전 차로  ② 양보 차로
③ 앞지르기 차로  ④ 가변차로

**해설** 차로의 정의
① 회전 차로 : 자동차가 우회전, 좌회전 또는 유턴을 할 수 있도록 직진하는 차로와 분리하여 설치하는 차로를 말한다.
② 앞지르기 차로 : 저속 자동차로 인한 뒤차의 속도감소를 방지하고 반대차로를 이용한 앞지르기가 불가능할 경우 원활한 소통을 위해 도로 중앙 측에 설치하는 고속 자동차의 주행차로를 말한다.
③ 가변 차로 : 가변차로는 방향별 교통량이 특정시간대에 현저하게 차이가 발생하는 도로에서 교통량이 많은 쪽으로 차로수가 확대될 수 있도록 신호기에 의하여 차로의 진행방향을 지시하는 차로를 말한다.

**56** 대형자동차의 특성이라 볼 수 없는 것은?

① 운전자들이 볼 수 없는 곳(시각)이 적다.
② 정지하는데 더 많은 시간이 걸린다.
③ 움직이는데 점유하는 공간이 많다.
④ 다른 차를 앞지르는 데에 걸리는 시간이 더 길다.

**해설** 대형자동차의 특성
① 운전자들이 볼 수 없는 곳(사각)이 늘어난다.
② 정지하는데 더 많은 시간이 걸린다.
③ 움직이는데 점유하는 공간이 많다.
④ 다른 차를 앞지르는 데 걸리는 시간도 더 길어진다.

**57** 앞차가 좌측으로 진로를 바꾸려고 하거나 다른 차를 앞지르려고 할 때 올바른 앞지르기 방법은?

① 앞차가 앞지르기를 하고 있는 때에는 앞지르기를 시도하지 않는다.
② 다차로에서 앞차가 좌측으로 진로를 바꾸면 우측으로 진로를 변경해 앞지르기를 시도한다.
③ 앞차가 앞차를 앞지르려고 하는 경우 좌측의 공간이 있다면 같이 앞지르기를 시도한다.
④ 앞차가 앞지르기를 시작해서 앞지르기 당하는 차를 지나칠 때쯤 앞지르기를 시도한다.

**해설** 앞차가 좌측으로 진로를 바꾸려고 하거나 다른 차를 앞지르려고 할 때는 앞지르기를 해서는 안 된다.

**58** 경제운전의 효과와 거리가 먼 것은?

① 교통소통 증진 효과
② 고장수리 및 유지관리 작업 등 시간 손실 감소 효과
③ 공해배출 등 환경문제의 감소 효과
㉴ 차량관리, 고장수리, 타이어 교체 등 비용 감소 효과

**해설** 경제운전의 효과
① 차량관리비용, 고장수리 비용, 타이어 교체비용 등의 감소 효과
② 고장수리 작업 및 유지관리 작업 등의 시간 손실 감소 효과
③ 공해배출 등 환경문제의 감소효과
④ 교통안전 증진 효과
⑤ 운전자 및 승객의 스트레스 감소 효과

**59** 포장된 길 어깨의 장점으로 맞지 않는 것은?

① 차도 끝의 처짐이나 이탈을 방지한다.
② 물의 흐름으로 인한 노면 쾌임을 방지한다.
③ 승용자동차의 주행을 원활하게 한다.
④ 보도가 없는 도로에서는 보행의 편의를 제공한다.

**해설** 포장된 길 어깨의 장점
① 긴급자동차의 주행을 원활하게 한다.
② 차도 끝의 처짐이나 이탈을 방지한다.
③ 물의 흐름으로 인한 노면 패임을 방지한다.
④ 보도가 없는 도로에서는 보행의 편의를 제공한다.

**60** 와이퍼 작동 상태의 점검방법으로 거리가 먼 것은?

① 와이퍼가 정상적으로 작동하는 지를 확인한다.
② 유리면과 접촉하는 와이퍼 블레이드가 닳지 않았는지를 점검한다.
③ 노즐의 분출구가 막히지 않았는지, 노즐의 분사 각도는 양호한지를 점검한다.
④ 냉각수가 충분한지 점검한다.

**해설** 와이퍼의 작동 상태 점검은 와이퍼가 정상적으로 작동되는지, 유리면과 접촉하는 와이퍼 블레이드가 닳지 않았는지, 노즐의 분출구가 막히지 않았는지, 노즐의 분사 각도는 양호한지 그리고 워셔액은 충분한지 등을 점검한다.

**61** 운전 중 교통안전 정보를 수집하는 가장 중요한 감각기관은?

① 청각  ② 시각
③ 후각  ④ 지각

**해설** 운전하는 동안 운전자가 내리는 결정의 90%는 시각을 통해 얻은 정보에 기초한다. 따라서 안전운전을 하려면 자신의 시각을 통해 앞을 잘 관찰하면서 순간순간 위험한 물체나 다른 차를 피할 수 있는 능력이 필요하다.

**62** 고속도로 진입부에서 방어운전을 위한 주의사항으로 바르지 않은 것은?

① 본선 진입의도를 다른 차량에게 방향지시등으로 알린다.
② 본선 차량의 교통흐름을 방해하지 않도록 한다.
③ 본선 진입 시기를 잘못 맞추면 교통사고가 발생할 수 있다.
④ 가속차로 끝부분에서 속도를 낮춘다.

**해설** 고속도로 진입부에서의 안전운전
① 본선 진입의도를 다른 차량에게 방향지시등으로 알린다.
② 본선 진입 전 충분히 가속하여 본선차량의 교통흐름을 방해하지 않도록 한다.
③ 진입을 위한 가속차로 끝부분에서 감속하지 않도록 주의한다.
④ 고속도로 본선을 저속으로 진입하거나 진입 시기를 잘못 맞추면 추돌사고 등 교통사고가 발생할 수 있다.

**63** 야간의 안전운전을 위해 특별히 주의해야 할 사항과 거리가 먼 것은?

① 흑색 등 어두운 색의 옷차림을 한 보행자의 확인에 더욱 세심한 주의를 기울인다.
② 자동차의 전조등 불빛이 강할 때는 선글라스를 착용하고 운전한다.
③ 자동차가 서로 마주보고 진행하는 경우에는 전조등 불빛의 방향을 아래로 향하게 한다.
④ 밤에 앞차의 바로 뒤를 따라갈 때에는 전조등 불빛의 방향을 아래로 향하게 한다.

**해설** 야간의 안전운전을 주의 사항은 ①, ③, ④항 이외에
① 해가 지기 시작하면 곧바로 전조등을 켜 다른 운전자들에게 자신을 알린다.
② 주간보다 시야가 제한되므로 속도를 줄여 운행한다.
③ 승합자동차는 야간에 운행할 때에 실내조명등을 켜고 운행한다.
④ 선글라스를 착용하고 운전하지 않는다.
⑤ 커브 길에서는 상향등과 하향등을 적절히 사용하여 자신이 접근하고 있음을 알린다.
⑥ 대향차의 전조등을 직접 바라보지 않는다.
⑦ 장거리를 운행할 때에는 운행계획에 휴식시간을 포함시켜 세운다.
⑧ 불가피한 경우가 아니면 도로 위에 주정차 하지 않는다.
⑨ 문제가 발생하여 도로 위에 정차할 때에는 자동차로부터 뒤쪽 100m 이상의 도로상에 비상삼각대를, 자동차로부터 뒤쪽 200m 이상의 도로상에 적색의 섬광신호 또는 불꽃신호를 설치하는 등 안전조치를 취한다.
⑩ 전조등이 비추는 범위의 앞쪽까지 살핀다.
⑪ 앞차의 미등만 보고 주행하지 않는다. 앞차의 미등만 보고 주행하게 되면 도로변에 정지하고 있는 자동차까지도 진행하고 있는 것으로 착각하게 되어 위험을 초래하게 된다.

**64** 출발할 때 가장 우선적으로 해야 하는 것은?

① 기어변속을 한다.
② 방향지시등을 작동한다.
③ 차문을 닫는다.
④ 가속을 한다.

**해설** 출발 할 때에는 자동차 문을 완전히 닫은 상태에서 방향지시등을 작동시켜 도로주행 의사를 표시한 후 출발한다.

**65** 겨울철 교통사고 위험요인에 대한 설명으로 가장 적절하지 않은 것은?

① 적은 양의 눈이 내려도 바로 빙판길이 될 수 있기 때문에 자동차 간의 충돌, 추돌 또는 도로 이탈 등의 사고가 발생할 수 있다.
② 먼 거리에서는 도로의 노면이 평탄하고 안전해 보이지만 실제로는 빙판길인 구간이나 지점을 접할 수 있다.
③ 보행자의 경우 안전한 보행을 위하여 보행자가 확인하고 통행하여야 할 사항에 대한 집중력이 강화되어 사고 위험이 감소하는 계절이다.
④ 한 해를 마무리하는 시기로 사람들의 마음이 바쁘고 들뜨기 쉬운 계절이다.

**해설** 날씨가 추워지면 안전한 보행을 위해 보행자가 확인하고 통행하여야 할 사항을 소홀히 하거나 생략하여 사고에 직면하기 쉬운 계절이다.

**66** 올바른 서비스 제공을 위한 요소가 아닌 것은?

① 단정한 용모와 복장
② 밝은 표정
③ 친근한 말
④ 퉁명한 말

**해설** 올바른 서비스 제공을 위한 5요소
① 단정한 용모 및 복장
② 밝은 표정
③ 공손한 인사
④ 친근한 말
⑤ 따뜻한 응대

**67** 다음 중 중앙 버스전용차로의 장점에 대한 설명으로 옳은 것은?

① 여러 가지 안전시설을 활용할 수 있어 비용이 든다.
② 정체가 심한 구간에서 더욱 효과적이다.
③ 교통 이용자의 증가를 도모할 수 있다.
④ 차량과의 마찰을 최소화한다.

**해설** 중앙 버스전용차로의 장점
① 일반 차량과의 마찰을 최소화 한다.
② 교통정체가 심한 구간에서 더욱 효과적이다.
③ 대중교통의 통행속도 제고 및 정시성 확보가 유리하다.
④ 대중교통 이용자의 증가를 도모할 수 있다.
⑤ 가로변 상업 활동이 보장된다.

**68** 간선 급행버스 체계(BRT)의 도입 효과로 거리가 먼 것은?

① 환경오염 급감
② 버스운행정보 실시간 제공
③ 교통사고 감소
④ 신속성 및 정시성 향상

**69** 승객에게 불쾌감을 주는 몸가짐과 거리가 먼 것은?

① 품위 있는 자세
② 저분한 손톱
③ 정리되지 않은 덥수룩한 수염
④ 잠잔 흔적이 남아 있는 머릿결

**해설** 승객에게 불쾌감을 주는 몸가짐
① 충혈 되어 있는 눈
② 길게 자란 코털
③ 무표정한 얼굴 등

**70** 처리된 모든 거래기록을 데이터 베이스화 하는 기능을 가진 시스템은?

① 정산 시스템
② 충전 시스템
③ 중앙처리 시스템
④ 집계 시스템

**해설** 교통카드 시스템
① 충전시스템 : 금액이 소진된 교통카드에 금액을 재충전하는 기능을 한다.
② 중앙처리 시스템 : 데이터를 중앙의 컴퓨터에서 집중적으로 처리하는 기능을 한다.
③ 집계 시스템 : 단말기와 정산시스템을 연결하는 기능을 한다.

**71** 자동차의 장치 및 설비 등에 관한 준수사항 중에서 옳지 않은 것은?

① 전세버스의 앞바퀴는 재생한 타이어를 사용해서는 안 된다.
② 전세버스, 시외우등고속버스, 시외고속버스 및 시외직행버스의 앞바퀴의 타이어는 튜브리스 타이어를 사용해야 한다.
③ 노선버스의 차체에는 행선지를 표시할 수 있는 설비를 설치해야 한다.
④ 13세 미만의 어린이의 통학을 위하여 학교 및 보육시설의 장과 운송계약을 체결하고 운행하는 전세버스의 경우에는 「교통안전법」에 따른 어린이통학버스의 신고를 하여야 한다.

**해설** 13세 미만의 어린이의 통학을 위하여 학교 및 보육시설의 장과 운송계약을 체결하고 운행하는 전세버스의 경우에는 「도로교통법」에 따른 어린이통학버스의 신고를 하여야 한다.

**72** 운전자가 취득한 운전면허로 운전할 수 있는 차종 이외의 차량은 운전을 금지하고 있다. 이와 같이 취득한 운전면허로 운전할 수 있는 차종을 규정해 놓은 법은?

① 교통안전법　　　　　　② 자동차관리법
③ 여객자동차 운수사업법　④ 도로교통법

**73** 교통사고 발생 시 버스회사, 보험사 또는 경찰 등에 연락할 때 우선적 연락해야 할 사항과 거리가 먼 것은?

① 사고발생 지점 및 상태　② 도로 및 시설물의 결함
③ 운전자 성명　　　　　　④ 부상정도 및 부상자 수

> **해설** 보험사나 경찰 등에 연락해야 할 사항은 ①, ③, ④항 이외에
> ① 회사명　　　　　　② 화물의 상태
> ③ 연료 유출여부 등

**74** 다음 중 일반적인 승객의 욕구와 거리가 먼 것은?

① 편안해지고 싶어 한다.
② 관심을 받고 싶어 한다.
③ 독특한 사람으로 인식되고 싶어 한다.
④ 기대와 욕구를 수용하고 인정받고 싶어 한다.

> **해설** 일반적인 승객의 욕구
> ① 기억되고 싶어 한다.
> ② 환영받고 싶어 한다.
> ③ 관심을 받고 싶어 한다.
> ④ 중요한 사람으로 인식되고 싶어 한다.
> ⑤ 편안해지고 싶어 한다.
> ⑥ 존중받고 싶어 한다.
> ⑦ 기대와 욕구를 수용하고 인정받고 싶어 한다.

**75** 버스와 정류장에 무선 송수신기를 설치하여 버스의 위치를 실시간으로 파악하고, 이를 이용해 이용자에게 실시간으로 버스운행 정보를 제공하는 것은?

① 교통카드시스템
② 자동차관리정보시스템(VMIS)
③ 지능형교통시스템(ITS)
④ 버스정보시스템(BIS)

> **해설** 버스정보시스템(BIS ; Bus Information System)은 버스와 정류소에 무선 송수신기를 설치하여 버스의 위치를 실시간으로 파악하고, 이를 이용해 이용자에게 정류소에서 해당 노선버스의 도착예정시간을 안내하고 이와 동시에 인터넷 등을 통하여 운행정보를 제공하는 시스템이다.

**76** 버스 준공영제의 유형 중 형태에 의한 분류에 해당하지 않는 것은?

① 노선 공동관리형　　　② 차고지 공동관리형
③ 수입금 공동관리형　　④ 자동차 공동관리형

> **해설** 버스 준공영제의 유형 중 형태에 의한 분류
> ① 노선 공동관리형　　② 수입금 공동관리형
> ③ 자동차 공동관리형

**77** 여객자동차 운수사업법령상 운수종사자는 여객의 안전과 사고 예방을 위하여 운행 전 사업용 자동차의 이상 유무를 확인해야 하는 사항은?

① 불편사항 연락처 및 차고지 등을 적은 표지판
② 운행 계통도
③ 등화장치
④ 운행 시간표

> **해설** 여객의 안전과 사고예방을 위하여 운행 전 사업용 자동차의 안전설비 및 등화장치 등의 이상 유무를 확인해야 한다.

**78** 교통사고의 용어에 대한 설명으로 잘못된 것은?

① 전복사고는 차가 주행 중 도로 또는 도로 이외의 장소로 뒤집혀 넘어진 사고를 말한다.
② 접촉사고는 차가 추월, 교행 등을 하려다가 차의 좌우 측면을 서로 스친 사고를 말한다.
③ 충돌사고 차가 반대방향 또는 측방에서 진입하여 그 차의 정면으로 다른 차의 정면 또는 측면을 충격한 사고를 말한다.
④ 추돌사고는 진행하는 차량의 측면을 충격한 사고를 말한다.

> **해설** 교통사고 용어의 정의
> ① 전복사고 : 차가 주행 중 도로 또는 도로 이외의 장소에 뒤집혀 넘어진 것을 말한다.
> ② 접촉사고 : 차가 추월, 교행 등을 하려다가 차의 좌우 측면을 서로 스친 것을 말한다.
> ③ 충돌사고 : 차가 반대방향 또는 측방에서 진입하여 그 차의 정면으로 다른 차의 정면 또는 측면을 충격한 것을 말한다.
> ④ 추돌사고 : 2대 이상의 차가 동일방향으로 주행 중 뒤차가 앞차의 후면을 충격한 것을 말한다.

**79** 다음 중 이용거리가 증가함에 따라 단위당 운임이 낮아지는 버스 요금 체계를 무엇이라 하는가?

① 거리운임 요율제　　② 거리 비례제
③ 거리 체감제　　　　④ 거리 체증제

> **해설** 버스요금 체계의 유형
> ① 단일(균일) 운임제 : 이용거리와 관계없이 일정하게 설정된 요금을 부과하는 요금체계이다.
> ② 구역 운임제 : 운행구간을 몇 개의 구역으로 나누어 구역별로 요금을 설정하고, 동일 구역 내에서는 균일하게 요금을 설정하는 요금체계이다.
> ③ 거리 운임 요율제(거리 비례제) : 단위거리 당 요금(요율)과 이용거리를 곱해 요금을 산정하는 요금체계이다.

**80** 다음 중 운전자가 지켜야 할 행동으로 적절하지 않은 것은?

① 차로변경의 도움을 받았을 때에는 비상등을 2~3회 작동시켜 양보에 대한 고마움을 표현한다.
② 보행자가 통행하고 있는 횡단보도 내로 차가 진입하지 않도록 정지선을 지킨다.
③ 야간운행 중 반대차로에서 오는 차가 있으면 전조등을 하향등으로 조정하여 상대 운전자의 눈부심 현상을 방지한다.
④ 앞 신호에 따라 진행하고 있는 차가 있을 때에는 앞차에 가까이 붙어 신속히 진행한다.

> **해설** 앞 신호에 따라 진행하고 있는 차가 있는 경우에는 안전하게 통과하는 것을 확인하고 출발한다.

# 2024
# PASS 버스운전자격시험

**초판 인쇄 |** 2024년 1월 3일
**초판 발행 |** 2024년 1월 10일

편　　　　저 | GB버스운전시험기획단
발　행　인 | 김길현
발　행　처 | (주) 골든벨
등　　　록 | 제 1987-000018호
I　S　B　N | 979-11-5806-667-3
가　　　격 | 12,000원

**이 책을 만든 사람들**

편 집 및 교 정 | 이상호
제 작 진 행 | 최병석
오 프 마 케 팅 | 우병춘, 이대권, 이강연
회 계 관 리 | 김경아

편 집 · 디 자 인 | 조경미, 박은경, 권정숙
웹 매 니 지 먼 트 | 안재명, 김경희
공 급 관 리 | 오민석, 정복순, 김봉식

⍉04316 서울특별시 용산구 원효로 245[원효로1가] 골든벨빌딩 5~6F
● TEL : 도서 주문 및 발송 02-713-4135 / 회계 경리 02-713-4137
　　　　내용 관련 문의 02-713-7452 / 해외 오퍼 및 광고 02-713-7453
● FAX : 02-718-5510　　● http : // www.gbbook.co.kr　　● E-mail : 7134135@ naver.com